Karin Reich und Horst Schmidt-Böcking

Otto Stern (1888–1969)
und seine Jahrhundertexperimente,
die die Welt der Physik revolutionierten

Wissenschaftler in Hamburg
Band 9

Herausgegeben von
Ekkehard Nümann

Karin Reich und Horst Schmidt-Böcking

Otto Stern (1888–1969)

und seine Jahrhundertexperimente,
die die Welt der Physik revolutionierten

Mit einem Nachwort von
Dudley Herschbach und Bretislav Friedrich

WALLSTEIN VERLAG

Gefördert von

Horst Schmidt-Böcking, dem Verein der Freunde und
Förderer der Physik an der Universität Hamburg und
Volkmar Wywiol

Inhalt

Emilio Segrè 1973: »Stern was one of the greatest physicists of this century. He wrote relatively few papers, but of what power were those he did write! The reader does not know whether to admire most the simplicity and profundity of the theoretical ideas, the ingenuity of the techniques employed, or the inescapable force of the conclusion.«[1]

Vorwort des Herausgebers

Mit der Reihe »Wissenschaftler in Hamburg« würdigt die Hamburgische Wissenschaftliche Stiftung Persönlichkeiten, die sich um die Forschung, Lehre und Bildung in der Hansestadt besonders verdient gemacht haben. Die einzelnen Biografien der Reihe sollen die Erinnerung an diese Wissenschaftler und ihre herausragenden Leistungen wachhalten.

Als einer von fünf Nobelpreisträgern der Universität Hamburg gehört Otto Stern zu ihren herausragendsten Wissenschaftlern. Ohne seine wegweisenden Experimente wären Einrichtungen wie das Deutsche Elektronen-Synchrotron (DESY) in Hamburg-Bahrenfeld kaum denkbar. Insofern lag es nahe, ihm einen Band der Reihe »Wissenschaftler in Hamburg« zu widmen. Wie Erwin Panofsky oder Ernst Cassirer gehört er zu denjenigen Wissenschaftlern mit jüdischem Hintergrund, die Ende der 1920er- und zu Beginn der 1930er-Jahre zum glanzvollen Ruf der gerade gegründeten Hochschule Herausragendes beitrugen. Entsprechend tief war der Einschnitt für die Hamburgische Universität, als diese Gelehrten nach der Machtübernahme der Nationalsozialisten entlassen wurden.

Allen, die neben unseren Autoren Karin Reich und Horst Schmidt-Böcking zum Gelingen dieses Buchprojektes beigetragen haben, ist die Hamburgische Wissenschaftliche Stiftung zu Dank verpflichtet. Besonders hervorgehoben seien an dieser Stelle Horst Schmidt-Böcking, die Körber-Stiftung, der Verein der Freunde und Förderer der Physik an der Universität Hamburg und Volkmar Wywiol, die die Drucklegung dieser Publikation großzügig unterstützt haben.

Dr. Ekkehard Nümann

Foreword

My great uncle, Otto Stern, was one of the leading scientists of the 20th century. He was also a cultured, clever man and very good company for lunch. From a prosperous family, he rarely had to worry about money. This allowed him to spend his time largely as he wished, namely either thinking about science or enjoying friends and family. He also loved elegant ocean liners, going to the movies, and smoking cigars of dubious quality.

Otto was very polite, witty, and thoughtful, a true gentleman. Having been both celebrated and then somewhat forgotten during the course of his career, I think he would have been pleased by the current volume. It presents his entire life and achievements with care. It is touching to see a new generation rediscover my extraordinary uncle who was and remains an important role model for me, and a source of inspiration for many scholars and scientists.

Alan Templeton, Ph. D.

Grußwort

Otto Stern war ein brillanter Wissenschaftler, dessen Arbeiten das Weltbild der Physik nachhaltig verändert haben. Während der Zeit von 1923 bis 1933, die er in Hamburg als Professor und Direktor des Instituts für physikalische Chemie der Universität Hamburg arbeitete, verbesserte er die Molekularstrahlmethode so weitgehend, dass damit 1933 das magnetische Moment des Protons bestimmt werden konnte. Der dabei gefundene Wert deutete auf eine damals unbekannte innere Struktur des Protons hin. Seine überaus erfolgreichen Arbeiten in Hamburg wurden im gleichen Jahr jäh dadurch beendet, dass wichtige Mitarbeiter seiner Arbeitsgruppe aus nichtigen Gründen entlassen wurden und er sich auf Grund der abzusehenden Entwicklung gezwungen sah, aus Deutschland zu emigrieren.

Sterns Schicksal bietet ein bewegendes Beispiel dafür, wie die Nationalsozialisten im letzten Jahrhundert die besten, produktivsten Köpfe aus dem Land vertrieben und damit Quellen für wirtschaftliche Kraft und kulturelle wie wissenschaftliche Inspiration in nicht wieder gutzumachender Weise zerstört haben. Die Autoren der vorliegenden Otto-Stern-Biografie dokumentieren eindrücklich die stimulierende, offene und überaus produktive Arbeitsatmosphäre in Sterns Forschungsgruppe während seiner Zeit in Hamburg und in beklemmender Weise ihre rigorose und ignorante Abwicklung, gerade als sie im Zenit ihres wissenschaftlichen Schaffens war.

Otto Stern erhielt elf Jahre nach seiner Vertreibung aus Deutschland den Nobelpreis in Physik für das Jahr 1943. Der Nobelpreis in Physik für das Jahr 1944 ging an Isaac Isidor Rabi für die Entwicklung einer experimentellen Methode, zu der Rabi während eines Forschungsaufenthalts in Hamburg bei Otto Stern inspiriert worden war. Sie baut auf der Molekularstrahlmethode auf und erhöht nochmals deutlich ihre Empfindlichkeit. Hamburg ist mit Sterns Entdeckung der Anomalien magnetischer Nukleonenmomente weltweit der erste Ort, in dem Experimente zur Nukleonenstruktur erfolgreich stattfanden. Ihre Ergebnisse demonstrieren, dass Protonen und Neutronen keine punktförmigen Teilchen sind, sondern eine innere Struktur haben. Eine moderne, aber drastisch kostspieligere Fortsetzung sind die Experimente, die am Elektron-Proton-Beschleuniger HERA (Hadron Electron Ring Accelerator) von 1992 bis 2007 auf dem Gelände des Forschungszentrums DESY (Deutsches ElektronenSYnchroton) stattfanden und am LHC (Large Hadron Collider) im Forschungszentrum CERN weiterhin stattfinden.

Die Zeiten, in denen Otto Stern in Hamburg wirkte, waren wahrlich Sternstunden der Naturwissenschaften an der Universität Hamburg, an die immer wieder gerne erinnert wird. Am 4. Februar 1988 veranstalteten die Fachbereiche Physik und Chemie der Universität Hamburg zum 100. Geburtstag von Otto Stern ein Festkolloquium. Einer der großen Hörsäle an der Jungiusstraße 9 ist seitdem nach Otto Stern benannt. Eine von der Patriotischen Gesellschaft von 1765 gestiftete Gedenktafel wurde am Forschungsgebäude Jungiusstraße 9A angebracht. Es handelt sich um das Gebäude, das 1931 für Otto Stern nach Bleibeverhandlung zur Abwehr eines Rufs nach Frankfurt am Main errichtet worden war. Der Wortlaut der Inschrift ist: »Hier wirkte von 1923 bis zu seiner Vertreibung durch die Nationalsozialisten 1933 Professor Dr. Otto Stern (1888-1969) Direktor des Instituts für Physikalische Chemie der Universität Hamburg. Seine Leistungen und seine Persönlichkeit machten die mathematisch-naturwissenschaftliche Fakultät der Universität zu einem Anziehungspunkt für Physiker aus aller Welt. Für seine an diesem Institut erarbeiteten Beiträge zur Entwicklung der Molekularstrahlenmethode und der Entdeckung des magnetischen Moments des Protons wurde ihm 1943 der Nobelpreis für Physik verliehen.« (siehe Abb. S. 288).

Die Gedenktafel wurde 2006 erneuert, und die alte Tafel ist jetzt zusammen mit einem Nachbau des Stern-Gerlach-Versuchs und einem erläuternden Poster im Eingangsbereich der physikalischen Chemie an der Grindelallee 117 ausgestellt.

Im Mai 2013 veranstaltete die Akademie der Wissenschaften in Hamburg in Kooperation mit der Universität Hamburg ein Festsymposium zu Ehren von Otto Stern. Ein zweites Festsymposium gab es im Februar 2018. Bei den Festveranstaltungen konnte auch das Forschungsgebäude Jungiusstraße 9A besichtigt werden. Nach einer umfangreichen Renovierung 2003 werden in ihm moderne Experimente auf dem Gebiet der atomaren Spin-Physik durchgeführt, die auf den Erkenntnissen aus Otto Sterns Arbeiten aufbauen und zahlreiche Anwendungen haben, wie in der Sensorik, der medizinischen Bildgebung, der Datenspeicherung und -verarbeitung. Auch werden die Grundlagen zukunftsweisender Spintronik-Bauelemente erforscht, beispielsweise zur Realisierung von Quantenbits oder neuromorphen Rechnerarchitekturen.

Der Verein der Freunde und Förderer der Physik an der Universität Hamburg verleiht regelmäßig einen nach Otto Stern benannten Absolventenpreis. Der Otto Stern-Preis wird nach einer Begutachtung durch ein professorales Preiskomitee für die beste Masterarbeit im Studienfach Physik verliehen. Zusammen mit einer Urkunde, einem Pokal und einem Preisgeld wird dabei die Otto-Stern-Biografie überreicht, die von Horst Schmidt-Böcking und Karin Reich anlässlich des 100. Geburtstags der Goethe-Universität Frankfurt verfasst wurde. Diese im Societäts-Verlag erschienene Ausgabe ist inzwischen vergriffen, und wir sind daher sehr froh, dass es eine neue, nun auch deutlich umfangreichere Biografie gibt, die wir zukünftig an die Preisträgerinnen und Preisträger überreichen können. Die Beschreibung des Arbeitsstils von Otto Stern, die Schilderung seiner freundschaftlichen Kontakte zu seinen Mitarbeitern sowie zahlreichen Wissenschaftlern von weltweit höchstem Rang sind überaus inspirierend und die Hintergründe von Otto Sterns Schicksal sehr aufschluss- und lehrreich.

Emilio Segrè erzählte, dass Otto Stern und Max von Laue 1913 angesichts von Niels Bohrs Hypothesen zum Atommodell gelobten, die Physik an den Nagel zu hängen, sollte sich »dieser Unsinn von Bohr als richtig erweisen« – nicht ahnend, dass Stern weniger als zehn Jahre später zusammen mit Walther Gerlach in Frankfurt jenes Schlüsselexperiment durchführen wird, das die Gültigkeit eben dieser Bohrschen Theorie unumstößlich demonstriert. Natürlich sind beide bei der Physik geblieben, und wir sind dankbar dafür.

Prof. i. R. Dr. Wolfgang Hansen

Einleitung

Es existiert doch bereits von den Autoren Horst Schmidt-Böcking und Karin Reich eine Otto-Stern-Biografie aus dem Jahr 2011, warum wird nunmehr eine weitere vorgestellt? Die Antwort fällt leicht: Damals gab es noch keine Ausgabe von Otto Sterns Veröffentlichungen (Horst Schmidt-Böcking, Karin Reich, Alan Templeton, Wolfgang Trageser, Volkmar Vill [Hgg.]: Otto Sterns Veröffentlichungen, 5 Bde., Berlin/Heidelberg 2016). Und auch die Edition seiner gesammelten Briefe folgte erst später (Horst Schmidt-Böcking, Alan Templeton, Wolfgang Trageser [Hgg.]: Otto Sterns gesammelte Briefe, Bd. 1, Berlin 2018; Bd. 2, Berlin 2019; Bd. 3, Berlin 2022).

In der relativ kurzen Zeit von 2016 bis 2022, innerhalb von sieben Jahren, konnten also sowohl die Edition der Werke als auch des Briefwechsels von Otto Stern realisiert werden.

In den fünf Bänden »Otto Sterns Veröffentlichungen« wurden 72 Arbeiten von Otto Stern vorgestellt, die er als alleiniger Autor oder als Mitautor verfasst hatte, sowie 22 Arbeiten von seinen Hamburger Mitarbeitern; dazu kommt noch eine Arbeit von Walther Gerlach. Vergleicht man das Œuvre Sterns mit dem vom wohl produktivsten Mathematiker und Naturwissenschaftler aller Zeiten, nämlich mit Leonhard Euler, dessen Opera omnia 72 voluminöse Bände mit mehr als 800 Titeln umfassen, so erscheint der Unterschied zunächst gewaltig. Darauf könnte man jedoch mit einem Zitat von Carl Friedrich Gauß antworten, das aus einem Brief vom 9. Juli 1845 stammt. Gauß schlug Alexander von Humboldt den Mathematiker Gustav Lejeune Dirichlet als Mitglied des Ordens Pour le mérite vor:

> So verfehle ich nicht, dazu den Herrn Professor Dirichlet in Berlin in Vorschlag zu bringen. Derselbe hat zwar meines Wissens noch gar kein grosses Werk publicirt, und auch seine einzelnen Abhandlungen füllen noch gerade kein grosses Volumen. Aber sie sind Juwele, und Juwele wägt man nicht mit der Krämerwaage.[2]

Auch im Falle von Otto Stern sollte man seine Werke eben nicht auf die Krämerwaage legen, sondern vielmehr auf die Goldwaage. Stern war kein Lehrbuchautor und auch kein Vielschreiber, er veröffentlichte im Wesentlichen die Resultate, die sich aus seinen grundlegenden, wohldurchdachten und ausgefeilten Versuchen ergaben. Und zahlreiche seiner Versuche waren bahnbrechend, denn diese verwandelten in der Tat die Welt der Physik. Dafür wurde er 1943 mit dem Nobelpreis für Physik ausgezeichnet.

Bis vor Kurzem waren nur sehr wenige Briefe von und an Otto Stern bekannt, sie wurden ganz oder in Auszügen meistens verstreut in kleineren Biografien veröffentlicht. Nunmehr ist die Situation wesentlich komfortabler.

Die Edition von Otto Sterns gesammelten Briefen umfasst 1.186 Briefe, gewechselt mit etwa 180 Korrespondenten, darunter befanden sich alle Physiker mit Rang und Namen, die Sterns Werk nahestanden. Von diesen publizierten Briefen schrieb Otto Stern nur etwa 300 Briefe, er war kein begeisterter Briefeschreiber, bedauerte des Öfteren seine Schreibfaulheit und bat seine Freunde um Nachsicht. Knapp 900 Schreiben sind an Otto Stern gerichtet.[3] Die meisten Originale der Briefe, etwa 940, befinden sich in der Bancroft Library in Berkeley. Sicher ist der Briefwechsel Otto Sterns nicht vollständig erhalten; es lässt sich jedoch keine Aussage darüber treffen, wieviel fehlt, das heißt verloren gegangen ist oder noch nicht aufgespürt werden konnte.

Die Quellenlage ist also im Vergleich zu der Zeit vor 2011 eine ganz andere, sie hat sich in der Zwischenzeit erheblich verbessert. Auch sind erst in jüngster Zeit noch weitere Otto Stern betreffende Publikationen anderer Autoren veröffentlicht worden.

Für die hier vorliegende Biografie bilden die Editionen der Werke und der Briefe die wesentliche Grundlage. Zitate aus Sterns Werken oder aus Sterns Korrespondenz stammen stets aus diesen in jüngster Zeit erschienenen Ausgaben.

Otto Sterns Leben fällt in sehr bewegte Zeiten, der Erste Weltkrieg, an dem er aktiv teilnahm, das »Dritte Reich«, der Zweite Weltkrieg. Die ersten 45 Jahre verbrachte er im deutschen Sprachraum, genauer gesagt, in Deutschland (Breslau, Berlin, Frankfurt am Main, Rostock, Hamburg), Österreich (Prag) und in der Schweiz (Zürich). Die folgenden 36 Jahre lebte er in den USA (Pittsburgh, Berkeley) in der Emigration, und dies im wahrsten Sinne des Wortes. Stern war zutiefst mit der deutschen Kultur verbunden, dort hatte er seine Wurzeln. Unter der erzwungenen Emigration hatte er sehr gelitten.[4]

In der Zeit von 1890 bis 1933 erlebten die Physik und Chemie und damit auch die Physikalische Chemie eine Blütezeit, insbesondere in Deutschland. Die sich seit 1900 entwickelnde Quantenphysik sorgte für großartige neue Interpretationen und neue Experimente, Namen wie Max Planck (1858-1947), Albert Einstein (1879-1955), Niels Bohr (1885-1962), Wolfgang Pauli (1900-1958), Werner Heisenberg (1901-1976) und Erwin Schrödinger (1887-1961) sind auch heute noch vielen gegenwärtig. Otto Stern war unbestritten einer der größten Pioniere der experimentellen Quantenphysik. Das Stern-Gerlach-Experiment, ein Beitrag zur Molekularstrahltheorie, ist ein fester Bestandteil in der Geschichte der Physik, vor allem der Quantenphysik.

In der nur kurzen Zeit von 1919 bis 1933 – Stern wirkte in Frankfurt am Main, Rostock und Hamburg – schrieb er Physikgeschichte. Diese 14 Jahre waren die fruchtbarsten in seinem Leben; von diesen verbrachte er die letzten zehn Jahre an der Universität Hamburg. Dort gelang es ihm, in kürzester Zeit ein Institut mit zahlreichen ausgezeichneten Doktoranden und sehr guten bis ausgezeichneten Assistenten aufzubauen, das international große Anerkennung erfuhr; mehrere Gastwissenschaftler trugen ganz maßgeblich zum Ruhm des Stern'schen Institutes bei. In dieser Zeit in Hamburg veröffentlichte Stern 28 Arbeiten als alleiniger oder auch als Mitautor, das ist mehr als ein Drittel seines gesamten Œuvres. Hinter jeder Publikation steckte ein ausgeklügeltes Experiment zur Methode der Molekularstrahlen.

In der vorliegenden Biografie wird auch geschildert, was nach seiner Emigration im Jahr 1933 aus seinem Hamburger Institut wurde und wie es seinen ehemaligen Mitarbeitern später erging.

Sohrau 1888–1892

Geburtshaus von Otto Stern mit der dort angebrachten Tafel, Foto nach 1997

Sohrau (polnisch: Żory) liegt in Oberschlesien am Fluss Raude (polnisch: Ruda), einem rechten Nebenfluss der Oder. Die nächste größere Stadt ist Kattowitz (polnisch: Katowice), etwa 30 Kilometer südwestlich von Sohrau gelegen. Als Otto Stern dort am 17. Februar 1888 auf die Welt kam, hatte Sohrau ungefähr 3.900 Einwohner, heute sind es etwas mehr als 60.000. Damals, am Ende des 19. Jahrhunderts, wohnten in der Stadt mehrere hundert jüdische Mitbürger, und heute? Es tut weh, darüber nachzudenken. Die Familie Stern war wohlhabend. Otto Sterns Vater Oskar Stern (1850-1919) war Jude und Mühlenbesitzer. Er heiratete Eugenie (1863-1907), eine geborene Rosenthal. Die Familie hatte fünf Kinder, nach Otto folgten noch Berta (1889-1963), Kurt (1892-1938), Lotte (1897-1912) und Elise (1899-1945). Otto, der am 17. August 1969 starb, überlebte seine vier jüngeren Geschwister.

Seit dem Ende des Zweiten Weltkrieges gehört Sohrau zu Polen. Otto Stern geriet dort nicht in Vergessenheit. An seinem Geburtshaus, das nach dem Krieg renoviert wurde, wurde 1997 eine Tafel zur Erinnerung mit folgender polnischer Aufschrift angebracht:

	Übersetzung
1888 1969	1888 1969
W tym mieście urodził się	In dieser Stadt wurde geboren
OTTO STERN	OTTO STERN
wybitna postać świata nauki,	ein hervorragender Vertreter der Welt der Wissenschaft,
laureat nagrody Nobla	Träger des Nobelpreises
w dziedzinie fizyki	auf dem Gebiet der Physik
W 725 rocznicę założenia Żor	Anlässlich des 725. Jahrestages der Gründung Sohraus
– Mieszkańcy miasta –	– Die Einwohner der Stadt –
Żory, wrzesień 1977 r.	Sohrau, September 1977

Otto war erst vier Jahre alt, als die Familie nach Schlesien, genauer gesagt, nach Breslau (polnisch: Wrocław) umzog.

Breslau 1892–1912

Schlesien gehörte noch zum Habsburger Reich, als die Universität 1702 als Jesuitenkolleg gegründet wurde. Sie wurde nach ihrem Stifter Leopold (1640-1705), seit 1658 Kaiser Leopold I. aus dem Hause Habsburg, als Leopoldina bezeichnet. 1742 fiel der größere Teil Schlesiens, und damit auch Breslau, an Preußen. Unter dem seit 1797 regierenden preußischen König Friedrich Wilhelm III. (1770-1849) wurde im Jahr 1811 die Leopoldina in Königliche Universität zu Breslau umbenannt. Dem damaligen König zu Ehren erhielt die Universität im Jahr 1911, 100 Jahre später, den Namen Friedrich-Wilhelms-Universität, also den Namen, den auch die 1820 gegründete Berliner Universität erhalten hatte. 1809 wurde die Schlesische Gesellschaft für vaterländische Cultur in Breslau gegründet, eine aus mehreren Sektionen bestehende Institution, die auch Aufgaben einer Akademie wahrnahm und über eine eigene Zeitschrift verfügte. Das Bildungsangebot in Breslau wurde nochmals bedeutend erweitert, als im Jahr 1910 die Technische Hochschule ins Leben gerufen wurde, die bald einen sehr guten Ruf genoss. Sie umfasste drei Abteilungen: Allgemeine Wissenschaften, Maschinenbau und Elektrotechnik, Chemie und Hüttenkunde.

Die Familie Stern übersiedelte im Jahr 1892 nach Breslau, wo Otto, von kurzen Unterbrechungen abgesehen, die nächsten 20 Jahre verbrachte.

Die Mutter Eugenie Stern mit ihren fünf Kindern in Breslau, um 1902

BRESLAU Rathaus

Breslau auf einer Postkarte, die sich im Nachlass von Otto Stern befand, 1948

Von 1897 bis 1906 besuchte er dort das 1872 gegründete Johannes-Gymnasium; diese Schule war ein humanistisches Gymnasium, in dem Latein, Griechisch und Französisch als Sprachen gelehrt wurden. Dieses Gymnasium hatte auch der in Breslau geborene Chemiker Fritz Haber (1868-1934) besucht, der mit der Familie Stern weitläufig verwandt war. Er wurde 1919 mit dem Nobelpreis für Chemie für das Jahr 1918 ausgezeichnet.

Otto Stern erhielt im Jahr 1906 das Reifezeugnis, wobei in den Fächern Mathematik und Physik festgehalten wurde: »Mathematik. Bei reger Teilnahme am Unterricht hat er stets Gutes, teilweise sehr Gutes geleistet, sowohl was Klarheit des Verständnisses als auch Festigkeit der Lösung selbst schwieriger Aufgaben betrifft. Die Prüfungsarbeit war <u>Gut</u>. Physik: Seine Kenntnisse waren <u>Gut</u>.«[5] Nur im Fach »Turnen« erhielt er ein »Mangelhaft«. Er nahm ein Studium auf, wobei ihm ziemlich bald klar wurde, dass er sich der Physikalischen Chemie widmen wollte.

Beiträge zur Disziplin Physikalische Chemie gab es schon im 18. Jahrhundert. Bemerkenswerterweise bekamen die 1799 gegründeten »Annalen der Physik« 1819 den Titel »Annalen der Physik und der physikalischen Chemie«, bevor sie 1824 in »Annalen der Physik und

Chemie« umbenannt wurden; diesen Titel behielt die Zeitschrift bis 1899.

Erst 1871 wurde eine erste Professur für Physikalische Chemie eingerichtet, und zwar an der Universität Leipzig. Der erste Stelleninhaber war Gustav Wiedemann (1826-1899), der ab 1877 die damals hochberühmten »Annalen der Physik und Chemie« herausgab, ab 1893 zusammen mit seinem Sohn Eilhard (1852-1928), nun unter dem Titel »Wiedemanns Annalen«. Im Jahr 1900 bekam die Zeitschrift wieder den ursprünglichen Titel »Annalen der Physik«, den sie auch heute noch trägt.

Es waren Wilhelm Ostwald (1853-1932), Svante Arrhenius (1859-1927), Jacobus Henricus van't Hoff (1852-1911) und Walther Nernst (1864-1941), die in dieser Zeit den Grundstein zur Etablierung des Faches Physikalische Chemie legten. Ein Wendepunkt war die Gründung einer eigenen Zeitschrift, sie erhielt den Namen »Zeitschrift für Physikalische Chemie, Stöchiometrie und Verwandtschaftslehre«, den sie bis 1928 trug. Danach hieß sie nur noch »Zeitschrift für Physikalische Chemie«. Die ersten Herausgeber waren die Chemiker Wilhelm Ostwald und Jacobus Henricus van't Hoff, der erste Band erschien 1887 in Leipzig; zu dieser Zeit existierte in Deutschland nur eine Professur für Physikalische Chemie, aber es gab keine Institute, die der Physikalischen Chemie gewidmet gewesen wären. Es gab jedoch schon eine ganze Reihe von Professoren der Physik und der Chemie sowie auch von Wissenschaftlern anderer Fachrichtungen, die Beiträge zur Physikalischen Chemie lieferten. Dies macht das Titelblatt deutlich, auf dem »unter Mitwirkung von« 22 Namen von Wissenschaftlern zahlreicher Fächer aus allen möglichen Ländern genannt wurden. Das neue Fachgebiet war also auch international bereits gut aufgestellt.

Im Vorwort »An die Leser« führte Wilhelm Ostwald aus: »Im Gegensatz zur modernen Chemie kann man die physikalische Chemie die Chemie der Zukunft nennen.« Was die Inhalte der neuen Disziplin anbelangt, so rechnete Ostwald insbesondere die Strukturchemie dazu, ferner

mathematische, physische und optische Krystallographie; die Lehre von Brechung und Zerstreuung, natürliche und magnetische Circumpolarisation des Lichtes; Spektralanalyse; Thermochemie mit

ZEITSCHRIFT

FÜR

PHYSIKALISCHE CHEMIE

STÖCHIOMETRIE UND VERWANDTSCHAFTSLEHRE

UNTER MITWIRKUNG

VON

M. BERTHELOT in Paris, J. W. BRÜHL in Freiburg, TH. CARNELLEY in Dundee,
H. Le CHATELIER in Paris, C. M. GULDBERG und P. WAAGE in Christiania,
A. HORSTMANN in Heidelberg, H. LANDOLT in Berlin, O. LEHMANN in Aachen,
D. MENDELEJEW und N. MENSCHUTKIN in St. Petersburg,
LOTHAR MEYER in Tübingen, VICTOR MEYER in Göttingen,
L. F. NILSON und O. PETTERSSON in Stockholm, L. PFAUNDLER in Innsbruck,
W. RAMSAY in Bristol, F. M. RAOULT in Grenoble, R. SCHIFF in Modena,
W. SPRING in Lüttich, J. THOMSEN in Kopenhagen, T. E. THORPE in London

SOWIE ANDERER FACHGENOSSEN

HERAUSGEGEBEN VON

WILH. OSTWALD UND J. H. VAN'T HOFF

PROFESSOR A. D. UNIVERS. ZU LEIPZIG. PROFESSOR A. D. UNIVERS. ZU AMSTERDAM.

ERSTER BAND

MIT DEM BILDNIS VON R. BUNSEN

69 TEXT-FIGUREN UND 5 TAFELN.

LEIPZIG

VERLAG VON WILHELM ENGELMANN

1887.

Titelblatt des ersten Bandes der »Zeitschrift für Physikalische Chemie«, Leipzig 1887

mechanischer Gastheorie und Dissociationslehre; Elektrochemie, da denn doch der elektrochemische Dualismus besteht; endlich die Lehre von der Diffusion, wozu wir Absorption und Lösung rechnen: dies alles und noch manches andere muss sich zum möglichst vollständigen Bilde der Molekularvorgänge verbinden, ehe daran zu denken ist, dass, wie die Alchemisten es nannten, »das grosse Werk« gelinge [...] Dankt doch sogar die Physik die Ein- und Durchführung des so überaus fruchtbaren Atom- und Molekularbegriffs ganz wesentlich der Chemie. Diesen Gemeinsamkeiten der Aufgaben und Methoden, welche mit dem Fortschreiten beider Wissenschaften immer umfassender wird, den Vertretern beider Gebiete lebendiger zum Bewusstsein zu bringen, soll eine wesentliche Aufgabe der Zeitschrift sein.[6]

Das Frontispiz des ersten Bandes zeigt ein Porträt von Robert Bunsen (1811-1899), einem der Schöpfer der Spektralanalyse und damit einem der Begründer der Physikalischen Chemie. In der »Zeitschrift für Physikalische Chemie« sollte 1913 Otto Sterns Dissertation erscheinen.

Zu den wichtigsten Begründern der neuen Disziplin Physikalische Chemie ist Walther Nernst zu zählen, dessen wissenschaftliche Errungenschaften auch in Otto Sterns Forscherleben eine ganz erhebliche Rolle spielten. Walther Nernst hatte sein Studium zwar an der ETH in Zürich begonnen, aber sein Weg führte ihn über Berlin und Graz an die Julius-Maximilians-Universität in Würzburg, wo er 1887 mit der Dissertation »Über die electromotorischen Kräfte, welche durch den Magnetismus in von einem Wärmestrome durchflossenen Metallplatten geweckt wurden« im Fach Physik promovierte.[7] Er kehrte nach Graz zurück, habilitierte sich aber dann 1889 an der Universität Leipzig. Sein weiterer Weg führte ihn über Heidelberg nach Göttingen, wo er 1890 eine Assistentenstelle in Fach Physik erhielt, 1891 außerplanmäßiger Professor und 1894 ordentlicher Professor wurde, mit der Auflage, auch die Physikalische Chemie zu vertreten. Nernst war Gründungsmitglied der Deutschen Elektrochemischen Gesellschaft, die 1894 in Kassel ins Leben gerufen wurde. Gleichzeitig mit der Gesellschaft entstand eine neue Zeitschrift, nämlich die »Zeitschrift für Elektrochemie«, ab 1904 mit dem Titel »Zeitschrift für Elektrochemie und angewandte physikalische Chemie«, in der auch Otto Stern und seine Mitarbeiter wissenschaftliche Beiträge veröffentlichten. Aus dieser Deutschen Elektrochemischen Gesellschaft ging 1902 die Deutsche (Bunsen-)Gesellschaft für angewandte physikalische Chemie (die heutige Deutsche Bunsen-Gesellschaft für physikalische Chemie) hervor.

Für das Fach Physikalische Chemie plante man an der Georg-August-Universität Göttingen einen Neubau, der am 2. Juni 1896 eröffnet wurde, das erste Institut für Physikalische Chemie und Elektrochemie in Deutschland. Nernst war damit ein weiterer Wissenschaftler, der eine Professur für Physikalische Chemie bekleidete.

1898 wurde auch in Leipzig ein Institut für Physikalische Chemie geschaffen, dessen Direktor Wilhelm Ostwald wurde; er leitete es von der Gründung bis 1906. Am 23. Dezember 1905 stellte Nernst in einer Sitzung der Königlichen Gesellschaft der Wissenschaften zu Göttingen seinen Beitrag »Ueber die Berechnung chemischer Gleichgewichte aus thermischen Messungen« vor, der im Nernst'schen Wärmetheorem beziehungsweise im 3. Hauptsatz der Thermodynamik gipfelte, ein Meilenstein in der Geschichte der Thermodynamik. Vereinfacht formuliert bedeutet dieser Satz: Die Entropie ist am absoluten Nullpunkt (-273° Celsius) gleich Null, woraus die Unerreichbarkeit des absoluten Nullpunktes der Temperatur folgt. Für seine Beiträge zur Thermochemie, darunter fällt auch der 3. Hauptsatz der Thermodynamik, wurde Nernst mit dem Nobelpreis der Chemie für das Jahr 1920 ausgezeichnet, der ihm 1921 verliehen wurde.

Nach dem Göttinger Institut sollten bald zahlreiche weitere Institute für Physikalische Chemie ins Leben gerufen werden, sowohl an Universitäten als auch an Technischen Hochschulen. So wurde 1906 Rudolf Schenck (1870-1965) auf eine neu gegründete Professur für Physikalische Chemie an der Rheinisch-Westphälischen Technischen Hochschule in Aachen berufen. Interessanterweise richtete man auch gleich bei der Gründung der Technischen Hochschule Breslau im Jahr 1910 ein Institut für Physikalische Chemie ein. Rudolf Schenck war nicht nur Gründungsrektor der TH Breslau, sondern darüber hinaus dort auch der erste Lehrstuhlinhaber für das Fach Physikalische Chemie.

Walther Nernst wechselte 1905 an die Friedrich-Wilhelms-Universität in Berlin, wo er ebenfalls eine Professur für Physikalische Chemie innehatte. Von 1905 bis 1908 wirkte Nernst als erster Vorsitzender der Deutschen Bunsen-Gesellschaft.[8]

1912 wurde in Berlin das Kaiser-Wilhelm-Institut für Chemie eröffnet, in dem sowohl die organische und die anorganische Chemie als auch die Physikalische Chemie gepflegt wurden. Bereits im Gründungsjahr 1912 konnte Lise Meitner (1878-1968) hier, zunächst als Gast ohne Entlohnung, ihre so überaus erfolgreiche wissenschaftliche Karriere beginnen. Sie hatte unter anderem unter der Ägide von Ludwig Boltzmann (1844-1906) an der Universität Wien Physik studiert und promovierte 1906 mit der Dissertation »Wärmeleitung in inhomogenen Körpern«.[9] Meitner stand mit Otto Stern seit 1915 in einem Briefaustausch,[10] der im Laufe der Jahre bis zu ihrem Tod im Jahr 1968 immer lebhafter wurde; der bei weitem umfangreichste, erhaltene Schriftwechsel, den Otto Stern mit einem Wissenschaftler oder einer Wissenschaftlerin führte. 1912 wurde auch das Kaiser-Wilhelm-Institut für Physikalische Chemie eröffnet, als dessen erster Direktor Fritz Haber berufen wurde. Die Deutsche Bunsen-Gesellschaft ernannte 1912 Nernst zu ihrem Ehrenmitglied, 1914 wurde er mit der Bunsen-Denkmünze ausgezeichnet.[11]

Als Otto Stern nach seinem Abitur im Jahr 1906 sein Studium begann, gab es die Technische Hochschule in Breslau noch nicht. Er entschied sich für ein Studium der Chemie, insbesondere der Physikalischen Chemie, die damals noch ein ganz junges Fach war. Darüber hinaus hörte er aber auch Vorlesungen aus den Bereichen Mathematik, Physik, Philosophie und sogar Medizin und Biologie.

Im Detail: Stern begann seine Studien an der Albert-Ludwigs-Universität in Freiburg im Breisgau, wo er nur ein Semester, nämlich das Wintersemester 1906/07, blieb. Er hörte Vorlesungen beim Physikochemiker Ernst Hermann Riesenfeld (1877-1957), dessen Doktorvater Walther Nernst war, beim Chemiker Conrad Willgerodt (1841-1930), beim Botaniker Johann Friedrich Oltmanns (1860-1945) und beim Mediziner August Weismann (1834-1914). Danach wechselte Stern an die Ludwig-Maximilians-Universität in München, wo er ebenfalls nur ein Semester verbrachte: das Sommersemester 1907. Hier besuchte er Vorlesungen des Physikers Leo Graetz (1856-1941) und des Chemikers Adolf von Baeyer (1835-1917), der kurze Zeit zuvor, 1905, mit dem Nobelpreis für Chemie ausgezeichnet worden war. In den folgenden zehn Semestern, in den Jahren von 1907 bis 1912, setzte Stern seine wissenschaftliche Ausbildung an der Universität in Breslau fort. Dort waren seine Lehrer der Geophysiker Georg von dem Borne (1867-1918), der Zoologe Wilhelm Georg Kükenthal (1861-1922), der 1911/12, also im Jahr kurz vor Sterns Promotion, das Amt des Rektors der Universität Breslau bekleidete, ferner vor allem die Chemiker Richard Abegg (1869-1910), Karl Löffler (1878-1910), Rudolf Ladenburg (1882-1952) und Walter Herz (1875-1930), der Philosoph Richard Hönigswald (1875-1947), die Mathematiker Jacob Rosanes (1842-1922) und Adolf Kneser (1862-1930) sowie die Physiker Clemens Schaefer (1878-1968), Otto Lummer (1860-1925) und Ernst Pringsheim (1859-1917); während Schaefer ein theoretischer Physiker war, wirkten Lummer und Pringsheim als Experimentalphysiker. Bei diesen Wissenschaftlern hörte Stern, wie er am Ende seiner Dissertation ausführte, Vorlesungen.[12]

Nur nebenbei sei erwähnt, dass Richard Abegg der Doktorvater von Clara Immerwahr (1870-1915) war, die im Jahr 1900 bei ihm promovierte; sie war die erste Frau, die an der Universität Breslau die Doktorwürde erlangte; im Jahr 1901 heiratete sie Fritz Haber.

Im Jahr 1907 starb Otto Sterns Mutter Eugenie.

Am 6. März 1908 bestand Stern das sogenannte Chemische Verbandsexamen, das ein Vorläufer des Staatsexamens war. Dieses Verbandsexamen war die Voraussetzung, um promovieren zu können. Es war Otto Stern schon sehr bald klar, dass die Physikalische Chemie das Fach war, das er sich als sein zukünftiges Arbeits- und Forschungsgebiet wünsch-

Porträt des Physikers Otto Lummer, um 1914 in Breslau

te. Es wurde in Breslau von Otto Sackur (1880-1914) vertreten. Dieser hatte 1901 bei Abegg an der Universität Breslau »Über den Einfluß gleichioniger Zusätze auf die elektromotorische Kraft von Flüssigkeiten« promoviert.[13] Nachdem Sackur zunächst nur untergeordnete Tätigkeiten ausüben konnte, wirkte er in den Jahren 1904/05 sowohl in London, wo er sich mit Radioaktivität auseinandersetzte, als auch in Berlin bei Walther Nernst, wo die Elektrochemie des Wasserstoffes zu seinem Arbeitsgebiet gehörte. 1905 habilitierte er sich an der Universität Breslau für das Fach Physikalische Chemie und wirkte dort als Privatdozent und seit 1911 als Titularprofessor.

Für Otto Stern folgte nach dem Chemischen Verbandsexamen das Promotionsstudium, das er 1912 mit der Einreichung seiner Dissertation und der Doktorprüfung beendete. Sein Doktorvater war Otto Sackur. Am 6. März 1912 fand das mündliche Examen statt. Sterns Dissertation »Zur kinetischen Theorie des osmotischen Druckes konzentrierter Lösungen und über die Gültigkeit des Henryschen Gesetzes für konzentrierte Lösungen von Kohlendioxyd in organischen Lösungsmitteln bei tiefen Temperaturen« bestand aus einem kürzeren theoretischen und einem umfangreicheren experimentellen Teil.[14] Bereits in seiner ersten Arbeit verstand es Stern, in exzellenter Weise Theorie und Experiment miteinander zu verbinden. Im ersten Teil berechnete er mit Hilfe der Van-der-Waals'schen Gleichung, einer Zustandsgleichung für Gase, den osmoti-

Porträt des Physikochemikers Otto Sackur, um 1912-1914

schen Druck an der Grenzfläche einer Flüssigkeit, also an einer semipermeablen Wand, und präsentierte eine vollständige theoretische Ableitung in hochkonzentrierter Lösung. Das heute sogenannte Henry-Gesetz, benannt nach dem Chemiker William Henry (1774-1836), lautet: Der Partialdruck eines Gases über einer Flüssigkeit ist direkt proportional zur Konzentration des Gases in der Flüssigkeit. Für seine im zweiten Teil beschriebenen Experimente hatte Stern die Apparaturen selbst entworfen und gebaut; seine Messungen führte er mit äußerster Sorgfalt durch. Das Ergebnis liest sich wie folgt: »Es wurde gezeigt, daß in Übereinstimmung mit der im ersten Teil der Arbeit gegebenen Theorie der osmotische Druck der konzentrierten Kohlendioxydlösungen nur geringe Abweichungen von den idealen Gasgesetzen zeigt und ihnen viel besser gehorcht als der entsprechende Gasdruck gleicher Konzentration.«[15]

Stern führte am Ende seiner Dissertation aus: »Vorliegende Arbeit wurde auf Anregung von Herrn Prof. Dr. Sackur unternommen, dem ich für sein stetes tätiges Interesse bei der Ausführung der Arbeit und an der Förderung meiner wissenschaftlichen Ausbildung zu aufrichtigem und herzlichem Danke verpflichtet bin.«[16] Am Sonnabend, dem 13. April 1912 um 4 Uhr nachmittags, hielt Stern einen Vortrag mit dem Titel »Neuere Anschauungen über die Affinität«, womit das Promotionsverfahren abgeschlossen war.

Mit dem hier abgebildeten Titelblatt hat es eine besondere Bewandtnis. Es stammt von dem Exemplar, das Otto Stern verblieben war, der hier auch Notizen eintrug. Nach seinem Tod gehörte es zum persönlichen Nachlass, der unter der Ägide von Lieselotte Templeton stand. Sie schenkte das Exemplar im Jahr 2009 Horst Schmidt-Böcking, der es vor einigen Jahren dem Physikalischen Verein in Frankfurt am Main übergab (siehe S. 28).

Wie aus der Urkunde ersichtlich, war damals, während des Studienjahrs 1911/12, der Mathematiker Adolf Kneser Rektor der Universität. Sterns Dissertation wurde mehrfach publiziert: 1912 als Dissertation im Verlag Grass, Barth in Breslau, 1913 mit identischem Text in der Zeitschrift »Schlesische Gesellschaft für vaterländische Cultur« sowie in leicht abgeänderter Form 1913 in der »Zeitschrift für Physikalische Chemie«;[17] Sterns erste Veröffentlichung in einer Fachzeitschrift, einem hochrenommierten wissenschaftlichen Journal.

Zur kinetischen Theorie des osmotischen Druckes konzentrierter Lösungen und über die Gültigkeit des Henryschen Gesetzes für konzentrierte Lösungen von Kohlendioxyd in : organischen Lösungsmitteln bei tiefen Temperaturen. :

Inaugural-Dissertation

zur

Erlangung der philosophischen Doktorwürde

der hohen

philosophischen Fakultät der Kgl. Universität Breslau

vorgelegt

und mit ihrer Genehmigung veröffentlicht

von

Otto Stern.

Sonnabend, den 13. April 1912, 4 Uhr.

Vortrag:

„Neuere Anschauungen über die Affinität"

und

Promotion.

Breslau 1912.

Druck von Grass, Barth & Comp. (W. Friedrich) in Breslau.

Titelblatt von Otto Sterns Dissertation »Zur kinetischen Theorie des osmotischen Druckes konzentrierter Lösungen und über die Gültigkeit des Henryschen Gesetzes für konzentrierte Lösungen von Kohlendioxyd in organischen Lösungsmitteln bei tiefen Temperaturen«, 1912

Q. D. B. V.

SVMMIS AVSPICIIS

SERENISSIMI AC POTENTISSIMI PRINCIPIS

DOMINI IVSTISSIMI ET CLEMENTISSIMI

GVILELMI II

IMPERATORIS REGIS

EIVSQVE AVCTORITATE REGIA

VNIVERSITATIS SILESIAE FRIDERICAE GVILELMAE

RECTORE MAGNIFICO

ADOLFO KNESER

PHILOSOPHIAE DOCTORE PROFESSORE PVBLICO ORDINARIO

REGI A CONSILIIS REGIMINIS INTIMIS

EX DECRETO ORDINIS PHILOSOPHORVM

PROMOTOR LEGITIME CONSTITVTVS

GREGORIVS SARRAZIN

PHILOSOPHIAE DOCTOR PROFESSOR PVBLICVS ORDINARIVS SEMINARII ANGLICI DIRECTOR

PHILOSOPHORVM ORDINIS HOC TEMPORE DECANVS

VIRO DOCTISSIMO

OTTONI STERN

SILESIO

POSTQVAM EXAMEN MAGNA CVM LAVDE SVPERAVIT ET DISSERTATIONEM

QVAE INSCRIPTA EST

„ZVR KINETISCHEN THEORIE DES OSMOTISCHEN DRVCKES KONZENTRIERTER LOESVNGEN VND VEBER
DIE GVELTIGKEIT DES HENRYSCHEN GESETZES FVEL KONZENTRIERTE LOESVNGEN VON KOHLENDIOXYD"

SPECIMEN ERVDITIONIS SVMMA LAVDE DIGNVM

EDIDIT

DOCTORIS PHILOSOPHIAE ET ARTIVM LIBERALIVM MAGISTRI

NOMEN IVRA PRIVILEGIA

RITE CONTVLIT

COLLATAQVE

PVBLICO HOC DIPLOMATE

DECLARAVIT

DIE XIII MENSIS APRILIS ANNI MCMXII

VRATISLAVIAE

TYPIS OFFICINAE H. FLEISCHMANN

LS

Doktorurkunde von Otto Stern, 13. April 1912

Schon in seiner Dissertation interessierte sich Stern für das Problem der Entropie, das ihn manchmal mehr, manchmal weniger beschäftigte, ihn aber sein ganzes Leben lang begleitete; seine letzten beiden Publikationen, in Berkeley 1949 und 1962 veröffentlicht, waren diesem Thema gewidmet.

In demselben Jahr, in dem Stern promovierte, erschienen auch zwei Artikel von ihm, die in sehr engem Zusammenhang mit seiner Dissertation standen: »Lösungen« im »Handwörterbuch der Naturwissenschaften«,[18] und »Osmotische Theorie«, ebenfalls im »Handwörterbuch der Naturwissenschaften«.[19]

Die recht umfangreichen Artikel befassten sich mit ganz zentralen Themen. Das »Handwörterbuch der Naturwissenschaften«, das zehn Bände umfasste und in den Jahren 1912 bis 1915 in Jena erschien, hatte sieben Herausgeber, einer davon war der Botaniker Johann Friedrich Oltmanns (1860-1945) von der Universität Freiburg im Breisgau, bei dem Stern Vorlesungen gehört hatte. Herausgegeben wurde das Handwörterbuch von Ernst Teichmann (1869-1919), der seit 1911 am Hygienischen Institut in Frankfurt am Main wirkte und sich 1916 an der Universität Frankfurt am Main habilitierte.

Man kann davon ausgehen, dass Stern vor oder kurze Zeit nach seiner Promotion Mitglied der Deutschen Bunsen-Gesellschaft und vielleicht auch Mitglied der Deutschen Chemischen Gesellschaft wurde; leider ließen sich keine Belege solcher Mitgliedschaften ermitteln.

Zu der Zeit, als Stern bei Sackur promovierte, verfasste dieser ein großartiges Werk mit dem Titel »Lehrbuch der Thermochemie und Thermodynamik«, das 1912 in Berlin erschien. Und selbstverständlich zitierte Sackur hier auch Otto Sterns erst kürzlich erschienene Dissertation, so auf den Seiten 213 und 225. Auf der zuletzt genannten Seite führte Sackur aus: »[…] die Berechnung des osmotischen Drucks konzentrierter Lösungen von Kohlendioxyd in verschiedenen Lösungsmitteln bei tiefen Temperaturen ist kürzlich von O. Stern erläutert worden.« Das 13. und letzte Kapitel widmete Sackur dem Thema »Das Nernstsche Wärmetheorem«, hier stellte er dieses in der gleichen Art und Weise vor wie Nernst im Jahr 1905.

Stern hatte in Breslau einen hochinteressanten Kommilitonen: George Ernest Gibson (1884-1959), geboren in Edinburgh. Er hatte Chemie in Edinburgh, Darmstadt und Breslau studiert, dort vor allem bei Richard Abegg und Otto Lummer. Bei Letzterem promovierte Gibson 1911, also ein Jahr vor Stern und zwar über »Einige Dampf-druck- und Dampfdichtebestimmungen mit einem neuen Quarzmano-meter«. 1913 wurde Gibson »Instructor of Chemistry« an der University of California in Berkeley. Dorthin berufen wurde er von Gilbert Newton Lewis (1875-1946), der den Studiengang Chemie neu organisieren sollte. Es war eine von Gibsons ersten Taten in Berkeley, Sackurs Lehrbuch ins Englische zu übersetzen (Otto Sackur, »A Text Book of Thermo-Chemistry and Thermodynamics«. Translated and revised by G. E. Gibson, London 1917).[20] Dieses Werk wurde ein Standardlehrbuch für Chemie an der University of California in Berkeley.

Gibson machte in Berkeley Karriere, er wurde 1918 Assistant Professor, 1921 Associate Professor und 1927 Professor. Er betreute eine sehr große Anzahl von Doktoranden, darunter zwei zukünftige Nobelpreisträger.

Sackur wechselte im Jahre 1912 auf Grund einer Einladung von Fritz Haber an das neu gegründete Kaiser-Wilhelm-Institut für Physikalische Chemie und Elektrochemie in Berlin-Dahlem, wo er zunächst als Gast und ab 1913 als Abteilungsleiter wirkte. Am 28. Juli 1914 war der Erste Weltkrieg ausgebrochen. Sackur forschte über hochbrisante Sprengstoffe und kam am 17. Dezember 1914 bei einer Explosion im Labor ums Leben.[21]

Und Otto Stern? Es ist kaum verwunderlich, dass er eine erste, wenn auch vage Stellenofferte bereits am 24. Februar 1912, also noch vor der Beendigung seiner Promotion, erhielt, und zwar von Walther Nernst:

Lieber Herr Doktor!
Vielen Dank für Ihre freundlichen Zeilen vom 17. D.M.; ich war gestern beim Praeses des J.C. und hoffe auf eine befriedigende Regelung der Angelegenheit; natürlich habe ich meine Quelle nicht genannt.
Unsere Arbeiten in Markenhof haben eine unliebsame Verzögerung durch eine Erkrankung von Prof. Cranz[22] erlitten; leider ist es also z. Zt. noch nicht möglich, Sie aus diesem Grunde anzufordern; so 14 Tage wird es noch dauern.
Mit den besten Grüssen und hoffentlich auf baldiges Wiedersehen
      Ihr W. Nernst[23]

Lehrbuch

der

Thermochemie und Thermodynamik

Von

Professor Dr. Otto Sackur

Privatdozent an der Universität Breslau

Mit 46 Figuren im Text

Berlin

Verlag von Julius Springer

1912

Titelblatt von Otto Sackur: »Lehrbuch der Thermochemie und Thermodynamik«,
Berlin 1912

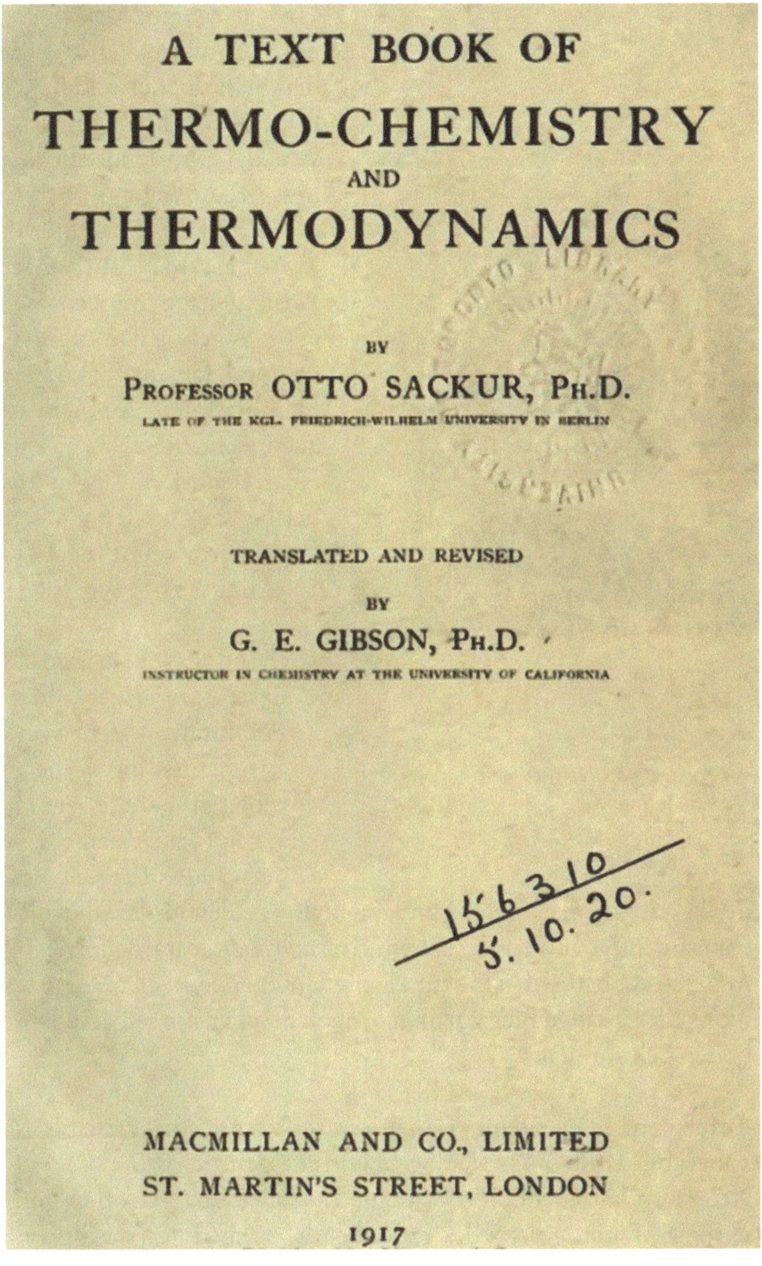

A TEXT BOOK OF

THERMO-CHEMISTRY

AND

THERMODYNAMICS

BY

Professor OTTO SACKUR, Ph.D.

LATE OF THE KGL. FRIEDRICH-WILHELM UNIVERSITY IN BERLIN

TRANSLATED AND REVISED

BY

G. E. GIBSON, Ph.D.

INSTRUCTOR IN CHEMISTRY AT THE UNIVERSITY OF CALIFORNIA

MACMILLAN AND CO., LIMITED
ST. MARTIN'S STREET, LONDON

1917

Titelblatt von Otto Sackur: »A Text Book of Thermo-Chemistry and Thermodynamics«.
Translated and revised by G. E. Gibson, London 1917

Reproduktion eines Porträts von Walther Nernst,
gemalt 1912 von Max Liebermann

Zwar zeitigte dieser Vorstoß kein Ergebnis, aber Nernst ließ nicht locker und hakte im folgenden Jahr nochmals entschiedener und mit einem verbesserten Angebot nach. So teilte Sackur Otto Stern am 7. August 1913 mit: »Meiner Ansicht nach müssen Sie ein evtl. Angebot von Nernst annehmen, falls er Ihnen baldige Habilitation in Aussicht stellt, auch wenn Sie lieber in Zürich ein freier Mann als in Berlin bei N. sein wollen.«[24] Nernst formulierte sein Angebot am 30. August 1913 wie folgt:

[...] das Gehalt ist das übliche und einer späteren Habilitation steht von mir aus nichts im Wege. Wir arbeiten gerade viel über Dampfdruckformeln und verwandte Fragen; besonders gern würde ich die Fundamentalfrage der Nullpunktsenergie experimentell zu klären suchen. An tüchtigen Mitarbeitern ist kein Mangel, auch würden Sie für eigene Untersuchungen an Apparaten wohl alles Nötige hier vorfinden, auch Schüler für selbständige Arbeiten bekommen.[25]

Im Brief vom 11. September 1913 setzte Nernst eine Frist bis Mitte Oktober, bis dahin sollte sich Stern entscheiden.[26]

Otto Stern hatte jedoch längst eine Entscheidung getroffen und änderte seine Meinung trotz des verlockenden Angebotes, das ihm ein so überaus renommierter und hochdekorierter Wissenschaftler wie Walther Nernst unterbreitete, nicht.

34

Prag und Zürich: Zusammenarbeit mit Albert Einstein 1912–1914

Im Jahr 1912 musste die Familie Stern einen herben Verlust hinnehmen: Lotte Stern, die mittlere von Ottos Sterns drei Schwestern, starb im Alter von nur 15 Jahren.

Das Jahr 1912 war auch eine Zäsur in Otto Sterns wissenschaftlicher Ausbildung; er fällte eine wegweisende, sehr wichtige Entscheidung: Er begab sich nunmehr in eine für ihn ziemlich neue Welt, nämlich in die Welt der Physik und zwar der theoretischen Physik, zu Albert Einstein. Zwar hatte Stern insbesondere an der Universität Breslau auch intensiv Physik betrieben, wobei hier als Lehrer in erster Linie Otto Lummer zu nennen ist, dessen Forschungsfeld aber wahrhaftig nicht die theoretische Physik war. Die zwei Jahre bei Einstein wurden für Otto Stern zu Lehrjahren in diesem Bereich.[27]

Albert Einstein beendete seine Studien an der ETH in Zürich im Jahr 1900 als Diplomfachlehrer in mathematischer Richtung. Am 28. Juli bekam er das Diplom ausgehändigt. Er hatte Schwierigkeiten, sich beruflich zu etablieren; dank der Unterstützung durch seinen ehemaligen Studienfreund Marcel Grossmann (1878-1936) erhielt er schließlich am 16. Juni 1902 seine erste Anstellung als technischer Experte dritter Klasse beim Schweizer Patentamt in Bern, die er bis 1909 innehatte. Im Jahre 1905 reichte er seine Dissertation »Eine neue Bestimmung der Moleküldimensionen« bei der Universität Zürich ein, sie beginnt mit: »Meinem Freunde Herrn Dr. Marcel Grossmann gewidmet.«[28] Die »Doktoratsurkunde« trägt das Datum Januar 1906. Diese Urkunde konnte 2022 von der Universität Zürich erworben werden und wurde erstmals dort am 2. September 2022 der Öffentlichkeit in einer Vitrine präsentiert.[29] In seinem »annus mirabilis« 1905 konnte Einstein nicht nur die Promotion erfolgreich abschließen, sondern er veröffentlichte darüber hinaus drei weitere herausragende Untersuchungen in den »Annalen der Physik«, eine über den Photoeffekt, für die er 1921 mit dem Nobelpreis ausgezeichnet wurde,[30] eine weitere über die spezielle Relativitätstheorie und eine dritte über die Brown'sche Molekularbewegung; auch die zwei zuletzt genannten Arbeiten wären durchaus nobelpreiswürdig gewesen. Im Januar 1908 reichte er seine Habilitationsschrift »Folgerungen aus dem Energieverteilungsgesetz der Strahlung schwarzer Körper, die Konstitution der Strahlung betreffend« in der Philosophischen Fakultät II der Universität Bern ein und wurde am 24. Februar desselben Jahres zum Privatdozenten ernannt;[31] seine Habilitationsschrift wurde nicht veröffentlicht. Am 28. Februar 1908 fand die zur Habilitation gehörende Probevorlesung zum Thema »Über die Gültigkeitsgrenzen der klassischen Thermodynamik« statt. Die Habilitation bedeutete, dass er in Zukunft auch Vorlesungen hielt, und zwar an der Universität Zürich. Am 7. Mai 1909 wurde er schließlich zum außerordentlichen Professor an der Universität Zürich ernannt und bezog nunmehr ein Gehalt. So konnte er seine Stellung am Schweizer Patentamt in Bern aufgeben. Wissenschaftlich befasste sich Einstein während der nächsten sechs Jahre mit der allgemeinen Relativitätstheorie. Man möchte es kaum glauben, aber seine erste ordentliche Professur erhielt er erst 1911, und zwar nicht in der Schweiz, sondern an der deutschen Universität in Prag.[32] Im Jahre 1882 war die Karl-Ferdinands-Universität in zwei eigenständige Universitäten geteilt worden, eine mit deutscher und eine mit tschechischer Unterrichtssprache. Einstein wirkte dort ab April 1911 als Direktor des Instituts für theoretische Physik. Nach Ostern 1912 wurde Otto Stern dank der Empfehlungsschreiben von Otto Sackur und Fritz Haber wissenschaftlicher Mitarbeiter von Einstein. Er folgte damit dem Physiker Ludwig Hopf (1884-1939) nach, der 1909 bei Arnold Sommerfeld (1868-1951) promoviert hatte und danach Assistent von Einstein in Zürich und für kurze Zeit auch in Prag wurde. 1911 nahm Hopf eine Assistentenstelle an der TH Aachen an, wo er sich 1914 habilitierte. Einstein und Hopf standen sich wissenschaftlich sehr nahe und hatten 1910 zwei gemeinsame Arbeiten aus dem Umkreis der Strahlungstheorie publiziert.

Im Jahr 1961 berichtete Stern in einem Interview, das in Zürich stattfand, über das erste Treffen mit Einstein wie folgt:

Ich erwartete einen sehr gelehrten Herrn mit großem Bart zu treffen, fand jedoch niemand, der so aussah. Am Schreibtisch saß ein Mann ohne Krawatte, der aussah wie ein italienischer Straßenarbeiter. Das war Einstein, er war furchtbar nett. Am Nachmittag hatte er einen Anzug angezogen und war rasiert. Ich habe ihn kaum wiedererkannt.[33]

Otto Stern und Albert Einstein in Zürich, vermutlich um 1912 (Ausschnitt)

Am 30. Januar 1912 erhielt Einstein einen Ruf als ordentlicher Professor für theoretische Physik an die ETH in Zürich; dieser Ruf stand ebenfalls in engem Zusammenhang mit seinem Freund Marcel Grossmann, der seit 1907 Professor für darstellende Geometrie und Geometrie der Lage an der ETH war und 1911/12 das Amt des Dekans der Mathematisch-Naturwissenschaftlichen Fakultät wahrnahm. So verließ Einstein am 25. Juli 1912 Prag und wechselte nach Zürich. Grossmann war es, der Einstein in der Folgezeit mit dem Tensorkalkül bekannt machte, eine notwendige Voraussetzung für die mathematische Formulierung von Einsteins allgemeiner Relativitätstheorie.

Stern folgte Einstein und wurde sein Mitarbeiter an der ETH in Zürich. Er hatte auch Vorlesungen bei Einstein gehört; in dem bereits erwähnten Züricher Interview im Jahr 1961 berichtete er:

[…] ich war ja nie richtig in theoretischer Physik ausgebildet. Und –
(Interviewer: nur von Einstein) – ja nur von Einstein. Ich hab ihnen
ja erzählt, wie die Vorlesungen von Einstein waren und ich habe ja
nur ein paar gehört. Nicht wahr. Er war ja nur 3 Semester in Zürich,
in der Zeit konnte er ja doch nicht die ganze theoretische Physik
lesen. Naja. Aber immerhin, ich hab einiges gelernt bei Einstein. Ich
hab halt versucht, mir das beizubringen, soweit das ging.[34]

Im Dezember 1912 war die gemeinsame Publikation »Einige Argumente für die Annahme einer molekularen Agitation beim absoluten Nullpunkt« fertiggestellt, sie ging im folgenden Jahr am 5. Januar 1913 bei der
Zeitschrift »Annalen der Physik« ein und erschien dort am 20. März
1913.[35] Eines der Ergebnisse lautete: »Die Annahme der Nullpunktsenergie eröffnet einen Weg, die Plancksche Strahlungsformel ohne Zu-
hilfenahme irgendwelcher Diskontinuitäten abzuleiten.«[36] Während
Einstein selbst kurze Zeit später an dem Konzept der Nullpunktsenergie zweifelte und nicht länger daran glaubte, weckte dieser gemeinsame
Beitrag weitverbreitetes Interesse und regte weiterhin sowohl die theoretische als auch die experimentelle Forschung an.[37]

Kurze Zeit später, am 26. Juni 1913, stellte Stern an der ETH in Zürich
einen Antrag auf Habilitation, das Thema seiner Habilitationsschrift
lautete: »Zur kinetischen Theorie des Dampfdrucks einatomiger fester
Stoffe und über die Entropiekonstante einatomiger Gase«. Als Gutachter fungierten neben Einstein der Physiker Pierre-Ernest Weiss (1865-
1940) sowie Emil Baur (1873-1944), dessen Fachgebiet die Physikalische
Chemie war. Einsteins Gutachten lautete wie folgt:

Gutachten zu dem Habilitationsgesuch des Herrn Dr. O. Stern
Ich kenne Herrn Dr. Stern seit zwei Jahren und hatte reichlich Gelegenheit, mich von der Selbständigkeit des wissenschaftlichen Ur-
teils, der zähen Ausdauer und der Tüchtigkeit dieses jungen Mannes
zu überzeugen. Ursprünglich physikalischer Chemiker hat er sich
rasch in die Methodik der theoretischen Physik eingearbeitet. Von
den beigelegten Arbeiten erwähne ich hier nur kurz seine Dissertation und eine mit mir zusammen durchgeführte wärmetheoretische
Untersuchung; denn diese beiden Arbeiten können noch nicht als
selbständige Leistungen angesehen werden. Die als Habilitations-

schrift beigelegte Arbeit »Zur kinetischen Theorie des Dampfdrucks […]« dagegen ist eine durchaus selbständige Leistung. Die
theoretische Bestimmung des Dampfdruckes fester Körper ist ein
Problem, welches durch das Nernst'sche Wärmetheorem zu einer
grossen Wichtigkeit gelangt ist, und an welchem sich daher die tüch-
tigsten Physiker der Gegenwart versucht haben, ohne dass diese Bemühungen zu dem ersehnten Ziele geführt hätten. Im vergangenen
Jahre hat nun Sackur eine Formel gefunden, die der Erfahrung innerhalb der Fehlergrenzen entsprach; aber Sackurs Versuch einer
theoretischen Begründung dieser Formel muss als missglückt angesehen werden; denn Sackur musste für die Ableitung Hypothesen
über die Molekularbewegung in Gasen heranziehen, die jeder Be-
rechtigung entbehrten. Herrn Stern ist es nun gelungen, jene Formel
mit den Methoden der kinetischen Gastheorie abzuleiten, ohne dass
er zu irgendwelchen besonderen Hypothesen seine Zuflucht nehmen musste. Diese Ableitung ist nach der Ansicht des Referenten
eine wissenschaftliche That von bleibendem Werte. Die von Stern
ersonnene Methode, welche ihm gestatten, das Ziel in verblüffend
einfacher Weise zu erreichen, verrät ungewöhnliche Begabung.
In mehreren Vorträgen, die Herr Stern im Kolloquium gehalten hat,
hat er gezeigt, dass er zum Lehren sehr geeignet ist. Er ist ferner nach
der Ansicht aller, die hier mit ihm zu thun haben, ein Mann von offe-
nem und wohlwollendem Charakter.
Herr Prof. Weiss und der Referent haben Herrn Dr. Stern veranlasst,
das vorliegende Habilitationsgesuch einzureichen in der Überzeugung, dass unsere Anstalt in ihm eine tüchtige Lehrkraft gewänne. –
Ich empfehle das Habilitationsgesuch wärmstens zur Annahme.
A. Einstein.[38]

Auch Emil Baur befürwortete die Habilitation, wenngleich sein Gutachten einige kritische Bemerkungen enthält; hier folgender Ausschnitt:

Herr Stern hat mit seiner neuen Dampfdruckformel einen guten Start
gemacht. Den Befähigungsnachweis hat er damit zweifellos erbracht.
Die Habilitationsschrift, die er uns vorlegt, ist freilich nur kurz; es
wäre interessant gewesen, wenn er die Gelegenheit benutzt hätte, die
ganze Frage der Dampfdruckformeln monographisch zu beleuchten.

Der Wert seiner Entdeckung hätte dabei auch voll zur Geltung gebracht werden können. […] Im letztvergangenen Jahrzehnt bemerkt man einen neuen Aufschwung, der in letzter Linie auf die Strahlungstheorie Planck's zurückgeht. Eine Vorlesung über die Anwendungen dieses neuen Forschungsgebietes auf chemische Probleme wäre sehr wünschenswert, und Herr Stern scheint mir alle Voraussetzungen zu erfüllen, um dieser Aufgabe gerecht zu werden. Somit möchte ich die Habilitation des Herrn Dr. Stern wärmstens befürworten.[39]

Sterns Habilitationsschrift wurde sowohl als Monografie als auch in der »Physikalischen Zeitschrift« veröffentlicht.[40]

So wurde Stern am 2. August 1913 Privatdozent für Physikalische Chemie, am 15. November 1913 hielt er seine Antrittsvorlesung über »Die Bedeutung der Molekulartheorie für die chemische Gleichgewichtslehre«.[41]

In Zürich trafen sich Otto Stern und Max Laue (1879-1960), das war der Anfang einer lebenslangen und sehr bedeutungsvollen Freundschaft. In Pfaffendorf (heute Koblenz) geboren, studierte Laue Physik und Mathematik an den Universitäten in Straßburg, Göttingen, München und Berlin. Dort galt er als Max Plancks Lieblingsschüler und promovierte 1903 bei diesem über »Über die Interferenzerscheinungen an planparallelen Platten«.[42] 1905 legte er sein Staatsexamen ab und erhielt bei Planck eine Assistentenstelle. Nachdem er sich 1906 habilitiert hatte, wirkte er ab 1909 als Privatdozent an der Universität München, wo er mit Arnold Sommerfeld zusammenarbeitete. Nunmehr beschäftigte er sich vor allem mit der Relativitätstheorie, zu der er grundlegende Beiträge liefern konnte. 1912 wechselte er an die Universität Zürich, wo er eine außerordentliche Professur bekam. Kurze Zeit später erhielt der Vater von Max Laue das Adelsprädikat, sodass sein Name fortan Max von Laue lautete.

Im Juli 1913 reisten Planck und Nernst nach Zürich, um Einstein für Berlin zu gewinnen. Einstein nahm das Angebot an, am 24. Juli 1913 wurde Einstein Ordentliches, das heißt, hauptamtliches Mitglied der Akademie in Berlin.

Im Jahre 1913 trat Stern in die Deutsche Physikalische Gesellschaft (DPG) ein und blieb das zeit seines Lebens, obwohl auch diese Gesellschaft 1933 zahlreiche jüdische Mitglieder ausschloss. Man kann diese

Mitgliedschaft als deutliches Zeichen interpretieren, dass es Otto Stern ernst meinte mit der Physik. Am 27. Februar 1914 reichte er bei den »Annalen der Physik« seine Arbeit »1. Zur Theorie der Gasdissoziation« ein,[43] erneut ging es um das Nernst'sche Wärmetheorem. Am 4. Juni 1914 ließ Einstein, der inzwischen in Berlin lebte, Stern wissen: »Ich habe Ihre Arbeit mehrmals gelesen und grosse Freude daran gehabt. Sie ist mit ausgezeichneter Klarheit geschrieben. Haber habe ich dringend empfohlen, sich die Sache genau zurecht zu legen. Mir gefällt es dauernd vorzüglich hier. Ich habe eine Fülle von Anregungen, nur zu viel.«[44]

Albert Einstein verließ Zürich im April 1914, er wirkte fortan als besoldetes Mitglied der Preußischen Akademie der Wissenschaften in Berlin.

Am 28. Juli 1914, also nur gut drei Monate nach Einsteins Wechsel nach Berlin, erklärte Österreich-Ungarn Serbien den Krieg, am 1. August 1914 folgte die Kriegserklärung des Deutschen Reichs an Russland. Stern meldete sich gleich zu Kriegsbeginn als Freiwilliger zum Kriegsdienst, den er 1915 bis 1916 in Lomscha versah.

Nach Einsteins Wechsel nach Berlin brachen die Beziehungen zu Otto Stern nicht ab, die beiden tauschten Briefe aus und blieben dadurch in Kontakt. Im Februar und März 1916 wurden fünf Briefe gewechselt, die erhalten sind; man diskutierte intensiv über thermodynamische Probleme und knüpfte damit an das bereits in Prag erörterte Thema der Nullpunktsenergie an. Es ging dabei um das sehr umstrittene Thema, »ob die Entropie von Lösungen dem Nernstschen Theorem gehorcht und bei abnehmender Temperatur gegen Null konvergiert«.[45] Stern hatte diese Frage in zwei in den »Annalen der Physik« publizierten Beiträgen erörtert: »Die Entropie fester Lösungen« und »Über eine Methode zur Berechnung der Entropie«.[46]

Einstein war, wie seine zahlreichen Briefe aus dem Jahr 1916 zeigen, nicht Sterns Meinung.[47] Das Jahr 1916 war für Einstein ein besonders wichtiges, er publizierte seine Allgemeine Relativitätstheorie in dem dadurch berühmt gewordenen Band 49 der »Annalen der Physik«.[48] Gleich auf Einsteins Abhandlung folgte in diesem Band die erste der oben genannten Abhandlungen von Otto Stern (Albert Einstein, »Die Grundlage der allgemeinen Relativitätstheorie«, S. 769-822, Otto Stern, »Die Entropie fester Lösungen«, S. 823-841).

Es soll nicht unerwähnt bleiben, dass Einstein am 5. Mai 1916 zum Präsidenten der Deutschen Physikalischen Gesellschaft gewählt wurde und dieses Amt bis 1918 innehatte.

Am 1. Oktober 1917 wurde er Direktor des für ihn neu geschaffenen Kaiser-Wilhelm-Institutes für Physik in Berlin-Dahlem.

Einstein und Stern trafen sich noch des Öfteren bei für Physiker besonders interessanten Tagungen und Konferenzen, so beispielsweise bei der Tagung der Deutschen Physikalischen Gesellschaft im September 1920 in Bad Nauheim.[49] Beide verstanden sich sowohl menschlich als auch wissenschaftlich trotz einiger fachlicher Differenzen sehr gut. Einstein wurde später auch als »Schöpfer und Rebell« beschrieben, diese Beschreibung trifft wohl auch auf Otto Stern zu. Wie Einstein, so war auch Stern ein unkonventioneller Denker.

Frankfurt am Main, Kriegsdienst, Berlin 1914–1919

Der Physikalische Verein – Gesellschaft für Bildung und Wissenschaft wurde am 24. Oktober 1824 gegründet.[50] Von Anfang an war ein Vortragsprogramm vorgesehen, ab 1834 gab es im sogenannten physikalischen Museum unter anderem eine Sammlung von wissenschaftlichen Apparaten zu sehen. Damit verfügte die Stadt Frankfurt am Main über eine hervorragende Bildungseinrichtung, in der vor allem die Physik eine große Rolle spielte. Die Stadt gehörte seit 1866 zu Preußen. Die Universität wurde am 18. Oktober 1914 als Königliche Universität zu Frankfurt am Main gegründet; Kaiser Wilhelm II. (1859-1941), zugleich König von Preußen, hatte am 10. Juni 1914 die Gründung genehmigt, daher die Bezeichnung »Königliche«. Die Universität war eine Stiftungsuniversität, die einzige in Deutschland.[51] Zu den Stiftern gehörte auch der Physikalische Verein. Nach dem Ersten Weltkrieg und dem Verlust des Stiftungsvermögens übernahm die Stadt Frankfurt die Trägerschaft, das Adjektiv »Königlich« im Namen der Universität entfiel.

Die Universität Frankfurt am Main gehörte zusammen mit der Friedrich-Wilhelms-Universität in Berlin zu den am besten ausgestatteten Hochschulen Deutschlands. Die Naturwissenschaften erhielten eine eigene Fakultät, entsprechende Studien führten zum Dr. rer. nat. und nicht zum Dr. phil., wie andernorts üblich. Dank des Physikalischen Vereins war die Naturwissenschaftliche Fakultät von Anfang an sehr gut aufgestellt, sie war die zweitgrößte Fakultät der Universität. So verwundert es nicht, dass der erste Rektor der Universität der Experimentalphysiker Richard Wachsmuth (1968-1941) war. Er promovierte 1892 an der Universität Leipzig mit der Dissertation »Untersuchungen auf dem Gebiet der inneren Wärmeleitung«. 1896 wurde er Assistent an der Universität in Göttingen, wo er sich 1898 habilitierte. In den Jahren 1898 bis 1905 lehrte er als außerordentlicher Professor für Physik an der Universität Rostock. Nach einem kurzen Zwischenspiel in Berlin setzte er seine Karriere in Frankfurt am Main fort. 1907 wurde er Dozent beim dortigen Physikalischen Verein, 1908 übernahm er eine Professur für Experimentalphysik an der Akademie für Sozial- und Handelswissenschaften, aus der schließlich die Universität Frankfurt

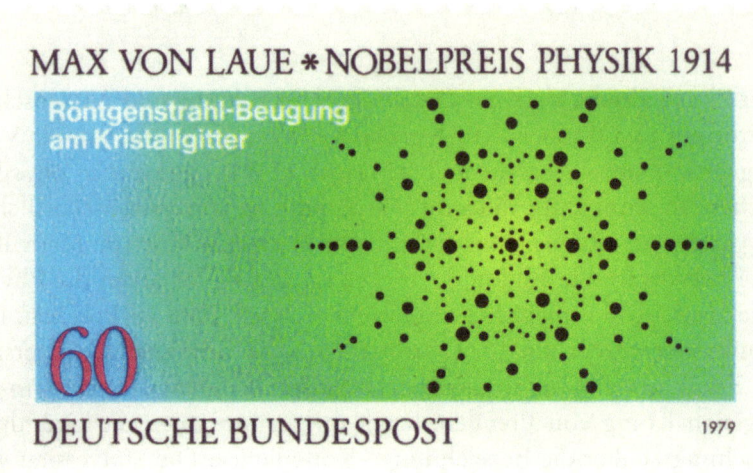

MAX VON LAUE * NOBELPREIS PHYSIK 1914

Röntgenstrahl-Beugung
am Kristallgitter

60

DEUTSCHE BUNDESPOST

1979

Briefmarke aus dem Jahr 1979: Max von Laue, Röntgenstrahl-Beugung am Kristallgitter, Nobelpreis 1914

am Main hervorging. Wachsmuth war in den Jahren 1913/14 der letzte Rektor dieser Akademie und wurde 1914/15 der erste Rektor der neugegründeten Universität. Gleichzeitig wurde er zum Direktor des Physikalischen Instituts ernannt, was er bis zu seiner Emeritierung im Jahr 1932 blieb. Das Physikalische Institut war damals im Gebäude des Physikalischen Vereins in der Robert-Mayer-Straße 2 untergebracht, was wiederum zeigt, wie eng der Physikalische Verein mit dem Fachbereich Physik verbunden war.[52]

Auch die Physikalische Chemie war an der neu gegründeten Universität vertreten. Richard Lorenz (1863-1929) hatte an der Friedrich-Schiller-Universität in Jena promoviert, wirkte dann an den Universitäten in Rostock und Göttingen sowie an der ETH in Zürich, wo er zum ordentlichen Professor ernannt wurde. 1910 wechselte er an die Frankfurter Akademie. Dort baute er mit Unterstützung des Physikalischen Vereins ein Institut für Physikalische Chemie auf, das 1914 in die neugegründete Universität eingegliedert wurde.

Der Lehrstuhl für Theoretische Physik wurde im Oktober 1914 mit Max von Laue besetzt, der als erster Professor für Theoretische Physik an die Universität Frankfurt am Main berufen wurde. Laue hatte 1915, rückwirkend für das Jahr 1914, den Nobelpreis für seine Arbeiten über die Beugung und Interferenz der Röntgenstrahlen durch die Atomanordnung der Kristalle (Laue-Diagramme) erhalten.

Otto Stern wechselte, nachdem Albert Einstein Zürich verlassen hatte, nach Frankfurt am Main. Am 10. November 1914 reichte er an der dortigen Universität ein Gesuch auf Umhabilitation ein. Gutachter war nunmehr Max von Laue; dies war sozusagen das dritte Gutachten über Sterns Habilitationsschrift. Aus dem langen Gutachten sei hier nur folgender Ausschnitt vorgestellt:

> Die Stern'sche Ableitung [der sogenannten »chemischen Konstante« des Dampfes] hat aber den großen Vorzug, daß sie die ja stets sehr unsicheren Methoden der heutigen Quantentheorie bei der Ableitung vermeidet und durch die in dem gewohnten Modell des festen Körpers enthaltene Hypothese ersetzt. Ich beantrage, diese Schrift als Habilitationsschrift anzunehmen. Ferner beantrage ich, da Herr Stern schon in Zürich am Polytechnikum habilitiert ist, und da ich aus einer großen Reihe von Kolloquiumsvorträgen seine Lehrbefähigung und den Umfang seines Wissens kenne und dabei mit immer neuer Freude seinen ungewöhnlichen wissenschaftlichen Eifer bemerkt habe, ihm die sonst für die Habilitation vorgeschriebenen wissenschaftlichen Leistungen zu erlassen. Drittens schlage ich vor – vorausgesetzt, dass mein Vorschlag einstimmig Annahme findet – ihm auch die pekuniäre Leistung zu erlassen.[53]

Laues Vorschläge wurden von der Fakultät einstimmig angenommen, am 20. Januar 1915 wurde Stern das Ergebnis mitgeteilt. Von nun an war er Privatdozent; wahrscheinlich war er der erste Privatdozent an der damals noch jungen Universität Frankfurt am Main.

Im Folgenden werden alle von Stern an der Universität Frankfurt am Main angekündigten Vorlesungen und Seminare aufgelistet, wobei es nicht immer klar ist, ob die Veranstaltungen auch wirklich stattfinden konnten. Diese Liste umfasst nur Sterns Vorlesungen während des Krieges:[54]

Winterhalbjahr 1915/16
Die Entropie; Stern (z. Zt. Luftschiffhafen Frankfurt am Main)

Sommerhalbjahr 1916
Einführung in die Quantentheorie; Stern (im Heeresdienst)

Winterhalbjahr 1916/17
Stern (im Heeresdienst)

Sommerhalbjahr 1917
Stern (im Heeresdienst)

Winterhalbjahr 1917/18
Stern (im Heeresdienst)

Sommerhalbjahr 1918
Prof. Linke, Prof. Seddig[55] und Dr. Stern

Winterhalbjahr 1918/19
Keine

Doch inzwischen war der Erste Weltkrieg ausgebrochen; Stern leistete vom 18. Dezember 1914 bis zum 26. November 1918 Kriegsdienst. Er war in einem Schnellkurs zum Meteorologen ausgebildet worden und wurde am Flieger- und Luftschiffhafen in Frankfurt am Main eingesetzt. Nachdem 1915 die polnische Stadt Lomscha (polnisch: Łomża), etwas westlich vom bekannteren Białystok gelegen, von den Deutschen besetzt wurde, versah Stern während der Zeit von etwa Juli 1915 bis August 1916 auf der dortigen Feldwetterstation seinen Dienst. Glücklicherweise überlebte er den Absturz seines Wetterflugzeuges.[56] Wie bereits berichtet, vollendete Stern in Lomscha zwei Arbeiten zum Entropiebegriff, die zu einer regen brieflichen Diskussion über dieses Thema mit Einstein führten. Danach war Stern wieder heimatnah, das heißt, in der Nähe von Frankfurt am Main, stationiert, sodass er wahrscheinlich seine Vorlesungen halten konnte, zu denen er als Privatdozent verpflichtet war. Am 3. Januar 1917 wandte sich Stern, der sich in Berlin aufhielt, in einem Brief an Max Born und hoffte auf die Abordnung zur Forschung in Berlin.[57] Kurze Zeit später ging sein Wunsch in Erfüllung.

Max Volmer (1885-1965), in Hilden geboren, begann an der Universität Marburg ein Chemiestudium und legte dort 1907 seine Verbandsprüfung ab. Danach wechselte er an die Universität Leipzig, wo er im März 1910 mit der Dissertation »Photographische Umkehrerscheinungen« promovierte.[58] Vom 1. Oktober bis Ende November 1918 hatte Volmer in Leipzig eine Assistentenstelle inne. Er habilitierte sich 1913 mit der Schrift »Die verschiedenen lichtelektrischen Erscheinungen am Anthracen, ihre Beziehung zueinander, zur Fluoreszenz und Dianthracenbildung«.[59] Von Beginn des Krieges an leistete Volmer Kriegsdienst. Nach Ende des Krieges konnte er wieder wissenschaftlich tätig werden, er verbrachte die Jahre von 1917 bis 1919 am Nernst'schen Institut für Physikalische Chemie in Berlin, wo er Otto Stern kennenlernte, und war teilweise gleichzeitig in den Jahren von 1918 bis 1920 bei der ebenfalls in Berlin angesiedelten Auergesellschaft tätig. Im Jahr 1918 erhielt er sein erstes Patent, nämlich für die Erfindung einer Quecksilberdampfstrahlpumpe; insgesamt konnte Volmer in den folgenden Jahren bis 1941 noch 25 weitere Patente erwerben.[60] Aus speziell diesem Treffen mit Otto Stern im Nernst'schen Institut ging ein ertragreicher wissenschaftlicher Dialog hervor: Die beiden Wissenschaftler publizierten in den Jahren 1919/20 gemeinsam drei Arbeiten. In der ersten mit dem Titel »Über die Abklingungszeit der Fluoreszenz«[61] wurde gezeigt,

daß man aus Messungen über die Beeinflussung der Fluoreszenzintensität durch Molekularstöße und über die Linienverbreiterung durch Molekularstöße die Abklingungszeit der Fluoreszenz berechnen kann. Aus den vorliegenden Messungen, die nur eine Überschlagsrechnung gestatten, ergab sich diese Zeit zu etwa $2 \cdot 10^{-8}$ sec in Übereinstimmung mit dem aus der klassischen Theorie für die Abklingungszeit eines Resonators folgenden Wert. Schließlich wurde diese Größe mit der Lebensdauer eines Moleküls im Bohrschen Zustand in Beziehung gebracht.[62]

In dieser Arbeit wurde die Stern-Volmer-Gleichung abgeleitet, welche die Abhängigkeit der Intensität der Fluoreszenz (Quantenausbeute) eines Farbstoffes gegen die Konzentration von Stoffen (Quenchern) beschreibt; sie bringen die Fluoreszenz zum Verlöschen.[63] Die zweite gemeinsame Arbeit mit dem Titel »Sind die Abweichungen der Atomgewichte von der Ganzzahligkeit durch Isotopie erklärbar?« ist einem gänzlich anderen Thema gewidmet.[64] Am Ende der Veröffentlichung steht folgende Zusammenfassung und Anmerkung:

> Es wurde experimentell nachgewiesen, daß Wasserstoff und Sauerstoff keine Isotopengemische sind. Jede Theorie der Kernstruktur, die von der Proutschen Hypothese ausgeht, muß also die Abweichungen der Atomgewichte von der Ganzzahligkeit durch Energiedifferenzen erklären.
> Vorstehende Arbeit wurde im August bis November 1918 im Physikalisch-Chemischen Institut der Universität Berlin ausgeführt. Hrn. Prof. Nernst sind wir für die hierzu erteilte Erlaubnis sowie sein anregendes und förderndes Interesse an der Arbeit zu großem Dank verpflichtet. Auch möchten wir Frl. Dr. L. Pusch für mehrfache freundliche Hilfeleistung bei den Versuchen unsern besten Dank aussprechen.[65]

Lotte Pusch (1891-1983) hatte 1916 mit der Doktorarbeit »Über die Zeitreaktion bei der Neutralisation der Kohlensäure und die wahre Dissoziationskonstante der Kohlensäure« bei Walther Nernst promoviert.[66] Sie unterstützte damals aber nicht nur die anstehenden Forschungsarbeiten. Oskar Blumtritt, Volmers Biograf, weiß zu berichten:

> Lotte Pusch, Otto Stern und Max Volmer trafen sich, wie zu jener Zeit üblich, häufig zum Meinungsaustausch in Cafés. Es entwickelte sich eine enge Freundschaft, der – wie erzählt wird, zum Leidwesen von Otto Stern – schließlich die Ehe von Lotte Pusch und Max Volmer folgte. Sie wurden am 15. März 1920 getraut. Frau Volmer gab ihre wissenschaftliche Karriere zugunsten ihres Gatten auf.[67]

Es war in der Tat damals so üblich, dass die Frauen mit der Heirat auf ihre Weiterbildung und Karriere verzichteten. Lotte Volmer stand, nachdem ihr Mann 1965 gestorben war, in lebhaftem Briefwechsel mit Otto Stern.

Die dritte gemeinsame Arbeit »Bemerkungen zum photochemischen Äquivalentgesetz vom Standpunkt der Bohr-Einsteinschen Auffassung der Lichtabsorption«[68] beginnt mit Ausführungen zum »Einsteinschen Gesetz und lichtelektrischen Erscheinungen«. Ausgehend von der Bohr-

Einsteinschen Auffassung der Lichtabsorption nach dem photochemischen Äquivalenzprinzip wurde im Folgenden der Einfluss der Lichtabsorption auf die Stärke chemischer Reaktionen untersucht.

Wie bereits berichtet, erhielt Walther Nernst 1921 den Nobelpreis für 1920; in den Jahren 1921/22 hatte er das Rektorat der Friedrich-Wilhelms-Universität in Berlin inne.

Am 31. Januar 1919 starb Otto Sterns Vater in Berlin. Walther Nernst übermittelte am 2. März 1919 sein Beileid: »[…] ich erfuhr inzwischen, daß leider Ihr Herr Vater plötzlich verstorben ist u. spreche Ihnen zu diesem schweren Verluste mein aufrichtiges Beileid aus.«[69]

Von besonderer Bedeutung war für Stern, dass er während seines Aufenthalts im Nernst'schen Institut in Berlin auch mit Max Born in wissenschaftlichen Kontakt kam. Dieser, 1882 in Breslau geboren, also sechs Jahre älter als Stern, hatte 1906 an der Universität Göttingen promoviert und habilitierte sich ebenda 1909. Seine erste Stelle, eine außerordentliche Professur in theoretischer Physik, erhielt Born 1915 an der Friedrich-Wilhelms-Universität in Berlin, wo er mit Max Planck, Albert Einstein und Walther Nernst und eben auch mit Otto Stern zusammenarbeitete. Er beschäftigte sich damals unter anderem mit der Theorie der atomaren Kristallgitter, insbesondere mit deren Dynamik und Thermodynamik, wozu er zahlreiche Beiträge sowie 1915 und 1921 zwei Lehrbücher veröffentlichte.[70] Das Thema interessierte auch Otto Stern, sodass 1919 in den Sitzungsberichten der Preußischen Akademie der Wissenschaften die gemeinsame Arbeit »Über die Oberflächenenergie der Kristalle und ihren Einfluß auf die Kristallgestalt« erschien.[71] Vorgelegt wurde diese Arbeit von Albert Einstein, der Mitglied der Preußischen Akademie war.

Der Erste Weltkrieg endete im November 1918. Die Zeiten danach waren sehr schwierig, insbesondere in Berlin. Im Februar 1919 kehrte Stern nach Frankfurt am Main zurück.

Otto Stern stand nach seiner Promotion am Scheideweg: Sollte er das Angebot des Chemikers Walther Nernst annehmen oder sich der theoretischen Physik widmen? Er entschied sich, obwohl er von seiner Ausbildung her Chemiker beziehungsweise Physikochemiker war, für die theoretische Physik und wurde Assistent von Albert Einstein. Dazu passt, dass er 1913 Mitglied der Deutschen Physikalischen Gesellschaft wurde. Was wäre aus ihm geworden, wenn er Walther Nernst nach Berlin gefolgt wäre?

Eines der dunkelsten Kapitel während des Ersten Weltkrieges ist der Giftgaskrieg, der 1915 begann. Wie die Entscheidung für den Einsatz von Giftgas als Kampfmittel fiel und welche Folgen der Einsatz von Giftgas hatte, wurde bereits in zahlreichen Untersuchungen behandelt. Hier kann keine Darstellung dieses Teils des Krieges vorgestellt werden, aber es soll doch auf einige Punkte hingewiesen werden. Der Wissenschaftshistoriker Armin Hermann spricht in seinem Werk »Wie die Wissenschaft ihre Unschuld verlor. Macht und Mißbrauch der Forscher« von der »Mobilisierung der Chemie« während des Ersten Weltkrieges.[72] In der Tat spielte die Chemie eine Schlüsselrolle, insbesondere waren Fritz Haber und sein Kaiser-Wilhelm-Institut für Physikalische Chemie beteiligt. Haber erhielt die volle Unterstützung von Walther Nernst und zahlreichen weiteren Chemikern. Das Ergebnis war die Entwicklung von diversen Arten von Giftgasen, die dann auch eingesetzt wurden. Klaus Hoffmann schilderte in seinem Werk »Schuld und Verantwortung«, dass Otto Hahn (1879-1968) zusammen mit James Franck (1882-1964) und Gustav Hertz (1887-1975) im Auftrag von Fritz Haber am 22. April 1915 persönlich den erstmaligen Einsatz von Chlorgas in der zweiten Flandernschlacht überwacht haben: »Die Giftgaswolke überraschte damals noch den Gegner, etwa 5.000 Soldaten starben und weitere etwa 10.000 wurden kampfunfähig verletzt. Drei Tage später, am 25. April 1915 schrieb Meitner an Hahn: ›Ich beglückwünsche Sie zu dem schönen Erfolg bei Ypern.‹ Meitner war selbst nicht an der Forschung oder Entwicklung chemischer Kampfstoffe beteiligt. Sie ließ sich zur Röntgenassistentin und Krankenpflegerin ausbilden«,[73] um den Kriegsverletzten bestmöglich helfen zu können.

Aber es gab durchaus auch andere Stimmen, hier sei Max Born genannt, der in seiner Autobiografie festhielt: »Dann kam die Zeit des Grabenkrieges, der zu einem endlosen Kampf ohne Entscheidung zu führen schien. Um diese Stockung zu überwinden, schlug Haber die Anwendung von Giftgas vor und organisierte diese neue Waffe. Mir war die chemische Kriegsführung zutiefst zuwider, ich lehnte es ab, mich irgendwie daran zu beteiligen, und brach sogar alle persönlichen Beziehungen zu Haber ab.«[74] Der Abbruch der Beziehungen zwischen Born und Haber währte allerdings nur bis nach dem Ersten Weltkrieg, danach nahm Born die Zusammenarbeit mit Haber wieder auf.

Die Physik an der Universität Frankfurt am Main nach dem Ersten Weltkrieg

Inzwischen hatten sich die Verhältnisse an der Universität Frankfurt am Main geändert. Max von Laue, seit 1915 Nobelpreisträger, war ein äußerst begehrter Wissenschaftler, so erhielt er einen Ruf an die Universität Berlin. Im Gegenzug sollte Max Born das Ordinariat in Frankfurt übernehmen. Max Born berichtete über diesen Vorgang in seiner Autobiografie:

> Als ich zuerst von Laues Angebot hörte, unsere Stellungen zu tauschen, erschien es mir phantastisch. Kandidaten für Lehrstühle an deutschen Universitäten wurden von der jeweiligen Fakultät vorgeschlagen und vom Erziehungsminister ernannt – ein privater Tausch von Lehrstühlen an verschiedenen Universitäten paßte nicht in dieses Schema. Doch in diesen revolutionären Zeiten war alles möglich. Planck selbst war bereit, eine Empfehlung abzugeben, wenn ich mich bereit erklärte. Nach sorgsamer Überlegung tat ich dies. Es bedeutete die Beförderung zu einer vollen Professur (Ordinariat). Hedi und ich waren auch froh, aus dem Tumult des revolutionären Berlin herauszukommen.[75]

Laue wechselte also 1919 an die Universität Berlin und begann mit seiner Tätigkeit am Kaiser-Wilhelm-Institut für Physik, dessen Direktor seit 1917 Einstein war; seit 1921 fungierte Laue als Einsteins Stellvertreter.

An der Universität Frankfurt am Main wurde Laue durch Max Born ersetzt, der in Frankfurt sein erstes Ordinariat für theoretische Physik erhielt. Im Februar 1919 kehrte Stern ebenfalls nach Frankfurt zurück. Mit Born kam auch Alfred Landé (1888-1976) nach Frankfurt, der schon während des Krieges mit Born in Berlin intensiv zusammengearbeitet hatte. Landé hatte kurz vor Ausbruch des Ersten Weltkrieges 1914 in München bei Arnold Sommerfeld über die Methode der Eigenschwingungen in der Quantentheorie promoviert.[76] An der Universität Frankfurt am Main war damals die räumliche Situation erbärmlich, Born standen nur zwei Räume zur Verfügung. So teilte Born sein

Haus des Physikalischen Vereins. Front am Kettenhofweg. Hier waren auch die Physik-
institute der 1914 gegründeten Frankfurter Universität untergebracht. Linkes Zimmer:
Laues und später Borns und Landés Arbeitsraum, linkes Zimmer unter dem Balkon:
Sterns Arbeitsraum

Zimmer und sogar seinen Schreibtisch mit Landé. Das zweite kleine
Zimmer hatte Born großzügigerweise Stern überlassen.

Otto Stern meldete sich bereits am 1. März 1919 bei Landé und hoffte auf einen wissenschaftlichen Gedankenaustausch: »Wie mir Born
erzählte, rechnen Sie jetzt Alkalispektren. Davon würde ich gern etwas
hören, ich habe es nämlich vor einiger Zeit auch versucht, dann aber
aufgegeben. Also lassen Sie mal etwas von sich hören und besuchen Sie
[mich] möglichst bald einmal.«[77]

Dank der Born'schen Unterstützung konnte sich Landé in Frankfurt
am Main im Sommersemester 1919 mit einer Arbeit über das Heli-
umspektrum habilitieren, seinen Lebensunterhalt jedoch verdiente er
sich als Lehrer an der Odenwaldschule in Heppenheim an der Berg-
straße. Landé verbrachte in Frankfurt die wohl bedeutendste Phase
seiner wissenschaftlichen Tätigkeit; er beschäftigte sich dort mit den
schwierigsten Problemen der Atomtheorie, und dies mit dem größten
Erfolg. So gelang ihm damals mit der Erklärung des anomalen Zeeman-

Effektes ein großartiger Durchbruch in der Quantenmechanik. Der Zeeman-Effekt beschreibt die Aufspaltung von Spektrallinien durch ein Magnetfeld. Man unterscheidet den normalen und den anomalen Zeeman-Effekt. Zum normalen gehören die ungeraden Multiplett-Aufspaltungen (1, 3, 5 usw. Linien symmetrisch um die Energielage ohne Magnetfeld) und zum anomalen die geraden Multiplett-Aufspaltungen (2, 4, 6 usw. Linien). Die ungeraden Multiplett-Aufspaltungen, also den normalen Zeeman-Effekt, konnten Sommerfeld und Peter Debye (1884-1966) mit Hilfe der klassischen Physik erklären, wenn sie die Hypothese der sogenannten »Richtungsquantelung« aufstellten. Richtungsquantelung heißt, die magnetischen Momente in Atomen können sich in einem äußeren Magnetfeld nur in bestimmte Richtungen relativ zum äußeren Feld einstellen. Beim anomalen Zeeman-Effekt werden die Spektrallinien zwei-, vierfach und so weiter aufgespalten, was nach den Gesetzen der klassischen Physik nicht erklärt werden konnte. Durch empirische Analyse der Messdaten gelang es 1921 Landé, indem er als Arbeitshypothesen einen halbzahligen weiteren unbekannten Spin im Atom mit einem nichtklassischen gyromagnetischen Faktor einführte, den anomalen Zeeman-Effekt zu beschreiben. Der sogenannte g-Faktor gibt den Zusammenhang zwischen dem Drehimpuls und dem magnetischen Moment eines Atoms an. 1925 entdeckten George Uhlenbeck (1906-1988) und Samuel Goudsmit (1902-1978), dass dieser unbekannte Spin der Elektronenspin war. Landé veröffentlichte in den Jahren 1921 bis 1923 in der »Zeitschrift für Physik« mehrere Arbeiten über den anomalen Zeeman-Effekt.[78] Born blieb allerdings nur bis 1921 in Frankfurt am Main, er wurde an die Universität Göttingen berufen. Und auch Landé blieb nicht sehr viel länger, im Herbst 1922 folgte er einem Ruf an die Universität Tübingen, wo er ein Extraordinariat bekam.

Am 2. August 1919 stattete Stern Einstein, der sich damals in Zürich aufhielt,[79] einen Besuch ab, Einstein berichtete Hedwig Born darüber: »Gestern war Stern bei mir. Er ist von Frankfurt und dem Institut begeistert.«[80] Am 6. August 1919 wurde Stern an der Universität Frankfurt am Main zum Professor ernannt: »Dem Privatdozenten in der Naturwissenschaftlichen Fakultät der Universität zu Frankfurt a.M. Dr. Otto Stern habe ich in Anerkennung seiner wissenschaftlichen Leistungen das Prädikat ›Professor‹ beigelegt«, so der Minister für Wissenschaft,

Universitätsarchiv Frankfurt am Main (UAF)
Abt. 144, Nr. 288, Bl. 7

N. F. -Nr. 461.

7

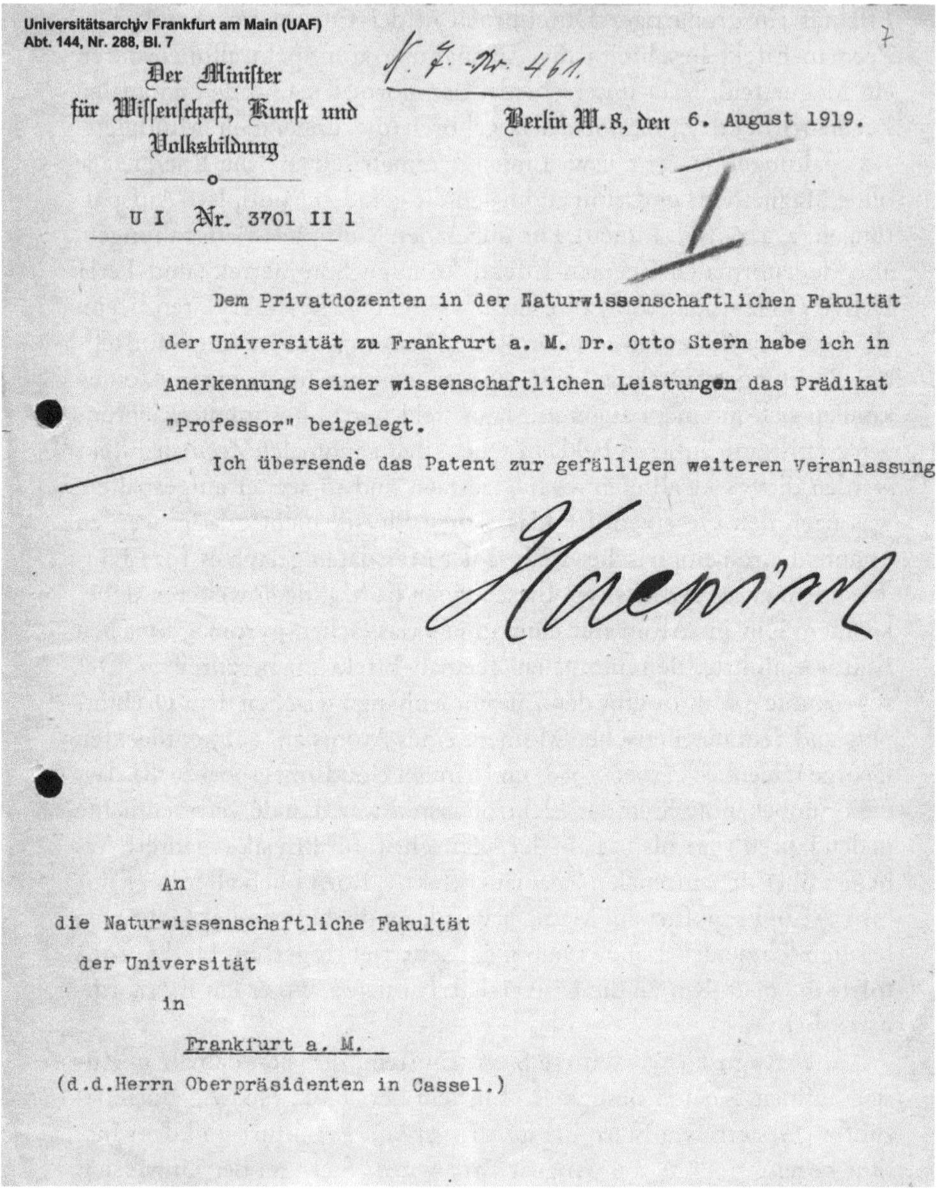

Der Minister
für Wissenschaft, Kunst und
Volksbildung

U I Nr. 3701 II 1

Berlin W. 8, den 6. August 1919.

Dem Privatdozenten in der Naturwissenschaftlichen Fakultät der Universität zu Frankfurt a. M. Dr. Otto Stern habe ich in Anerkennung seiner wissenschaftlichen Leistungen das Prädikat "Professor" beigelegt.

Ich übersende das Patent zur gefälligen weiteren Veranlassung

Haenisch

An
die Naturwissenschaftliche Fakultät
der Universität
in
Frankfurt a. M.
(d.d.Herrn Oberpräsidenten in Cassel.)

Schreiben des preußischen Kultusministers Konrad Haenisch vom 6. August 1919 an die Naturwissenschaftliche Fakultät der Universität Frankfurt am Main

Kunst und Volksbildung Konrad Haenisch an die Naturwissenschaftliche Fakultät.[81]

Einstein, der von der Ernennung wusste, gratulierte Stern.[82] In der Folgezeit hielt Stern folgende Vorlesungen:

Sommerhalbjahr 1919
Molekulartheorie I: Kinetische Gastheorie

Winterhalbjahr 1919/20
Thermodynamik
Molekulartheorie II: Statistische Mechanik
Das Atom (auch für Chemiker)
Seminar über Quantentheorie; Max Born und Otto Stern

Sommerhalbjahr 1920
Analytische Mechanik
Übungen dazu: vierzehntägig
Seminar über Probleme der modernen Physik, Max Born, Alfred Landé und Otto Stern

Winterhalbjahr 1920/21
Mechanik der Continua (Elastizitätstheorie und Hydrodynamik)

Sommerhalbjahr 1921
Theorie der Wärme (Wärmeleitung und Thermodynamik)
Seminar über neuere Probleme der Physik, N.N. Stern und Landé

Winterhalbjahr 1921/22
Theoretische Physik, Theorie der Elektrizität
Übungen in anwendbarer Mathematik; Hellinger, Stern, Madelung[83]

Max Born, o. J.

Teilnehmer des von Lise Meitner und James Franck organisierten »Bonzenfreien Treffens«
im April 1920 in Berlin-Dahlem, von links: Otto Stern, Friedrich Paschen, James Franck,
Rudolf Ladenburg, Paul Knipping, Niels Bohr, Ernst Wagner, Otto von Baeyer, Otto Hahn,
Georg von Hevesy, Lise Meitner, Wilhelm H. Westphal, Hans Geiger, Gustav Hertz und
Peter Pringsheim

Man sieht an den Vorlesungsankündigungen, dass Stern gern mit seinen Kollegen zusammenarbeitete, so mit Born, Landé, Ernst Hellinger
(1883-1950), der Schüler von David Hilbert und seit 1914 Professor der
Mathematik in Frankfurt am Main war, sowie mit dem Physiker Erwin
Madelung (1881-1972).

Im April 1920 fuhr Stern nach Berlin, wo Niels Bohr am 27. April
1920 im Mittwochs-Kolloquium einen Vortrag hielt und bei dieser Gelegenheit Albert Einstein und Max Planck persönlich kennenlernte. Hier
lernten sich auch Otto Stern und Niels Bohr kennen, was zu einer lebenslangen und sehr wichtigen Freundschaft führte. Nach Bohrs Vortrag fand eine Zusammenkunft statt, das als »Bonzenfreies Treffen« in
die Geschichte der Physik einging; »bonzenfrei« bedeutete, dass sich unter den Teilnehmern keine berühmten Ordinarien, sogenannte Bonzen,
befanden. Organisiert wurde es von Lise Meitner und James Franck.
Diese Begegnung wurde mit einem Foto festgehalten.

Doch zurück nach Frankfurt am Main. Born bekam im Mai 1920 einen Ruf an die Universität Göttingen, aber er wollte unter bestimmten Bedingungen in Frankfurt bleiben. Es handelte sich um folgende fünf Punkte: 1. Erweiterung der Arbeitsräume einschließlich einer verbesserten Werkstatt. »2. Lehrbetrieb: Prof. Stern bekommt eine etatmäßige Professur. (Nur auf diese Weise kann ich ihn mir als Mitarbeiter erhalten).« 3. Gehaltsforderungen. 4. Das Hilfspersonal, das heißt, der Mechaniker, sollte eine fest besoldete Stelle bekommen. Und 5. »Die für diese Neuordnung nötigen Fonds müssen unabhängig vom Schicksal der Frankfurter Universität sicher gestellt werden.«[84]

Eine Bedingung war also, dass Stern eine etatmäßige Professur erhalten sollte. Am 16. Juli 1920 ließ Born Einstein wissen: »Ich möchte natürlich Stern haben. Aber Wachsmuth will nicht; er sagte mir: ›Ich schätze Stern sehr, aber er hat solch zersetzenden jüdischen Intellekt!‹ Es ist wenigstens offener Antisemitismus. […] Stern hat unser kleines Institut in die Höhe gebracht und verdient durchaus die Anerkennung. Ich brauche Dir seinen Wert ja nicht auseinanderzusetzen.«[85] In einem Brief vom 12. Februar 1921 informierte Born Einstein: »Leider ist es mir nicht gelungen, Sterns Berufung durchzusetzen. Er ist sehr traurig darüber; denn seine Aussichten sind unter den heftigen, antisemitischen Verhältnissen sehr betrüblich. Er denkt daran, in die Industrie zu gehen, was ich für verrückt halte.«[86] In seinen »Erinnerungen« hielt Born fest:

Meine letzten Eindrücke in Frankfurt waren die Diskussionen über meinen Nachfolger gewesen; ich hatte nachdrücklich aber erfolglos meinen Privatdozenten Otto Stern empfohlen. Die Fakultät wählte statt dessen Erwin Madelung, ebenfalls ein guter Kandidat, der außerdem noch den Vorteil hatte, kein Jude zu sein. Doch er bekam nie den Nobelpreis wie Stern.[87]

Nachdem Born mit seiner Forderung gescheitert war, wechselte er im Jahre 1921 nach Göttingen. Sein Nachfolger in Frankfurt am Main wurde Erwin Madelung, der, wie zu erwarten, an erster Stelle der Berufungsliste stand; Otto Stern stand an zweiter Stelle. Und natürlich nahm Madelung den Ruf an.

Vom 19. bis zum 25. September 1920 fand die erste offizielle Tagung der Deutschen Physikalischen Gesellschaft im Frankfurt nahe gelege-

INSTITUT F. THEORET. PHYSIK
DER UNIVERSITÄT
FRANKFURT A. M.
ROBERT MAYER STR. 2.

1. Juni 1920.

Für den Fall, daß ich in Frankfurt verbleibe, wünsche ich folgendes.

1) Institut.

+   Erweiterung der Räume; mindestens 3 weitere Arbeitsräume
für Doktoranden, Arbeitsräume für Prof. Stern u. mich.
Verbesserte Werkstatt.

Ein weiter Assistent. Ein Hilfsmechaniker.

Etat: Mindestens 10.000,– M jährlich. Einmalige Auf-
wendung von 50.000,– M für Anschaffungen von Apparaten
5000,– M für Anschaffung von Büchern.)

+ 2) Lehrbetrieb. Prof. Stern bekommt eine etatmäßige
Professur. (Nur auf diese Weise kann ich ihn mir
als Mitarbeiter erhalten).

3) Gehalt mindestens in derselben Höhe wie in Göttingen.
(Gesammteinkommen etwa 54.000, M.)

4) Das Hilfspersonal (Mechaniker) des Instituts soll
fest besoldete Beamtenstellen bekommen.

5) Die für diese Neuordnung nötigen Fonds müssen
unabhängig vom Schicksal der Frankfurter Universität sicher gestellt werden.

Prof. M. Born.

Max Borns Forderungen bei seinen Bleibeverhandlungen

nen Bad Nauheim statt. Teilnehmer waren alle großen deutschen Pioniere der Quantenphysik, so auch Einstein; aus Frankfurt nahmen nicht nur Stern, sondern auch Born und Landé teil. Stern hielt einen Vortrag über seine erst kurze Zeit vorher gelungenen Messungen zur Maxwell'schen Geschwindigkeitsverteilung von Atomstrahlen, der genaue Titel lautete: »Eine direkte Messung der thermischen Molekulargeschwindigkeit«; an den Vortrag schloss sich eine rege Diskussion an.[88]

Born verbrachte die Jahre von 1921 bis 1933 an der Universität Göttingen – eine sehr fruchtbare Zeit in seiner Karriere. Er bildete eine größere Zahl von Doktoranden aus, von denen viele danach erfolgreich wurden. Es seien hier nur diejenigen erwähnt, die in der vorliegenden Stern-Biografie eine Rolle spielen: Friedrich Hund (1896-1997) promovierte im Jahr 1924 bei Born, Pascual Jordan (1902-1980) im Jahr 1925, Robert Oppenheimer (1904-1967) im Jahr 1927 und Maria Goeppert-Mayer (1906-1972) im Jahr 1931.

Stern hatte im Nernst'schen Institut in Berlin sehr erfolgreich experimentell gearbeitet. Daher war es keine Überraschung, dass er als Privatdozent der theoretischen Physik in Frankfurt am Main seine experimentelle Tätigkeit fortsetzte. Als großer Glücksfall für Stern erwies sich dabei eine Werkstatt am theoretischen Institut, in welcher der junge Feinmechaniker Adolf Schmidt (1893-1971) arbeitete.

Obwohl es nach dem Krieg an allem mangelte, gab es in Frankfurt am Main, vermittelt durch den Frankfurter Physikalischen Verein, Gönner aus der Industrie,

Alfred Landé, o. J.

die Stern mit Apparaturen, flüssiger Luft und anderem zur Seite standen.

In Frankfurt widmete sich Stern von Anfang an einem vollkommen neuen Arbeitsgebiet: der Erforschung der Molekularstrahlen. War bislang die Thermodynamik sein wichtigstes Forschungsgebiet gewesen, so vernachlässigte er dieses nunmehr für eine bestimmte Zeitlang, aber er verlor es nie ganz aus den Augen.

Louis Dunoyer (1880-1963) war der erste, der einen Atomstrahl im Vakuum erzeugen konnte; das war die Geburtsstunde der Molekularstrahlmethode. Nach seiner Promotion wirkte Dunoyer in Paris als Stipendiat im Labor von Marie Curie (1867-1934), 1913 wurde er Professor am Conservatoire des arts et des métiers in Paris. Seine molekulartheoretischen Ergebnisse veröffentlichte er in den Jahren 1911 und 1913.[89]

Adolf Schmidt, o. J.

In seinem ersten Beitrag »Sur la réalisation d'un rayonnement materiel d'origine purement thermique. Cinétique expérimentale« aus dem Jahr 1911 konnte er zeigen, dass sich bei hinreichend niedrigem Druck die Atome oder Moleküle geradlinig im Vakuum bewegen, wenn man Gas durch ein kleines Loch in ein evakuiertes Gefäß strömen lässt. Und er erkannte, dass ein einem Lichtstrahl und seinem Schatten vergleichbarer scharfer Schatten eines im Strahl platzierten Hindernisses auf einer Auffangplatte entsteht. Dunoyers Erkenntnisse waren die Grundlage für Otto Sterns Versuche, der 1919 begann, die Molekularstrahlmethode weiter auszubauen.

Das Jahr 1919 war für Einstein wiederum ein ganz besonderes Jahr. Am 29. Mai beobachtete eine britische Expedition anlässlich einer Sonnenfinsternis die von Einstein in seiner Allgemeinen Relativitätstheorie vorhergesagte Lichtablenkung, die anschließend bestätigt werden konnte. Am 6. November wurde in einer feierlichen Sitzung der Royal Society und der Royal Astronomical Society das Ergebnis offiziell bekannt gegeben. Einstein und seine Relativitätstheorie waren damals in aller Munde.

Nicht nur für Landé, sondern auch für Stern war es ein Glücksfall, dass Born 1919 nach Frankfurt am Main wechselte, denn dieser unterstützte die Stern'schen Untersuchungen nach Kräften, vor allem auch finanziell. Born hielt überaus gut besuchte Vorlesungen über Relativitätstheorie, für die er Eintrittsgeld verlangte; so kam eine ansehnliche Summe zustande.[90] Damit konnten Apparaturen angeschafft werden, was für Stern sehr wichtig war.

Born schilderte in seinen »Erinnerungen« diese Zeit so:

Mein Stab bestand aus einem Privatdozenten, einer Assistentin und einem Mechaniker. Ich hatte das Glück, in Otto Stern einen Privatdozenten von höchster Qualität zu finden, einen gutmütigen, fröhlichen Mann, der bald ein guter Freund von uns wurde. Die Assistentin Elisabeth Bormann,[91] die in Berlin ausgebildet worden war und einige Zeit in der Industrie gearbeitet hatte. Diese Zeit war die einzige in meiner wissenschaftlichen Laufbahn, in der ich eine Werkstatt und einen ausgezeichneten Mechaniker[92] zu meiner Verfügung hatte; Stern und ich machten guten Gebrauch davon.[93] [...] Die Arbeit in meiner Abteilung wurde von einer Idee Sterns beherrscht. Er wollte die Eigenschaften von Atomen und Molekülen in Gasen mit Hilfe molekularer Strahlen, die zuerst von Dunoyer erzeugt worden waren, nachweisen und messen. Sterns erstes Gerät sollte experimentell das Geschwindigkeitsverteilungsgesetz von Maxwell beweisen und die mittlere Geschwindigkeit messen. Ich war von dieser Idee so fasziniert, daß ich ihm alle Hilfsmittel meines Labors, meiner Werkstatt und die mechanischen Geräte zur Verfügung stellte. [...]. Sterns Experimente waren ein voller Erfolg.[94]

In seinem ersten Experiment in Frankfurt untersuchte Stern die Geschwindigkeitsverteilung von Atom- beziehungsweise Molekularstrahlen in Abhängigkeit von der Verdampfungstemperatur. Die Grundhypothese der kinetischen Gastheorie und der ganzen Molekularteorie war, dass die Moleküle sich dauernd in Bewegung befinden, wobei ihre Energie, das heißt die Geschwindigkeit, nur von der Temperatur abhängt. Nach James Clerk Maxwell (1831-1879) konnte die mittlere Energie zwar berechnet werden, doch, so Stern, war bislang diese Geschwindigkeit noch nie direkt gemessen worden. Adolf Schmidt gelang es, aufbauend auf Sterns Entwurf, eine funktionierende Apparatur herzustellen.

Im April 1920 war Sterns erster Beitrag mit dem Titel »Eine direkte Messung der thermischen Molekulargeschwindigkeit« publikationsreif, sodass er ihn als vorläufige Mitteilung am 27. April bei der »Zeitschrift für Physik« einreichte.[95] Im Zentrum der Apparatur befand sich ein Platindraht. Silberatome wurden bei 962° Celsius durch Erhitzen dieses Platindrahtes verdampft. Ein Teil dieses Silberdampfes wurde zu einem sehr feinen Atomstrahl ausgeblendet, der sich geradlinig ausbreitete und auf einer Messingplatte als schwarzer Fleck (Silbersulfid) nachgewiesen werden konnte. Dieses Apparaturteil konnte in schnelle Rotationen gebracht werden. Je nach Rotationsgeschwindigkeit und Atomstrahlgeschwindigkeit traf der Atomstrahl auf einem anderen Detektorort auf (siehe Abb. S. 64). Aus den Abstandsverhältnissen der Blenden zum Platindraht und Detektor, der Rotationsgeschwindigkeit und den Auftrefforten auf dem Detektor konnte Stern die mittlere Atomgeschwindigkeit bestimmen, die um etwa 10% größer als der von Maxwell vorhergesagte Wert war. Sterns Experiment wurde auch in Berlin von Einstein, Haber, von Laue und anderen mit großem Interesse wahrgenommen und das Ergebnis diskutiert. Einstein bemerkte, dass Stern in seiner Analyse einen Fehler gemacht hatte. Die durch die Blenden gehende Stromstrahlintensität ist nicht proportional der Dampfdichte ($\sim v^2$), sondern proportional des Dampfflusses ($\sim v^3$). Nachdem Stern seine Analyse entsprechend korrigiert hatte, stellte er eine perfekte Übereinstimmung mit dem Maxwell-Gesetz fest. Damit bestätigte er die von Maxwell berechnete Geschwindigkeitsverteilung von Gasmolekülen.

Auf Grund von Einwänden, darunter eine berechtigte Kritik von Einstein, kam es noch zu einer Veröffentlichung eines Nachtrages, der am 22. Oktober eingereicht wurde. In diesem präsentierte Stern seine Darstellung in einer entsprechend verbesserten Form.[96] Außerdem hatte er, wie bereits erwähnt, seine Ergebnisse auch auf der Tagung der Deutschen Physikalischen Gesellschaft im September 1920 in Bad Nauheim vorgetragen.[97]

Die neue Methode gestattete es zum ersten Mal, Moleküle mit bekannter, einheitlicher Geschwindigkeit herzustellen. Mit diesem Versuch schuf Stern die Grundlage zur Entwicklung der sogenannten Atom- oder Molekularstrahlmethode, die zu einer der erfolgreichsten Untersuchungsmethoden in der Physik und Chemie überhaupt werden sollte. Am Ende seiner am 27. April 1920 eingereichten Pionierarbeit »Eine direkte Messung der thermischen Molekulargeschwindigkeit« bedankte sich Stern für die großartige Unterstützung: »Vorliegende Arbeit wurde im Institut für theoretische Physik der Universität Frankfurt a.M. ausgeführt. Dem Direktor des Instituts, Herrn M. Born, bin ich für die freundschaftliche Art, in der er mir Etat und sämtliche Mittel des Instituts in weitherzigster Weise zur Verfügung stellte, und sein lebhaftes Interesse am Fortgange der Arbeit zu größtem Dank verpflichtet. Ebenso möchte ich dem Institutsmechaniker, Herrn A. Schmidt, für seine ständige Mitarbeit und zahlreichen wertvollen Ratschläge meinen herzlichsten Dank aussprechen.«[98]

Stern konnte somit gerichtete Atomstrahlen herstellen, von denen er den absoluten Impuls der einzelnen Atome sehr genau kannte. Aufgrund der Wechselwirkung der sich bewegenden Atome mit äußeren elektromagnetischen Feldern war er somit in der Lage, durch Ablenkung dieser Strahlen transversale Impulsänderungen mit bis dahin nicht gekannter Genauigkeit zu messen und die magnetischen und elektrischen Eigenschaften von einzelnen Atomen oder später Atomkernen in deren Grundzustand zu bestimmen, was mittels der Spektroskopie nicht möglich war.

Walther Gerlach wurde am 1. August 1889 in Biebrich, heute Wiesbaden-Biebrich, geboren, er war also nur wenig jünger als Otto Stern. Nach seinem Abitur, das er 1908 in Wiesbaden ablegte, studierte Gerlach an der Universität Tübingen, wo er sich unter der Ägide von Friedrich Paschen (1865-1947) zu einem exzellenten Experimentalphysiker entwickelte; von 1911 bis 1916 hatte er bei diesem eine Assistentenstelle inne. Gerlachs erstes großes Forschungsgebiet war die Konstante des Stefan-Boltzmann'schen Strahlungsgesetzes, über das er 1912 bei Paschen promovierte und sich 1916 habilitierte.[99] Von 1915 bis 1918 war

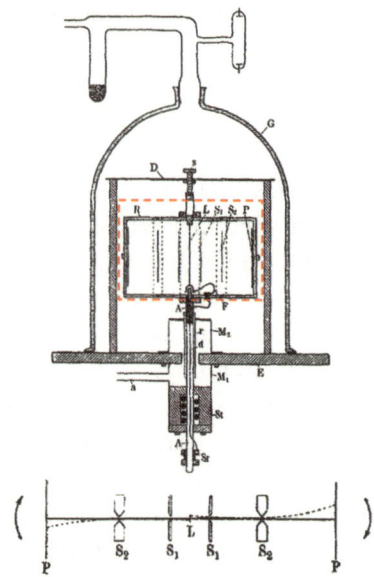
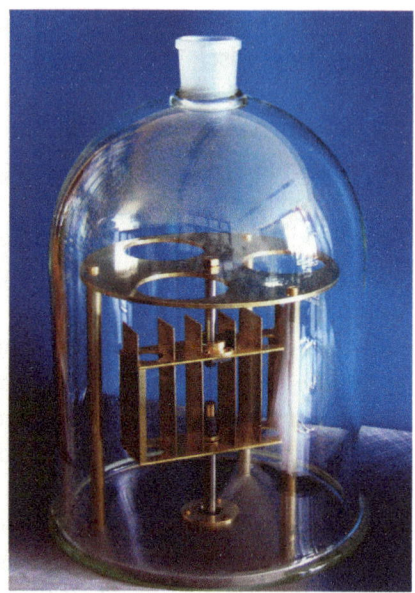

Sterns Apparat zur Messung der Geschwindigkeit der Silber-Atome, Zeichnung und Nachbau

Gerlach im Kriegsdienst an der Westfront, in Jena und in Berlin eingesetzt, meist in technischen Einheiten. Dabei lernte er mehrere hochkarätige Physiker kennen, darunter auch Max Born, Gustav Hertz, James Franck und Peter Debye. Stern und Gerlach hatten sich ebenfalls bereits während des Ersten Weltkrieges getroffen, als Stern ein technisches Verfahren zur Erhöhung der Viskosität von Schmierölen durch elektrische Entladungen entwickeln sollte.[100] Am 29. September 1917 heiratete Gerlach Wilhelmine Mezger (1889-1974), am 1. Dezember 1918 kam die Tochter Ursula auf die Welt. Das war sicher ein Beweggrund, sich nach dem Krieg so schnell wie möglich nach einer Stelle in der Industrie umzusehen. Gerlach wirkte im Physiklabor der Farbenfabriken vorm. Friedr. Bayer & Co. in Elberfeld, heute Wuppertal. Aber es stellte sich schnell heraus, dass die Industrie nicht Gerlachs Welt war. »[Doch] dann bekam ich Ende 20 den Ruf nach Frankfurt auf ein dort neu eingerichtetes Extraordinariat. Ich bin natürlich sofort hingegangen und traf dort in dem theoretischen Institut Max Born und Otto Stern. Und die beiden – sie waren wohl auch verant-

Physik an der Universität Frankfurt am Main

wortlich für die Berufung [...]«[101] In einem späteren Interview beschrieb er die Situation wie folgt: »Und da bekannt mit Born und Stern von früher, wie ich ins Institut zum erstenmal reinkam, sagte Born: ›Na Gottseidank jetzt kriegen wir einen, der was vom Experimentieren versteht, los, Mensch, helfen Sie hier mal.‹ «[102] Am 1. Oktober 1920 wurde Gerlach erst Assistent und Privatdozent an der Universität Frankfurt am Main, am 1. November 1920 wurde ihm der Titel »außerordentlicher Professor« verliehen. Gerlachs Assistentenstelle war zwar bei dem Experimentalphysiker und Rektor der Universität Richard Wachsmuth angesiedelt, aber es war vor allem das Born'sche theoretische Institut, von dem sich Gerlach angesprochen fühlte. Max Born hielt in seinen »Erinnerungen« fest: »Der Professor für experimentelle Physik, Wachsmuth, war ein charmanter Mann, doch er befaßte sich kaum mit Forschungsarbeiten.

Sein erster Assistent, Walther Gerlach, fand die Atmosphäre in meiner Abteilung anregender als in der seinen und wurde unser ständiger Gast und Mitarbeiter. Ich veröffentlichte gemeinsam mit ihm verschiedene Abhandlungen, eine recht gute über die Elektronenaffinität von Jod, Sauerstoff und Schwefel, die aus den Gitterenergien berechnet wurde.«[103]

Wie sehr Born Walther Gerlach schätzte, geht aus einem Brief von Born an Einstein vom 12. Februar 1921 hervor: »Wir haben jetzt den Gerlach hier, der sehr famos ist: energisch, kenntnisreich, geschickt, hilfsbereit.«[104]

Stern bekam den entscheidenden Anstoß zum sogenann-

Walther Gerlach in den frühen 1920er-Jahren

ten Stern-Gerlach-Experiment durch das Sommerfeld'sche Atommodell. In Erweiterung des Bohr'schen Atommodells aus dem Jahr 1913, wo Elektronen sich auf Kreisbahnen um einen positiv geladenen Kern herum bewegen, erkannte Arnold Sommerfeld 1916, dass die Bahnen der Elektronen auch Ellipsen sein können. Das war die Grundlage für das Bohr-Sommerfeld'sche Atommodell. Dieses Modell erklärte nicht nur die Aufspaltung der Balmerserie, sondern auch die sogenannte Feinstrukturaufspaltung. Die Linienaufspaltung im Magnetfeld zu scharfen Multiplettstrukturen (Zeeman-Effekt) konnte dieses Modell jedoch nicht beschreiben. Nach den Gesetzen der klassischen Physik hätte die Spektrallinie sich nur verbreitern müssen (Larmorpräzession). Um den Zeeman-Effekt zu erklären, musste Sommerfeld daher eine neue Quantenhypothese aufstellen, nämlich dass die magnetischen Momente der einzelnen Atome sich in einem äußeren Magnetfeld lediglich in bestimmte Richtungen (Richtungsquantelung) einstellen können. Diese Annahme war mit den Gesetzen der klassischen Physik nicht zu rechtfertigen, ja, sie widersprach dem gesunden Menschenverstand. Stern selbst glaubte diese Hypothese nicht. Er wusste, mit seiner Atomstrahlmethode könnte er sie widerlegen.

In einer ersten Publikation mit dem Titel »Ein Weg zur experimentellen Prüfung der Richtungsquantelung im Magnetfeld«, eingereicht am 26. August 1921, wurde die Möglichkeit erörtert, die Frage der Richtungsquantelung im Magnetfeld in Experimenten zu entscheiden.[105]

Um aber die Überprüfung experimentell durchführen zu können, brauchte er hohe inhomogene Magnetfelder (etwa 200.000 Gauß/cm), sodass sich Stern, der eigentlich mehr Theoretiker war, nach einem Partner umsehen musste. Er fand ihn in Walther Gerlach. In der Folgezeit arbeiteten Gerlach und Stern intensiv zusammen; schon Anfang 1921 begannen sie mit der Planung und Ausführung. Das später berühmt gewordene Stern-Gerlach-Experiment wurde in den Jahren 1921 und 1922 von Walther Gerlach zum Erfolg gebracht. Mitbeteiligt war auch der Mechaniker Adolf Schmidt, damals etwa 28 Jahre alt, der die sehr anspruchsvollen Apparaturen herstellte.

Die Basis des Schlüsselerfolges der Molekularstrahlmethode ist die extrem hohe Genauigkeit von Messungen transversaler Impulsänderungen von einzelnen im Vakuum fliegenden Teilchen beziehungsweise Atomen durch transversal wirkende elektromagnetische Kräfte.

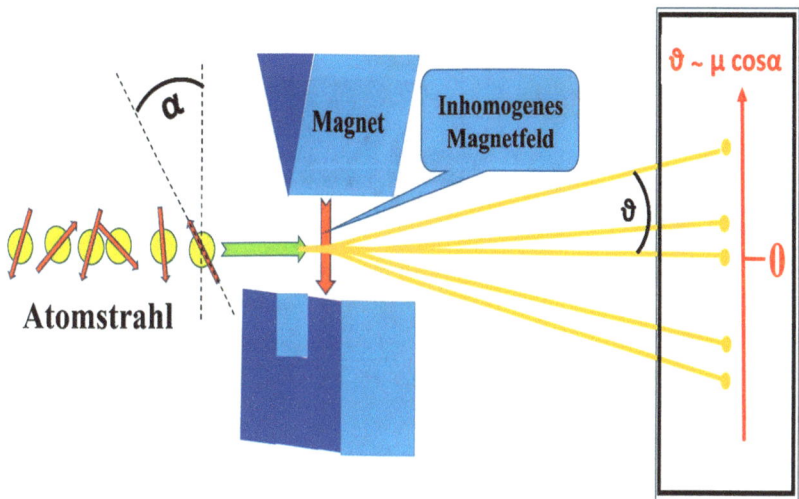

Skizze des Ablaufs des Stern-Gerlach-Versuchs

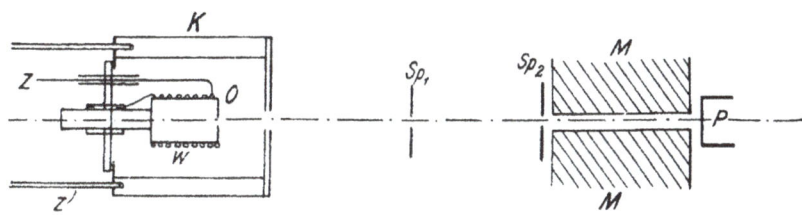

Schematischer Überblick über die ganze Versuchsanordnung

Die Apparatur oder Versuchsanordnung beschrieben Gerlach und
Stern 1924 wie folgt:

> In dem Öfchen O, welches im Kühler K sitzt, wird mit Hilfe der
> elektrisch geheizten Platinwicklung W (Stromzuführungen ZZ)
> das Metall, dessen Atome untersucht werden sollen, geschmolzen.
> Der aus dem Ofen und dem Kühlerdeckel austretende Atomstrahl
> wird durch die Blendenspalte Sp1 Sp2 begrenzt, läuft durch das Ma-
> gnetfeld zwischen den Polschuhen M und wird von der Platte P
> aufgefangen; die ganze Anordnung sitzt in einem evakuierten Ge-
> fäß.[106]

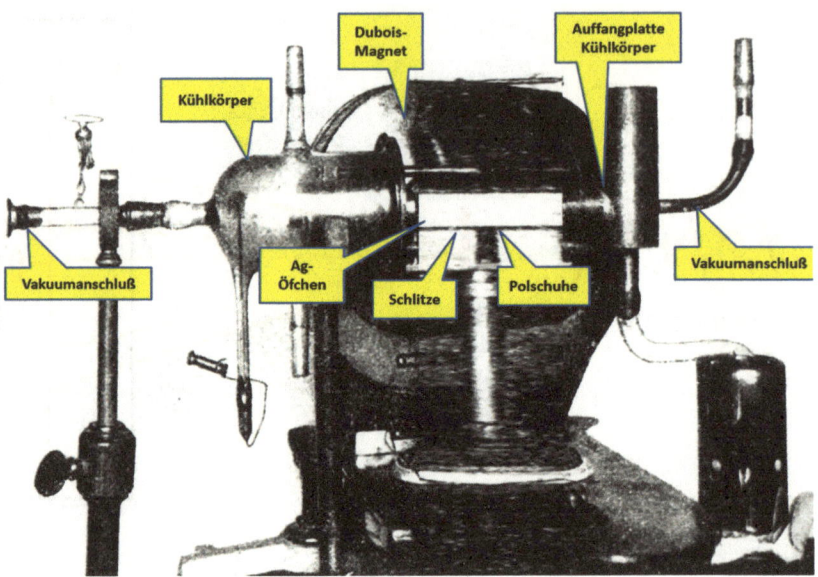

Der experimentelle Aufbau

Der experimentelle Aufbau macht deutlich, dass es sich um einen sehr komplexen Versuch handelte, bei dem jedes Einzelteil aus der Erfahrung heraus entwickelt werden musste.

Stern wechselte im Oktober 1921 an die Universität Rostock, sodass Gerlach im Wesentlichen allein weiterarbeitete, von einem Besuch Sterns in den Weihnachtsferien abgesehen.

In dem folgenden, am 18. November 1921 als vorläufige Mitteilung eingereichten Beitrag »Der experimentelle Nachweis des magnetischen Moments des Silberatoms« wurde gezeigt, dass das normale Silberatom ein magnetisches Moment hat.[107] Genauere Angaben über die Größe des Moments konnten damals noch nicht genannt werden.

Der entscheidende Versuch, dem zahlreiche einzelne Verbesserungen an der Apparatur zugrunde lagen, fand vom 7. zum 8. Februar 1922 statt. Vorher hatte man ein Eisenöfchen benutzt, dieses wurde durch ein neues Verdampfungsöfchen, ein Schamotteöfchen mit Eiseneinsatz, ersetzt. Der Kühler wurde mit weißem Siegellack in einen Glasschliff eingekittet, anstelle zweier Lochblenden wurden nunmehr eine Loch- und eine Spaltblende eingesetzt und so weiter. Nach wie vor aber ver-

Physik an der Universität Frankfurt am Main

wendete man Silberatomstrahlen. Evakuiert wurde wie schon bei den ersten Versuchen mit zwei Volmer'schen Diffusionspumpen und einer Gaede-Hg-Pumpe als Vorpumpe. Die Originalpumpen sind noch erhalten und befinden sich gegenwärtig im Besitz des Physikalischen Vereins in der Robert-Mayer-Str. 2-4 in Frankfurt am Main, im selben Gebäude, wo 1922 der Versuch durchgeführt wurde. Im Rahmen der 200-Jahrfeier des Physikalischen Vereins im Jahr 2024 soll dort ein kleines Stern-Gerlach-Museum eröffnet werden, wo die noch vorhandenen Originalteile (siehe Abb. S. 69) und die Nachbauten des Experimentes zur Maxwell-Geschwindigkeitsbestimmung sowie des Stern-Gerlach-Experimentes ausgestellt werden (siehe S. 302).

Was den Verbleib der Aufzeichnungen und der am Versuch beteiligten Instrumente anbelangt, so berichtete Gerlach im Jahr 1969: »Unsere Versuchsapparate, Protokolle und die Originale der Ergebnisse verbrannten im Zweiten Weltkrieg.«[108]

Schließlich wurde beim Versuch, der in der Nacht ablief, die »Belichtungszeit« auf acht Stunden ohne Unterbrechung ausgedehnt, die Nachtwachen übernahm stets Gerlach. Der Versuch gelang, es fand eine Aufspaltung des Molekularstrahles statt. Gerlach hielt das Ergebnis in zwei Bildern fest, eine Aufnahme mit nur 4½-stündiger Bestrahlungszeit ohne Magnetfeld zeigte keine Aufspaltung; die zweite Aufnahme bei achtstündiger Belichtungszeit mit Magnetfeld gab die Aufspaltung wieder. Gerlach

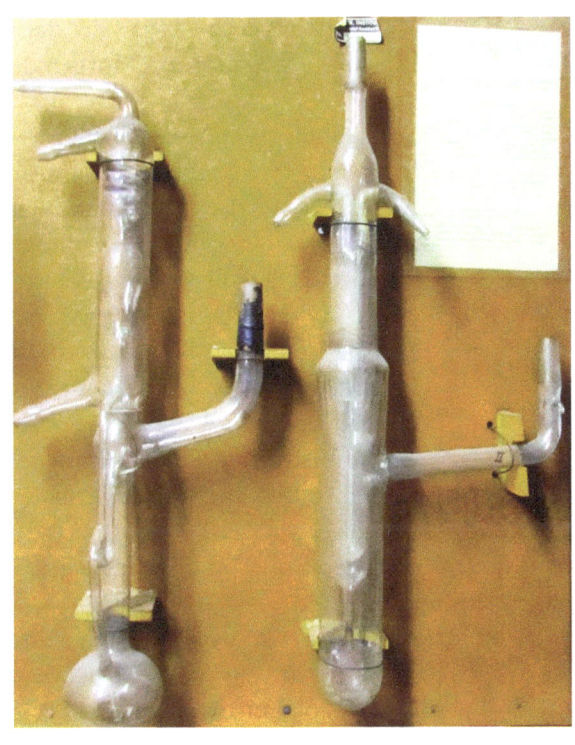

Historische Vakuumpumpen des Stern-Gerlach-Versuchs
Links: Volmer'sche Diffusionspumpe, rechts: Gaede-Pumpe

schickte eine Postkarte mit zwei aufgeklebten Fotos »Silber ohne Magnetfeld« und »mit Feld« zum experimentellen Nachweis der Richtungsquantelung an Niels Bohr; die Mitteilung auf dem Original dieser Postkarte, die sich, wie Ulrich Röseberg berichtet, im Niels Bohr Archiv in Kopenhagen befindet, lautet:

Hochverehrter Herr Bohr,
anbei die Fortsetzung unserer Arbeit (siehe Zeitschr. f. Physik VIII.
Seite 110. 1921.). Der experimentelle Nachweis der Richtungsquantelung
<u>Silber ohne</u> Magnetfeld   <u>mit</u> Feld
Wir gratulieren zur Bestätigung Ihrer Theorie! Mit hochachtungsvollen Grüssen
Ihr ergebenster Walther Gerlach   Ffm. 22.[109]

Wilhelm Schütz (1900-1972), der damals Doktorand von Gerlach war, schilderte die Situation am Morgen des 8. Februar 1922:

So kam ich eines Morgens im Februar 1922 ins Institut; es war ein herrlicher Morgen: Kaltlufteinbruch und Neuschnee! W. Gerlach war dabei, wieder einmal den Niederschlag eines Atomstrahls, der acht Stunden lang durch ein inhomogenes Magnetfeld gelaufen war, zu entwickeln. Erwartungsvoll verfolgten wir den Entwicklungsprozeß und erlebten den Erfolg monatelangen Bemühens: Die erste Aufspaltung eines Silberatomstrahls im inhomogenen Magnetfeld. Nachdem Meister Schmidt, und wenn ich mich recht erinnere, auch E. Madelung die Aufspaltung gesehen hatten, ging es ins Mineralogische Institut zu Herrn Nacken, um den Befund mikrophotographisch festzuhalten. Dann erhielt ich den Auftrag, ein Telegramm an Herrn Professor Stern nach Rostock aufzugeben, dessen Text lautete: »Bohr hat doch recht!«[110]

Dieses Telegramm befand sich leider nicht im Nachlass von Otto Stern.[111]

Es war Wolfgang Pauli in Göttingen, der sehr schnell auf den gelungenen Versuch reagierte und Walther Gerlach am 17. Februar 1922 wissen ließ: »Meinen herzlichsten Glückwunsch zum gelungenen Experiment!

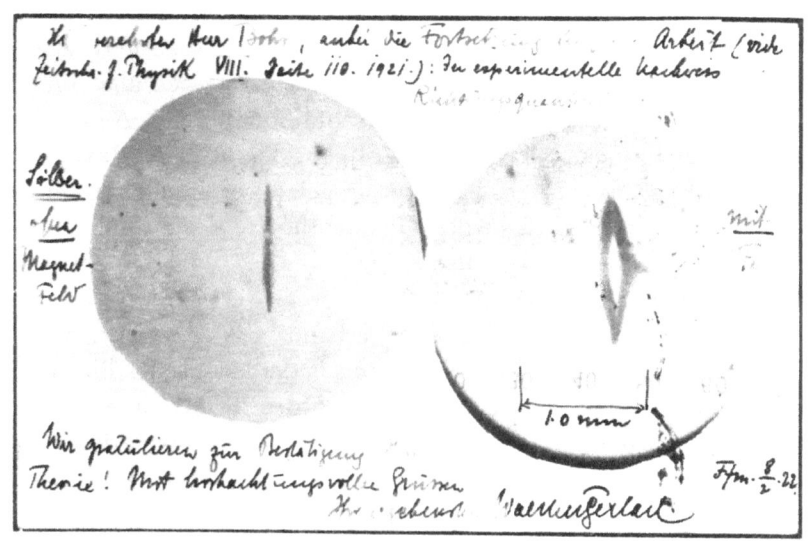

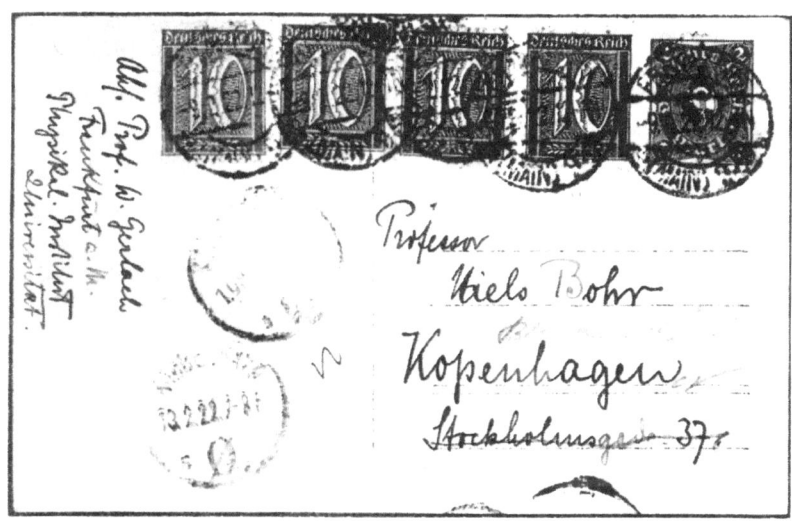

Walther Gerlachs Postkarte an Niels Bohr vom 8. Februar 1922

Jetzt wird hoffentlich auch der ungläubige Stern von der Richtungs-quantelung überzeugt sein.«[112] In der Tat bereitete die Interpretation des Ergebnisses noch so manche Schwierigkeiten, eine Fülle von Re-aktionen folgte, beispielsweise von Arnold Sommerfeld, Albert Ein-stein, James Franck, Niels Bohr, Wolfgang Pauli, Isidor Isaac Rabi (1898-1988).[113] Bemerkenswerterweise gelang es Landé, in seinem Beitrag »Schwierigkeiten in der Quantentheorie des Atombaus, be-sonders magnetischer Art« aus dem Jahr 1923,[114] wichtige Bausteine zum besseren Verständnis zu liefern, so forderte er schon die Existenz von halbzahligen Spins. Landé hatte erkannt, dass das gyromagneti-sche Verhalten in Atomen anders war, als in der klassischen Physik er-wartet, und postulierte die eine Hilfsgröße, den sogenannten g-Faktor (später auch Landé-Faktor genannt), der das gyromagnetische Verhal-ten beschrieb. Für Silberatome war der g-Faktor 2, klassisch hätte er 1 sein müssen.

Walther Gerlach in Frankfurt am Main und Otto Stern in Rostock veröffentlichten das Ergebnis »Der experimentelle Nachweis der Rich-tungsquantelung im Magnetfeld« in der »Zeitschrift für Physik«; die Arbeit war dort am 1. März 1922 eingegangen.[115] Hier wurden sowohl der Versuch als auch die Resultate im Detail erörtert und auch die Bil-der, die Gerlach bereits vorher an Niels Bohr geschickt hatte, pub-liziert. Dieser Beitrag endet mit folgender Danksagung:

> Den für diese Versuche benötigten Elektromagneten beschafften wir mit Mitteln aus einer Stiftung des Kaiser Wilhelm-Instituts für Physik, dessen Direktor, Herrn A. Einstein, auch hier unser herz-lichster Dank ausgesprochen werden soll. Ferner danken wir der Vereinigung von Freunden und Förderern der Universität Frank-furt a. M. ergebenst für die reichen Mittel, die sie uns so bereitwillig zur Weiterführung der Versuche zur Verfügung gestellt hat. Frank-furt a. M. und Rostock i. M., im Februar 1922.[116]

Am 1. April 1922 schließlich konnten Gerlach und Stern einen abschlie-ßenden Beitrag über »Das magnetische Moment des Silberatoms« bei der »Zeitschrift für Physik« einreichen.[117] Das Ergebnis lautete: »Aus den Messungen ergibt sich also, daß das magnetische Moment des nor-malen Silberatoms im Gaszustand ein Bohrsches Magneton ist.«[118]

Dieser Beitrag wurde, wie am Ende angegeben, während der Oster-ferien 1922 im Frankfurter Physikalischen Institut erstellt.

Die abschließende Abhandlung von Gerlach und Stern mit dem Titel »Über die Richtungsquantelung im Magnetfeld« erschien im Jahr 1924 in den »Annalen der Physik«,[119] zu dieser Zeit wirkte Stern bereits in Hamburg. Darin beschrieben Gerlach und Stern zunächst die Apparatur und den Versuch abermals aufs Genaueste und präsentierten insbesondere auch zahlreiche Fotos von der Versuchsanordnung. Die Versuchsergebnisse wurden auf einer besonderen Tafel festgehalten, es handelt sich um zehn sogenannte Mikrofotografien, die die Aufspaltungen zeigen. Im Text wurden die einzelnen Versuchsbedingungen beschrieben, die die unterschiedlichen Aufspaltungen ergaben; auch stellten die beiden Autoren die verschiedenen Entwicklungsverfahren, die bei den Fotos angewandt wurden, vor.[120]

Gerlach allein, ohne Stern als Mitautor, beschrieb 1925 in seiner Arbeit »Über die Richtungsquantelung im Magnetfeld II. Experimentelle Untersuchungen über das Verhalten normaler Atome unter magnetischer Kraftwirkung« eine Fortsetzung der Untersuchungen. Er dehnte seine Bestimmungen der magnetischen Atommomente aus: Verdampft wurden nunmehr nicht nur Silber, sondern auch Kupfer, Gold, Thallium, Zinn, Blei, Antimon und Wismut sowie Nickel und Eisen, Silber wurde indessen als Kontrollsubstanz verwendet.[121]

Das Ergebnis des Stern-Gerlach-Experimentes war der eindeutige Nachweis der Richtungsquantelung im Magnetfeld, das heißt, dass einzelne Atome ein magnetisches Moment haben und dass der Drehimpuls gequantelt ist. Nach den Gesetzen der klassischen Physik hätte man nur einen verbreiteten Fleck erwartet mit dem Intensitätsmaximum im Zentrum bei Nullablenkung.

Später, im Jahr 1947, erklärte Otto Stern »Die Methode der Molekularstrahlen« sehr treffend folgendermaßen:

> Es handelt sich dabei nicht etwa um eine geheime Strahlenart, sondern um Strahlen von verdampfender Materie (oder von Gasen). Die betreffende Substanz, z.B. Natrium, wird in einem kleinen elektrischen Ofen erhitzt. Ein Spalt in der Ofenwand von einigen Hundertstelmillimetern Breite erlaubt den Austritt des Dampfes, ein zweiter Spalt, von ähnlichen Dimensionen begrenzt den Strahl, so

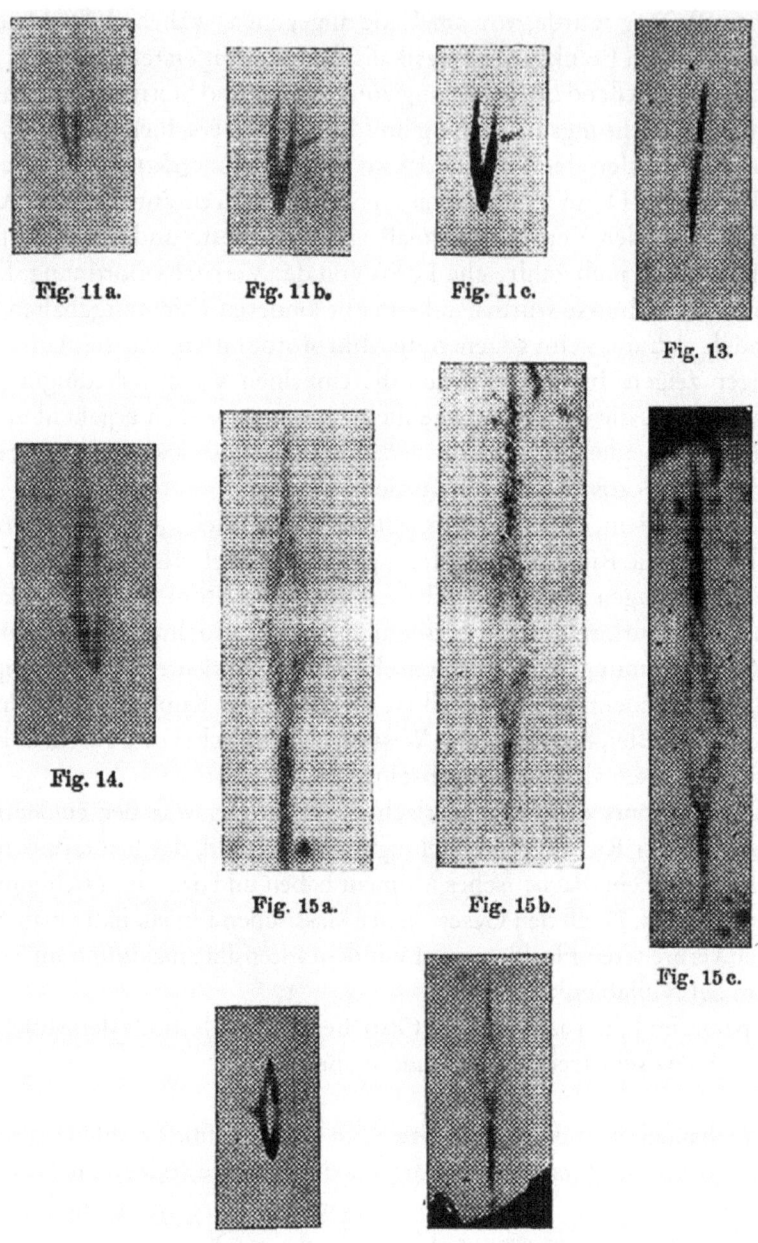

Fig. 11 a.   Fig. 11 b.   Fig. 11 c.

Fig. 13.

Fig. 14.

Fig. 15 a.   Fig. 15 b.

Fig. 15 c.

Fig. 16 a.   Fig. 16 b.

Tafel III in der Abhandlung »Über die Richtungsquantelung im Magnetfeld«: Mikrofotografien der Versuchsergebnisse

daß er nur noch in einer Richtung fliegende Teilchen enthält. Das ganze befindet sich in einer möglichst hoch evakuierten Kammer, in welcher man Strahllängen von 1 bis 2 Meter erreichen kann. Weiter zu gehen verbieten experimentelle Schwierigkeiten, so erwünscht dieses auch im Interesse der Meßgenauigkeit wäre. Ein gekühlter Schirm am anderen Ende der Kammer fängt den Strahl auf. Messen läßt sich die Geschwindigkeit der Moleküle, die Ablenkung des Strahles durch die Schwerkraft, durch magnetische Felder usw. Die Methode gestattet in prinzipiell sehr einfacher Weise, durch direkte Messungen die Grundhypothesen der klassischen kinetischen Gastheorie und der Quantenmechanik zu überprüfen.[122]

Reaktionen auf das Stern-Gerlach-Experiment kamen aus aller Welt, von Arnold Sommerfeld, Albert Einstein, Niels Bohr, Wolfgang Pauli und anderen. Als Otto Stern Frankfurt endgültig verließ, überreichte ihm Gerlach als Geschenk einen Aschenbecher mit der Inschrift »Lichtstrahlen sind zum Brechen, Molekularstrahlen sind zum Kotzen«.[123] Dieser Aschenbecher, von dem es keine Abbildung gibt, landete schließlich, so berichtete Gerlach, in Sterns Haus in Berkeley. Für Stern war dieser Aschenbecher so wertvoll, dass er ihn bei allen Umzügen mitgenommen hatte. Rabi thematisierte diesen Aschenbecher auf seinen Glückwünschen zu Sterns 60. Geburtstag im Jahr 1948 (siehe Abb. S. 178).

Der Stern-Gerlach-Versuch war eines der folgenreichsten und spektakulärsten Experimente im 20. Jahrhundert. Er bedeutete einen Meilenstein in der Entwicklung der Quantenmechanik; die Anwendungsmöglichkeiten, die sich daraus ableiten lassen, sind noch immer nicht völlig ausgeschöpft und sorgen auch heute noch für Überraschungen. In jüngster Zeit entstanden zwei Dissertationen, in deren Mittelpunkt der Stern-Gerlach-Versuch steht, die Autoren sind Wolfgang Trageser (»Der Stern-Gerlach-Effekt: Genese, Entwicklung und Rekonstruktion eines Grundexperimentes der Quantentheorie 1916-1926«, 2011[124]) und Josef Georg Huber (»Walther Gerlach (1889-1979) und sein Weg zum erfolgreichen Experimentalphysiker bis etwa 1925«, 2015«).[125]

Ferner gibt es zahlreiche Beiträge von zeitgenössischen Physikern, die sich mit dem Stern-Gerlach-Versuch aus heutiger Sicht auseinandersetzen, hier seien nur Peter Toschek (1933-2020) sowie Bretislav Friedrich (*1953) und Horst Schmidt-Böcking (*1939) erwähnt.[126]

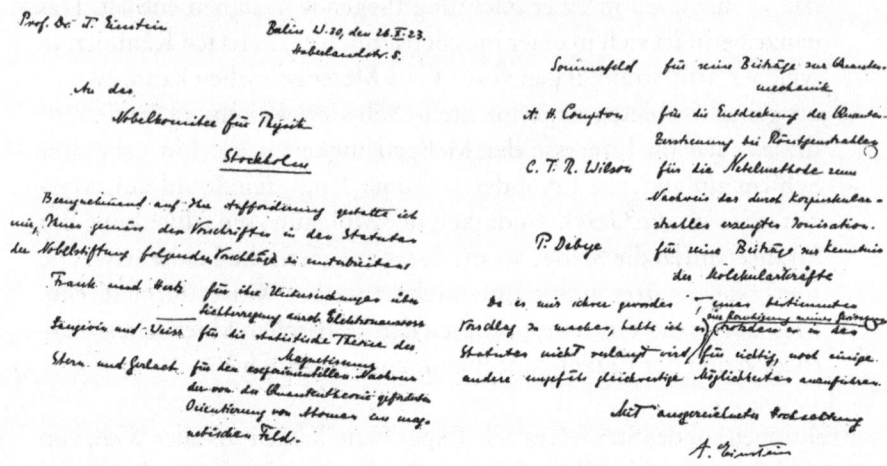

Einsteins Brief vom 26. Oktober 1923 »An das Nobelkomitee für Physik Stockholm«
(Kungliga Sverige Vetenskapadademiens Nobelkommitté för Fysik)

Gerlach kehrte schließlich als ordentlicher Professor der Experimental-physik nach Tübingen zurück, dort wurde er Nachfolger seines ehe-maligen Lehrers Friedrich Paschen. Den offiziellen Ruf erhielt er am 11. November 1924. Am 16. November 1924 schickte ihm Otto Stern ein Glückwunschtelegramm: »dem grossbonzen und frau gratuliert herzlichst stern.«[127] In Tübingen war für Gerlach die Molekularstrahl-methode kein Thema mehr.

In Zukunft trafen er und Stern sich zwar noch mehrfach, etwa 1927 in Como und bei anderen Tagungen, aber es gab keine weiterführen-den Pläne für gemeinsame wissenschaftliche Arbeiten. Die Charaktere und die Arbeitsgebiete dieser beiden Wissenschaftler waren doch allzu verschieden.

1929 wechselte Gerlach an die Universität München, wo er bis zu sei-ner Emeritierung im Jahre 1957 als Direktor des 1. Physikalischen Ins-tituts wirkte. Gerlach hatte später diverse Ämter in Politik und Wissen-schaft inne.

Otto Sterns Aufenthalt an der Universität Frankfurt am Main nach dem Ersten Weltkrieg war zwar nur von kurzer Dauer, vom Februar 1919 bis zum Oktober 1921. Aber in dieser kurzen Zeit schrieb Stern

Physikgeschichte.[128] Die Frankfurter »Sternstunden« der Physik waren mit dem Weggang Sterns leider beendet.[129]

Einstein handelte prompt und sorgte bereits am 26. Oktober 1923 für eine erste Nominierung von Stern und Gerlach für den Nobelpreis, allerdings »an dritter Stelle Stern und Gerlach für den experimentellen Nachweis der von der Quantentheorie geforderten Orientierung von Atomen im magnetischen Feld«.[130]

Am 24. Mai 1924 ließ Einstein seinen Freund Michele Besso (1873-1955) wissen:

Von den experimentellen Ergebnissen der letzten Jahre sind eigentlich nur die Experimente von Stern und Gerlach sowie das Exp. von Compton [Arthur Holly Compton] (Zerstreuung der Röntgenstrahlung mit Frequenzänderung) von Bedeutung, deren erstes die Allein-Existenz der Quanten-Zustände, deren zweites die Realität des Impulses der Lichtquanten beweist.[131]

Rostock 1921–1922

Die Physik bedeutete bis zum Ende des 19. Jahrhunderts weitestgehend die Experimentalphysik; die theoretische Physik begann sich erst in der zweiten Hälfte des 19. Jahrhunderts an den Universitäten zu etablieren. James Clerk Maxwell gilt als einer der ersten herausragenden theoretischen Physiker des 19. Jahrhunderts. Eine eigene Disziplin wurde die theoretische Physik dann um die Jahrhundertwende. Anfangs waren es nur Extraordinariate, die für die theoretische Physik eingerichtet wurden, was bedeutete, dass die Experimentalphysik und die theoretische Physik zunächst meistens nicht als gleichwertig betrachtet wurden.

Die erste deutsche Universität, die über zwei gleichwertige Lehrstühle für Physik verfügte, war die Georg-August-Universität Göttingen. Wilhelm Weber (1804-1891), einer der Göttinger Sieben, wurde im Dezember 1837 fristlos entlassen, da er gegen die Aufhebung der Verfassung protestierte. Sein Nachfolger, der in Frankfurt am Main geborene Johann Benedict Listing (1808-1882), wirkte nur als Extraordinarius. Er hatte 1834 bei Carl Friedrich Gauß mit einer mathematischen Arbeit promoviert. Als Weber 1849 nach der Revolution nach Göttingen zurückberufen wurde, erhielt er wieder seine alte Stelle als Ordinarius der Physik, der Experimentalphysik. Listing dagegen, dessen Stelle nunmehr in ein Ordinariat umgewandelt wurde, vertrat die mathematische beziehungsweise die später sogenannte theoretische Physik, die gelegentlich als angewandte Mathematik bezeichnet wurde. An der Universität Göttingen gab es somit ab 1849 zwei gleichwertige Professuren für Physik, eine für Experimentalphysik und eine für theoretische Physik, und das blieb auch nach dem Ausscheiden Listings so. Die Universität Göttingen bildete jedoch für lange Zeit die Ausnahme.

Als eines der klassischen Gebiete der theoretischen Physik gilt die Quantenmechanik, die 1900 von Max Planck begründet wurde. Planck bekleidete seit 1892 ein Extraordinariat für Physik an der Universität Berlin und wurde dort 1895 zum ordentlichen Professor der theoretischen Physik ernannt. Er konnte dank der nach ihm benannten Strahlungsformel die Strahlung schwarzer Körper beschreiben und entdeckte dabei, dass diese Strahlung aus einzelnen Photonen besteht

Das 1910 in Rostock erbaute Physikalische Institut, Ansicht von der Südseite.
Im Erdgeschoss befand sich die Werkstatt, o. J.

mit einer Energie, die gleich dem Produkt der Schwingungsfrequenz mal einer universellen Konstante ist, die später als Planck-Konstante bezeichnet wurde. Diese Entdeckung gilt als die Geburtsstunde der Quantenphysik.

Die Universität Rostock, eine sehr ehrwürdige Universität, wurde im Jahr 1419 gegründet. Dort gab es einen Lehrstuhl für Experimentalphysik, den von 1874 bis 1905 Ludwig Matthiessen (1830-1906) innehatte. Eine Stelle für die theoretische Physik wurde 1907 eingerichtet, wie üblich nur eine außerordentliche Professur. Der erste Stelleninhaber war Rudolf Heinrich Weber (1874-1920), der nach längerer Krankheit am 3. August 1920 starb. Ihm folgte 1920 Wilhelm Lenz (1888-1957) nach, der aber nur zwei Semester blieb; er folgte einem Ruf auf ein Ordinariat an der Universität Hamburg. Die neue Berufungsliste für das Extraordinariat theoretische Physik sah wie folgt aus: 1. Otto Stern, Physikalische Chemie; 2. Ludwig Hopf, Mathematiker und Physiker; 3a. Karl Friedrich Herzfeld (1892-1978), Physiker; 3b. Walter Schottky (1886-1976), Physiker.[132] So wurde Stern am 20. Oktober 1921 zum planmäßigen außerordentlichen Professor für theoretische Physik nach

Rostock berufen. Zu dieser Zeit stand bereits das 1909/10 erbaute Physikalische Institut, ein wirklich repräsentatives Gebäude.[133]

Stern wirkte wie sein Vorgänger Lenz nur für relativ kurze Zeit in Rostock, etwas mehr als zwei Semester, genau vom 1. Oktober 1921 bis zum 31. Dezember 1922. Die Stelle als theoretischer Physiker bedeutete für ihn, dass er über kein eigenes Labor und kein eigenes physikalisches Kabinett verfügte, um die in Frankfurt am Main erzielten Erkenntnisse weiterzuentwickeln oder vertiefen zu können. Erschwerend kam noch hinzu, dass der damalige Experimentalphysiker Adolf Heydweiller (1856-1925) am 1. Oktober 1921 emeritiert wurde, sodass man Otto Stern die Leitung des gesamten Instituts für Physik übertrug. Am 20. Oktober 1921 teilte man ihm mit: »Da sich die Bestallung eines Nachfolgers für den emeritierten Professor Dr. Heydweiller verzögert und mit einer Wiederbesetzung des Lehrstuhls vor dem 1. April 1922 nicht zu rechnen ist, überträgt das Ministerium Ihnen hiermit für die Dauer des Wintersemesters 1921/22 die Leitung des physikalischen Instituts der Universität Rostock.«[134] Heydweiller hatte seit 1908 als Professor der Physik und Direktor das Physikalische Institut der Universität Rostock geleitet. Unter seiner Ägide entstand das neue Physikgebäude. Sein früherer Assistent Christian Füchtbauer (1877-1959) wurde schließlich am 1. April 1922 als Nachfolger von Adolf Heydweiller berufen; Füchtbauer blieb bis 1935 in Rostock.

Stern wohnte damals in der Augustenstraße 126 in der Steintor-Vorstadt.[135] Er kündigte für drei Semester folgende Vorlesungen an: Theoretische Optik (WS 1921/22), Theorie des Lichtes (SS 1922), Das Atom (WS 1922/23). Für das letzte Semester war auch ein Physikalisches Seminar zusammen mit Füchtbauer vorgesehen.[136]

In seiner Zeit in Rostock veröffentlichte Stern 1922 in der »Physikalischen Zeitschrift« seinen Beitrag »Über den experimentellen Nachweis der räumlichen Quantelung im elektrischen Feld«.[137] Es handelt sich um eine rein theoretische Arbeit, in der das Verhalten der elektrischen atomaren Dipolmomente im inhomogenen Feld und deren Analogie zum Zeeman-Effekt untersucht wird. Hier ging Stern der Frage nach, »ob mit Hilfe eines [zum Stern-Gerlach-Versuch] analogen Versuchs der Nachweis der räumlichen Quantelung im elektrischen Feld möglich ist«. In diesem Zusammenhang erläuterte er die Molekularstrahlversuche an Wasserstoff- und Alkaliatomen im elektrischen Feld, ohne die Ergebnisse überprüfen zu können.[138]

Bereits in Rostock begann die Zusammenarbeit Sterns mit Immanuel Estermann (1900-1973), der 1921 mit summa cum laude bei Max Volmer an der Universität Hamburg promoviert hatte. Estermann folgte dem Rat seines Doktorvaters und setzte seine Studien bei Otto Stern fort. In Rostock wirkte Estermann vom 1. Dezember 1921 bis zum 31. März 1922 als »etatsmässiger« Assistent am Physikalischen Institut und vom 1. April 1922 bis zum 30. September 1922 als Privatassistent von Otto Stern. Aus der Zusammenarbeit ging eine gemeinsame Publikation mit dem Titel »Über die Sichtbarmachung dünner Silberschichten auf Glas« hervor, die 1923 in der »Zeitschrift für Physikalische Chemie« veröffentlicht wurde. Dort steht am Ende: »Die Versuche wurden im Sommersemester 1922 in der Abteilung für theoretische Physik des Rostocker Physikalischen Instituts ausgeführt.«[139] Aus dieser Zusammenarbeit erwuchs eine Freundschaft, die bis zum Lebensende von Stern währte.

Im Januar/Februar 1922 liefen an der Universität Frankfurt am Main die Vorbereitungen zum Stern-Gerlach-Versuch auf Hochtouren; dieser gelang in der Tat in der Nacht vom 7. auf den 8. Februar 1922. In dieser Zeit pendelte Stern oft zwischen Frankfurt und Rostock. Doch offensichtlich kam auch Gerlach von Frankfurt nach Rostock, und zwar um Ostern herum, wobei der Ostersonntag 1922 auf den 16. April fiel.[140] Wie Estermann 1962 berichtete, hielt sich Walther Gerlach während der Semesterferien 1922 wohl für vier bis sechs Wochen in Rostock auf; der Anlass für diesen Besuch waren die Experimente in Frankfurt am Main: »The Stern-Gerlach experiment was effectively completed already. Gerlach came up to Rostock for a month or so during his academic vacation just to put on some final touches and to polish things up« und wenig später: »Gerlach might have been in Rostock for 4 weeks or 6 weeks, I don't remember – it was just during the academic vacation.«[141] Innerhalb dieser Osterferien im Jahr 1922 kam Otto Stern abermals auf seine bereits 1921 publizierte Idee zurück, dass sich das Phänomen der Doppelbrechung aus der Richtungsquantelung ergeben müsste. Die zusammen mit Gerlach hierzu in Rostock unternommenen Versuche lieferten allerdings kein Ergebnis.[142] Das war das Ende der Zusammenarbeit zwischen Walther Gerlach und Otto Stern. Wieder in Frankfurt, veranlasste Gerlach jedoch seinen Assistenten Wilhelm Schütz, weiter nach der Doppelbrechung zu suchen. Doch auch diese Suche lieferte keinerlei Ergebnisse.[143] Schütz promovierte 1924 über »Magnetoptische Untersuchungen in schwachen Magnetfeldern«.[144]

Am 9. Juni 1922 informierte Stern die Behörde: »Hierdurch erlaube ich mir gemäß der von mir bei meiner Berufung hierher eingegangenen Verpflichtung mitzuteilen, daß ich soeben von der Hamburger Hochschulbehörde die Anfrage erhalten habe, ob ich einem Ruf auf den erledigten Lehrstuhl für physikalische Chemie (Extraordinariat) zu folgen gewillt bin.«[145] Da es dem Stelleninhaber Max Volmer gelang, die Stelle in ein Ordinariat umzuwandeln, war klar, dass Otto Stern diesen Ruf annehmen würde. So bat Stern am 14. November 1922 bei den Rostocker Behörden um seine Entlassung: »[…] nachdem die Professur für physikalische Chemie in ein Ordinariat umgewandelt ist, trage ich keine Bedenken mehr, dem ehrenvollen Rufe Folge zu leisten.«[146] Stern wurde noch vor Ende des Semesters am Jahresende 1922 in Rostock entlassen.

Nun ging alles sehr schnell. Bereits am 1. Januar 1923 wurde der Festkörperphysiker Walter Schottky, der schon 1921 einen Listenplatz innegehabt hatte, Nachfolger von Otto Stern in Rostock, er blieb dort fünf Jahre. 1927 folgte ihm Friedrich Hund nach; dieser hatte 1922 bei Max Born an der Universität Göttingen mit der Dissertation »Versuch einer Deutung der großen Durchlässigkeit einiger Edelgase für sehr langsame Elektronen« promoviert.[147] 1928 wurde die Stelle in Rostock, also die theoretische Physik, schließlich aufgewertet und für Hund in ein persönliches Ordinariat umgewandelt. Als Hund 1929 nach Leipzig wechselte, übernahm Pascual Jordan diese Professur, die allerdings für ihn wieder eine außerordentliche Professur war. Jordan hatte 1925 ebenfalls bei Max Born an der Universität Göttingen mit der Dissertation »Zur Theorie der Quantenstrahlung« promoviert.[148] Er war 1928/29 Mitglied des Hamburger Instituts für Theoretische Physik gewesen und hatte bei dieser Gelegenheit Otto Sterns Vorlesung über »Das Theorem von Nernst« gehört. Jordan galt als Mitbegründer der Matrizenmechanik und als Pionier der Quantenfeldtheorie. Bemerkenswerterweise herrschte damals ein reger personeller Austausch zwischen den Universitäten Hamburg und Rostock: Estermann wechselte von Hamburg nach Rostock, Lenz und Stern sowie mit ihm Estermann wechselten nach Hamburg, und Pascual Jordan kam 1929 von der Universität Hamburg nach Rostock. Jordan wurde 1933 Mitglied der NSDAP und der SA.[149] Im Rückblick gilt er jedoch bei den Historikern als einer der »guten Nazis«.[150] Erst 1935 wurde schließlich die außerordentliche Professur für theoretische Physik an der Universität Rostock dauerhaft in eine ordentliche Professur umgewandelt. Jordan blieb bis 1944 in Rostock, hatte aber seit Ausbruch des Zweiten Weltkrieges an kriegswichtigen Projekten bei der Luftwaffe und der Kriegsmarine mitgearbeitet. 1944 wurde er Nachfolger von Max von Laue als Professor der theoretischen Physik an der Friedrich-Wilhelms-Universität in Berlin. 1945 verlor er diese Stelle wegen seiner NS-Vergangenheit. Erst 1947 erhielt er wieder eine wissenschaftliche Position als Gastprofessor am Physikalischen Institut der Universität Hamburg. 1953 wurde die Gastprofessur in eine ordentliche Professur umgewandelt. Von 1963 bis zu seiner Emeritierung im Jahr 1971 war Jordan Direktor des I. Instituts für Theoretische Physik der Universität Hamburg.[151] Aus dem Jahr 1963 existiert ein kleiner Briefwechsel zwischen Stern und Jordan.

1961 beschrieb Stern in einem Interview in Zürich im Rückblick seine Zeit in Rostock so:

Inzwischen kam ich dann nach Rostock als Extraordinarius für theoretische Physik. Über Rostock wäre eine Reihe persönlicher Sachen zu sagen. Damals schon, obwohl es offiziell noch keine Nationalsozialisten gab, war die Fakultät sehr nationalistisch eingestellt. Es war ganz altertümlich. Die Fakultät war eine philosophische Fakultät. Da war noch alles zusammen, Philosophie und Philologie. Die ganze Fakultät musste, wenn eine Doktorarbeit zirkuliert wurde, unterschreiben, ob sie die als genügend erachtet.
Im übrigen konnt' ich dort nicht sehr viel machen, weil es erstens kein sehr schönes Institut war, ein sehr kümmerliches Institut und zweitens weil ich furchtbar viel mit den Vorlesungen zu tun hatte. Ich musste ja die große Vorlesung über theoretische Physik lesen, wozu ich jeden Abend mich hinsetzte, um das Kolleg zu präparieren und dann so gegen Mitternacht, da sah ich, dass ich gar nichts mehr verstand. Dann kochte ich mir einen sehr starken Kaffee und

schließlich ging es so allmählich. Und später, wie ich dann nach Hamburg kam, konnte ich nie einschlafen, ohne vorher einen ganz starken Kaffee zu trinken. Schließlich kam ich aus Rostock weg, indem ich einen Ruf nach Hamburg bekam als Professor für Physikalische Chemie.[152]

Hamburg 1923–1933

Es gab viele Faktoren, die dazu führten, dass die Universität Hamburg nach dem Ende des Ersten Weltkrieges gegründet wurde. Der 10. Mai 1919 gilt als Gründungstag, an diesem Tag wurde sie in einem Festakt offiziell eröffnet. Es war die frei gewählte Bürgerschaft, die den dazu nötigen Beschluss gefasst hatte, die erste Universitätsgründung dieser Art in Deutschland. Das vom Kaufmann Edmund Siemers (1840-1918) schon 1907 gestiftete Vorlesungsgebäude diente fortan als das Hauptgebäude der Universität, über dem Haupteingang steht die Widmung: »Der Forschung, der Lehre, der Bildung«.[153] Damals trug die Universität Hamburg den Namen Hamburgische Universität; sie war in vier Fakultäten gegliedert, darunter die Mathematisch-Naturwissenschaftliche Fakultät, der wie den anderen Fakultäten ein Dekan vorstand. Im ersten Vorlesungsverzeichnis wurde die Mathematisch-Naturwissenschaftliche Fakultät in folgende sieben Fächer eingeteilt vorgestellt: A Mathematik, B Physik, C Astronomie, Geodäsie und Geographie, D Chemie, E Mineralogie, Geologie und Paläontologie, F Botanik, H Geographie. Der erste Dekan war der Chemiker Paul Rabe (1869-1952). Diese Einteilung des Fächerspektrums erlebte im Laufe der Zeit durchaus auch Veränderungen. Erster Rektor der Universität war der Nationalökonom, Kolonialpolitiker und Finanzwissenschaftler Karl Rathgen (1856-1921).

Viele der Wissenschaftler, die in den physikalischen und chemischen Instituten der Universität Hamburg wirkten, standen Otto Stern nahe. Sie waren Mitprüfer bei Doktoranden, unterstützten Seminare, luden Gäste und Vortragende ein. Mit einigen von ihnen stand Stern, auch als er Hamburg schon verlassen hatte, weiterhin in freundschaftlichem Briefwechsel. Deshalb sollen diese Institute näher beleuchtet werden.

In Hamburg gab es seit 1878 ein Chemisches und seit 1885 ein Physikalisches Staatslaboratorium; beide Institutionen erhielten im Jahre 1898 einen repräsentativen Neubau in der Jungiusstraße 9; diese Gebäude wurden während des Zweiten Weltkrieges durch einen Bombenangriff weitgehend zerstört.

Beide Institutionen gingen in die 1919 neu gegründete Universität Hamburg ein, sie wurden alsbald umbenannt in Physikalisches beziehungsweise Chemisches Staatsinstitut.

Das Physikalische Staatsinstitut der Universität Hamburg, um 1925

Im 1885 gegründeten Physikalischen Staatslaboratorium spielte selbstverständlich die Experimentalphysik die wichtigste Rolle. Nachdem der Leiter dieses Institutes 1919 aus Altersgründen ausschied, wurde die Stelle des Direktors ausgeschrieben. Die Liste für den neu zu berufenden Wissenschaftler umfasste zwei Namen: Johannes Stark und Peter Paul Koch.

Johannes Stark (1874-1957) hatte in München promoviert und sich in Göttingen habilitiert; 1917 erhielt er eine Professur an der Universität Greifswald. Stark zeigte sich zunächst interessiert an der Hamburger Stelle und reiste, um die Berufungsvereinbarungen zu präzisieren, Anfang Mai 1919 nach Hamburg. Die Verhandlungen mit der Hamburger Bürgerschaft ließen ihn jedoch sofort Probleme erkennen. Er teilte der Behörde mit: »Es wäre mir unmöglich mit solchen Leuten zusammenzuarbeiten, denn ich stehe unerbittlich auf dem Standpunkt, daß die akademischen Angelegenheiten nur von Leuten, die Erfahrung haben, und nur nach sachlichen Bedürfnissen ohne Einmischung von Parteipolitikern geordnet werden müssen.«[154] Im Jahr 1919 wurde Stark für seine Entdeckung des optischen Dopplereffektes in Kanalstrahlen und die Aufspaltung der Spektrallinien in elektrischen Feldern mit dem Nobelpreis für Physik ausgezeichnet.

Nach der Absage von Stark, der 1920 an die Julius-Maximilians-Universität in Würzburg wechselte, wurde im September 1919 der zweitplatzierte Peter Paul Koch (1879-1945) als Direktor des Physikalischen Staatsinstitutes berufen. Er hatte 1901 bei Wilhelm Röntgen (1845-1923) an der Ludwigs-Maximilians-Universität in München promoviert, danach wurde er Röntgens wissenschaftlicher Assistent. Röntgen erhielt in demselben Jahr 1901 den Nobelpreis für Physik. Nach der Gründung der Nobelstiftung 1900 wurden die ersten Nobelpreise 1901 vergeben. Röntgen war somit der erste Nobelpreisträger in Physik überhaupt. Den ersten Nobelpreis für Chemie erhielt Jacobus Hendricus van't Hoff.

Koch verfügte im Lauf der Zeit über eine immer weiter anwachsende Zahl von Assistentenstellen. Fritz Goos (1883-1968), gebürtiger Hamburger, hatte Mathematik und Naturwissenschaften, insbesondere Astronomie studiert. Seine erste Anstellung erhielt er 1909 bei der Hamburger Sternwarte. 1911 wechselte er an das Physikalische Staatslaboratorium; er wurde 1919 von Koch übernommen, 1923 wurde ihm der Titel »Professor« verliehen, 1931 wurde er außerordentlicher Professor.

1924 kam Rudolph Minkowski (1895-1976) dazu; in Straßburg geboren, hatte er 1921 an der Universität Breslau bei Otto Lummer zum Thema »Untersuchungen über die magnetische Drehung der Polarisationsebene in nichtleuchtendem Na-Dampf« promoviert.[155] 1922 wurde er unter Koch sogenannter wissenschaftlicher Hilfsarbeiter. Seine Habilitationsschrift war dem Thema »Natürliche Breite und Druckverbreiterung von Spektrallinien« gewidmet.[156] Nachdem er sich 1926 habilitiert hatte, wirkte er als Privatdozent und wurde 1931 zum außerordentlichen Professor ernannt.

Hans Heinrich Meyer (1894-1978), promovierter Physiker, übernahm 1924 als wissenschaftlicher Hilfsarbeiter die Gerätesammlung, er kümmerte sich intensiv um den Unterricht und um die Praktika.[157]

Walter Gordon (1893-1939), in Apolda geboren, studierte an der Universität Berlin, wo er am 13. Juni 1921 bei Max Planck promovierte; das Thema seiner Dissertation lautete »Zur Theorie der adiabatischen Invarianten«, die Arbeit wurde wohl nicht veröffentlicht. Vom 1. November 1921 bis zum 31. Oktober wirkte er als Assistent von Max von Laue am Institut für theoretische Physik an der Universität Berlin. Dank eines Rockefeller-Stipendiums verbrachte er die Monate vom 1. November 1924 bis zum 31. August 1925 am physikalischen Institut der Universität in Manchester, danach wirkte er bis zum 31. März 1926 am Kaiser-Wilhelm-Institut für Faserstoffchemie in Berlin. Gordon war theoretischer Physiker. Am 1. Dezember 1926 wechselte er an die Universität Hamburg, wo er am Koch'schen Institut sozusagen als »Haustheoretiker« wirkte, obwohl es an der Universität Hamburg damals durchaus ein Institut für Theoretische Physik gab. Am 30. November 1928 stellte Gordon den Antrag auf Habilitation; seine Habilitationsschrift trug den Titel »Der Comptoneffekt nach der Schrödingerschen Theorie«; zu diesem Problem hatte Gordon bereits 1926 einen Beitrag veröffentlicht.[158] Das Thema seiner Antrittsvorlesung lautete »Ueber die Elementarteilchen der Materie«; sie fand am 23. Januar 1929 statt.

Nachdem Jordan 1929 die Universität Hamburg verlassen hatte und nach Rostock wechselte, übernahm Gordon die von Jordan angekündigten Vorlesungen. Als Gordon einen Ruf an die Ohio State University in Columbus abgelehnt hatte, beschloss der Senat am am 11. Juli 1930, dass Gordon den Professorentitel führen durfte. 1931 wurde er zum außerordentlichen Professor ernannt.[159]

Bei der Gründung der Universität Hamburg dachte man nicht an die Einrichtung einer Professur für theoretische Physik. Es waren vor allem die an der Universität Hamburg bereits wirkenden Mathematiker, insbesondere Wilhelm Blaschke (1885-1962), die eine Professur dieser Fachrichtung vermissten. Am 15. Oktober 1919 stellten Koch, Blaschke und Erich Hecke (1887-1947) einen ersten Antrag auf Errichtung eines Ordinariates für theoretische Physik. Dem Antrag war kein Erfolg beschieden. Um dem Anliegen mehr Nachdruck zu verleihen, lud man Albert Einstein zu einem Vortrag ein. Wie gewünscht, hielt Einstein am 17. Juli 1920 einen Gastvortrag über »Grundlagen der Relativitätstheorie« im Hauptgebäude der Universität im Hörsaal A, der später nach Ernst Cassirer (1874-1945) benannt wurde. Eingeladen hatte damals der Dekan der Mathematisch-Naturwissenschaftlichen Fakultät Richard Schorr (1867-1951), der Astronom war. Danach ging alles vergleichsweise schnell, am 15. Dezember 1920 wurde ein Berufungsausschuss für die neue Stelle eingesetzt. Bald stand die Liste fest: Max von Laue, Wilhelm Lenz, Erwin Schrödinger.

Von Laue hatte zunächst Interesse bekundet, sagte dann aber mit folgender Begründung ab:

Nach längeren Verhandlungen mit dem preußischen Kultusministerium habe ich mich nun doch entschloßen, hier in Berlin zu bleiben. Man hat mir große Zugeständnisse gemacht, darunter eines, daß mir die Hamburger Universität nach Lage der Dinge nicht machen konnte. Ich brauche in Zukunft nämlich keine vierstündige Vorlesung mehr zu halten, sondern kann mich dabei durch unseren Privatdozenten vertreten lassen. Das war ausschlaggebend.[160]

Der an zweiter Stelle stehende Wilhelm Lenz, in Frankfurt am Main geboren, hatte an den Universitäten Göttingen und München studiert, an letzterer promovierte er 1911 bei Arnold Sommerfeld mit einer Dissertation aus dem Bereich der theoretischen Elektrodynamik. Nachdem Sommerfelds Assistent Peter Debye 1911 als Nachfolger von Einstein an die Universität Zürich gewechselt war, folgte ihm Lenz in München nach. Lenz konnte sich gerade noch vor Ausbruch des Ersten Weltkrieges habilitieren, danach leistete er bis Anfang 1919 Kriegsdienst. Nach dem Krieg hatte sich die Situation verändert, seine alte Stelle existierte nicht mehr, es war schwer für ihn, einen angemessenen Ersatz zu finden. Schließlich konnte er 1920 an der Universität Rostock als Nachfolger von Rudolf Heinrich Weber ein Extraordinariat für theoretische Physik übernehmen. Der Ruf an die Universität Hamburg auf ein Ordinariat, der bald darauf erfolgte, bedeutete eine deutliche Verbesserung, sodass Lenz das Angebot am 16. Juli 1920 annahm. Im darauffolgenden Wintersemester begann er mit seinen Vorlesungen.[161]

Kaum berufen, nahm Lenz Kontakt zu Wolfgang Pauli auf, den er von seiner Studienzeit in München her kannte. Pauli, in Wien am 25. April 1900 geboren, reichte gleich nach seiner Reifeprüfung (Matura) am 22. September 1918 seine erste wissenschaftliche Arbeit mit dem Titel »Über die Energiekomponenten des Gravitationsfeldes« bei der »Physikalischen Zeitschrift« ein.[162] Er begann sein Studium an der Universität in München, wo Arnold Sommerfeld sein wichtigster Lehrer war. Dieser überließ es Pauli, einen Beitrag über »Relativitätstheorie« für die »Encyclopädie der Mathematischen Wissenschaften« zu verfassen, der 1920 fertiggestellt und 1921 veröffentlicht wurde.[163] Für diesen Beitrag erhielt Pauli überaus großes Lob von der Physikergemeinschaft. Im selben Jahr, am 25. Juli 1921, promovierte er bei Sommerfeld, das Thema seiner Dissertation lautete »Über das Modell des Wasserstoffmolekülions«; diese wurde nicht in der ursprünglichen Form, sondern erst 1922 verbessert und erweitert in den »Annalen der Physik« veröffentlicht, wo sie am 4. März 1922 eingegangen war.[164] Nach seiner Promotion wurde Pauli, wenn auch nur für kurze Zeit, während des Wintersemesters 1921/22, Assistent bei Max Born an der Universität Göttingen. Am 21. Oktober 1921 teilte Born Einstein mit: »W. Pauli ist jetzt mein Assistent, er ist erstaunlich klug und kann sehr viel. Dabei ist er menschlich, seinen 21 Jahren entsprechend, durchaus normal, lustig und kindlich. Leider will er im Sommer wieder fort, zu Lenz nach Hamburg, dem er es versprochen hat.«[165] Und am 29. November 1921 führte Born in einem weiteren Brief an Einstein aus: »Der kleine Pauli ist sehr anregend; einen so guten Assistenten werde ich nie mehr kriegen. Leider will er im Sommer zu Lenz nach Hamburg.«[166] Doch zunächst verbrachte Pauli ein Studienjahr bei Niels Bohr in Kopenhagen, wo er beschloss, sich an der Universität Hamburg zu habilitieren. So kehrte er also im Oktober 1923 nach Hamburg zurück. Die in Kopenhagen erhaltenen Anregungen fanden in Paulis Abhandlung »Über das thermische Gleichgewicht zwischen Strahlung und freie Elektronen« Eingang,[167] die am 9. August 1923 bei der »Zeitschrift für Physik« einging. Sie diente als seine Habilitationsschrift, als er am 17. Januar 1924 sein Gesuch um Habilitation bei der Universität Hamburg einreichte. Der Mathematiker Erich Hecke war damals Dekan; nachdem er in seinem Gutachten die Inhalte von Paulis Habilitationsschrift referierte, führte er aus: »Die sehr selten anzutreffende Vereinigung von hohem mathematischem [sic] und physikalischen Können verbunden mit einer erstaunlichen Arbeitskraft lassen in Hinblick auf das in so jungen Jahren schon Geleistete in der Zukunft Außergewöhnliches von Hrn. Pauli erwarten. Seine Habilitation ist auf das wärmste zu begrüßen.«[168] Am 23. Februar 1924 hielt Pauli seine Antrittsvorlesung über das Thema »Quantentheorie und periodisches System der Elemente«; damit war er nun Privatdozent.[169] Auch in der Zukunft unterhielt Pauli engen Kontakt mit Niels Bohr und besuchte ihn jedes Jahr, er blieb dabei unterschiedlich lange in Kopenhagen. Umgekehrt kam Bohr auch nach Hamburg, um Pauli und das Hamburger Institut zu besuchen, so im Dezember 1925, im September 1927 und im März 1928.[170]

Im November 1924 entdeckte Pauli das Ausschließungsprinzip, das Ergebnis veröffentlichte er in seiner Abhandlung »Über den Zusammenhang des Abschlusses der Elektronengruppen im Atom mit der Komplexstruktur der Spektren« im Jahr 1925.[171] 1926 erhielt er einen Ruf auf ein Extraordinariat an der Universität Leipzig, den die Hamburger Behörde noch abwenden konnte: Am 19. Mai 1926 wurde der Antrag gestellt, Pauli einen Lehrauftrag und den Professorentitel zu verleihen. Seit dem 22. November 1926 durfte er sich »Professor« nennen.[172]

Als Pauli jedoch ein Jahr später einen Ruf auf ein Ordinariat an die ETH in Zürich erhielt, musste ihn die Universität Hamburg ziehen lassen. Am 1. April 1928 wurde er zum ordentlichen Professor für theoretische Physik an der ETH Zürich ernannt. Paulis Erfolg setzte sich fort. Im Dezember 1930 äußerte er in Briefen erste vage Ideen zu einem neuen Teilchen und dessen speziellen Eigenschaften, später sprach man von der »Neutrinohypothese«, deren Schöpfer Pauli ist.[173] Erst drei Jahre später während des 7. Solvay-Kongresses in Brüssel, der vom 22. bis zum 29. Oktober 1933 dauerte, sorgte Pauli für eine erste gedruckte Bekanntgabe seiner Neutrinohypothese.[174] Entdeckt wurde das Neutrinoteilchen erst 1956.

Im Jahr 1925 kam zum Physikalischen Staatsinstitut und dem Institut für theoretische Physik noch ein Institut für angewandte Physik dazu, das Georg Möller (1882-1967) leitete. Doch pflegte Stern zu diesem Institut nur vergleichsweise lose Beziehungen, deshalb werden hier keine weiteren Details ausgeführt.

Paul Rabe war bereits seit 1914 Direktor des Chemischen Staatslaboratoriums, das nach der Gründung der Universität in das Chemische Staatsinstitut umgewandelt wurde. Gleichzeitig war Rabe in den Jahren 1919/20 Gründungsdekan der Mathematisch-Naturwissenschaftlichen Fakultät.[175] Sein Schriftenverzeichnis umfasst mehr als 100 Einträge, er betreute insgesamt 82 Doktoranden, davon 55 in Hamburg.[176]

Erster Leiter der Abteilung für Anorganische Chemie wurde Fritz Paneth (1887-1958). Dieser hatte in Wien und München Chemie studiert und 1910 in Wien promoviert. Allein im Jahr 1913 veröffentlichte er zehn wissenschaftliche Beiträge, darunter vier, die in Zusammenarbeit mit Georg von Hevesy (eigentlich Györgi de Hevesy; 1885-1966) entstanden, es sollten noch zahlreiche weitere folgen.[177] Paneth lernte Otto Stern 1913 bei der Versammlung Deutscher Naturforscher und Ärzte kennen, die im September in Wien stattfand. Quelle hierfür ist der erste Brief, den Paneth am 8. November 1913 Stern zukommen ließ: »Sie waren so freundlich, sich während der Naturforscherversammlung über ein paar in der Radiochemie aufgetauchte schwierige Fragen interpellieren zu lassen und forderten mich auf, Ihnen Nachricht zu geben, wenn neues experimentelles Material vorläge, das Sie dann eventuell theoretisch verwerten könnten.«[178] Diese Fragen wurde noch in mehreren weiteren Briefen, die während der Jahre 1913 und 1914 geschrieben wurden, vertieft.[179] Von 1914 bis 1916 hatte Paneth eine Assistentenstelle am Wiener Institut für Radiumforschung; er habilitierte sich 1915 in Wien. Von 1917 bis 1919 wirkte er in Prag, wo er zeitweise Assistent an der deutschen Technischen Hochschule bei Otto Hönigschmid (1878-1945) war.

Paneth wurde 1919 außerordentlicher Professor für analytische Chemie an der Universität Hamburg, er blieb jedoch nur bis 1922.[180] Zu dieser Zeit vertrat Max Volmer an der Universität Hamburg die Physikalische Chemie. Ob sich dabei Stern und Paneth abermals persönlich in Hamburg begegneten, ist nicht bekannt, aber denkbar. Paneth wechselte 1922 auf ein Extraordinariat an die Universität Berlin.

Im Jahr 1923 erschien von Hevesys und Paneths »Lehrbuch der Radioaktivität«, das 1931 eine zweite überarbeitete Auflage erlebte.[181] 1928 veröffentlichte Hevesy gemeinsam mit Otto Stern eine Abhandlung über »Fritz Habers Arbeiten auf dem Gebiete der physikalischen Chemie und Elektrochemie«.[182] Hier machten die Autoren darauf aufmerksam, dass Ha-

Fritz Paneth, o. J.

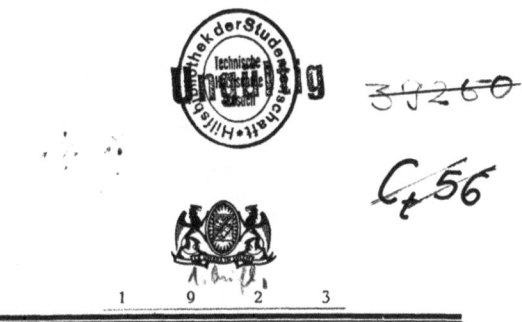

LEHRBUCH

DER

RADIOAKTIVITÄT

VON

GEORG v. HEVESY UND FRITZ PANETH

MIT 36 ABBILDUNGEN IM TEXT
UND AUF 3 TAFELN

1 9 2 3

LEIPZIG · VERLAG VON JOHANN AMBROSIUS BARTH

Georg von Hevesy; Fritz Paneth: Lehrbuch der Radioaktivität,
Leipzig 1923

ber zu allen Teilen der Gebietes Physikalische Chemie Beiträge geliefert habe und stellten diese im Detail vor.

Paneths Nachfolger in Hamburg wurde Heinrich Remy (1890-1974),
der seit 1922 außerordentlicher Professor für Anorganische Chemie am
Chemischen Staatsinstitut war. Man spricht von der »Ära Remy«, er
hat in Hamburg 63 Dissertationen betreut.[183] 1947 wurde er zum ordentlichen Professor ernannt und 1960 emeritiert.

Einige Monate vor der offiziellen Gründung der Universität Hamburg, am 31. März 1919, wurde von der Behörde beschlossen, an der Universität Hamburg einen außerordentlichen Lehrstuhl für Physikalische Chemie einzurichten. Die Physikalische Chemie war in Hamburg, wie auch andernorts üblich, eines der drei Hauptprüfungsfächer beim Studium der Chemie, im Physikstudium war sie lediglich ein Wahlfach. Für den ersten Professor gab es kein Berufungsverfahren im üblichen Sinne, in den Akten wurde in einem Dokument vom 2. Juli 1920 festgehalten: »Der Senat beschließt, den Privatdozenten an der Universität Leipzig Dr. Max Volmer zum außerordentlichen Professor der naturwissenschaftlichen Fakultät der hamburgischen Universität zu ernennen.«[184] Das Institut erhielt seine Räumlichkeiten im Physikalischen Staatsinstitut. Allerdings war die Ausstattung mit Räumen höchst unbefriedigend, viele der für die Experimente benötigten Apparate und Instrumente mussten aus dem Chemischen Staatsinstitut ausgeliehen werden.

Volmer hatte, bevor er an die Universität Hamburg wechselte, in Berlin am Nernst'schen Institut und bei der Auergesellschaft gewirkt. Am 1. Oktober 1920 begann seine Anstellung an der Universität Hamburg, am 10. Dezember 1920 wurde er vereidigt. Am Anfang wohnte die Familie Volmer in einer Pension, da es damals sehr schwierig war, in Hamburg eine Wohnung zu finden. Schließlich konnten Volmers in eine Zweizimmerwohnung umziehen.[185]

Was seine Vorlesungen anbelangte, so hatte Volmer folgende Lehrveranstaltungen angeboten:

WS 1920/21
Physikalische Chemie Teil II, Elektrochemie
Besprechung chemischer Tagesfragen: Rabe mit Paneth und Volmer

SS 1921
Physikalische Chemie Teil I
Anleitung zu wissenschaftlichen Untersuchungen

WS 1921/22
Physikalische Chemie Teil II
Anleitung zu wissenschaftlichen Untersuchungen

SS 1922
Physikalische Chemie Teil I
Physikalisch-chemisches Praktikum
Übungen in theoretischer Chemie, nach Verabredung
Anleitung zu wissenschaftlichen Untersuchungen

Nachdem Volmer ein Ordinariat an der Technischen Hochschule in Berlin als Professor für Physikalische und Elektrochemie angeboten bekam, war klar, dass er diesen Ruf annehmen würde. Er wirkte in Hamburg nur bis zum 30. September 1922.

In diesen zwei Jahren hatte Volmer vier Doktoranden betreut, was deutlich zeigt, dass er ein ausgezeichneter Lehrer war. Die Themen, die seine Doktoranden in ihren Dissertationen bearbeiteten, erlauben einen Einblick, wo damals Volmers Interessen lagen:[186]

Immanuel Estermann: »Über den Verdampfungskoeffizienten und seine Beziehung zur Ostwaldschen Stufenregel«. Prüfung am 2. Januar 1922. Note: mit Auszeichnung.[187]

Karl Riggert (*1896): »Ueber die Reaktionsgeschwindigkeit bei photochemischen Vorgängen«. Prüfung am 17. Januar 1922. Note: genügend. Veröffentlicht Hamburg 1922.

Kurt Notboom (*1891): »Rythmische Abscheidungsvorgänge«. Prüfung am 23. März 1923. Note: sehr gut.

Ernst Köhler (*1900): »Elektrolytisches Kristallwachstum«. Prüfung am 15. August 1923. Note: genügend. Bei diesem letzten Doktoranden Volmers in Hamburg fungierte Otto Stern bereits als Zweitgutachter.

Immanuel Estermann, am 31. März 1900 in Berlin geboren, hatte seine Schulausbildung auf der Talmud-Tora-Realschule in Hamburg begonnen. 1914 wanderte die Familie nach Palästina aus und wohnte in Jerusalem.[188] Nach dem Ausbruch des Ersten Weltkrieges wurde dort die Situation so schwierig, dass die Familie nach Hamburg zurückkehrte. Estermann setzte seine Schulausbildung an der VI. Städtischen Realschule zu Berlin fort, wechselte dann an die Oberrealschule vor dem Holstentor in Hamburg, wo er am 29. Januar 1918 die Reifeprüfung bestand. Estermann begann ein Studium der Physik, Chemie, Physikalischen Chemie und Nationalökonomie im Sommersemester 1918 an der Universität Gießen, im Wintersemester 1918/19 wechselte er an die Universität Berlin, im Sommersemester 1919 an die Universität Freiburg und kehrte schließlich im Wintersemester 1919 an die Universität Gießen zurück, wo er am 2. Dezember 1919 das Chemische Verbandsexamen ablegte. Gleichzeitig und überlappend setzte Estermann sein Studium an der erst am 10. Mai 1919 eröffneten Universität Hamburg fort. Er immatrikulierte sich als »Nr. 182«, und zwar am 11. Januar 1919, also noch vor der offiziellen Gründung der Universität.[189] Zu dieser Zeit wurden sogenannte Universitätskurse abgehalten, die am 6. Januar 1919 begannen und vor allem für Kriegsrückkehrer gedacht waren.[190] Bei seiner Immatrikulation gab Estermann als Staatsangehörigkeit an: »Türkei«, hatten doch seine Eltern zeitweise in Jerusalem gelebt, das zu dieser Zeit noch zum dann 1922 untergegangenem Osmanischen Reich gehörte. Bereits 1922 wurde Estermann an der Universität Hamburg promoviert, und zwar im Fach Physikalische Chemie, das damals in Hamburg durch Max Volmer vertreten wurde. Estermanns Doktorarbeit war dem Thema »Über den Verdampfungskoeffizienten und seine Beziehung zur Ostwaldschen Stufenregel« gewidmet. In seinem Gutachten hielt Volmer fest:

> Die Arbeit des Herrn Estermann bildet einen Beitrag zur Reaktionsgeschwindigkeitslehre. Es wird die absolute Verdampfungsgeschwindigkeit von Quecksilber zwischen +60 und −60° gemessen und gefunden, daß entgegen den bisherigen Annahmen die Verdampfungsgeschwindigkeit der festen Phase merklich kleiner ist, als die auf Grund der kinetischen Theorie berechnete maximale Verdampfungsgeschwindigkeit. [...] Die Arbeit bekundet großen Fleiß und sehr bemerkenswertes wissenschaftliches Verständnis und verdient das Prädikat sehr gut.[191]

Die Gesamtnote lautete »Ausgezeichnet«.

Zusammen mit Immanuel Estermann veröffentlichte Volmer in nur einem Jahr – 1921 – drei wissenschaftliche Arbeiten: »Über die Ver-

Doktorbrief
der hamburgischen
Universität

§ 11 nter dem Rektorat von hermann mmell, Doctor medicinae, ordentlichem Professor der Chirurgie, und währen Dekanats von hans Lohmann, Doctor philofophiae, ordentlichem Professor der Ze, hat die Mathematisch-Naturwissenschaftliche Fakultät

herrn **Immanuel termann** aus Berlin

auf Grund der am 26. November 1921 ‚aushnet' bestandenen Prüfung und Veröffentlichung seiner Schrift ‚Über den Verdams-Koeffizienten und seine Beziehung zur Ostwaldschen Stufenregel' die Würde als

Doktor der Nawissenschaften

verliehen. Zum Zeugnis dessen ist diese Ur ausgestellt, mit dem Siegel der Fakultät versehen und vom Dekan unterzeichnet u.

hamburg, Januar 1922.

Der Dekan

H. Lohmann

»Doktorbrief der hamburgischen Universität« für Immanuel Estermann, Hamburg,
Januar 1922

dampfungskoeffizienten von festem und flüssigem Quecksilber«; »Über den Mechanismus der Molekülabscheidung an Kristallen«; »Über den Verdampfungskoeffizienten und seine Beziehung zur Ostwaldschen Stufenregel«.[192]

Die Titel verdeutlichen, über welche Themen damals Max Volmer und sein Doktorand Immanuel Estermann arbeiteten. Es war Max Volmer, der Estermann riet, nach Rostock zu Otto Stern zu wechseln, was dann auch geschah.

Volmer hatte sich sehr dafür eingesetzt, dass seine Stelle in ein Ordinariat verwandelt werden würde. Es gelang ihm, die Hamburger Behörden zu überzeugen, dass das Fach Physikalische Chemie dringend aufgewertet werden sollte. So wurde im Jahre 1922 das Extraordinariat in ein Ordinariat verwandelt. Die Begründung hierfür lautete:

> Die theoretische oder physikalische Chemie sucht das Allgemeine in der Fülle chemischer Erscheinungen. Sie verdankt ihre glänzende Entwicklung seit Mitte der achtziger Jahre des vergangenen Jahrhunderts der Anwendung physikalischer Methoden und Grundsätze auf die anorganische, und in zunehmendem Maße auch auf die organische Chemie. Sie führte zur Feststellung von umfassenden Prinzipien (z.B. zur Lehre vom chemischen Gleichgewicht, der Theorie der Lösungen, der Chemie der elektrolytischen Dissoziationen), brachte der chemischen Industrie großen Nutzen (Chemie des Glases, des Stahles) und befruchtete andere Zweige der Naturwissenschaften, z.B. die Geologie durch die Untersuchungen über die Entstehung der Staßfurter Salzlager und die Physiologie durch die Lehre vom osmotischen Druck. Dieser Bedeutung der physikalischen Chemie entspricht es, daß sie an vielen Universitäten durch einen Ordinarius vertreten ist und zwar in Berlin, Frankfurt, Freiburg, Gießen, Göttingen, Halle, Leipzig und Magdeburg.[193]

Interessant ist, dass hier insbesondere die Bedeutung der Theorie der Lösungen und die Lehre vom osmotischen Druck angesprochen wurde, also zwei Themen, über welche Otto Stern im »Handwörterbuch der Naturwissenschaften« im Jahr 1912 die entsprechenden Artikel verfasst hatte.[194]

Aus dem Protokoll der 79. Fakultätssitzung vom 17. Mai 1922 zur Besetzung des Lehrstuhls der Physikalischen Chemie

Als Volmers Nachfolge anstand, wurde eine Berufungsliste aufgestellt: An erster Stelle befand sich Otto Stern und an zweiter Stelle Georg[e] von Hevesy.[195] Dies wurde auch im sogenannten Fakultätsbuch im Protokoll der 79. Sitzung vom 17. Mai 1922 festgehalten.

Es ist wohl anzunehmen, dass es vor allem Fritz Paneth war, der die Kandidatur von Hevesy unterstützt hatte.

Hevesy, in Budapest geboren, hatte an der Universität in Budapest, an der TH in Berlin und an der Universität in Freiburg Chemie studiert. Dort promovierte er 1908 »Über die schmelzelektrolytische Abscheidung der Alkalimetalle aus Ätzalkalien und die Löslichkeit dieser Metalle in der Schmelze«. Danach wirkte er unter anderem in Manchester und Wien, wo von der Kaiserlichen Akademie der Wissenschaften 1910 das erste Institut für Radiumforschung gegründet wurde. Dort führte er 1913 zusammen mit Fritz Paneth einen ersten Versuch mit der radioaktiven Tracer-Methode durch. Hevesy, der sich 1913 in Budapest habilitierte, musste von 1915 bis 1918 Kriegsdienst leisten. 1919 wurde er in Budapest zwar Professor, aber er verließ die Stadt bald, um mit Niels Bohr in Kopenhagen zusammenzuarbeiten. Es gibt zwei Briefe von Hevesy an Otto Stern: Im ersten vom 25. Juni 1914 bat

Hevesy Otto Stern um Korrekturen, die an Paneth geschickt werden sollten, und im zweiten vom 4. Juli 1920 aus Kopenhagen fragte Hevesy Stern um Unterstützung für den ebenfalls in Budapest geborenen Physikochemiker Michael Polanyi (1891-1976) an.[196] In Kopenhagen entdeckte Hevesy 1922 zusammen mit dem niederländischen Physiker Dirk Coster (1889-1950) das Element 72, Hafnium. Dieses war eines der letzten stabilen Elemente des Periodensystems, das damals noch unbekannt war. In diesem Jahr 1922 stand Hevesy auf der Berufungsliste für den Lehrstuhl für Physikalische Chemie an der Universität Hamburg, wenn auch an zweiter Stelle. Damals konnte niemand ahnen, dass die zwei Wissenschaftler auf der Berufungsliste im Jahr 1943 mit dem Nobelpreis ausgezeichnet werden würden, Hevesy für Chemie und Stern für Physik.

Es besteht kein Zweifel darüber, dass Otto Stern vor allem vom theoretischen Physiker Wilhelm Lenz Unterstützung erfuhr, der vor Stern die theoretische Physik an der Universität Rostock vertreten hatte und nun an der Universität Hamburg wirkte. Es gab also einen Kandidaten, welcher der Physik, und einen weiteren, welcher der Chemie nahe stand. In Hamburg wurde, wie üblich, der Erstplatzierte, das heißt Otto Stern, als ordentlicher Professor für Physikalische Chemie berufen. Der Besetzungsvorschlag enthält folgende interessante Begründung:

Seine Ausbildung verdankt [Stern] wesentlich O. Sackur und A. Einstein. Stern ist weder einseitiger Theoretiker noch Experimentator. Seine Forschungen umfassen in Theorie und Experiment die Thermodynamik, Molekular- und Quantentheorie. Er hat sich stets mit gewichtigen im Mittelpunkt des allgemeinen Interesses stehenden Problemen befaßt und hat dabei bleibende Erkenntnisse gewonnen. In dieser Hinsicht seien angeführt: 1. Die exakte molekulartheoretische Begründung der chemischen Konstanten 2. Sein Beitrag zur Theorie der festen Lösungen 3. Messungen des Bohr'schen Magnetons und Nachweis der sogenannten Richtungsquantelung. Seine gründliche Beherrschung der Thermodynamik macht ihn zu einer anerkannten Autorität auf dem Gebiet der theoretischen Chemie. Als Lehrer und Persönlichkeit wird Stern von seinen näheren Kollegen gerühmt. [...]

Seit 1919 ist [Hevesy] als Leiter der experimentellen Forschungsarbeiten im Institut für theoretische Physik in Kopenhagen und
gleichzeitig als Dozent an der Universität tätig. Das Forschungsgebiet von Hevesy umfaßt nicht so sehr den ganzen Bereich der
physikalischen Chemie als vielmehr einzelne Spezialgebiete, insbesondere Radioaktivität und Elektrochemie. Auf diesen Gebieten
hat er wichtige Fragen mit originellen Methoden angefaßt und in
klarer eindeutiger Weise gelöst. Insbesondere ist er wesentlich an
der Erkenntnis der Isotopie der Elemente beteiligt, indem er die
Wertigkeit der Radiumelemente feststellte und damit die Grundlage
für das radioaktive Verschiebungsgesetz schuf und schließlich als
erster eine partielle Trennung eines Isotopengemisches (Quecksilber) ausführte. Mit der Methode der radioaktiven Indikatoren hat
er unter anderem die Selbstdiffusion der Atome im festen Körper
bzw. auch die Fremddiffusion gemessen. Untersuchungen über die
Wanderung geladener Teilchen in Lösungen haben eine interessante allgemeine Beziehung zwischen Größe und Ladung kleiner
Teilchen ergeben. Seine klare anschauliche Vortragsweise machen
ihn auch zu einem guten Lehrer. Die deutsche Sprache beherrscht
Hevesy vollkommen. Im persönlichen Verkehr ist er sehr gewandt
und liebenswürdig.[197]

Unterschrieben wurde dieses Dokument unter anderem von Rabe, Lenz
als Berichterstatter und Koch, also von einem Chemiker und zwei Physikern. Stern trat seine neue Stelle am 1. Januar 1923 an, am 31. Januar
1923 nahm er erstmals an einer Fakultätssitzung teil, es war die 90. Fakultätssitzung.[198] Er war der erste ordentliche Professor für Physikalische Chemie an der noch jungen Hamburger Universität. Unter Sterns
Ägide war die Physikalische Chemie ein mehr oder minder selbständiges
Institut, sie gehörte also damals weder zur Physik noch zur Chemie.
   In Hamburg fand Otto Stern zunächst in der Isestraße 7 im Stadtteil Harvestehude eine Wohnung, in der er bis zum Wintersemester
1928/29 lebte. Danach wechselte er in den Stadtteil Uhlenhorst, wo er
im Hofweg 9 wohnte; beide Wohnungen lagen nicht allzu weit von der
Außenalster entfernt.[199]
   Wie schon unter Volmer, so war auch Otto Sterns Institut für Physikalische Chemie innerhalb des Gebäudes des Physikalischen Staats-

institutes untergebracht, dessen Hausherr Peter Paul Koch war. Die Räumlichkeiten, die Otto Stern für sich und seine Mitarbeiter beanspruchen konnte, waren bei Weitem nicht angemessen: Ihm standen nur vier Zimmer sowie eine Werkstatt im Keller für Forschungsarbeiten und Lehre zur Verfügung.[200]

Seit dem 1. Oktober 1922, also bereits bevor Otto Stern seinen Dienst antrat, war Immanuel Estermann sogenannter wissenschaftlicher Hilfsarbeiter an der Universität Hamburg.[201] Er veröffentlichte in seiner Hamburger Zeit 26 wissenschaftliche Beiträge, ab 1925 waren seine Veröffentlichungen im Wesentlichen der Erforschung der Molekularstrahlmethode gewidmet.[202] Außerdem ist Friedrich Knauer (1897-1979) zu nennen, der seit dem 1. Mai 1924 eine Assistentenstelle am Institut von Otto Stern wahrnahm. Geboren in Göttingen, hatte Knauer 1923 bei Wilhelm Friedrich Kohlrausch (1855-1936) in Hannover promoviert. Das Thema seiner Dissertation lautete »Ein Wechselstromkompensator auf Grund der Görges'schen Brückenschaltung«.[203] Für kurze Zeit war Knauer im Studienjahr 1923/24 Assistent bei Robert Wichard Pohl (1884-1976) an der Universität Göttingen.

Sterns in Hamburg praktiziertes Arbeitsgebiet, die Erforschung der Methode der Molekularstrahlen, war für beide Assistenten ein neues Aufgabengebiet. Es entwickelte sich eine lebhafte Publikationstätigkeit, teilweise auch in Zusammenarbeit mit Stern oder anderen Mitarbeitern. Knauer veröffentlichte unter der Ägide von Stern und teilweise zusammen mit Stern zehn Arbeiten auf dem Gebiet der Molekularstrahlen.[204] Beide Assistenten nahmen an zahlreichen Tagungen teil, so vor allem an Tagungen der Deutschen Bunsen-Gesellschaft für Physikalische Chemie sowie der Deutschen Physikalischen Gesellschaft. Estermann erwarb am 6. Mai 1927 die Hamburgische Staatsangehörigkeit.[205]

Nachdem Otto Stern 1929 einen Ruf nach Frankfurt am Main abgelehnt hatte, bekam er noch zwei weitere Assistentenstellen beziehungsweise Stellen für wissenschaftliche Hilfsarbeiter, so damals die offizielle Bezeichnung. Bereits am 1. Oktober 1929 konnte Robert Schnurmann (1904-1995) in Hamburg seinen Dienst als wissenschaftlicher Hilfsarbeiter antreten, die Vergütung betrug 5.215,50 Reichsmark jährlich, das bedeutete 435 Reichsmark monatlich. Schnurmann hatte 1927 an der Universität Göttingen über »Freie Raumladungen im Elektrolyten« promoviert[206] und blieb am dortigen Institut für Physikalische Chemie, bis er nach Hamburg wechselte. Am 28. Dezember 1931 bat Stern, den Arbeitsvertrag Schnurmanns um zwei Jahre zu verlängern, da dieser die Aufgaben von Estermann während dessen Aufenthalt in Berkeley übernommen hatte. Gewährt wurde nur eine Verlängerung bis zum 30. September 1932. Am 5. September 1932 beantragte Stern erneut eine Verlängerung, diesmal um ein Jahr. Genehmigt wurde eine Verlängerung bis zum 31. März 1933. Am 13. Februar 1933 suchte Stern nochmals um eine Verlängerung um ein Jahr nach, diese wurde genehmigt und zwar bis zum 31. März 1934. Aber am 31. Juli 1933 verlor Schnurmann, wie die anderen jüdischen Assistenten von Stern, seine Stelle.[207] Schnurmann hatte in Hamburg zwei wissenschaftliche Beiträge publiziert, darunter in der Reihe der »Untersuchungen zu Molekularstrahlen« (»U. z. M.«) die Nr. 26 mit dem Titel »Die magnetische Ablenkung von Sauerstoffmolekülen«, eingegangen am 30. Juni 1933 bei der »Zeitschrift für Physik«.[208] Er schilderte seine Ergebnisse folgendermaßen: »Die magnetische Ablenkung von Molekülen (O_2) wurde zum ersten Male untersucht. Die Versuchsergebnisse stimmen mit der Annahme überein, dass das Sauerstoffmolekül ein magnetisches Moment von zwei Bohrschen Magnetonen hat und daß eine Kopplung zwischen dem Spinimpuls der Elektronen und dem Drehimpuls des Moleküls besteht.«[209]

Der produktivste Assistent, den Stern je hatte, war Otto Robert Frisch (1904-1979), ein Neffe von Lise Meitner. Frisch hatte 1926 an der Universität Wien über die »Einwirkung von Kathodenstrahlen auf Steinsalz« promoviert.[210] Danach wirkte er ein Jahr lang als Volontär im Laboratorium für Radio- und Röntgenphysik in Wien. Die Jahre von 1927 bis 1930 verbrachte er in Berlin als Stipendiat der Notgemeinschaft der Deutschen Wissenschaft. Am 1. November 1930 begann er seine Tätigkeit an der Universität Hamburg als wissenschaftlicher Hilfsarbeiter, sein Schriftenverzeichnis umfasste damals fünf Titel. Die Einarbeitung in die Molekularstrahltheorie gelang ihm in sehr kurzer Zeit, bereits 1931 konnte er zwei Arbeiten zu dieser für ihn damals neuen Thematik veröffentlichen.

Seine Vergütung betrug monatlich nur 350.- Reichsmark, das war deutlich weniger, als Schnurmann bekam. Am 14. Mai 1932 bat Stern für Frisch um eine Gehaltszulage, da dieser »ein Wissenschaftler von ungewöhnlicher Begabung« sei, Stern lobte seinen Fleiß und seine Eignung für technisch-experimentelle Vorgänge. Doch der Antrag wurde

Otto Robert Frisch im Jahr 1930

abgelehnt. Am 7. Oktober 1932 beantragte Stern die Verlängerung des Arbeitsvertrages um zwei Jahre, da »Herr Dr. Frisch eine aussergewöhnlich wertvolle Arbeitskraft« sei. Die Verlängerung wurde aber zunächst nur bis zum 31. März 1933 genehmigt, die jährliche Vergütung sollte lediglich 3.325 RM betragen, das entspricht einem monatlichen Gehalt von nur noch 277 Reichsmark. Schließlich war die Hochschulbehörde bereit, eine Verlängerung bis zum 31. März 1934 zu gewähren. Trotz all des Lobes und der Bemühungen von Stern wurde auch Frisch bereits am 31. Juli 1933 entlassen.[211] In dieser kurzen Zeit, die er in Hamburg verbrachte, publizierte er 15 Arbeiten zur Molekularstrahltheorie, teilweise als einziger Autor, teilweise in Zusammenarbeit mit Stern oder Mitarbeitern des Teams von Stern.[212] Frisch hatte in seinem sehr informativen Werk »Woran ich mich erinnere« ein sehr umfangreiches Kapitel seiner Zeit in Hamburg gewidmet: »Hamburg 1930-1933«.[213]

Nicht unerwähnt bleiben sollen Bernhard Josephy (1902-?) und Wilhelm Groth (1904-1977). Da Estermann einen Forschungsaufenthalt in Berkeley vom Frühjahr 1931 bis zum Herbst 1932 wahrnehmen konnte, bedurfte es in Hamburg einer Vertretung während Estermanns Abwesenheit. Als Vertreter wirkte zunächst Bernhard Josephy, geboren in Hamburg; er hatte 1928 an der TH in Berlin über »Resonanz bei Stößen zweiter Art in der Fluoreszenz und Chemilumineszenz« promoviert.[214] Josephy veröffentlichte in seiner Zeit am Stern'schen Institut einen wissenschaftlichen Beitrag in der »Zeitschrift für Physik« mit dem Titel »Die Reflexion von Quecksilber-Molekularstrahlen an Kristallspaltflächen« (1933).[215] Wie Josephy konnte auch Wilhelm Groth sporadisch und nur für kurze Zeit eine bezahlte, später nur noch eine unbezahlte Vertretungsstelle bekommen.

Sterns Aufgabe war es, wie sein Vorgänger Volmer die Kursvorlesungen Physikalische Chemie Teil I, II und III (später eingeteilt in Teil I und II) abzuhalten. Es gab sehr umfangreiche Praktika sowie die Anleitung zu wissenschaftlichen Untersuchungen und Übungen. Stern las nur selten über eigene Themen; solche Ausnahmen ereigneten sich in den Wintersemestern 1927/28 und 1928/29, in denen Stern eine Vorlesung über den Nernst'schen Wärmesatz hielt. Eine weitere, höchst bemerkenswerte Ausnahme war Sterns Vorlesung im Wintersemester 1932/33 über Molekularstrahlen. Dies war aber das einzige Mal, dass er über sein Lieblingsthema auch eine Vorlesung ankündigte; ob er sie gehalten hat, ist nicht sicher.

Ab 1923/24 war Estermann ebenfalls an den Lehrveranstaltungen beteiligt, insbesondere am Praktikum und an den Übungen. Gelegentlich hielt er auch Lehrveranstaltungen über andere Themen, so über das Atom, ausgewählte Kapitel über Thermodynamik, über Radioaktivität, er kündigte ferner eine Einführung in die Kolloidlehre sowie ein Praktikum zur Fotografie an. Schnurmann übernahm im Wintersemester 1931/32 die Estermann'schen Lehrveranstaltungen, dieser befand sich damals in Berkeley.

WS 1922/23, alle Veranstaltungen unter NN
NN: Vorlesung: Physikalische Chemie II
NN: Anleitung zu wissenschaftlichen Untersuchungen
NN: Physikalisch-chemisches Praktikum

SS 1923, alle Veranstaltungen unter Otto Stern
Vorlesung: Physikalische Chemie I

Physikalisch-chemisches Praktikum
Anleitung zu wissenschaftlichen Untersuchungen

WS 1923/24
Physikalische Chemie II
Physikalisch-chemisches Praktikum (4 Wochen lang)
Anleitung zu wissenschaftlichen Untersuchungen
Dr. Estermann: Das Atom (gemeinverständlich für Naturwissen-
schaftler)

SS 1924
Physikalische Chemie III
Zusammen mit Estermann: Physikalisch-chemisches Praktikum
(4 Wochen lang)
Anleitung zu wissenschaftlichen Untersuchungen
Zusammen mit Estermann: Übungen zur Vorlesung und zum Prak-
tikum

WS 1924/25
Physikalische Chemie I
Zusammen mit Estermann: Physikalisch-chemisches Praktikum
(4 Wochen lang)
Zusammen mit Estermann: Übungen zu Vorlesung und Praktikum
Estermann: Radioaktivität
Anleitung zu wissenschaftlichen Untersuchungen

SS 1925
Physikalische Chemie II
Zusammen mit Estermann: Physikalisch-chemisches Praktikum
(4 Wochen lang)
Zusammen mit Estermann: Übungen zur Vorlesung und zum Prak-
tikum
Anleitung zu wissenschaftlichen Arbeiten

WS 1925/26
Physikalische Chemie I
Zusammen mit Estermann: Physikalisch-chemisches Praktikum

Zusammen mit Estermann: Physikalisch-chemische Übungen
Anleitung zu wissenschaftlichen Untersuchungen

SS 1926
Physikalische Chemie II
Zusammen mit Estermann: Physikalisch-chemisches Praktikum
(4 Wochen lang)
Anleitung zu wissenschaftlichen Untersuchungen
Estermann: Ausgewählte Kapitel aus der physikalisch-chemischen
Thermodynamik

WS 1926/27
Physikalische Chemie I
Physikalische Chemie der Grenzflächen (Grundlagen der Kolloid-
chemie)
Zusammen mit Estermann: Physikalisch-chemisches Praktikum
(4 Wochen lang)
Zusammen mit Estermann: Physikalisch-chemische Übungen
Anleitung zu wissenschaftlichen Untersuchungen
Estermann: Das Atom (gemeinverständlich für Naturwissenschaftler)

SS 1927
Physikalische Chemie II
Zusammen mit Estermann: Physikalisch-Chemisches Praktikum
(4 Wochen lang)
Zusammen mit Estermann: Physikalisch-chemische Übungen
Anleitung zu wissenschaftlichen Untersuchungen
Estermann: Photographisches Praktikum für Anfänger

WS 1927/28
Physikalische Chemie I
Der Nernstsche Wärmesatz[216]
Zusammen mit Estermann: Physikalisch-chemisches Praktikum
(4 Wochen lang)
Zusammen mit Estermann: Physikalisch-chemische Übungen
Anleitung zu wissenschaftlichen Untersuchungen
Estermann: Radioaktivität

SS 1928
Physikalische Chemie II
Zusammen mit Estermann: Physikalisch-chemisches Praktikum
Zusammen mit Estermann: Physikalisch-chemische Übungen
Anleitung zu wissenschaftlichen Untersuchungen
Estermann: Physik und Chemie von freien Oberflächen (Einführung in die Kolloidlehre)

WS 1928/29
Estermann: Physikalische Chemie III
Zusammen mit Estermann: Physikalisch-chemisches Praktikum
(4 Wochen lang)
Zusammen mit Estermann: Physikalisch-chemische Übungen
Anleitung zu wissenschaftlichen Untersuchungen
Stern: Nernstscher Wärmesatz

SS 1929
Physikalische Chemie I
Zusammen mit Estermann: Physikalisch-chemisches Praktikum
(4 Wochen lang)
Zusammen mit Estermann: Physikalisch-chemische Übungen
Anleitung zu wissenschaftlichen Untersuchungen
Estermann: Photographisches Praktikum

WS 1929/30
Physikalische Chemie III
Estermann: Das Atom (gemeinverständlich für Naturwissenschaftler)
Zusammen mit Estermann: Physikalisch-chemisches Praktikum
(4 Wochen lang)
Zusammen mit Estermann: Physikalisch-chemische Übungen
Anleitung zu wissenschaftlichen Untersuchungen

SS 1930
Physikalische Chemie I
Zusammen mit Estermann: Physikalisch-chemisches Praktikum
(4 Wochen lang)
Zusammen mit Estermann: Physikalisch-chemische Übungen

Anleitung zu wissenschaftlichen Untersuchungen
Estermann: Radioaktivität und Physik des Atomkerns

WS 1930/31
Physikalische Chemie II
Estermann: Fragen aus dem Grenzgebiet zwischen Physik und
Chemie
Zusammen mit Estermann: Physikalisch-chemisches Praktikum
(4 Wochen lang)
Zusammen mit Estermann: Physikalisch-chemische Übungen
Anleitung zu wissenschaftlichen Untersuchungen

SS 1931
Physikalische Chemie I
Zusammen mit Estermann: Physikalisch-chemisches Praktikum
(4 Wochen lang)
Zusammen mit Estermann: Physikalisch-chemische Übungen
Anleitung zu wissenschaftlichen Untersuchungen

WS 1931/32
Physikalische Chemie II
Zusammen mit Dr. Schnurmann: Physikalisch-chemisches Praktikum
(4 Wochen lang)
Zusammen mit Dr. Schnurmann: Physikalisch-chemische Übungen
Anleitung zu wissenschaftlichen Untersuchungen

SS 1932
Physikalische Chemie I
Estermann kündigt seine Vorlesung später an
Zusammen mit Estermann: Physikalisch-chemisches Praktikum
(4 Wochen lang)
Zusammen mit Estermann: Physikalisch-chemische Übungen
Anleitung zu wissenschaftlichen Untersuchungen

WS 1932/33
Estermann: Physikalische Chemie II
Stern: Molekularstrahlen

Zusammen mit Estermann: Physikalisch-Chemisches Praktikum
(4 Wochen lang)
Zusammen mit Estermann: Physikalisch-chemische Übungen
Anleitung zu wissenschaftlichen Untersuchungen

SS 1933
Physikalische Chemie III (Nernst'sches Theorem und Spezialfragen)
Zusammen mit Estermann: Physikalisch-chemisches Praktikum
(4 Wochen lang)
Zusammen mit Estermann: Physikalisch-chemische Übungen
Anleitung zu wissenschaftlichen Untersuchungen

Stern betreute in seiner Hamburger Zeit insgesamt zwölf Doktoranden, hier in chronologischer Reihenfolge: Ernst Albers-Schönberg (Volmer) 1923, Reinhold Basch (keine Angaben, wohl auch von Volmer) 1924, Peter Kirchhoff (Volmer) 1924, Erhard Landt (bei Stern in Rostock, wechselte nach Hamburg) 1925, Alfred Leu 1927, Erwin Wrede 1927, Otto Brill 1929, Berthold Lammert 1929, Lester Clark Lewis 1931, Max Wohlwill 1931, Carl Zickermann 1933, Marius Kratzenstein 1935. Stern übernahm die ersten drei Doktoranden von Volmer, ihre Dissertationsthemen stammen nicht aus dem Bereich Molekularstrahlen. Sterns letzter Doktorand, Kratzenstein, wurde weiterhin von Sterns Nachfolger Paul Harteck (1902-1985) betreut. Bei den Dissertationen von Zickermann und Kratzenstein wurde am Ende ausdrücklich erwähnt, dass Otto Stern beziehungsweise Stern und Knauer die Lehrer und Betreuer waren.[217] Alle Doktorarbeiten wurden, teilweise mit leicht veränderten Titeln, auch publiziert.

Hier die unter der Ägide von Stern verfassten Doktorarbeiten im Detail und in chronologischer Reihenfolge:

Ernst Albers-Schönberg (1897-?): »Über Leitfähigkeit im stark komprimierten Gase«. Prüfung am 8. November 1923. Note: sehr gut.[218]

Reinhold Basch (1899-?): »Messung der Geschwindigkeit der Bildung des Quecksilberjodids sowie der Zersetzung des Phosphorpentachlorids bei kleinen Drucken«. Prüfung am 14. Februar 1924. Note: gut.[219]

Peter Kirchhoff (1893-?): »Methodisches zur Bestimmung der Dampfdruckkurven von festen und flüssigen Stoffen mit sehr niedrigen Dampfdrucken«. Prüfung am 18. März 1924. Note: genügend.[220]

Erhard Landt (1900-1958): »Beiträge zur Theorie der Lösungen«. Prüfung am 3. Januar 1925. Note: sehr gut.[221]

Alfred Leu (1901-?): »Versuche über die Ablenkung von Molekularstrahlen im Magnetfeld«. Prüfung am 24. März 1927. Note: gut.[222]

Erwin Wrede (1894-?): »Über die Ablenkung von Molekularstrahlen elektrischer Dipolmoleküle im inhomogenen elektrischen Feld von Wasserstoffatomstrahlen im inhomogenen Magnetfeld«. Prüfung am 8. Februar 1927. Note: sehr gut.[223]

Otto Brill (1903-?): »Über die Bildung von Niederschlägen durch Molekularstrahlen«. Prüfungen am 23. Februar 1929, 30. Mai 1929. Note: gut.[224]

Berthold Lammert (1897-?): »Herstellung von Molekularstrahlen einheitlicher Geschwindigkeit«. Prüfung am 20. Juli 1929. Note: gut.[225]

Lester Clark Lewis (1902-?): »Die Bestimmung des Gleichgewichts zwischen Atomen und den Molekülen eines Alkalidampfes mit einer Molekularstrahlmethode«. Prüfung am 11. Juli 1931. Note: sehr gut.[226]

Max Wohlwill (1905-1991): »Messung von elektrischen Dipolmomenten mit einer Molekularstrahlmethode«. Prüfung am 21. November 1931. Note: mit Auszeichnung.[227]

Carl Zickermann (1907-?): »Adsorption von Gasen an festen Oberflächen bei niedrigen Drucken«. Prüfung am 25. Februar 1933. Note: gut.[228]

Unter dem Rektorat von **Leo Raape**, Doktor der Rechte, ordentlichem öffentlichem Professor der Rechte, und während des Dekanats von **Gustav Bredemann**, Doktor der Philosophie, ordentlichem öffentlichem Professor für angewandte Botanik, hat die Mathematisch-Naturwissenschaftliche Fakultät

herrn Carl Zickermann aus hamburg

auf Grund einer am 25. februar 1933 ‚gut‘ bestandenen Prüfung und Einreichung seiner Schrift ‚Adsorption von Gasen an festen Oberflächen bei niedrigen Drucken‘ die Würde als

Doktor der Naturwissenschaften

verliehen. Zum Zeugnis dessen ist diese Urkunde ausgestellt, mit dem Siegel der Fakultät versehen und vom Dekan unterzeichnet worden.

hamburg, den 25. februar 1933.

Der Dekan

gez. *Bredemann*

Doktordiplom von Carl Zickermann vom 25. Februar 1933

Kratzenstein, Marius (1910-?): »Untersuchungen über die Wolke bei Molekularstrahlen«. Prüfung am 26. Januar 1935. Note: gut. (Gutachten von Paul Harteck).[229]

Die Gutachten bei Doktorprüfungen stammten meist vom Betreuer der Doktorarbeit. Darüber hinaus wurden Prüfungen abgehalten, sowohl im Hauptfach – das war in der Regel das Fach des Doktorvaters – als auch in den gewählten Nebenfächern. Diese waren weit gestreut: Physik (Koch und Lenz), Chemie (Rabe), Mathematik (Artin, Blaschke Hecke, Riebesell), Botanik (Winkler), Geophysik (Tams) und Philosophie (Cassirer). Besonders interessant scheint die Dissertation von Erwin Wrede »Über die Ablenkung von Molekularstrahlen elektrischer Dipolmoleküle im inhomogenen elektrischen Feld von Wasserstoffatomstrahlen im inhomogenen Magnetfeld«: Sie ist wohl als die Beantwortung einer in der 134. Sitzung der Mathematisch-Naturwissenschaftlichen Fakultät am 23. Juni 1926 gestellten Preisaufgabe aus dem Bereich Molekularstrahlen zu verstehen. Das Thema lautete: »<u>Physi-</u>

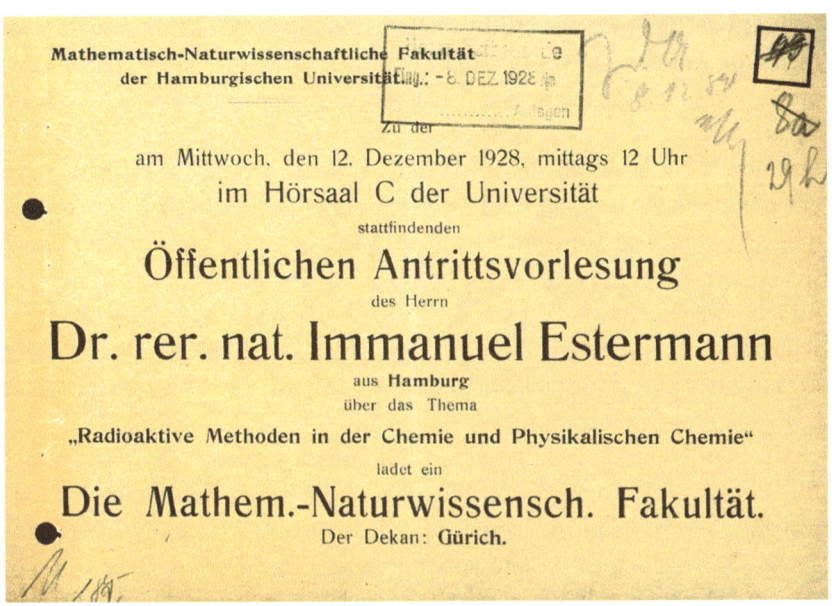

Immanuel Estermann, öffentliche Antrittsvorlesung: »Radioaktive Methoden in der Chemie und Physikalischen Chemie«, Universität Hamburg am 12. Dezember 1928

kalische Chemie: Es ist die Ablenkbarkeit von Wasserstoffatomstrahlen im inhomogenen Magnetfeld zu messen.«[230]

Estermann konnte sich im Jahre 1928 habilitieren. Bei der 159. Fakultätssitzung am 14. November 1928 wurde festgehalten: »Die Habilitation Estermann für Physikal. Chemie wird von der Fakultät angenommen. Die Probevorlesung ›Ueber Vorgänge bei der Bildung von Kristallen‹ soll bei der nächsten Fakultätssitzung stattfinden.«[231] Wie angekündigt, stellte Estermann seine Probevorlesung am 28. November der Fakultät vor. Seine öffentliche Antrittsvorlesung am 12. Dezember 1928 hatte den Titel »Radioaktive Methoden in der Chemie und Physikalischen Chemie«. Am 13. Dezember erhielt er die Venia Legendi für Physik, insbesondere Physikalische Chemie,[232] da die Physikalische Chemie kein eigenständiges Fach war.

Erstermann wirkte fortan als Privatdozent. Auch Sterns Assistent Friedrich Knauer konnte sich 1933 noch unter Sterns Ägide habilitieren.

Doktorarbeiten und Habilitationen stehen ja stets in engem Zusammenhang mit der Lehre. Versucht man Bilanz zu ziehen, so hatte Otto Stern in den elf Jahren seiner Tätigkeit in Hamburg zwölf Doktoranden betreut, gleichzeitig entstanden unter seiner Obhut zwei Habilitationen. Daraus kann man nur den Schluss ziehen, dass Otto Stern ein ungewöhnlich erfolgreicher Lehrer war. Aber noch etwas ist bemerkenswert: Für Otto Stern waren die Arbeiten seiner Doktoranden stets deren geistiges Eigentum. Diese Sicht war damals nicht allgemein üblich. Sterns Kollege Peter Paul Koch beispielsweise integrierte in sein persönliches Schriftenverzeichnis auch die Dissertationen seiner Doktoranden und betrachtete damit die Inhalte der Dissertationen als sein geistiges Eigentum.

Mit Pauli und Stern begannen die »Sternstunden der Hamburger Physik 1919 bis 1933«.[233] Otto Stern und Wolfgang Pauli kamen nachweislich bereits 1921 in Kontakt; Pauli teilte Stern auf einer in Göttingen geschriebenen Postkarte vom 24. November 1921 mit, dass ihm in seiner Arbeit »Ein Weg zur experimentellen Prüfung der Richtungsquantelung im Magnetfeld«[234] ein Fehler unterlaufen sei.[235] Pauli wird gern wegen seiner sorgfältigen Überprüfung von Fakten und Texten und seiner Akribie von den Physikhistorikern als das »Gewissen der Physik« bezeichnet.

Vor allem das Thema »Entropie« war ein beliebter Gesprächsstoff zwischen Stern und Pauli. In einem 1961 in Zürich dokumentierten Interview bemerkte Stern, dass er während Paulis Aufenthalt in Hamburg fast jeden Tag mit ihm beim Mittagessen über Entropie diskutierte.[236]

Stern und Pauli nahmen häufig gemeinsam an internationalen, hochkarätigen Fachkongressen teil, so etwa 1927, als in Como vom 11. bis zum 20. September der 100. Todestag von Alessandro Volta (1745-1827) gefeiert wurde. Auf diesem ersten sogenannten Volta-Kongress präsentierte Laue einen »Discorso« und gab einen Überblick über die von Volta angestoßene Entwicklung der Physik.[237] Stern und Pauli waren die einzigen Wissenschaftler aus Hamburg, die eingeladen waren. Stern hielt einen äußerst bemerkenswerten Vortrag über die Versuche mit Molekularstrahlen: Er stellte zum ersten Mal seine neuen Experimente zur Atomstrahlinterferenz einer größeren Öffentlichkeit vor, eine Zusammenfassung seines Beitrags erschien in den Kongressakten. Da dieser Text von großer Bedeutung ist und bisher nicht wieder abgedruckt wur-

Otto Stern zusammen mit Wolfgang Pauli, o. J.

de, wird er im Anhang 1 dieser Publikation wiedergegeben (siehe S. 334). Pauli kommentierte Bohrs neueste Vorstellungen über die Atomphysik.[238] Gerlach, der aus Tübingen angereist war, hielt einen Vortrag über »Das magnetische Verhalten von Gasen und Dämpfen«.[239]

Pauli allein, ohne Stern, besuchte anschließend im Oktober 1927 auch den 5. Solvay-Kongress in Brüssel. Dieser war dem Thema Elektronen und Photonen gewidmet, den Vorsitz hatte Hendrik Antoon Lorentz (1853-1928) inne, neben anderen war Albert Einstein anwesend. Dieser Kongress ging in die Geschichte ein, weil 15 der 29 Anwesenden den Nobelpreis später bekamen oder diesen bereits besaßen.

Leider wechselte Pauli bereits 1928 von Hamburg an die ETH in Zürich, aber dennoch besuchten Stern und Pauli gelegentlich auch weiterhin dieselben Tagungen. So waren beide Wissenschaftler Teilnehmer des 6. Solvay-Kongresses, der vom 20. bis 25. Oktober 1930 in Brüssel stattfand. Thema war der Magnetismus, den Vorsitz führte Paul Langevin (1872-1946). Dort trafen sich wieder einmal die bedeutendsten Physiker der Zeit, auch Walther Gerlach war anwesend, ebenso Niels Bohr, Marie Curie, Arnold Sommerfeld, Paul Dirac (1902-1984), Wer-

Teilnehmer des Internationalen Kongresses über Kernphysik 1931 in Rom, darunter Otto Stern (2. Reihe links). Pauli ist auf diesem Foto leider nicht zu sehen

ner Heisenberg, Enrico Fermi (1901-1954), Peter Debye und vor allem Albert Einstein.

Außerdem besuchten sowohl Stern als auch Pauli den Internationalen Kongress über Kernphysik, auch als zweiter Volta-Kongress bezeichnet, der in Rom vom 11. bis 18. Oktober 1931 stattfand.

Nach Paulis Wechsel nach Zürich entspann sich bereits 1929 ein reger Briefwechsel zwischen ihm und Stern; sie verband ein lebhafter wissenschaftlicher Gedankenaustausch, der sich schon in Hamburg angebahnt hatte: Es ging vor allem um das bessere Verständnis der Entropie. Insgesamt sind 26 Briefe bekannt, die Pauli und Stern gewechselt haben, darunter 24 Briefe von Pauli an Stern. Daraus folgt, dass es ursprünglich wohl sehr viel mehr Briefe gewesen sein dürften. Auch sind die noch existierenden Briefe nicht annähernd aus derselben Zeit, allein aus dem Jahr 1956 sind zehn Briefe erhalten.

In Sterns Arbeitsgruppe spielten die Gastwissenschaftler eine bedeutende Rolle. Bevor sie nach Hamburg kamen, hatten sie bereits Kennt-

Sterns Arbeitsgruppe in Hamburg im Jahr 1928 (v. l.): Friedrich Knauer (Assistent), Otto Brill (Doktorand), Otto Stern, Ronald Fraser, Isidor Isaac Rabi (beide Gastwissenschaftler), John Bradshaw Taylor (Gastwissenschaftler) und Immanuel Estermann (Assistent)

nisse auf dem Gebiet der Molekularstrahlen erworben und wollten unter der Ägide von Otto Stern ihre Studien vertiefen. Sie beteiligten sich an den Experimenten oder erdachten neue und kamen alsbald zu eigenen wichtigen Ergebnissen, die entweder von einem Autor oder von mehreren veröffentlicht wurden.

Ronald Fraser (1899-1985), in Strathpeffer im Norden Schottlands geboren, hatte an der Universität Aberdeen studiert und dort 1926 über »Some Aspects of the Theory of Space Quantisation in a Magnetic Field« promoviert. Nachdem er vom Stern-Gerlach-Experiment Kenntnis erhalten hatte, machte er sich Gedanken, wie es zu dieser Aufspaltung des Molekularstrahls kam. Er war der erste, der schon 1927 in seiner Arbeit »The Effective Cross Section of the Oriented Hydrogen Atom« darauf hinwies,[240] dass die Aufspaltung in zwei Strahlen im Stern-Gerlach-Versuch auf den Elektronenspin zurückzuführen sei.

Fraser war also bereits an der Methode der Molekularstrahlen höchst interessiert gewesen, bevor er drei Jahre am Stern'schen Institut in Hamburg verbrachte. Hier knüpfte er erste Kontakte zu Rabi. Fraser war ferner an der 1928 veröffentlichten Dissertation von Alfred Leu »Untersuchungen an Wismut nach der magnetischen Molekularstrahlmethode« (»U.z. M.« Nr. 8) beteiligt,[241] deren erster Teil von Ronald Fraser und Alfred Leu stammt. Dieser führte hier aus:

> Die Ablenkung der Molekularstrahlen von Wismut im inhomogenen Magnetfeld wurde schon von W. Gerlach untersucht. Er fand außer einem unabgelenkten Strahl einen sehr stark angezogenen Strahl. Im Hinblick auf dieses merkwürdige Resultat lag es nahe, mit der schon für Kalium, Natrium, Thallium usw. hier benutzten Apparatur auch Wismut zu untersuchen.[242]

Daneben begann Fraser in Hamburg mit Versuchen, die später in Berkeley von Immanuel Estermann fortgeführt wurden. Sie erschienen unter dem Titel »The Deflection of Molecular Rays in an Electric Field: The Electric Moment of Hydrogen Chloride«, die Verfasser waren Estermann und Fraser[243].

Nach seinem Aufenthalt in Hamburg kehrte Fraser nach Großbritannien zurück. Er war es, der als erster ein Lehrbuch über die Molekularstrahlmethode präsentieren konnte, sein Werk »Molecular Rays« erschien in Cambridge im Jahr 1931.[244] Im »Preface« führte er aus:

> The book has been written strictly from the experimental standpoint, and is intended primarily to give a balanced survey of the whole field rather than a minute examination of its separate parts. Chapter I, which deals with the technique of the production and measurement of the rays has however been given rather more detail than the rest of the book, and contains a considerable body of laboratory experience which was inevitably omitted from the original papers; and it is hoped that this part of the book may consequently be useful not only as a general account of the technical side of the subject but also in a measure as a laboratory manual for those who, without previous experience, are entering on experimental work in Molecular Rays.[245]

Es war Otto Stern vorbehalten, das »Foreword« zu diesem Werk bei-
zusteuern[246] (siehe S. 336). In den 1930er-Jahren wirkte Fraser bei
den Imperial Chemical Industries und in Cambridge am Cavendish
Laboratory. Im Jahr 1937 veröffentlichte er eine weitere Monografie,
diesmal mit dem Titel »Molecular Beams«,[247] die in der Reihe »The
Cambridge Series of Physical Chemistry« erschien. Die Publikation
enthält kein Vorwort, aber der Name Stern dominiert dieses Lehrbuch.
Dies legt schon die Einteilung des Werkes in vier Kapitel nahe: »Molecular beams«, »Gaskinetics«, »Magnetic moments« und »Electric moments«.

Isidor Isaac Rabi wurde in Rymanów in Galizien, also im Nordos-
ten des Habsburgerreiches, geboren, seine Muttersprache war Jiddisch.
Heute liegt Rymanów im Karpatenvorland in Südostpolen, nicht allzu
weit von der ukrainischen Westgrenze entfernt. Rabis Eltern wanderten nur ein Jahr nach seiner Geburt 1899 in die USA aus und fanden in
New York eine neue Heimat; die Familie wohnte in Lower East Side
of Manhattan, einem Stadtteil, in dem fast nur jüdische und jiddisch-
sprachige Einwohner lebten. Rabis Eltern hatten ihr ganzes Leben lang
Probleme mit der englischen Sprache.[248] Rabi studierte zunächst Chemie an der Cornell University in Ithaca im Bundesstaat New York,
seine weiteren Studien waren der Physik gewidmet; er promovierte
1927 an der in der City of New York gelegenen Columbia University.
Seine Dissertation war den magnetischen Eigenschaften von Kristallen gewidmet. Die nächsten zwei Jahre verbrachte er in Europa, wo
er unter anderem auch bei Otto Stern in Hamburg arbeitete. Ende des
Jahres 1928 konnte Rabi einen Beitrag »Zur Methode der Ablenkung
von Molekularstrahlen« beenden, der 1929 in der »Zeitschrift für Physik« erschien.[249] Dieser Beitrag gehörte auch zur Reihe »U. z. M.«, es
handelte sich um die Nr. 12. Rabis These lautete: »Die Methode der
Ablenkung im Stern-Gerlachschen Versuch ist analog der Ablenkung
eines Lichtstrahls in einem geschichteten Medium, dessen Brechungsindex in einer Richtung senkrecht zum Strahle variiert; die Änderung
des Brechungsindex ist dann analog der ablenkenden Kraft.«[250] In
dieser Arbeit konnte Rabi zeigen, dass man eine »Stern-Gerlach-Ap-
paratur« auch mit homogenen Magnetfeldern realisieren kann, wenn
der Molekularstrahl unter einem Winkel ungleich 90° zur Magnetfeld-
richtung eingeschossen wird. Dies hat den großen Vorteil, dass man

die magnetischen Ablenkkräfte viel genauer berechnen kann als bei inhomogenen Magnetfeldern. Am Ende seines Beitrags hielt Rabi fest: »Herrn Prof. O. Stern möchte ich herzlich danken für die freundliche Aufnahme in seinem Institut und für viele anregende und lehrreiche Unterhaltungen.«[251]

In einem Interview aus dem Jahr 1963 beschrieb Rabi seine Zeit in Hamburg wie folgt:

I got to work and shared a lab with Taylor, who really taught me the techniques. I saw very little of Stern himself, during that time. I did the experiment. All the time Walter Gordon was there, and later on Jordan came, and, of course, there was Lenz who was the professor; there was Pauli, and Bohr used to come, and Born. It was a place where people were in and out all the time. And of course there was Stern. The seminars were marvelous and the colloquium was very interesting, very high level, in the sense that there were different kinds of minds; Lenz, for instance, had a mind like a steel trap. He could make up things on the spot, although he never accomplished very much. Then there was Stern with his marvelous physical intuition and point of view, and Pauli with his tremendous solidity. Walter Gordon and I got to be very close personal friends, in a sense. So all this was just great, all these wonderful people, and fortunately they were bachelors, so I had lunch with them every day. One time we decided their lunch was too expensive, it was 75 cents, which was a lot of money for me for lunch, a very posh lunch at the Hotel (Espanada). So we moved away and went to the student place and after a few days they showed up with us, saying, »Can't we keep together so what we can have some reasonable conversation?« And we compromised on another place, the (Courier House), in between […]

I did my experiments starting from scratch because I really had no experimental experience because my dissertation thing was so simple […] They'd worked before by the German method, with the laboratory opening at 7:00 o'clock in the morning and shutting at 7:00 at night; we couldn't come at such times; we'd come at 11:00 and want to work through and they'd let us do it. Our wives would come around 11:00 and we'd make toast and sing. It just went – bang, bang,

bang, just like that – and that was it. We did the experiment and published the paper.[252]

Rabi nahm unter den Gastwissenschaftlern am Stern'schen Institut in Hamburg insofern eine Sonderstellung ein, als er, zurückgekehrt in die USA, schon bald über ein eigenes Forschungszentrum für Molekularstrahlen verfügte. Seine exzellente Forschung wurde 1944 mit dem Nobelpreis ausgezeichnet.

John Bradshaw Taylor studierte an der University of Illinois at Urbana-Champaign, wo er 1926 über »Magnetic Moments of the Alkali Metal Atoms« promovierte; sein Doktorvater war Thomas Erwin Phipps. In dieser Arbeit knüpfte er direkt an das Stern-Gerlach-Experiment an. Dort hatte man mit einem Strahl von Silberatomen gearbeitet. Nunmehr wurde der Apparat so modifiziert, dass man damit das magnetische Moment von Natrium und Kalium messen konnte. Das Ergebnis war »within the experimental error sodium and potassium possess magnetic moments equal to one Bohr magneton, in accord with spectroscopic predictions«.[253] Taylor war ein National Research Fellow in Chemistry, als er wohl 1927/28 nach Hamburg kam. Er knüpfte dort direkt an seine Dissertation an und forschte über das magnetische Moment des Lithiumatoms. Wie er in der Einleitung zu seiner ersten Hamburger Publikation »Das magnetische Moment des Lithiumatoms« ausführte,[254] hätte man erwarten können, dass das Resultat für Lithium das gleiche sein würde wie für Natrium und Kalium. Dem war aber nicht so: »Die Diskussion der Versuchsergebnisse zeigt, daß ein etwa vorhandenes Kernmoment wohl kleiner als ein Drittel Bohrsches Magneton sein müßte.«[255]

Für die Versuche mit Lithium musste die Apparatur umgebaut werden; die neue Apparatur bestand aus Messing, da Lithium oberhalb seines Schmelzpunktes Glas stark angreift. Das war in der Tat eine ganz besondere Herausforderung. Das Ergebnis formulierte Taylor folgendermaßen: »Für die experimentelle Methodik ergibt sich die Folgerung, daß zur Entscheidung der Frage nach der Zahl der vorkommenden Momente das Arbeiten mit Strahlen von nahezu einheitlicher Geschwindigkeit die wirkliche geeignete Methode ist.«[256] Und natürlich vergaß er auch nicht, sich bei Otto Stern »für seinen wertvollen Rat und sein Interesse bei der Ausführung dieser Arbeit« zu bedanken. Seine Resultate reichte Taylor am 17. November 1928 bei der »Zeitschrift für Physik« ein, sie wurde dort 1929 als »U. z. M.« Nr. 9 veröffentlicht.

Mit seiner zweiten in Hamburg veröffentlichten Arbeit, »Eine Methode zur direkten Messung der Intensitätsverteilung in Molekularstrahlen«, knüpfte Taylor zwar an seine bisher in Hamburg gemachten Versuche an, setzte nun aber einen anderen Schwerpunkt.[257] Dafür musste der frühere Versuchsaufbau etwas modifiziert werden, dann wurden die Versuche sowohl mit einem Kalium- als auch einem Lithiumstrahl durchgeführt und Intensitätskurven erstellt und interpretiert. Diese Arbeit wurde ebenfalls in der »Zeitschrift für Physik« veröffentlicht, auch sie gehörte als Nr. 14 zu den »U. z. M.«.

An Taylors Ergebnisse knüpften zwei Doktoranden an: 1929 Berthold Lammert mit seiner Dissertation »Herstellung von Molekularstrahlen einheitlicher Geschwindigkeit« (»U. z. M.« Nr. 13)[258] sowie 1931 Lester Clark Lewis mit seiner Dissertation »Die Bestimmung des Gleichgewichts zwischen den Atomen und den Molekülen eines Alkalidampfes mit einer Molekularstrahlmethode« (»U. z. M.« Nr. 16).[259] Lewis war seit 1930 Charles A. Coffin Fellow, was ihm das Studium in Hamburg ermöglichte.

Thomas Erwin Phipps (1895-1990), geboren in Stony Point, Tennessee, studierte an der University of Texas Chemie, wo er 1916 seinen Masterabschluss erwarb. Danach wechselte er an die University of California in Berkeley, wo er 1921 bei George Ernest Gibson mit der Dissertation »The Conductance of Certain Alkali Metals in Liquid Ammonia and Methylamine« promovierte;[260] Gibson hatte, wie bereits berichtet, ein Jahr vor Otto Stern, nämlich 1911, an der Universität Breslau bei Otto Lummer promoviert. Danach wirkte Phipps an der University of Illinois at Urbana-Champaign, zunächst 1927-1928 als Associate Professor und ab 1929 als Full Professor.[261] Wie sein Publikationsverzeichnis zeigt,[262] hatte er sich schon in den Jahren 1926 und 1927 zunächst in Zusammenarbeit mit John Bradshaw Taylor mit dem magnetischen Moment des Wasserstoffs beschäftigt und 1930 eine Arbeit über das magnetische Moment des Schwefelmoleküls veröffentlicht. Im Studienjahr 1930/31 konnte er als Fellow der Guggenheim Memorial Foundation nach Hamburg kommen. Zusammen mit Otto Stern veröffentlichte er 1931 den Beitrag »Über die Einstellung der Richtungsquantelung«, der in der »Zeitschrift für Physik« als »U. z. M.« Nr. 17 publiziert wur-

Widmungstafel an der University of Illinois für Thomas Erwin Phipps senior

de.[263] Phipps' Aufgabe war es, in Hamburg einen Versuch, angelehnt an das Stern-Gerlach-Experiment, aufzubauen, den Einstein in einem Brief vom 21. Januar 1928 vorgeschlagen hatte.[264] Ein Atomstrahl sollte zwei entgegengesetzte inhomogene Magnetfelder durchlaufen. Wie würde dann der Ausschlag ausfallen? Stern erläuterte in einem ersten Teil der Publikation den Versuch:

Man sende, wie bei den ursprünglichen Versuchen, einen Strahl von Silberatomen (oder Alkaliatomen) durch ein inhomogenes Magnetfeld, so daß er in zwei Strahlen aufgespalten wird. Dann blende man den einen der beiden Strahlen ab, so daß in dem übrigbleibenden Strahl alle Atome dieselbe Achsenrichtung haben (bzw. dieselbe Komponente des magnetischen Momentes). Diesen Strahl schicke man durch ein zweites inhomogenes Magnetfeld, bei dem die Feldstärke eine andere Richtung hat als bei dem ersten Feld. Die Frage ist nun, wie sich in dem zweiten Feld die Richtungsquantelung einstellt.[265]

Phipps hatte in Hamburg nicht genügend Zeit, um die Versuche mit der gewünschten Genauigkeit fortzusetzen, weshalb er kein exaktes Ergebnis präsentieren konnte. Er erörterte die Probleme in zwei Briefen an Otto Stern, die er am 19. September 1931 sowie am 9. Juni 1932 schrieb, nachdem er bereits nach Urbana zurückgekehrt war.[266] Es war Emilio Segrè (1905-1989), der Phipps' Versuche in Hamburg fortsetzte. So kam es zu einer Veröffentlichung der Ergebnisse durch Frisch, Phipps, Segrè und Stern mit dem Titel »Process of Space Quantisation«, die 1932 in der Zeitschrift »Nature« erschien. Hier hatte man für die Versuche einen Kaliumatomstrahl verwendet und konnte die von der Theorie vorhergesagten Ergebnisse schließlich bestätigen.[267]

Phipps erforschte später andere Gebiete der Physik. An der University of Illinois wurde eine »dedication plaque« ausgestellt, auf der Phipps als Wissenschaftler gewürdigt wurde, dabei fand auch Phipps' Aufenthalt in Hamburg Erwähnung: »During the 1920's Phipps and his graduate students, J.B. Taylor and O.E. Kurt, made pioneering demonstrations by Stern-Gerlach techniques of spatial quantization of hydrogen and oxygen atoms. This word confirmed the hypothesis of electron spin and led at Guggenheim fellowship and an invitation to study Otto Stern's institute in Hamburg. 1929-30.« Oscar Edward Kurt (1908-1995) wirkte bis 1928 an der University of Illinois.

Geboren in Tivoli, studierte Emilio Segrè in Rom, zuerst Ingenieurwissenschaften und ab 1927 Physik. Er promovierte ein Jahr später bei Enrico Fermi. Ein Rockefeller-Stipendium ermöglichte ihm von 1930 bis 1932 einen längeren Studienaufenthalt, den er in Hamburg bei Otto Stern und in Amsterdam bei Pieter Zeeman (1865-1943) verbrachte. In seiner Otto-Stern-Biografie beschrieb Segrè später seine in Hamburg zu lösende Aufgabe so:

The experiment on which I worked purported to demonstrate the dynamics of the establishment of space quantization, by flipping over oriented potassium atoms. It had been started by Stern and Phipps, but left unfinished when Phipps's fellowship ended. I inherited his apparatus, but could not make much headway until on reading Maxwell's *Electricity*. I found a trick by which one could achieve a certain magnetic field configuration essential to the success of the experiment. The experiment is of some historical interest because its results elicited a remarkable explanation from Rabi, who connected them with nuclear spin.[268]

Eine erste Publikation mit neuen Ergebnissen konnte am 15. August 1932 bei der Zeitschrift »Nature« eingereicht werden, dabei handelte es sich aber nur um einen knappen Bericht.[269]

Ausführlicher fiel der Beitrag von Frisch und Segrè aus, der anschließend in der »Zeitschrift für Physik« unter dem Titel »Über die Einstellung der Richtungsquantelung« als »U. z. M.« Nr. 22 veröffentlicht wurde. Man benutzte eine verbesserte Apparatur und kam dabei zu dem Ergebnis: »Zusammenfassend kann man sagen, daß diese Versuche das Umklappen von Atomen durch nichtadiabatische Felddrehung nachgewiesen haben und daß der Effekt innerhalb der Versuchsgenauigkeit in Übereinstimmung mit der Theorie gefunden wurde.«[270]

In Hamburg versuchte Stern, an die in Frankfurt am Main erzielten Erfolge anzuknüpfen. Sein neu zu gestaltendes Labor wurde nach und nach vollständig auf die Untersuchung von Molekularstrahlen ausgerichtet. In Hamburg kamen im Vergleich zu Frankfurt am Main weiter verbesserte Instrumente zum Einsatz, sie waren noch trickreicher ausgedacht. Unter Stern wurde das Hamburger Institut für Physikalische Chemie in ein weltweit bekanntes Spitzeninstitut in der Atom-, Molekül- und Kernphysik verwandelt.

Otto Robert Frisch beschrieb dieses Labor in seinem Werk »Woran ich mich erinnere«:

Meine erste Erinnerung an das Laboratorium ist etwas, das aussah wie ein gläserner Wald, eine Art von Alptraum des Glasbläsers; Röhren und Kolben und Zylinder und Quecksilberpumpen, alle aus Glas geblasen, mit Dutzenden von Absperrhähnen, die mir nicht sinnvoller miteinander verbunden schienen als die Zweige einer Hecke. Dort

Das Hamburger Labor zu Sterns Zeiten

beobachtete ich etwa eine halbe Stunde Stern mit seinem Chefassistenten, Immanuel Estermann, wie sie die Hähne offenbar in willkürlicher Reihenfolge drehten, den einen schlossen und nach einigen Sekunden einen anderen öffneten und so weiter, vielleicht eine Stunde lang. Ich hatte das Gefühl, daß ich das niemals beherrschen würde, genau so wenig wie ein völlig nichtmusikalischer Mensch jemals das Orgelspielen lernen kann. Doch innerhalb weniger Wochen wurde alles sinnvoll, es war ziemlich klar, in welcher Reihenfolge die Absperrhähne gedreht werden mußten.[271]

Mitbeteiligt an den Erfolgen der in Hamburg durchgeführten Versuche waren vor allem die Assistenten, aber auch mehrere Gäste beziehungsweise Gastwissenschaftler und Studenten, die beispielsweise ihre Dissertationen auf dem Gebiet der Molekularstrahlen verfassten. In der

Zeit von 1923 bis 1933 wurden insgesamt 52 wissenschaftliche Beiträge veröffentlicht, die aus dem Institut für Physikalische Chemie stammten; in den Jahren 1934 und 1935 kamen noch drei nachträglich eingereichte Abhandlungen dazu, darunter zwei Dissertationen. Als Publikationsorgane dienten die »Zeitschrift für Physikalische Chemie«, die »Zeitschrift für Elektrochemie und angewandte physikalische Chemie«, die »Annalen der Physik«, die »Transactions of the Faraday Society«, die »Zeitschrift für Physik«, die »Naturwissenschaften«, die »Physikalische Zeitschrift«, »Nature« und die »Helvetica Physica Acta«. Unter diesen insgesamt 55 Veröffentlichungen befanden sich 30 Publikationen, die in die Reihe der »Untersuchungen zu Molekularstrahlen« (»U. z. M.«) aufgenommen wurden (siehe S. 338). Alle Beiträge der Reihe »U. z. M.« erschienen in der »Zeitschrift für Physik«. Was die Kriterien waren, damit ein Beitrag in die »U. z. M.« aufgenommen wurde, wurde zwar nirgends ausgeführt, aber man darf wohl annehmen, dass in den »U. z. M.« die besseren oder die besten Abhandlungen erschienen, in denen neue Ergebnisse zuerst vorgestellt wurden. Die erste Ausgabe erschien 1926. Stern publizierte mit seiner Abhandlung »Zur Methode der Molekularstrahlen. I.«, eingegangen am 8. September 1926, eine Art Einführung:

In den letzten Jahren sind im Hamburger Physikalisch-chemischen Institut eine Reihe von Untersuchungen an Molekularstrahlen ausgeführt worden, über die jetzt in mehreren kurzen Mitteilungen berichtet werden wird. Das allgemeine Ziel dieser Arbeiten soll in der vorliegenden ersten Mitteilung erläutert werden. Dieses Ziel war die Ausarbeitung der Methode als solcher und insbesondere der Nachweis, daß die Molekularstrahlmethode so empfindlich gemacht werden kann, daß sie in vielen Fällen Effekte zu messen und Probleme anzugreifen erlaubt, die den bisher bekannten experimentellen Methoden unzugänglich sind. Ich denke dabei in erster Linie an die optische Methode, mit der ja die Molekularstrahlmethode am nächsten verwandt ist. [...] Der Hauptvorzug der Molekularstrahlmethode vor der optischen ist ja zweifellos der, daß sie direkt die Eigenschaften eines bestimmten Zustandes mißt, während die optische Methode nur Energiedifferenzen zweier verschiedener Zustände mißt. Doch scheint mir die größere Empfindlichkeit ein weiterer wesentlicher Vorzug zu sein, der in den bisherigen Arbeiten noch nicht zur Geltung gekommen ist.[272]

In einer Fußnote erläuterte Stern den Begriff »Molekülstrahlen«: »Atomstrahlen inbegriffen; Atome sind einatomige Moleküle.«[273] Und er beendete seinen Beitrag mit folgenden Worten:

Schluß. Der Zweck der vorliegenden Arbeit war es, darauf hinzu-weisen, daß die Molekularstrahlmethode bei geeigneter Durchbil-dung den bisher benutzten experimentellen Methoden, speziell der optischen, in manchen Punkten überlegen ist und zur Behandlung vieler Probleme besonders geeignet sein sollte. Den Beweis hier-für muß die wirkliche experimentelle Durcharbeitung der Methode nach den hier angedeuteten Gesichtspunkten erbringen. Einen er-sten vorläufigen Versuch in dieser Richtung stellen die folgenden Arbeiten dar.[274]

Die Themen der Reihe waren:
1. Die Messung der magnetischen Momente der Moleküle.
2. Die Messung der elektrischen Momente der Moleküle.
3. Die Ausmessung des Kraftfeldes der Moleküle.
4. Probleme spezieller Natur, darunter der Einstein'sche Strah-lungsrückstoß und die Broglie-Wellen.[275]

Noch in demselben Jahr 1926 veröffentlichte Stern eine weitere Arbeit mit dem Titel »Bemerkungen über die Auswertung der Aufspaltungs-bilder bei der magnetischen Ablenkung von Molekularstrahlen«,[276] in der die Genauigkeit der Messungen ein wichtiges Thema ist. Dieser Beitrag ging als Nr. 5 in die Reihe »U. z. M.« ein.

Die letzte Arbeit in der Reihe der »U. z. M.« wurde am 22. August 1933 eingereicht, also kurz bevor Stern und seine nichtarischen Mitar-beiter das Institut verlassen mussten. Sterns Forschungsprogramm war weitsichtig, und er konnte es voll und ganz erfüllen.

Die 30 als »U. z. M.« gekennzeichneten Beiträge wurden nicht gleich-mäßig über die Jahre hinweg veröffentlicht, mehr als ein Drittel kam erst im letzten Jahr 1933 heraus. Diese Liste macht deutlich, dass ein sehr gutes Team zusammenarbeitete – denn Teamarbeit war eher die

Regel –, und auch, welch großes geistiges Potenzial die Gruppe um Stern noch gehabt hätte, wenn man sie nur hätte weiterarbeiten lassen.

Jahr	Anzahl der »U. z. M.«	Nummern der »U. z. M.«
1926	4	»U. z. M.« 1, 2, 3, 5
1927	3	»U. z. M.« 4, 6, 7
1928	1	»U. z. M.« 8
1929	6	»U. z. M.« 9, 10, 11, 12, 13, 14
1930	1	»U z. M.« 15
1931	3	»U. z. M.« 16, 17, 18
1932	1	»U. z. M.« 19
1933	11	»U. z. M.« 20, 21, 22, 23, 24, 25, 26, 27, 28, 29, 30

Insgesamt waren 15 Autoren beteiligt, die ihre Beiträge teilweise als alleiniger Autor oder als Mitautor veröffentlichten. Hier in alphabetischer Reihenfolge:

Name	alleiniger Autor	Mitautor	insgesamt
Estermann		5	5
Frisch	2	4	6

Josephy	1		1
Knauer	1	4	5
Lammert	1		1
Leu	2		2
Lewis	1		1
Phipps		1	1
Rabi	1		1
Schnurmann	1		1
Segrè		1	1
Stern	2	12	14
Taylor	2		2
Wohlwill	1		1
Wrede	2		2

Stern lieferte mit 14 Beiträgen das Gros, dies macht auch deutlich, wer der Kopf des Unternehmens war. Auf Stern folgten Frisch mit sechs sowie Estermann und Knauer mit fünf Beiträgen. Stern, Frisch und Estermann waren in der Tat auch an den wichtigsten Experimenten beteiligt.

Frisch beschrieb Stern als Experimentator:

> Stern war ziemlich ungeschickt; zudem hielt eine seiner Hände unweigerlich eine Zigarre (wenn sich diese nicht in seinem Mund befand). So überließ er das Handhaben von zerbrechlichen Geräten immer seinen Assistenten. [...] Dennoch war Stern, von einer höheren Warte beurteilt, ein großartiger Experimentator. Beim Einsatz einer neuen Apparatur wurde nichts dem Zufall überlassen. Alles war vorher ausgearbeitet worden und die Funktionsweise wurde bis ins

Stern beim Experimentieren, o. J. Die Zigarre ging nie aus

letzte Detail sorgfältig überprüft. [...] Ich habe nie jemand gesehen, der seine Instrumente so genau unter Kontrolle hielt, und es machte sich wirklich bezahlt. In der Regel waren unsere Experimente dermaßen schwierig, dass es niemanden in der ganzen Welt gab, der sich daran wagte.[277]

Natürlich rauchte Otto Stern nicht erst in Hamburg seine heißgeliebten Zigarren. Bereits aus seiner Frankfurter Zeit kennt man Anspielungen auf seine Rauchgewohnheiten. In der Literatur ist Otto Sterns Zigarre ebenfalls ein Thema, etwa in Bretislav Friedrichs und Dudley Herschbachs Beitrag »Stern and Gerlach: How a Bad Cigar Helped Reorient Atomic Physics« von 2003.[278]

Nicht alle in Hamburg durchgeführten Versuche lassen sich dem Thema Molekularstrahlen zuordnen, aber die weitaus größte Zahl. Die berühmt gewordenen Versuche stammten alle aus diesem Bereich; es ging dabei vor allem um folgende Themen: die Beugung von Atomstrahlen, das magnetische Moment von Protonen und Deuteronen sowie um den Photonenrückstoß.

Otto Stern beim Experimentieren, o. J.

Louis de Broglie (1892-1987) hatte vorausgesagt, dass auch Teilchen-
strahlen Wellennatur haben. Nach der von ihm hergeleiteten Gleichung
$p\,\lambda = \hbar$ war das Produkt aus Impuls p (= Masse mal Geschwindigkeit)
des Teilchens mal der Wellenlänge λ des Teilchenstrahles gleich der
Planck-Konstante h ($\hbar$ = h 2π). Da Stern den Impuls der Teilchen sehr
genau einstellen konnte, konnte er durch Beugungsversuche die Wellenlänge λ exakt messen und somit de Broglies Hypothese erstmals absolut überprüfen.

Die ersten Versuche hierzu unternahm Stern zusammen mit Knauer
im Jahr 1928. In der gemeinsamen Veröffentlichung »Über die Reflexion der Molekularstrahlen« (»U. z. M.« Nr. 11) konnten zwar noch
keine definitiven Ergebnisse geliefert werden, aber es war schon klar,
dass die Erscheinungen nur mit Hilfe der Wellentheorie der Materie zu
deuten waren.[279] Nachdem Knauer zukünftig andere Interessen ver-

folgte, wirkte nun für die folgenden Versuche Estermann als Sterns geeigneter Partner. Ein Jahr später präsentierten sie in ihrer gemeinsamen Arbeit »Beugung von Molekularstrahlen« (»U. z. M.« Nr. 15) ihre Ergebnisse:

> Trifft ein Molekularstrahl (H2; He) auf eine Kristallspaltfläche (Li F) [Lithium Fluorid] auf, so zeigen die von ihr gestreuten Strahlen in allen Einzelheiten eine Intensitätsverteilung, wie sie den von einem Kreuzgitter entworfenen Spektren entspricht. Die aus der Gitterkonstante des Kristalls berechnete Wellenlänge hat für verschiedene m und v den von de Broglie geforderten Wert.[280]

In der Zusammenarbeit Estermann, Frisch, Stern gelangen nochmals apparative Verbesserungen (Monochromasierung der Teilchengeschwindigkeiten), die in der Publikation »Monochromasierung der de Broglie-Wellen von Molekularstrahlen« (»U. z. M.« Nr. 18) beschrieben wurden:

> Die de Broglie-Wellen wurden auf zwei Wegen monochromasiert: 1. Ein gewöhnlicher Molekularstrahl (mit Maxwellverteilung der Geschwindigkeiten) von Heliumatomen wurde an einer LiF-Spaltfläche gebeugt; aus dem Beugungsspektrum wurden Strahlen bestimmter Richtung, also Wellenlänge, ausgeblendet und die erfolgte Monochromasierung durch Beugung an einem zweiten Kristall nachgewiesen. 2. Ein Molekularstrahl wurde durch ein Zahnradsystem geschickt, das nur Atome eines bestimmten Geschwindigkeitsbereichs passieren ließ, und an einer LiF-Spaltfläche gebeugt. Die so gemessene Wellenlänge stimmte mit der aus der – grobmechanisch bestimmten – Geschwindigkeit berechneten (λ = h/mv) auf 1 % überein.[281]

Was sich vielleicht einfach liest, ist hochkomplex: Ein Molekularstrahl wurde durch ein System von zwei rasch rotierenden Zahnrädern geschickt, ähnlich wie beim Foucault'schen Versuch bei der Messung der Lichtgeschwindigkeit.

Das Phänomen der Beugung war noch in mehreren weiteren Abhandlungen das Thema. So veröffentlichten 1933 Frisch und Stern gemeinsam den Beitrag »Anomalien bei der spiegelnden Reflexion und Beugung von

Molekularstrahlen an Kristallspaltflächen. I« (»U. z. M.« Nr. 23)[282] sowie Frisch die Fortsetzung »Anomalien bei der Reflexion und Beugung von Molekularstrahlen an Kristallspaltflächen. II« (»U. z. M.« Nr. 25).[283]

Frisch und Stern war es vorbehalten, den großen Artikel über »Beugung von Materiestrahlen« im »Handbuch der Physik« zu verfassen, das ebenso im Jahr 1933 erschien.[284] Dieser Artikel ist dreigeteilt: Beugung von Elektronenstrahlen, Beugung von Ionenstrahlen und Beugung von Molekularstrahlen.

Die Beugungsexperimente von Atomstrahlen lieferten nicht nur den eindeutigen Beweis, dass auch Atom- und Molekülstrahlen Welleneigenschaften haben, sondern Stern und sein Team konnten auch erstmals die de Broglie-Wellenlänge absolut bestimmen und damit das Welle-Teilchen-Konzept der Quantenphysik in überzeugender Weise bestätigen.

Stern war der Pionier, der erstmals innere Eigenschaften von Kernbausteinen messen wollte und auch messen konnte.

Das Ziel dieser Untersuchungen war, das magnetische Moment des Protons durch die Ablenkung von Wasserstoffmolekularstrahlen im inhomogenen magnetischen Feld zu bestimmen. Das magnetische Moment des Protons sollte nach Paul Diracs Berechnungen 1.836 mal kleiner als das des Elektrons sein, entsprechend schwierig war das Experiment. Theoretiker versuchten daher, Stern zu überzeugen, dass er sich den Versuch sparen könnte, da man es ja berechnen könnte. Wer Stern kannte, der wusste, dieses Argument spornte ihn um so mehr an, das unbekannte magnetische Moment des Protons in einem Experiment zu bestimmen. Hierfür musste erst eine verbesserte Apparatur entwickelt werden, mit der man ein solch kleines magnetisches Moment messen konnte. Die Abbildung (siehe S. 135) kann nur einen Eindruck von der Komplexität des Versuchs vermitteln, die Details können hier nicht erklärt werden, die Beschreibung des Versuchs durch die Autoren nahm mehrere Seiten in Anspruch.

Noch vor dem Erscheinen des ersten Beitrags zu diesem Thema hielt Stern einen Vortrag in Leipzig mit dem Titel »Über die magnetische Ablenkung von Wasserstoffmolekülen und das magnetische Moment des Protons«, der im von Peter Debye herausgegebenen Band »Leipziger Vorträge 1933, Magnetismus« herauskam und sieben Seiten umfasste; als Autoren wurden Frisch und Stern genannt.[285] Frisch und Stern waren auch die Autoren des ersten wesentlich längeren Beitrags mit demselben

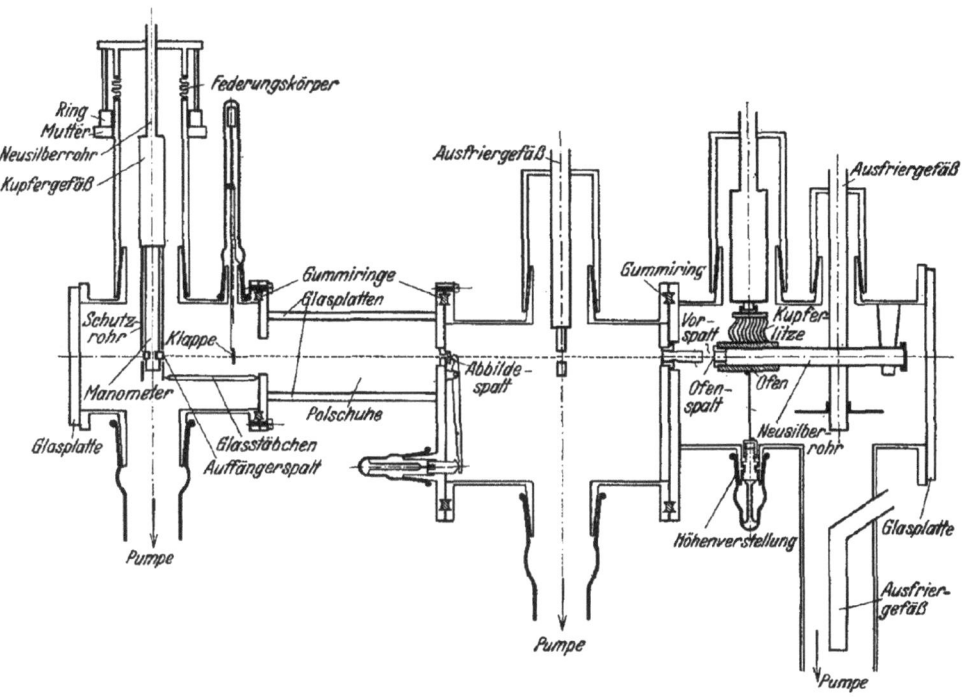

Längsschnitt durch die Apparatur zur Messung des magnetischen Moments des Protons in der Spaltebene und senkrecht zur Spaltebene im Jahr 1933

Titel »Über die magnetische Ablenkung von Wasserstoffmolekülen und das magnetische Moment des Protons. I«. Diese Abhandlung ging am 27. Mai 1933 bei der »Zeitschrift für Physik« ein (»U. z. M.« Nr. 24).[286] Estermann und Stern waren schließlich die Autoren des zweiten Beitrages, der denselben Titel hatte, »Über die magnetische Ablenkung von Wasserstoffmolekülen und das magnetische Moment des Protons. II«, und bereits kurze Zeit später, am 12. Juli 1933, bei der »Zeitschrift für Physik« eingereicht wurde (»U. z. M.« Nr. 27).[287] Die Versuche wurden sowohl mit Para- als auch mit Orthowasserstoff durchgeführt, die Ablenkung zeigte einen auffälligen Unterschied im Verhalten und dies bei gleichen experimentellen Bedingungen. Die Messungen wurden durch eine weitere Messmethode ergänzt. Die Ergebnisse konnten wie folgt zusammengefasst werden:

Das durch die Rotation des Moleküls erzeugte magnetische Moment des Wasserstoffmoleküls beträgt 0,8 bis 0,9 KM [Kernmagneton, Bohrmagneton], was mit dem theoretisch geschätzten Wert von 0,85 bis 0,92 KM durchaus vereinbar ist. Das magnetische Moment des Protons ergibt sich aus unseren Messungen zu 2,5 KM mit einer Genauigkeit von mindestens 10%.[288]

Kernmagneton ist die Einheit, in der in der Kern- und Teilchenphysik magnetische Momente angegeben werden. Damit war indirekt bewiesen, dass das Proton kein Elementarteilchen sein konnte, sondern noch eine innere Struktur haben musste. (Heute weiß man, dass das Proton aus drei Quarks aufgebaut ist.) Nicht unerwähnt bleiben soll, dass Estermann, Frisch und Stern ihre Ergebnisse auch noch in Form einer kurzen Zusammenfassung (Note) mit dem Titel »Magnetic Moment of the Proton« 1933 in der weitverbreiten Zeitschrift »Nature« veröffentlichten.[289]

Diese Experimente waren wohl die spektakulärsten, die in Hamburg durchgeführt wurden. Schließlich wurde auf Sterns Nobelurkunde erwähnt (siehe S. 203): »För hans bidrag till utvecklingen av molekylstralmetoden och upptäckten av protonens magnetiska moment.« (»Für seinen Beitrag zur Entwicklung der Molekularstrahlmethode und die Entdeckung des magnetischen Momentes des Protons.«)

Die kurze ihnen noch verbleibende Zeit nutzten Estermann und Stern, um analog zu ihren Messungen beim Proton nun auch das magnetische Moment des Deuteriums zu messen. Was ihnen fehlte, war das für diese Versuche nötige schwere Wasser. Hier kam Hilfe aus den USA, und zwar von Gilbert Newton Lewis in Berkeley; er konnte ihnen eine kleine Menge, genau gesagt 0,1 g, schweren Wassers überlassen, das etwa 82% des Isotops ^2H enthielt. Lewis war es auch, der für diesen schweren Wasserstoff die Bezeichnung »Deuton« vorschlug, aus dem später das Deuteron wurde. Die geringe Menge reichte gerade für erste, noch ziemlich ungenaue Versuche aus. Das Ergebnis lautete: »[...] die Versuche [ergaben] einwandfrei das interessante Resultat, daß das magnetische Kernmoment des Wasserstoffisotops H^2 trotz des doppelten Kernspins nicht größer, wahrscheinlich sogar wesentlich kleiner ist als das des Protons.«[290] Der Beitrag mit dem Titel »Über die magnetische Ablenkung von isotopen Wasserstoffmolekülen und das magnetische Moment des ›Deutons‹« (»U. z. M.« Nr. 29) schließt mit einem Dankeschön: »Wir möchten diese Mitteilung nicht schließen, ohne Herrn G. N. Lewis aufs herzlichste dafür zu danken, daß er uns auf unsere Bitte hin umgehend den letzten Rest seiner Bestände an isotopem Wasser für diese Versuche zur Verfügung gestellt hat.«[291] Ein Jahr später, Stern und Estermann befanden sich bereits in Pittsburgh, erschien in der Zeitschrift »Nature« noch eine sehr knappe Zusammenfassung der Ergebnisse in englischer Sprache mit dem Titel »Magnetic Moment of the Deuton«.[292]

Einstein hatte sich 1916 in seinem Aufsatz »Zur Quantentheorie der Strahlung« mit der Frage beschäftigt: »Erhält das Molekül einen Stoß, wenn es Energie absorbiert oder emitiert?«[293]

Auch dieses Problem hatte Stern bereits 1926 in seiner Einführung in die »U. z. M.« »Zur Methode der Molekularstrahlen« angesprochen: Nach Einstein soll ein Atom bei der Emission eines Lichtquants einen Rückstoß erfahren, so dass die Impulsänderung eine Winkelablenkung zur Folge hat. Da die Molekularstrahlmethode es erlaubt, auch sehr kleine Winkelablenkungen noch zu messen, müsste sich daraus der Rückstoß, den ein Atom bei der Emission eines Lichtquants erfährt, ergeben. Genau an dieser Idee knüpfte Frisch in seinem am 22. August 1933 eingereichten Beitrag »Experimenteller Nachweis des Einsteinschen Strahlungsrückstoßes« (»U. z. M.« Nr. 30) an: »Ein langer dünner Strahl von Na-Atomen wird mit Resonanzlicht bestrahlt; die Ablenkung der Atome infolge der Impulsübertragung bei der Absorption und Emission wird nachgewiesen«,[294] so lautete die Zusammenfassung. Auch hierfür war es erst einmal notwendig, die für die Versuche richtige Apparatur zu entwickeln. Verbesserungen, die längere Zeit in Anspruch genommen hätten, konnten aber nicht mehr vorgenommen werden, weil die Zeit allzu sehr drängte: »Es wäre zweifellos möglich gewesen, durch genauere Messungen, eventuell mit noch schmäleren Strahlen, wesentlich sauberere und einwandfreie Ergebnisse zu erhalten, doch mußten die Versuche aus äußeren Gründen vorzeitig abgebrochen werden.«[295] Die »äußeren Gründe« liegen auf der Hand: Frisch und Stern mussten das Institut verlassen. Die »U. z. M.« Nr. 30 war die letzte veröffentlichte »U. z. M.«.

In seinem später publizierten Werk »Woran ich mich erinnere« beschrieb Frisch die Situation, unter der diese richtungsweisenden Versuche zustande kamen, sowie die Ergebnisse mit folgenden Worten:

Die wenigen Monate, während welcher es mir klar war, daß ich gehen mußte, bis zum Zeitpunkt, wo ich tatsächlich abreiste, waren eine merkwürdige Zeit. Trotz aller Ungewißheit gelang es mir, eine Arbeit abzuschließen und diese als »U. z. M.« Nr. 30 zu publizieren, die absolut letzte Untersuchung dieser Reihe. Ich hatte die Geschwindigkeit gemessen (etwa 2,5 cm/sec), auf welche ein Natriumatom durch den Rückstoß beschleunigt wird, den es erleidet, wenn es ein Quant des charakteristischen gelben Lichtes emittiert. Dies war ein sehr direkter Beweis des partikelartigen Verhaltens der Lichtquanten.[296]

An der Universität Frankfurt am Main hatte Richard Lorenz seit deren Gründung den Lehrstuhl für Physikalische Chemie inne; 1928 wurde er emeritiert, er starb im folgenden Jahr. Am 22. April 1929 erhielt Otto Stern einen Ruf als Nachfolger von Richard Lorenz auf die vakant gewordene Professur für Physikalische Chemie. Da Frankfurt zu Preußen gehörte, war das Preußische Ministerium für Wissenschaft, Kunst und Volksbildung für den Ruf zuständig; dieses Amt hatte schon am 12. April 1929 die Hamburger Hochschulbehörde informiert.

Am 14. April 1929 erschien in der Zeitung »Hamburger Correspondent« folgender Artikel:

Ehrenvoller Ruf. Zur Wiederbesetzung des durch die Emeritierung von Prof. R. Lorenz an der Frankfurter Universität erledigten Lehrstuhls der physikalischen Chemie ist ein Ruf an den ord. Professor und Direktor des Instituts für physikalische Chemie an der Hamburgischen Universität Dr. Otto Stern ergangen. Dr. Stern begann seine akademische Laufbahn als Privatdozent in Frankfurt a.M., von wo er 1921 als Extraordinarius für theoretische Chemie nach Rostock übersiedelte. Seit sechs Jahren lehrt Stern in Hamburg. Ob Prof. Stern den Ruf annehmen wird, ist noch nicht bekannt.[297]

Eigentlich hatte Otto Stern am 21. Juni 1928 eine Einladung zu einem dreimonatigen Gastaufenthalt in Kalifornien an der Universität in Berkeley erhalten. Diese Einladung hat eine Vorgeschichte. An der Universität in Berkeley gab es nämlich schon seit längerer Zeit Bemühungen, die dort bereits angesiedelten Forschungen über Moleku-

Preußisches Ministerium
für Wissenschaft, Kunst und
Volksbildung
———o———

Ministerialrat
Prof.Dr. Windelband
———

Berlin W 8 den
Unter den Linden 4   12.4.1929.
— Postfach —
13.4.29

Hochschulbehörde.
Eing.: 13. APR. 1929 Nm
.... Anlagen

Herrn

Regierungsdirektor Dr.v.Wrochem

H a m b u r g   13
————————————————————

Hochschulbehörde

Sehr geehrter Herr Regierungsdirektor,

   Ich gestatte mir Ihnen mitzuteilen,daß mein Herr

Minister dem Prof.Dr. S t e r n - Hamburg das Ordinariat für

physikalische Chemie an der Frankfurter Universität zum 1.X.1929

angeboten hat.

   In der Annahme, daß dortseits keine Bedenken gegen

diese Berufung bestehen, wäre ich für eine baldgefl.Angabe

der derzeitigen Bezüge des Herrn Stern sehr verbunden.

    In vorzüglichster Hochschätzung

     Ihr sehr ergebener

       Windelband

Dem Herrn Präses vorzulegen.

13/4.29 Prof. Stern ...

Brief vom 12. April 1929, in dem der Ministerialrat Wolfgang Windelband den Regierungsdirektor Albrecht von Wrochem in Hamburg über den Ruf von Otto Stern an die Universität Frankfurt am Main informiert

Der 1931 fertiggestellte Neubau für das Institut für Physikalische Chemie
in der Jungiusstraße 9a

larstrahlen voranzutreiben. So entstanden hier bereits 1926 und 1927
Dissertationen, deren Ergebnisse auf Versuchen mit Molekularstrahlen beruhten.[298] Stern sagte jedoch diese ehrenvolle Einladung am
11. Januar 1929 ab, wahrscheinlich, um die Bleibeverhandlungen mit
der Universität Hamburg nicht zu gefährden. Von diesen Verhandlungen mit der Hamburger Behörde hing es nunmehr ab, ob Stern in
Hamburg bleiben oder ob er den Ruf nach Frankfurt am Main annehmen würde.

Seine Wünsche, die schließlich in Erfüllung gingen, lauteten:

1. Neubau eines eigenen Institutes für Physikalische Chemie. Da
die Räumlichkeiten im Staatsinstitut äußerst beengt waren – Stern
standen nur vier Räume sowie eine Kellerwerkstatt zur Verfügung –
wurde tatsächlich ein Neubau genehmigt, der 1931 fertiggestellt war.
Es handelte sich um ein eigenes Institut allein für die Physikalische
Chemie, einen Anbau an die Staatsinstitute, alle Institutionen hatten
die Adresse Jungiusstraße 9, die Physikalische Chemie erhielt ein a
dazu, also 9a. Das Gebäude existiert noch heute.

2. Eigene Ausstattung an Apparaten, Werkzeugen und Materialien. Früher musste man sich gegebenenfalls Geräte beim Chemischen oder Physikalischen Institut ausleihen, das sollte sich nunmehr ändern.

3. Personalforderungen: 1 fachmännisch-technisch geschulter Angestellter, 1 Laboratoriumswart, 1 wissenschaftlicher Assistent, 1 wissenschaftlicher Hilfsarbeiter.

4. Gehaltserhöhung.

In einem Auszug aus dem Protokoll des Universitätssenats vom 7. Juni 1929 wurde festgehalten:

> Bericht des Rektors über die Sitzung der Hochschulbehörde vom 14. Mai 1929:
> Wegen des Rufes, den Professor Otto Stern aus Frankfurt erhalten hat, ist in der Hochschulbehörde beraten worden: Die sachlichen Ausgaben für ein Institut, das Professor Stern zum Bleiben in Hamburg veranlassen würde, betragen etwa 150.000 M und sind nach Meinung der Hochschulbehörde nicht aufzubringen, sie will vielmehr versuchen, in einem der jetzigen Direktorenhäuser an der Jungiusstraße Platz für das Institut für physikalische Chemie zu schaffen.
> Herr Blaschke hebt hervor, dass, wenn man für Professor Stern einen gleich hervorragenden Nachfolger berufen sollte, dieser zweifelsohne ebenfalls nur in ein entsprechendes Institut kommen würde, und daß daher die Ausgaben kaum gespart werden könnten.
> Durch einstimmigen Beschluß des Universitätssenats wird Professor Blaschke ermächtigt, der Hochschulbehörde nochmals eindringlich darzulegen, welchen Wert die Universität auf das Verbleiben von Professor Otto Stern legt.[299]

Gönner wurden gefunden, die bereit waren, auch tiefer in die Tasche zu greifen. Dazu gehörte beispielsweise der Bankier Max Warburg (1867-1946). Und die Kollegen taten alles, um die Stern'schen Forderungen zu unterstützen. So verfasste Fritz Haber ein entsprechendes Gutachten, und der Mathematiker Blaschke sorgte für ein Schreiben an die Hochschulbehörde, in dem er eindringlich darlegte, welchen Wert die Universität Hamburg auf das Verbleiben von Otto Stern lege.[300] Blaschke war damals eine wichtige Persönlichkeit in der Universitätshierarchie, hatte er doch 1927/28 das Amt des Rektors und 1928/29 das Amt des Prorektors der Universität Hamburg inne. Am 12. Juli 1929 unterbreitete die Universitätsverwaltung Otto Stern ein Angebot; am 15. Juli 1929 teilte Stern der Behörde mit, dass er den Ruf nach Frankfurt am Main nicht annehmen werde:

> Sehr geehrter Herr Regierungsdirektor! Anbei übersende ich Ihnen ein Exemplar des ungeschriebenen Vertrages, nach dem ich dem Preussischen Ministerium mitgeteilt habe, dass ich den Ruf nach Frankfurt a. M. ablehne. Es ist mir eine grosse Ehre, dass Sie es mir ermöglicht haben, dem mir sehr ans Herz gewachsenen Hamburger Wirkungskreis treu zu bleiben, und darüber hinaus, dass unsere Universität durch die Schaffung eines ausreichenden Instituts für physikalische Chemie mit guten Arbeitsmitteln eine wesentliche Förderung erfahren hat. Ich möchte mir erlauben, Ihnen für Ihre wirkungsvolle Arbeit in dieser Angelegenheit aufrichtig und herzlich zu danken.[301]

Stern hatte fast alle seine Wünsche erfüllt bekommen.

Die Universität Frankfurt am Main berief daraufhin den Chemiker Karl Friedrich Bonhoeffer (1899-1957) als Nachfolger von Richard Lorenz. Dass nunmehr die Anzahl der Stern'schen Assistenten verdoppelt wurde, war ganz und gar außergewöhnlich: Aus den ehemals zwei Assistentenstellen wurden vier. Nur sehr wenige Ordinarien dürften damals über vier Assistentenstellen verfügt haben.

Nachdem die Universität in Berkeley ihre Einladung am 22. April 1929 erneuert hatte, wurde schließlich ein Gastaufenthalt von Mitte Januar bis Mitte April 1930 vereinbart. Dies war Sterns erste Reise in die USA. Über die Auszeichnung, die er in Berkeley erhielt, wurde im sogenannten Fakultätsbuch in der 180. Sitzung vom 14. Mai 1930 berichtet: »Der Dekan teilt mit, daß Herr Stern zum Doctor of laws von der Universität in Berkeley (Kalifornien) ernannt worden ist.«[302] Das war natürlich eine ganz besondere Auszeichnung und Ehre. Es bleibt unklar, für welche Verdienste oder Leistungen Stern mit dem »Doctor of laws« ausgezeichnet wurde.

Von großer Bedeutung war, dass Otto Stern in Berkeley Ernest Orlando Lawrence (1901-1958) kennenlernte. Dieser hatte 1925 an der Yale University in New Haven promoviert. Er war der Schöpfer des weltweit ersten »Zyklotronbeschleunigers«. Mit diesem konnte man Ionen auf so hohe kinetische Energien beschleunigen, dass sie mit anderen Atomen beziehungsweise Kernen Kernreaktionen auslösen konnten.[303] Nach dessen Fertigstellung im Jahre 1930 wurde Lawrence ordentlicher Professor. Er stand in den Jahren 1931 bis 1935 mit Otto Stern in regem Briefwechsel.[304] Da Lawrence sein Beschleunigerkonzept nachträglich patentieren lassen wollte, brauchte er nach dem US-amerikanischen Patentgesetz Zeugen, die bestätigten, dass er dieses Konzept selbst erfunden hatte. Am 2. November 1931 beschrieb Stern das von Lawrence angewandte Verfahren mit folgenden Worten: »Ich bestätige Ihnen gern, dass Sie mir bei meinem Aufenthalt in Berkeley Anfang 1930 oft von Ihrem Verfahren zur Erzeugung von sehr raschen leichten Ionen in der Form, wie Sie es jetzt publiziert haben (elektrisches Wechselfeld im Magnetfeld), erzählten und zwar zuerst im Januar 1930. Sie zeigten mir auch eine vorläufige Magnetapparatur in Ihrem Laboratorium, ungefähr März 1930.«[305] Stern traf in Berkeley George Ernest Gibson wieder, einen ehemaligen Kommilitonen während seines Studiums an der Universität Breslau. Gibson hatte Sackurs Werk über Thermodynamik ins Englische übersetzt (siehe S. 33). Von Gilbert Newton Lewis ist im erwähnten Briefwechsel ebenfalls die Rede; Stern bezeichnete ihn als seinen

Otto Stern wurde in den ersten Monaten des Jahres 1930 von der University of Berkeley mit der Würde eines »Doctor of laws« ausgezeichnet

Freund.[306] Lewis hatte nicht nur Lawrence mit dem für die Versuche notwendigen schweren Wasser versorgt, sondern er hatte auch später im Sommer 1933 dem Hamburger Institut, das sich schon in Auflösung befand, eine dringend benötigte kleine Menge an schwerem Wasser zukommen lassen können, sodass die dortigen Versuche noch zu Ende gebracht werden konnten.

Wie bereits berichtet, gab es an der Universität in Berkeley bereits sehr früh ein Programm zur Erforschung der Molekularstrahlen. Während Sterns Aufenthalt in Kalifornien erschien eine Dissertation, die für Otto Stern von großer Bedeutung war. Der Autor war Ira Forry Zartman (1899-1981), seine Dissertation hatte den Titel »A Direct Measurement of Molecular Velocities«; diese Arbeit wurde am 7. Februar 1931 bei der Zeitschrift »The Physical Review« eingereicht, sie erschien dort am 15. Februar 1931.[307] Man begann in Berkeley umgehend, einen neuen Apparat zu bauen, um die Molekularstrahlen noch besser untersuchen zu können; die Fertigstellung fiel dann wohl bereits in die Zeit, als Estermann als Rockefeller-Stipendiat in Berkeley wirkte.

Während seines Aufenthaltes in Berkeley hatte Stern einen Ruf nach Berlin als Direktor des Kaiser-Wilhelm-Instituts für Physik bekommen, den er in seinem Brief vom 26. Januar 1930 an Max von Laue ablehnte.

Ich bin am 13. nach Amerika abgefahren, so daß Ihr Brief vom 15. mich leider erst hier erreichte. Inzwischen haben Sie hoffentlich mein Kabel erhalten. Da ich in der ersten Zeit natürlich viel zu tun hatte, komme ich erst heute dazu, Ihnen zu schreiben. Es ist vielleicht überflüssig, Ihnen meine Gründe noch ausführlich auseinanderzusetzen, aber es liegt mir viel daran, daß Sie sehen, daß ich wirklich nicht anders handeln konnte.

Als Sie mir vor über einem Jahr zuerst von diesem Projekt des KWI für Physik sprachen, war ich sehr froh mitzutun. Als dann im Sommer für mich die Möglichkeit kam durch den Ruf nach Frankfurt, mir vernünftige Arbeitsbedingungen zu verschaffen, mußte ich die Möglichkeit ausnutzen, denn Sie wissen ja selbst am besten, wie unsicher damals der Termin der Verwirklichung des Berliner Projektes war.

Ich habe in Hamburg alles bekommen, was ich wollte (Umbau, Verdoppelung des Personaletats, Vervielfachung des Sachetats, usw.).

Natürlich war es eine harte Sache, unter den jetzigen Verhältnissen, die Hamburger Behörde dazu zu bringen, und es wäre nicht gegangen, wenn nicht v. Wrochem und die Hbg. Kollegen sich in geradezu aufopfernder Weise dafür eingesetzt hätten. Unter diesen Umständen konnte ich die Entscheidung, vor die mich Ihr Brief stellte, gar nicht anders lauten als: Hamburg.

Jetzt gleich, nachdem sich die Hamburger so ins Zeug gelegt hatten, von Hamburg wegzugehen, wäre einfach nicht anständig von mir gewesen. Ich bin überzeugt, Sie sehen, ich konnte nicht anders. Daß ich wirklich gerne mit Ihnen zusammen gearbeitet hätte, wissen Sie. Und ich danke Ihnen nochmals recht herzlich für Ihre große Freundlichkeit.

Hier in Amerika gefiel mir's zu oft garnicht, jetzt leidlich. Es ist doch vieles sehr interessant, die Institute ausgezeichnet, und es gibt eine Menge vorzügliche junge Leute hier. Mitte Mai beabsichtige ich wieder in Europa zu sein.

Herzliche Grüße   Ihr Otto Stern.[308]

Kaum zurück in Hamburg, übernahm Stern für das Studienjahr 1930/31 das Amt des Dekans der Mathematisch-Naturwissenschaftlichen Fakultät.

Ein Jahr nach Stern konnte auch Immanuel Estermann eine längere Studienreise in die USA antreten, ein Rockefeller-Stipendium ermöglichte ihm dieses Unternehmen. Sein Reiseziel war ebenfalls Berkeley, sicher hatte er die volle Unterstützung von Otto Stern. Den Antrag auf Beurlaubung an die Hamburger Behörde stellte Estermann am 22. Januar 1931, am 13. Februar 1931 erfolgte die Genehmigung, sodass Estermann zunächst die Zeit vom Frühjahr 1931 bis zum Frühjahr 1932 in Berkeley verbringen konnte. In seiner Abwesenheit vertrat ihn in Hamburg der »wissenschaftliche Hilfsarbeiter« Bernhard Josephy. Estermann stellte dann einen Verlängerungsantrag, er wollte zusätzlich noch vom 1. Mai bis zum 30. September in Berkeley bleiben. Auch der Verlängerungsantrag wurde genehmigt, sodass Estermann insgesamt anderthalb Jahre beurlaubt war.[309] Er blieb jedoch noch darüber hinaus bis November 1932 in Kalifornien, das teilte er in einem Interview mit John Heilbron (1934-2023) am 13. Dezember 1962 mit.[310]

1931 gelang es Ernest Orlando Lawrence, in Berkeley das Radiation Laboratory zu gründen, aus dem schließlich das Lawrence Berkeley National Laboratory hervorging. Während Estermanns Aufenthalt in den USA wurde ein neuer Apparat zur Untersuchung von Molekularstrahlen vollendet. Die Idee ging wohl schon auf Otto Stern zurück, der während seines Aufenthaltes in Berkeley die Wege dafür geebnet hatte.

Estermann lernte in Berkeley Harold Theodore Byck (1902-1980 [?]) kennen, der damals dort als »National Research Fellow in Physics« wirkte. Am 18. und 19. Dezember 1931 fand dort die 174. Tagung der American Physical Society statt. Estermann und Byck hatten neue Pumpen entwickelt, sogenannte »high-speed high-vacuum diffusion pumps«, die sie auf dieser Tagung vorstellten.[311] Am 20. April 1932 reichten die beiden Wissenschaftler einen Artikel gleichen Titels in der Zeitschrift »Review of Scientific Instruments« ein, in der dieser noch im selben Jahr veröffentlicht wurde.[312] Auf dieser Tagung wurde auch der Beitrag von Estermann, Frisch und Stern »Monochromasierung der de Broglie-Wellen von Molekularstrahlen« wohl im Detail vorgestellt.[313] Die Zusammenfassung in den »Proceedings« lautete:

An ordinary molecular beam of He which contains molecules of all velocities according to the Maxwell distribution law and consequently a continuous spectrum of de Broglie

Otto Stern in den Jahren 1930/31 als Dekan der Mathematisch-Naturwissenschaftlichen Fakultät an der Universität Hamburg

waves, passed through a system of rotating toothed wheels. By this means monochromatic molecular beams containing only molecules of distinct ranges of velocities were produced. These beams were diffracted by the crossed-grating of the surface of a LiF crystal and the diffraction angles were in complete agreement (with a limit of 1 percent) with the wave lengths calculated with de Broglie's equation $\lambda = h/mv$, v being determined from the dimensions and number of revolutions of the toothed wheels. The relative intensities of monochromatic beams of different wave-lengths were found to correspond to Maxwell's distribution law of velocities.[314]

Vielleicht hatte man ja diesen Versuch in Berkeley nochmals durchgeführt?

Natürlich kannte Estermann die von Ronald Fraser in Hamburg begonnenen Untersuchungen, die nunmehr in Berkeley abgeschlossen werden konnten. Die Ergebnisse wurden unter dem Titel »The Deflection of Molecular Rays in an Electric Field: The Electric Moment of Hydrogen Chloride« in der Zeitschrift »The Journal of Chemical Physics« am 14. März 1933 eingereicht und veröffentlicht.[315] Gilbert N. Lewis gehörte zum Advisory Editorial Board der Zeitschrift. Besondere Beachtung schenkte man in diesem Beitrag der Beschreibung des verwendeten neuen Apparates, wobei auch die von Estermann und Byck neu entwickelten Pumpen erwähnt wurden. Zitiert wurden vor allem Abhandlungen, die unter Sterns Ägide in Hamburg veröffentlicht worden waren. Am Ende ihres Beitrags bedankten sich die beiden Autoren Estermann und Fraser mit folgenden Worten: »We are glad of this opportunity to express our several thanks to Professor O. Stern and Professor G. N. Lewis, who successively gave the above work the ready hospitality of their respective laboratories.«[316]

Es sei hier noch angemerkt, dass Edwin Mattison McMillan (1907-1991) im Jahr 1932 in Princeton über ein Thema aus dem Gebiet der Molekularstrahlen promoviert hatte, seine Dissertation hatte den Titel »Deflection of a Beam of HCl Molecules in a Non-Homogeneous Electric Field«. McMillan wechselte anschließend an die Universität in Berkeley, wo er am Radiation Laboratory wirkte. Dort wollte er das magnetische Moment des Protons bestimmen, aber Otto Robert Frisch und Otto Stern, unterstützt von Immanuel Estermann, kamen ihm mit ihren Veröffentlichungen zum Thema »Die magnetische Ablenkung von Wasserstoffmolekülen und das magnetische Moment des Protons« im Jahr 1933 zuvor.[317] So verließ McMillan das Gebiet der Molekularstrahlen und widmete sich zukünftig der Erforschung der Transurane. Für seine Ergebnisse wurde McMillan 1951 zusammen mit Glenn Theodore Seaborg (1912-1999) mit dem Nobelpreis für Chemie ausgezeichnet.

Festzuhalten ist, dass man 1933 an der Universität in Berkeley bereits Erfahrung mit Forschungen auf dem Gebiet der Molekularstrahlmethode hatte, es waren alle Voraussetzungen vorhanden, um auch auf diesem Gebiet weiter zu forschen. Aber dazu kam es nicht, diese Forschungsrichtung wurde nicht mehr weiterverfolgt.

Hans Wilhelm Stille (1876-1966), Geologe, Paläontologe, war seit 1916 ordentliches Mitglied und von 1925 bis 1932 Sekretär der mathematisch-naturwissenschaftlichen Klasse der Gesellschaft der Wissenschaften zu Göttingen.[318] Am 8. November 1929 richteten drei hochkarätige Physiker der Universität Göttingen folgendes Schreiben an Stille:

Wir drei Unterzeichneten bitten, schon jetzt davon Kenntnis zu nehmen, daß wir bei der nächsten, 1930 folgenden Wahl als korrespondierendes Mitglied unserer Gesellschaft Herrn Professor Dr. Otto Stern in Hamburg in Vorschlag bringen möchten. Stern hat sich, von der physikalischen Chemie ausgehend, seit dem Kriege rein physikalischen Fragen zugewandt und sich durch seine Experimentaluntersuchungen einen großen Namen gemacht. Es ist ihm geglückt, durch Ablenkung von Atom- und Molekularstrahlen in inhomogenen elektrischen Feldern magnetische Momente zu bestimmen, die für die feinere Kenntnis des Atom- und Molekülaufbaus von grundlegender Bedeutung sind. In den letzten Jahren hat er sich der experimentellen Begründung der Wellenmechanik zugewandt und schlagende Beweise für die Realität der Materiewellen aufgebracht. Die Experimentalarbeiten, die Stern im Laufe der letzten Jahre veröffentlicht hat, werden allseitig als allerersten Ranges anerkannt. Stern hat schon seit Jahren enge Beziehungen zur Göttinger Physik unterhalten und zählt zu den regelmäßigen Gästen unseres Institutes.

Born, Franck, Pohl[319]

Max Born wirkte von 1921 bis 1933 an der Universität in Göttingen, James Franck war ebenda von 1920 bis 1933 als Experimentalphysiker Direktor des 2. Physikalischen Institutes, und Robert Wichard Pohl, 1916 an die Universität in Göttingen berufen, war Direktor des 1. Physikalischen Institutes und blieb dies auch bis zu seiner Emeritierung im Jahr 1952. Diese drei Physiker waren das Triumvirat, das der Universität eine goldene Zeit in der Physik bescherte, die 1933 ein jähes Ende fand.

Im folgenden Jahr 1930 wurde der Vorschlag dieser drei Physiker zur Realität, und man wählte Stern 1931 zum korrespondierenden Mitglied der mathematisch-naturwissenschaftlichen Klasse. Sein Antwortbrief vom 28. Juli 1931 ist erhalten: »Für die äusserst ehrenvolle Wahl zum korrespondierenden Mitglied spreche ich der Gesellschaft der Wissenschaft meinen ergebensten Dank aus, ich nehme die Wahl an. Otto Stern«.[320]

Wie der umfangreiche Briefwechsel zwischen Otto Stern und Hans Jensen (1907-1973) zeigt, bestand eine gute Verbindung zwischen Stern und dem 1907 in Hamburg geborenen Wissenschaftler seit dessen Studienzeit.

Jensen begann sein Physikstudium 1926 an der Universität Hamburg, wechselte 1927 an die Albert-Ludwigs-Universität Freiburg und setzte seine Studien vom Sommersemester 1928 bis zum Wintersemester 1930/31 an der Universität Hamburg fort. Er hörte vor allem Vorlesungen bei den Physikern Peter Paul Koch und Wilhelm Lenz, bei den Mathematikern Wilhelm Blaschke und Erich Hecke, bei Otto Stern und Immanuel Estermann sowie beim Philosophen Ernst Cassirer. Im Jahr 1931 legte Jensen das Staatsexamen für das höhere Lehramt ab. In seiner Dissertation behandelte er das Thema »Die Ladungsverteilung in Ionen und die Gitterkonstante des Rubidiumbromids nach der statistischen Methode«, die Arbeit wurde in der »Zeitschrift für Physik« veröffentlicht.[321] Die Doktorprüfungen absolvierte Jensen am 12. Dezember 1931 in Physik bei Lenz und Koch, in Mathematik bei Blaschke und in Physikalischer Chemie bei Stern. Das Prädikat lautete »Mit Auszeichnung«, die Doktorurkunde trägt das Datum 11. November 1932. Jensens Doktorarbeit war ein Beitrag zur Vielteilchenphysik, wobei Jensen an Arbeiten seines Doktorvaters Lenz anknüpfte.[322] Dank der Unterstützung von Lenz konnte

Jensen seit Ende des Jahres 1932 auch eine Assistentenstelle wahrnehmen.

Im Februar 1932 – Stern feierte am 17. Februar seinen 44. Geburtstag – erschienen gleich mehrere Berichte über das Institut für Physikalische Chemie in diversen Zeitungen. So konnte man in der Morgen-Ausgabe des »Hamburger Fremdenblatts« am 6. Februar lesen:

Die Wellennatur der Materie.
Entdeckung eines Hamburger Physikers.

[…] Von maßgebender Bedeutung für die neueste Entwicklung der Physik sind die Arbeiten des Instituts für Physikalische Chemie, die von dem Direktor, Herrn o. Prof. Dr. Dr. of laws Otto Stern und seinen Mitarbeitern in dem neuerbauten Laboratorium an der Jungiusstraße ausgeführt wurden. Es ist eine Erkenntnis neuerer Physik, daß das Licht, das wir seit langem als eine Wellenbewegung erkannt haben, sich gleichzeitig so verhält, als ob es aus einzelnen rasch fliegenden Teilchen bestünde. Herr Prof. Stern berichtete nun im Naturwissenschaftlichen Verein über Experimente, die er mit Molekularstrahlen gemacht hat, das heißt, mit Strahlen, die zweifellos aus einzelnen bewegten Materieteilchen bestehen. Dabei hat sich gezeigt, daß diese Strahlen Welleneigenschaften haben. Man kann mit ihnen Beugungsexperimente machen, genau wie mit Lichtstrahlen, die nur durch Wellenbewegung zu erklären sind. Da das Molekül der Baustein aller Materie überhaupt ist, ist **durch die O. Sternschen Versuche der Nachweis für die Wellennatur der Materie erbracht.**[323]

Den gleichen Artikel, allerdings mit dem Titel »Hamburgische Physik«, veröffentlichten am selben Tag die »Hamburger Nachrichten« ebenfalls in der Morgen-Ausgabe.[324] Am 8. Februar 1932 erschien im »Hamburger Fremdenblatt« sozusagen eine Fortsetzung. Dort wurde noch folgender Abschnitt hinzugefügt:

Daß bewegte Korpuskeln Welleneigenschaften zeigen müssen, wurde bereits, wie uns Prof. Dr. Stern mitteilt, 1925 von dem französischen Physiker Louis de Broglie theoretisch gefunden, er erhielt für diese Entdeckung den Nobelpreis. Der direkte experimentelle Nachweis für diese »de Broglie=Wellen« wurde zuerst von den amerikanischen Physikern Davisson und Germer 1927 an Strahlen von Elektronen (Korpuskeln der negativen Elektrizität) geführt. Für Strahlen aus eigentlicher Materie (Molekularstrahlen) aus Wasserstoff und Helium wurde dieser Beweis 1929 im Hamburger Institut für Physikalische Chemie erbracht. Ueber diese Versuche ist seitdem bereits vielfach in wissenschaftlichen Zeitschriften, auf Kongressen usw. berichtet worden.[325]

Das war nun wirklich ein großartiger Erfolg für das doch eigentlich noch sehr junge Institut, das Stern nunmehr seit sechs Jahren leitete. Wie Stern später 1961 in seinem Züricher Interview Res Jost berichtete, war für ihn sein Beugungsexperiment der wichtigste Versuch seines Lebens.[326]

Wilhelm Groth war gebürtiger Hamburger; er studierte an den Universitäten in München und Tübingen, wo er 1927 mit der Dissertation »Eine Methode zur Bestimmung des elektro-mechanischen Äquivalents« promovierte; sein Doktorvater war Walther Gerlach.[327] Danach wirkte er als wissenschaftlicher Assistent an der Technischen Hochschule in Hannover. 1932 wechselte Groth zu Otto Stern nach Hamburg, der ihm aber keine Assistentenstelle anbieten konnte. Es gelang Stern lediglich, Groth in der Zeit vom 1. Juni 1932 bis zum 30. September 1932 vorübergehend als sogenannten wissenschaftlichen Hilfsarbeiter einzustellen, da damals Sterns eigentlicher Assistent Estermann beurlaubt war; er hatte seinen Studienaufenthalt in Berkeley verlängern können. Am 21. Oktober 1932 bat Stern um Genehmigung, Groth auch weiterhin, aber unentgeltlich beschäftigen zu dürfen, was ihm erlaubt wurde.[328] Groth hatte also eine sehr große Motivation, bei Otto Stern zu bleiben, sonst hätte er diese Bedingung wohl kaum akzeptiert. Groth war Sterns letzter personeller Zuwachs zu seinem schon ziemlich groß gewordenen wissenschaftlichen Team.

Nach Adolf Hitlers Machtübernahme erklärte Einstein am 28. März 1933 seinen Austritt aus der Preußischen Akademie der Wissenschaften. Er beendete damit auch jegliche Verbindung mit offiziellen deutschen Institutionen.

Am 7. April 1933 trat das Gesetz zur »Wiederherstellung des Berufs-beamtentums« in Kraft; danach konnten Beamte oder Angestellte, die sich in oppositionellen Parteien politisch betätigt hatten oder diesen nahe standen, entlassen werden. Vor allem aber richtete sich das Gesetz gegen jüdische Staatsdiener: In §3 hieß es, dass Beamte »nichtarischer Abstammung« in den Ruhestand versetzt werden sollten. Am 19. April 1933 wurde der Hamburger Rathausmarkt in »Adolf-Hitler-Platz« umbenannt und Hitler einen Tag später zum Ehrenbürger von Hamburg ernannt.[329]

Vom Machtwechsel in Deutschland waren auch die Universitäten betroffen. An der Universität Hamburg war durch die neuen Macht-verhältnisse die Stunde von Adolf Rein (1895-1979) gekommen, der seit 1933 Mitglied der NSDAP war. Er lehrte seit 1919 als Privatdozent, dann als außerordentlicher und ordentlicher Professor für Mittlere und neuere Geschichte und war 1929 bis 1945 Leiter der Kolonial- und Über-seegeschichtlichen Abteilung des Historischen Seminars der Universi-tät Hamburg sowie 1939 bis 1945 Direktor des Kolonialinstitutes der Hansischen Universität. Bereits im Januar 1933 hatte Adolf Rein seine Abhandlung »Die Idee der politischen Universität« veröffentlicht und erklärt, dass die Wissenschaft in Deutschland in eine völkische »Wil-lenschaft« zu überführen sei. Im März 1933 wurde das »Bekenntnis der Professoren an deutschen Hochschulen und Universitäten zu Adolf Hitler« verabschiedet, das Rein im November des Jahres unterzeichne-te. Am 1. Mai 1933 fand im Großen Hörsaal eine Festveranstaltung zur »nationalen Revolution« und zu Adolf Hitler als ihrem »Führer« statt; es gab keinerlei Proteste. Ab Mai 1933 hatte Rein als Mitarbeiter der Hochschulbehörde versucht, eine Universitätsreform durchzuführen. Diese Hochschulreform trat am 21. Januar 1934 in Kraft; die in der Universitätsverfassung verankerte Selbstverwaltung wurde durch das »Führerprinzip« ersetzt. Rein, der von 1934 bis 1938 als Rektor der Universität fungierte,[330] präsentierte die Hamburgische Universität als »erste nationalsozialistische Hochschule in Deutschland«; sie erhielt einen neuen Namen und wurde 1935 in »Hansische Universität« um-benannt, in Erinnerung an die »blutmäßige« Verwurzelung der Uni-versität im norddeutschen Raum.

Otto Stern hatte bereits bei Hitlers »Machtergreifung« im Januar 1933 erklärt, »daß er von seinem Lehrstuhl zurücktreten wolle«.[331]

Selbstgleichschaltung: Am 1. Mai 1933 bekennt sich die Hamburgische Universität in einer Festveranstaltung zur »nationalen Revolution« und zu Adolf Hitler als ihrem »Führer«

Am 2. Mai 1933 ließ er den Dekan der Mathematisch-Naturwissen-schaftlichen Fakultät wissen:

Ew. Spektabilität
Beehre ich mich zu bestätigen, daß ich im Einverständnis und nach Rücksprache mit Ew. Spektabilität selbst, der Hochschulbehörde und Herrn Prof. Dr. P. Rabe die Vorlesung No 731 (Physikalische Chemie III. Teil) ausfallen lasse.

Ew. Spektabilität ergebenster
Otto Stern[332]

Der Chemiker und Biologe Gustav Bredemann (1880-1960) fungierte damals als Dekan. Als Stern im Mai 1933 die Aufforderung erhielt, das in seinem Dienstzimmer hängende Porträt von Einstein zu entfernen,[333] war klar, was das bedeutete.

Wie und wann Otto Stern in Besitz dieser Radierung kam, ist nicht bekannt. Seine Nichte Lieselotte Templeton berichtete über das weitere Schicksal dieses Bildes: »He took the picture home with him; and it was the only picture hanging in his study in Berkeley. He always looked up to Einstein, who was a role model for him.«[334]

Im Gegensatz zu vielen anderen Wissenschaftlern erkannte Stern die Zeichen der Zeit sofort. Bereits im April 1933 emigrierte Otto Sterns ältere Schwester Berta, verheiratete Kamm, zusammen mit ihrem Mann und den beiden Kindern; man hatte einen Tipp bekommen, dass es für die Familie äußerst ratsam sei, Deutschland so schnell wie möglich zu verlassen. Die Familie lebte danach für drei Jahre in Versailles in Frankreich und wanderte 1936 in die USA aus.[335]

Das Porträt von Albert Einstein des Hamburger Malers und Radierers John Philipp (1872-1938) trägt folgende Inschrift: »Albert Einstein d'après nature John Philipp 1929«

Stern musste den »Fragebogen zur Durchführung des Gesetzes zur Wiederherstellung des Berufsbeamtentums vom 7. April 1933« ausfüllen, in dem er mitteilte, dass er »mosaischer Konfession« sei. Am 29. Mai ging dieser Fragebogen bei der Behörde ein.[336]

Vom 28. Juni bis zum 1. Juli 1933 hielt Stern sich in Zürich auf, wo er am Kongress über Fragen der Kältephysik und der Kernphysik teilnahm, der an der ETH stattfand. Von hier aus sandte er folgendes Telegramm an die Landesschulbehörde zu Händen von Adolf Rein:

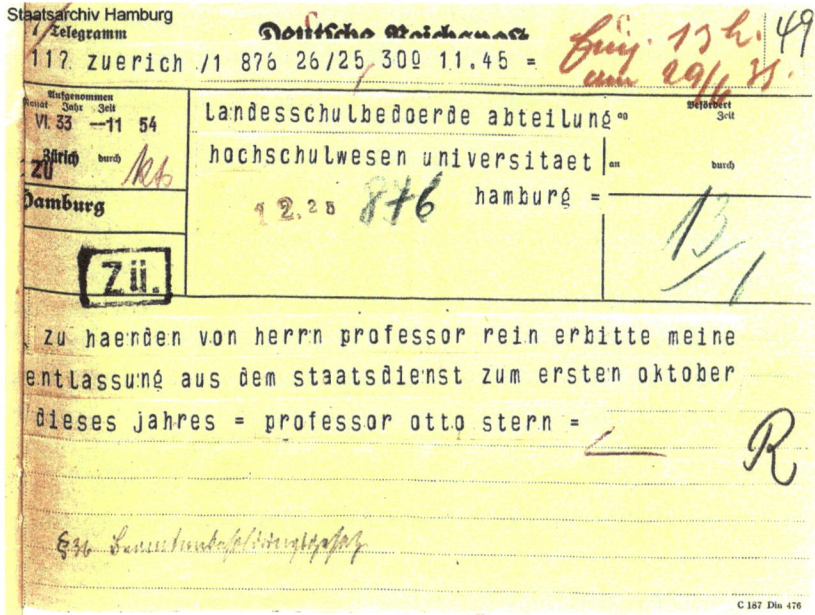

Sterns Telegramm mit der Bitte um Entlassung aus dem Hochschuldienst, 29. Juni 1933

»zu haenden von herrn professor rein erbitte meine entlassung aus dem staatsdienst zum ersten oktober dieses jahres = professor otto stern =«[337]

Am 30. Juni 1933 folgte der entsprechende Brief:

An die Landesschulbehörde
Abteilung Hochschulwesen
z. Hdn von Herrn Prof. Dr. Rein
Hierdurch bestätige ich der Landesschulbehörde ergebenst meine telegraphisch ausgesprochene Bitte, mich zum 1. Oktober 1933 aus dem Staatsdienst zu entlassen.
Ich sehe mich durch die Ereignisse der letzten Zeit zu diesem für mich äußerst schmerzlichen Schritte genötigt.

Falls die Landesschulbehörde eine nähere Begründung wünscht, stehe ich hierfür nach meiner voraussichtlich am Dienstag, d. 4. VII. 1933 erfolgenden Rückkehr von dem Kongreß zur Verfügung.

Otto Stern
Professor für physikalische Chemie[338]

Eine nähere Begründung wurde nicht gewünscht.

Es gab jedoch noch eine Aufgabe, die Stern vor seinem Weggang gelöst wissen wollte: die Habilitation seines einzigen verbliebenen, weil arischen Assistenten Friedrich Knauer. Nachdem Knauer ein Habilitationsgesuch gestellt hatte, wurde ein Ausschuss, bestehend aus Stern, Lenz, Koch, Hermann Rose (1883-1976) und dem Dekan Bredemann, gebildet. Bei der 209. Fakultätssitzung, die am 12. Juli 1933 stattfand, war Stern zwar anwesend, aber, wie im Protokoll festgehalten wurde, nur bis einschließlich Punkt 2). Unter diesem Punkt wurde ausgeführt:

2) Probevorlesung nebst Kolloquium Dr. Knauer.
Nach stattgehabter Probevorlesung »Der direkte Nachweis bewegter Materie durch Korpuskularstrahlen« und Kolloquium und nachdem die Landesunterrichtsbehörde, Abt. Hochschulwesen, erklärt hat, daß grundsätzliche Bedenken gegen die Zulassung nicht bestehen, erteilt die Fakultät Herrn Dr. Knauer die venia legendi für Physik.[339]

Schließlich folgte noch die Antrittsvorlesung mit dem Thema »Die Elementarteilchen der Materie« am 19. Juli 1933.[340] Damit war Knauer nunmehr Privatdozent.[341]

Unter Punkt 6) derselben Sitzung ging es bereits um die Nachfolge von Otto Stern und um den zu bildenden Berufungsausschuss für die vakant gewordene Stelle:

6) Wahl eines Berufungsausschusses für die Nachfolge Prof. O. Stern.
Der Herr Dekan gibt bekannt, dass Herr Stern um seine Entlassung zum 1. Oktober gebeten habe, und zwar freiwillig, ohne eine andere Berufung zu haben. Die L.U.B. hat den Antrag genehmigt. Es wird ein Berufungsausschuß gewählt aus den Herren Rabe, Koch, Lenz, Artin, Rose, Dekan.

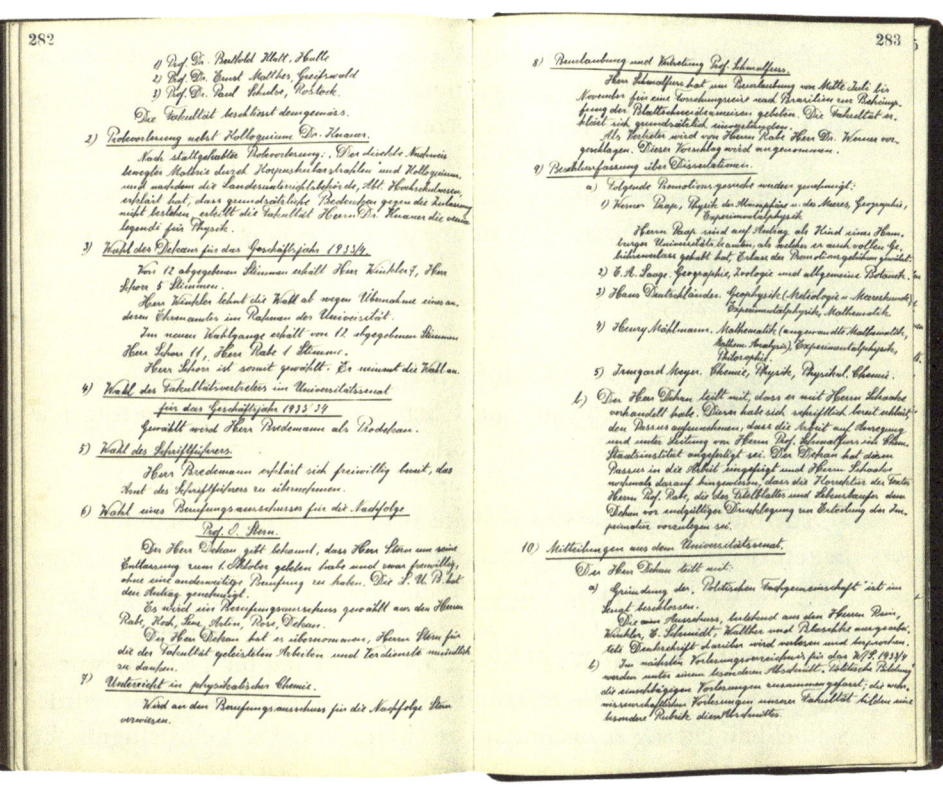

Auszug aus der 209. Fakultätssitzung vom 12. Juli 1933 mit den Punkten 2) und 6)

Der Herr Dekan hat es übernommen, Herrn Stern für die der Fakultät geleisteten Arbeiten und Verdienste mündlich zu danken.[342]

Das war alles, was im Protokoll festgehalten wurde. Damit ist auch klar, warum Otto Stern nach dem Punkt 2) die Sitzung verlassen hatte.

Der 31. Juli 1933 war ein besonders schwarzer Tag für Otto Stern: Seine Assistenten Immanuel Estermann, Otto Robert Frisch und Robert Schnurmann wurden an diesem Tag entlassen, weil sie Nichtarier waren; nur Friedrich Knauer und Wilhelm Groth konnten bleiben. Hier das Schreiben vom 23. Juni 1933, das an Immanuel Estermann ging:

An den wissenschaftlichen Hilfsarbeiter Herrn Dr. Estermann
Auf Grund des Gesetzes zur Wiederherstellung des Berufsbeamtentums vom 7. April 1933 in Verbindung mit der zweiten Verordnung
zur Durchführung dieses Gesetzes wird Ihnen hiermit Ihre Stellung
als wissenschaftlicher Hilfsarbeiter am Institut für Physikalische
Chemie zum 31. Juli 1933 gekündigt.
Wegen der in Aussicht genommenen Entziehung der Lehrbefugnis
als Privatdozent wird Ihnen weitere Nachricht zugehen.
Im Auftrage, gez. Clausen. Dr.[343]

Otto Stern wurde zum 1. Oktober 1933 entlassen.

In den Bereichen Physik und Chemie mussten außerdem folgende
Wissenschaftler die Universität verlassen: Am 30. September 1933 verlor Walter Gordon seine Stelle; er hatte im Ersten Weltkrieg an der
»Ostfront« gekämpft.[344] Er siedelte 1933 nach Stockholm um und arbeitete bis zu seinem Tod an der dortigen Universität. Am 31. Oktober
1933 traf die Kündigung Vilma Prochownik (1904-1990), deren Fachgebiet die organische Chemie war.[345] Auch Rudolph Minkowski hatte
während des Ersten Weltkrieges als Frontkämpfer gedient, was –
man möchte fast sagen, erstaunlicherweise – auch anerkannt wurde.
Schließlich entzog man ihm am 26. März 1934 die Lehrbefugnis. Er
hatte seine Stelle als wissenschaftlicher Hilfsarbeiter noch inne, als er
am 1. Mai 1935 den Antrag stellte, für ein Jahr ohne Gehalt beurlaubt
zu werden, um mit einem Stipendium des Mount Wilson Observatorium in den USA zu arbeiten. Nachdem am 15. September 1935 die
Nürnberger Gesetze erlassen worden waren, wurde Minkowski am
1. April 1936 entlassen. Eine Klage auf ein Ruhegehalt blieb erfolglos.
Dank der Unterstützung der ehemaligen Hamburger Kollegen Walter
Baade (1893-1960) und Stern gelang es Minkowski, beruflich in den
USA Fuß zu fassen.[346]

Paul Rabe, mit dem Otto Stern zahlreiche Doktoranden betreut hatte, wurde nach einem Konflikt mit NS-Studenten am 31. März 1935
vorzeitig entpflichtet.[347] In der gesamten Mathematisch-Naturwissenschaftlichen Fakultät der Universität Hamburg wurden zwölf Wissenschaftler entlassen; Otto Stern und seine drei Assistenten, also vier
Wissenschaftler eines Institutes, waren dabei zahlenmäßig die größte
Gruppe. Mit einem Schlag wurde Sterns Institut vernichtet und aus-

gelöscht. Hamburg hatte nicht nur ein Institut verloren, sondern ein einzigartiges Institut von Weltklasse, die dortigen Forschungen waren nobelpreiswürdig. Es gab in Deutschland kein anderes Institut, in dem die Erforschung der Molekularstrahlen betrieben worden wäre.

Am 12. Juli 1933 wurde ein Berufungsausschuss für die vakante Professorenstelle am Institut für Physikalische Chemie eingesetzt, dem die Professoren Artin, Koch, Lenz, Rabe und Rose angehörten.[348] Die Regelung der Nachfolge verlief nicht ohne Probleme, da es zwei Kandidaten gab: Carl Wagner (1901-1977) und Paul Harteck.[349] Wagner, der an der Universität Jena wirkte und dort 1933 zum außerordentlichen Professor befördert worden war, galt als der Favorit von Paul Rabe, der das Chemische Staatsinstitut als Direktor leitete. Wagner übernahm schließlich im Wintersemester 1933/34 die Vertretungsprofessur als Nachfolger Sterns und stand auf Platz 1 der Berufungsliste. Der andere Kandidat, Paul Harteck, geboren in Wien, wirkte seit 1928 als Assistent von Fritz Haber am Kaiser-Wilhelm-Institut in Berlin. Er wurde von Wilhelm Lenz unterstützt, der das Institut für theoretische Physik leitete und sich klar und deutlich hinter Harteck stellte. In seinem Gutachten über Harteck hielt Lenz fest:

Bei Ausarbeitung dieser Gutachten und Studium einiger Arbeiten Hartecks ist für mich vollkommen feststehend geworden, dass nur Harteck an erster Stelle gesetzt werden kann. Er wird von Stern, Eucken und Bonhoeffer als starke Zukunftshoffnung bezeichnet, er hat durch seine bisherigen Arbeiten gezeigt, dass er äußerst vielseitig ist und jedes fundamentale Problem anzugreifen versteht, sicherlich auch diejenigen, die Hr. Rabe bei seinen Gewährsmännern so sehr am Herzen liegen.[350]

Es ist höchst bemerkenswert, dass offensichtlich auch Stern den Kandidaten Paul Harteck favorisierte.

Im Sommersemester 1934 übernahm Harteck die Vertretungsprofessur für Physikalische Chemie. Da Harteck sich in der Lehre in besonderem Maße auszeichnete, fasste die Mathematisch-Naturwissenschaftliche Fakultät alsbald den Entschluss, die Plätze in der Berufungsliste zu Gunsten von Paul Harteck zu vertauschen. Dieser stand nun auf Platz 1 der Liste. Der Ruf an Paul Harteck erging am 1. November 1934.

Auch an den Akademien wurden, wenn auch nicht überall und nicht in gleichem Maße, die neuen Richtlinien akzeptiert, die während des »Dritten Reiches« galten. Die Gesellschaft der Wissenschaften zu Göttingen handelte im Jahr 1938 und empfahl ihren jüdischen Mitgliedern, auf die Mitgliedschaft zu verzichten. So wurde am 1. Dezember 1938 den betroffenen Mitgliedern mitgeteilt:

To all Full Members, Foreign and Corresponding Members within the German Reich
In the following we beg to submit to your attention part of a decree [Erlass] of the Reichsminister für Wissenschaft, Erziehung und Volksbildung (W Nr. 2633 dated Nov. 15th, 1938). According to it Jews, persons of mixed blood and lastly persons having any relationship to Jews (»jüdisch versippte Personen«) can no longer remain members of the Academy. We ask you therefore to send in, if necessary, the declarations mentioned below.

The Secretary	the Secretary
of the Math.-Physical Section	of the philol.-historical Section
agn. [Friedrich Hermann] Rein	agn. Kees

Am 1. Dezember 1938 folgten die hier erwähnten weiteren »declarations«, das heißt Erläuterungen.[351]

Ob Stern auf dieses Schreiben der Göttinger Akademie geantwortet hat, ist nicht bekannt, im Nachlass ist kein Antwortbrief erhalten.

Der erste Unterzeichner Friedrich Hermann Rein (1898-1953), Physiologe, war seit 1933 ordentliches Mitglied der mathematisch-physikalischen Klasse der Gesellschaft der Wissenschaften zu Göttingen und von 1937 bis 1939 Sekretär der mathematisch-physikalischen Klasse. Wenn man das »Personenlexikon zum Dritten Reich« von Ernst Klee konsultiert, so erfährt man, dass Friedrich Hermann Rein zwar kein Parteimitglied, aber einer der führenden Physiologen während des »Dritten Reiches« war; er bekleidete unter anderem folgende Ämter:

1934 Förderndes Mitglied SS, NS Fliegerkorps (Linne). Ab 1937 Direktor des Luftfahrtmedizinischen Forschungsinstituts des Reichsluftfahrtministeriums (Göring), Außenabteilung für Luftfahrtphysiologie in Göttingen. [...] Beratender Physiologe beim Chef des Sanitätswesens der Luftwaffe. [...] Am 18.8.1942 von Hitler zum ao. Mitglied des Wiss. Senats des Heeressanitätswesens ernannt. Oktober 1942 Referent auf der Tagung Seenot (Dachau-Versuche). Beurteilung Amt Rosenberg vom 11.9.1942 [...] »uneingeschränkt positiv«[352]

1942 wurde Rein zusätzlich zum korrespondierenden Mitglied der Berliner Akademie der Wissenschaften gewählt.

Nach dem Zweiten Weltkrieg bescheinigte die britische Besatzungsbehörde Rein eine antinationalsozialistische Haltung während des »Dritten Reichs«. 1946 wurde er Rektor und 1947 zum Prorektor der Universität in Göttingen berufen, er war Gründungsmitglied der Max-Planck-Gesellschaft der britischen Zone. 1949 wurde er nunmehr zum ordentlichen Mitglied der Deutschen Akademie der Wissenschaften in Berlin gewählt. Im Oktober 1952 übernahm er den Posten des Direktors des Max-Planck-Instituts für Medizinische Forschung und Physiologie in Heidelberg.

Der zweite Unterzeichner Hermann Kees (1886-1964) war Ägyptologe und seit 1927 ordentliches Mitglied der Gesellschaft der Wissenschaften zu Göttingen; von 1937 bis 1939 hatte er das Amt des Sekretärs der philosophisch-historischen Klasse sowie von 1942 bis 1944 das Amt des Präsidenten inne. Er wurde 1945 von der Gesellschaft der Wissenschaften zu Göttingen ausgeschlossen.

Nach Sterns Emigration wurde notgedrungen die Forschung über Molekularstrahlen eingestellt. Das betraf insbesondere Friedrich Knauer, den ehemaligen Assistenten Sterns, der seit seiner Anstellung in Hamburg zahlreiche Beiträge zur Molekularstrahlmethode veröffentlicht hatte und diese Untersuchungen fortführte, solange es irgendwie möglich war. Nach Sterns Weggang wurde der Experimentalphysiker Koch stellvertretender Direktor des Institutes für Physikalische Chemie. Der ehemalige Assistent Sterns, Friedrich Knauer, nunmehr habilitiert, übernahm einen großen Teil der Lehre:

WS 1933/34
Physikalische Chemie, I. Teil: NN
Physikalisch-chemisches Praktikum: NN mit Dr. Knauer
(4 Wochen lang)
Physikalisch-chemische Übungen: NN mit Dr. Knauer
Anleitung zu wissenschaftlichen Untersuchungen: NN

SS 1934
Physikalische Chemie II. Teil: NN
Physikalisch-chemisches Praktikum: NN mit Dr. Knauer
(4 Wochen lang)
Physikalisch-chemische Übungen: NN mit Dr. Knauer
Anleitung zu wissenschaftlichen Untersuchungen: NN mit
Dr. Knauer

WS 1934/35
Physikalische Chemie, II. Teil: NN
Physikalisch-chemisches Praktikum: NN mit Dr. Knauer
(4 Wochen lang)
Physikalisch-chemische Übungen: NN mit Dr. Knauer
Anleitung zu wissenschaftlichen Untersuchungen: NN mit
Dr. Knauer

SS 1935
Physikalische Chemie, II. Teil: Harteck
Physikalisch-chemisches Praktikum: Harteck mit Knauer
Physikalisch-chemische Übungen: Harteck mit Knauer
Anleitung zu wissenschaftlichen Untersuchungen: Harteck mit
Knauer

WS 1935/36
Physikalische Chemie, II. Teil: Harteck
Physikalisch-chemisches Praktikum: Harteck mit Knauer
(4 Wochen lang)
Physikalisch-chemische Übungen: Harteck mit Knauer
Anleitung zu wissenschaftlichen Untersuchungen: Harteck mit
Knauer
Einführung in die Atomphysik: Harteck

Auch nachdem Harteck seinen Dienst aufgenommen hatte, war Knauer an den Lehraufgaben beteiligt. Am 12. Juni 1937 verlieh man ihm den Titel »Professor«, am 21. Juni 1937 wurde er zum nicht beamteten außerordentlichen Professor befördert.

Seit 1. Mai 1937 war Knauer Mitglied der NSDAP, nahm aber keine Ämter innerhalb der Partei wahr. Dennoch wussten seine Kollegen, dass er mit dem Nationalsozialismus sympathisierte. Am 9. September 1939 wurde er Beamter und außerplanmäßiger Professor.

In einem Lebenslauf aus dem Jahr 1939 hielt er fest: »Ich habe zwei militärische Übungen bei der Flak gemacht. Ich bin Parteigenosse und gehöre dem NS-Fliegerkorps als Scharführer an. Ich besitze das Reichsparteiabzeichen in Gold und das SA-Sportabzeichen, ferner bin ich A-Pilot für Segelflug und stehe im Begriffe, meine Ballonführerprüfung abzulegen.«[353]

Seit 1940 war Knauer Mitglied im NS-Dozentenbund, 1942 konnte er sein 25-jähriges Dienstjubiläum feiern. Knauer war am Bau der ersten Uranmaschine, die im Juni 1940 in Hamburg fertiggestellt werden konnte, mitbeteiligt.[354]

Nachdem mehrere Assistentenstellen frei geworden waren, beantragte Koch am 12. Oktober 1933, die Stelle, die früher Estermann innegehabt hatte, mit Wilhelm Groth zu besetzen. Der Antrag wurde genehmigt. 1935 meldete sich Wilhelm Groth freiwillig zum Militärdienst. Bei einem Unfall zog er sich so schwere Verletzungen zu, dass er in der Folgezeit vom weiteren Militärdienst befreit werden musste. Am 1. Mai 1937 trat er in die NSDAP ein. 1936 erschien Groths erste Publikation, die der »Photochemie im Schumann-Ultraviolett« gewidmet war.[355] Diesem Thema widmete er sich auch in seiner Habilitationsschrift im Jahr 1938 und verfolgte es danach weiter, wie seine umfangreiche Publikationsliste zeigt.[356] Von 1939 bis 1945 wirkte Groth an der Universität Hamburg als Privatdozent, sein Forschungsgebiet war nunmehr das deutsche Uranprojekt, was sich auch in seiner Publikationsliste niederschlug. Er publizierte bevorzugt in den »Kernphysikalischen Forschungsberichten« sowie in der Zeitschrift »Nutzbarmachung von Atomenergien. Geheime Forschungsberichte«. In den Jahren 1944/45 leitete Groth eine Forschungsgruppe zur Urananreicherung, die in Celle wirkte.

Paul Harteck wurde am 1. November 1934 als Nachfolger von Otto Stern zum Direktor des Institutes für Physikalische Chemie berufen, das blieb er bis 1952.[357]

Otto Sterns letzter Doktorand Marius Kratzenstein, gebürtiger Hamburger, begann sein Studium im Oktober 1928 an der Universität Hamburg. Er hörte Vorlesungen bei Artin, Estermann, Goos, Gordon, Hecke, Koch, Lenz, Möller, Minkowski, Rabe, Remy, Riebesell und Stern. Das Thema seiner Doktorarbeit, die Otto Stern betreute, lautete »Untersuchungen über die ›Wolke‹ bei Molekularstrahlversuchen«.[358] Nachdem Otto Stern zum 1. Oktober 1933 entlassen wurde, übernahm Sterns Nachfolger Paul Harteck die weitere Betreuung. Hartecks Begutachtung der Kratzenstein'schen Arbeit, die das Datum 12. Juli 1934 trägt, ergab als Note ein »gerade noch gut«, aber Kratzenstein erhielt in einer der vier mündlichen Prüfungen ein »ungenügend«, sodass er alle Prüfungen am 26. Januar 1935 wiederholen musste. Beim zweiten Anlauf war er erfolgreich und erhielt nunmehr als Gesamtnote »gut«. Seine Doktorarbeit wurde in der »Zeitschrift für Physik« 93 (1935), S. 279-291, veröffentlicht. Danach wirkte Kratzenstein in Freiburg im Breisgau. Im Jahr 1953 war er bei der in Berlin ansässigen Firma »Technopan Röntgen, Röntgenapparate und elektromedizinische Geräte« tätig.[359]

Harteck trat zwar dem NS-Lehrerbund bei, aber er wurde kein Mitglied der NSDAP, er gehörte damit zu den wenigen Ausnahmen an der Universität Hamburg. Seine Forschungsschwerpunkte waren zunächst die Photochemie der Erdatmosphäre und Kernreaktionen. Seine Vorlesungstätigkeit begann im Sommersemester 1935, im darauffolgenden Wintersemester hielt er erstmals eine Vorlesung über Atomphysik. Diese Vorlesung wurde auch für Physikstudenten angeboten und war öffentlich, also für ein größeres Publikum gedacht. Gegen Ende des Jahres 1938 galt Hartecks Interesse eigentlich der Bestimmung der Energie von Positronen. Das sollte sich schlagartig ändern, als am 17. Dezember 1938 Otto Hahn und Fritz Straßmann (1902-1980) im Kaiser-Wilhelm-Institut für Physik in Berlin die Kernspaltung entdeckten, genau gesagt, die von Neutronen induzierte Umwandlung von Uran in zwei fast gleich große Tochterkerne; man sprach vom »Zerplatzen« des Atomkerns. Dabei sollen die Vorarbeiten, die Lise Meitner vor ihrer unfreiwilligen Emigration im Jahr 1938 nach Stockholm zum Gelingen der Versuche beigetragen hatte, nicht unerwähnt bleiben. Am 6. Januar wurden Hahns und Straßmanns sensationelle Ergebnisse, die die Welt verändern sollten, in der Zeitschrift »Naturwissenschaften« veröffentlicht, der Titel lautete: »Über den Nachweis und das Verhalten der bei der Bestrahlung von Uran mittels Neutronen entstehenden Erdalkalimetalle«, der Beitrag umfasste nur fünf Seiten.[360] Wenig später, in den Tagen vom 26. bis zum 28. Januar 1939, fand in Washington D.C. die fünfte Konferenz über Fragen der theoretischen Physik statt, in der insbesondere die Ergebnisse, die Hahn und Straßmann präsentiert hatten, diskutiert wurden; hierbei stand Niels Bohr im Zentrum. In seinem sensationellen Beitrag am 26. Januar stellte er seine Überlegungen vor. Auf der Plakette zum Gedenken daran in der Corcoran Hall ist zu lesen: »In this room, January 26, 1939, Niels Bohr made the first public announcement of the successful disintegration of uranium into barium with the attendant release of approximately two hundred million electron volts of energy per disintegration.«[361] Diese Feststellung Bohrs über die »disintegration«, die Verwandlung von Uran in Barium und vor allem über die dabei auftretenden energetischen Verhältnisse lieferte erst die Grundlage für die Idee und die Entwicklung einer Atombombe. Wegen der Brisanz des Ergebnisses wurde diese Aussage Bohrs auf einer Plakette festgehalten, auf der alle Teilnehmer, die Zuhörer von Bohrs Beitrag waren, genannt wurden. Unter diesen befand sich, wie man sieht, auch Otto Stern.

Diese Plakette war eigentlich für den Raum 209 in Government Hall in der George Washington University gedacht, in dem Bohr gesprochen hatte. Sie wurde aber zunächst außerhalb dieses Raumes aufgehängt.

An der Interpretation der Ergebnisse von Hahn und Straßmann war wiederum Lise Meitner beteiligt, diesmal in Zusammenarbeit mit ihrem Neffen Otto Robert Frisch, der 1930 bis 1933 am Stern'schen Institut als Assistent gewirkt hatte. Das Ergebnis stellten Meitner und Frisch in ihrer Abhandlung »Products of the Fission of the Uranium Nucleus« vor, die am 18. März 1939 in der Zeitschrift »Nature« veröffentlicht wurde;[362] erst hier ist von Kernspaltung, »fission«, die Rede.

Am 8. März 1939 feierte der in Frankfurt am Main geborene Otto Hahn seinen 60. Geburtstag, Glückwünsche kamen auch von Otto Stern. Es ist leider nicht bekannt, ob ihm Stern nur zum Geburtstag oder auch zu den sensationellen Ergebnissen gratuliert hatte. Erhalten

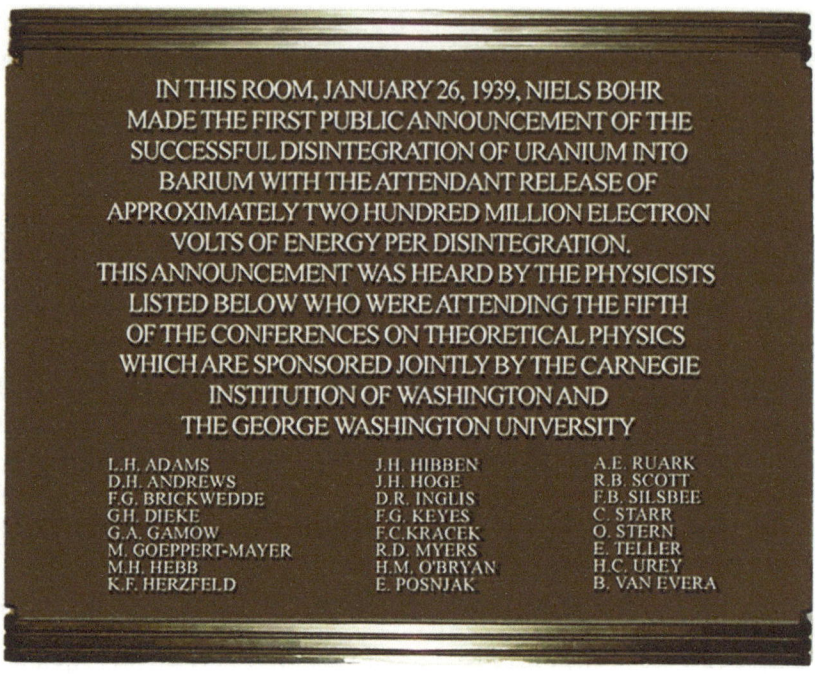

IN THIS ROOM, JANUARY 26, 1939, NIELS BOHR
MADE THE FIRST PUBLIC ANNOUNCEMENT OF THE
SUCCESSFUL DISINTEGRATION OF URANIUM INTO
BARIUM WITH THE ATTENDANT RELEASE OF
APPROXIMATELY TWO HUNDRED MILLION ELECTRON
VOLTS OF ENERGY PER DISINTEGRATION.
THIS ANNOUNCEMENT WAS HEARD BY THE PHYSICISTS
LISTED BELOW WHO WERE ATTENDING THE FIFTH
OF THE CONFERENCES ON THEORETICAL PHYSICS
WHICH ARE SPONSORED JOINTLY BY THE CARNEGIE
INSTITUTION OF WASHINGTON AND
THE GEORGE WASHINGTON UNIVERSITY

L.H. ADAMS	J.H. HIBBEN	A.E. RUARK
D.H. ANDREWS	J.H. HOGE	R.B. SCOTT
F.G. BRICKWEDDE	D.R. INGLIS	F.B. SILSBEE
G.H. DIEKE	F.G. KEYES	C. STARR
G.A. GAMOW	F.C. KRACEK	O. STERN
M. GOEPPERT-MAYER	R.D. MYERS	E. TELLER
M.H. HEBB	H.M. O'BRYAN	H.C. UREY
K.F. HERZFELD	E. POSNJAK	B. VAN EVERA

Plakette zum Gedenken an Niels Bohrs Beitrag vom 26. Januar 1939

Ausschnitt aus dem Auditorium der Tagung, insbesondere wurde auf Otto Stern, Enrico Fermi und Niels Bohr hingewiesen

ist lediglich eine von Hahn am 1. April 1939 abgesandte Karte, auf der er sich für die Wünsche bedankt und sein Mitgefühl für Sterns Situation zum Ausdruck bringt:

Dankt Ihnen, sehr verehrter Herr Penstatler, herzlich für Ihre so freundschaftlichen Wünsche zum 60. Geburtstage. Ich hoffe sehr, es geht Ihnen jetzt wieder ganz zufriedenstellend. – Es ist so schade, dass die Aussichten jetzt immer geringer werden, dass wir uns wiedersehen. Sie werden nicht zu uns kommen wollen, und ich kann wohl kaum nach drüben fahren. Ende Juni will ich auf einige Zeit nach England fahren. Wie schön wäre es da, Sie wären dort und lehrten mich wieder englische Aussprache! Mit vielen herzlichen Grüssen
        Auch von meiner Frau
          Ihr sehr erg[ebener]
              Otto Hahn
Dahlem 1. April 39.[363]

Am 22. April 1939 veröffentlichte eine Gruppe von französischen Physikern ihre die Kernspaltung betreffenden, weiterführenden Ergebnisse. Am 24. April informierten Paul Harteck und Wilhelm Groth erstmals brieflich das Reichskriegsministerium über die ungeahnten Möglichkeiten, welche die Kernspaltung für die Entwicklung eines völlig neuen Sprengstoffes eröffnete: »[…] Sprengstoffe von einer Wirkung herzustellen, welche um Größenordnungen den derzeit in Verwendung befindlichen überlegen ist« und dass dasjenige Land, welches von der neuen Möglichkeit der Energieerzeu-

Porträt von Otto Hahn, o. J.

Dankesbrief von Otto Hahn vom 1. April 1939 an Otto Stern

gung »zuerst Gebrauch macht, den anderen gegenüber ein kaum einholbares Aktivum aufzuweisen hat«.[364] Insgesamt schickten Harteck und Groth drei Briefe ab, die vom Wissenschaftshistoriker Michael Schaaf kritisch ediert und ausführlich erläutert wurden.[365] Diese Briefe waren ähnlichen Inhalts und zeigten schließlich Wirkung: Das Institut für Physikalische Chemie entwickelte sich unter Hartecks Ägide während des Zweiten Weltkrieges zu einem Zentrum der deutschen Uranforschung. Der Zweite Weltkrieg hatte bereits begonnen, als im September eine erste Sitzung der »Arbeitsgemeinschaft für Kernphysik« stattfand, die man später als Uranverein bezeichnete. Es handelte sich um eine Arbeitsgemeinschaft, die in unregelmäßigen Abständen zusammenkam, an der wechselnde Forscher aus den verschiedensten Institutionen teilnahmen. Zum Teilnehmerkreis gehörte auch Hans Jensen. Ein Ziel des Uranvereins war die Konstruktion einer Maschine, die Energie erzeugen sollte. Die Beiträge des Hamburger Instituts für Physikalische Chemie zum Uranverein waren mannigfach und beachtlich, man stand dabei in Konkurrenz zu anderen Gruppen von Physikern, die ebenfalls an diesen Forschungen beteiligt waren. Zunächst ging es um Isotopentrennung und die Suche nach geeigneten Moderatoren.[366] Das Ergebnis lautete: »Die erste Uranmaschine der Welt wurde von Paul Harteck, Hans Jensen, Friedrich Knauer, Hans Suess und Institutsmitgliedern in der zweiten Juniwoche des Jahres 1940 an der westlichen Fassade des Instituts für physikalische Chemie in einer Holzkiste gebaut.«[367]

Es war Wilhelm Lenz, Direktor des Institutes für theoretische Physik, der, von Otto Sterns Werk und Erfolg angeregt, nunmehr an Stern'sche Ideen anknüpfte. So betreute Lenz den Doktoranden Erich Brandt (1905-?), der über »Geometrisch-optische und wellentheoretische Methode zur Berechnung der Beugungsintensitäten von Molekularstrahlen an starren Kristalloberflächen« promovierte.[368] Die Doktorprüfung fand am 24. Mai 1933 statt, die Note lautete: gut. In der Tat hatte sich Lenz selbst, inspiriert durch die Experimente von Otto Stern, mit dem Thema Reflexion und Beugung von Molekularstrahlen an Kristalloberflächen beschäftigt. 1934 veröffentlichte Lenz seinen Beitrag »Berechnung der Beugungsintensitäten von Molekularstrahlen an starren Kristalloberflächen«, der in der »Zeitschrift für Physik« am 17. Oktober 1934 eingereicht wurde.[369] Dieser Beitrag steht in engem Zusammenhang mit Brandts Dissertation, die gleich im Anschluss an Lenz' Beitrag ebenfalls in der »Zeitschrift für Physik« erschien. Während Lenz das Problem der Beugung von Molekularstrahlen an Kristallen in seinem Beitrag nur kurz skizzierte, hatte es Brandt ausführlich behandelt. Unter Lenz' Ägide entstand 1941 eine weitere Dissertation: Kurt Artmann (1911–1957) promovierte am 22. Juli 1941 mit der Dissertation »Zur Theorie der anomalen Reflexion von Atomstrahlen an Kristalloberflächen«,[370] die Prüfung fand am 22. Juli 1941 statt, das Ergebnis lautete: ausgezeichnet.[371] Artmann knüpfte in seiner Dissertation an eine Arbeit aus dem Jahr 1933 von Otto Robert Frisch und Otto Stern mit dem Titel »Anomalien bei der spiegelnden Reflexion und Beugung von Molekularstrahlen an Kristallspaltflächen« sowie an eine Arbeit von Frisch mit demselben Titel an.[372] Artmann konnte eine Erklärung der experimentellen Ergebnisse von Stern und Frisch vorstellen.[373] 1943 reichte er seine Habilitationsschrift ein, zum Dozenten berufen wurde er aber aus politischen Gründen zunächst nicht; erst 1946, also nach dem Ende des »Dritten Reiches«, wurde Artmann bis 1949 Dozent, von 1949 bis 1957 wirkte er als außerplanmäßiger Professor für theoretische Physik.[374]

Durch die Entlassungen von Gordon und Minkowski wurden zwei Stellen frei, wobei hier nur ein Blick auf Gordons Nachfolger geworfen werden soll. Gordons Stelle erhielt Erwin David (1911–?), der 1934 bei Wilhelm Lenz über die »Spin-Wechselwirkung mit Austausch bei Alkali-Atomen« mit Auszeichnung promoviert hatte.[375] David nahm damit die Stelle des Haustheoretikers im Koch'schen Institut ein. Am 1. Mai 1937 wurde er Mitglied der NSDAP. Jensen und David nahmen im September 1937 an einer Konferenz in Kopenhagen teil, deren Themen aktuelle Probleme der Physik waren.[376] In wieweit sich bereits damals Jensen und Bohr näher kennenlernten, ist nicht bekannt. Im Jahr 1940 konnte sich David mit seiner Schrift »Deutung der Anomalien der optischen Konstanten dünner Metallschichten« (1. Teil) sowie »Lichtstreuung an dünnen Metallschichten« (2. Teil) habilitieren,[377] Gutachter waren Lenz und Koch. Am 1. März 1940 wurde David zum Assistenten ernannt. Er wirkte zwar formell von 1941 bis 1954 als Dozent für Physik an der Universität Hamburg, konnte aber während des Zweiten Weltkrieges seine wissenschaftliche Tätigkeit nicht fortsetzen, da er Kriegsdienst unter anderem in Peenemünde leistete; nach dem Krieg fand er leider nicht mehr den Anschluss an wissenschaftliches Arbeiten.[378]

Jensen, der seit Ende des Jahres 1932 eine Assistentenstelle im Institut für theoretische Physik wahrnehmen konnte, wurde von seinem Doktorvater Wilhelm Lenz auch weiterhin nach Kräften gefördert. Die Habilitation verlief problemlos, Anfang des Jahres 1936 reichte Jensen seine Habilitationsschrift »Über die Existenz negativer Ionen« ein.[379] Lenz, dessen Gutachten vom 15. April 1936 stammte, war begeistert, die Kurzversion der Beurteilung lautete wie folgt: »Zusammenfassend kann gesagt werden: Die Arbeit enthält eine Fülle schöner neuer Ergebnisse methodischer und sachlicher Art, sie ist sehr klar durchdacht und dargestellt und verdient in jeder Hinsicht, als Habilitationsschrift empfohlen zu werden.«[380] Die öffentliche Lehrprobe fand am 26. November 1936 statt und war dem Thema »Die gegenwärtige Lage in der Theorie des Atomkerns« gewidmet. Auch die Lehrprobe wurde begutachtet: »[...] dass die Fakultät einstimmig der Meinung ist, dass hier eine wertvolle Lehrkraft für den Nachwuchs in der Theoretischen Physik durch Erteilung der Dozentur gewonnen würde«.[381] Ferner musste die Meinung des Gaudozentenbundführers eingeholt werden, sie endete mit der Feststellung: »J. ist sicher kein politischer Aktivist, doch bin ich überzeugt, dass er politisch zuverlässig ist und den heutigen Staat in jeder Hinsicht bejaht.«[382] Im April 1937 wurde Jensen schließlich die Dozentur für theoretische Physik erteilt, im Wintersemester 1937/38 begann seine Vorlesungstätigkeit.

Am 29. Dezember 1937 stellte Jensen seinen Antrag auf Mitgliedschaft in der NSDAP, am 30. April 1938 wurde ihm seine Mitgliedskarte ausgehändigt.

Bereits mit dem Thema seiner Lehrprobe war klar, dass er sich nunmehr mit der Kernphysik beschäftigen würde. Dies belegen auch die Themen seiner späteren Vorträge und die weiteren Veröffentlichungen, die bevorzugt aus dem Bereich der Kernphysik stammten.[383] 1939 war ein weiteres Gutachten notwendig, danach erfolgte seine Ernennung zum Dozenten neuer Ordnung. Im September 1939 wurde Jensen als Meteorologe zum Kriegsdienst eingezogen, am 24. April 1940 jedoch vom Wehrdienst freigestellt, zwecks Durchführung dringender kriegswichtiger wissenschaftlicher Arbeiten am physikalischen Institut; er wurde Mitarbeiter beim Uranverein.

Am 21. Mai 1941 erschien im »Hamburger Tageblatt« der Artikel »Atome unter einer Million Atmosphären Druck« mit dem Untertitel »Elemente in der Panzerpresse – Physikalische Gespräche in Hamburg«. Über dieses Thema hatte Jensen kurze Zeit vorher einen Kolloquiumsvortrag gehalten und deutlich gemacht, dass die Annahme, dass im Erdkern auch Nickel vorhanden sein müsste, unhaltbar und überflüssig sei.[384] Sowohl im Dezember 1942 als auch im September 1943 konnte er eine Reise nach Dänemark und Norwegen unternehmen, wobei er die schon früher begründete Freundschaft mit Niels Bohr vertiefte und mit diesem Gespräche führte, die hochbrisant waren. Berühmt geworden ist Heisenbergs Besuch bei Niels Bohr ein Jahr vorher, im September 1941. Am 5. Dezember 1969 beschrieb Jensen seine Besuche in einem Brief an Werner Heisenberg:

Mein Anliegen in Kopenhagen war ausschließlich, Niels Bohr als väterlichen Freund und wissenschaftlichen Mentor von den physikalischen Arbeiten, an denen ich selbst und einige meiner nächsten Freunde engagiert waren, zu erzählen und seine Meinung über dieses unser Engagement zu erfahren. Was den Verlauf der Gespräche angeht, so war die warme menschliche Atmosphäre und das politische Einverständnis ein wohltuender Zug darin, aber es hat mich damals noch viel mehr beglückt, daß Bohr mir am nächsten Tag sagte, er habe die Nacht über viel über unser Gespräch nachgedacht und er glaube, es sei richtig und gut wie wir es machten. Diesen Satz glaube ich noch wörtlich zitieren zu können, weil er sich mir tief eingeprägt hat, und ich ihn nach der Rückkehr erfreut meinen nächsten Freunden und auch Ihnen berichten konnte. Bei meinem Besuch im drauffolgenden Jahre waren mir ebenso lange Gespräche vergönnt, in denen Bohr dieses erneut aussprach und bekräftigte.[385]

Ab 1. Mai 1941 konnte Jensen eine außerordentliche Professur für Physik an der Technischen Hochschule in Hannover übernehmen. Er blieb aber mit der Universität Hamburg in engem Kontakt, indem er Lehraufträge übernahm. Es gibt zahlreiche unveröffentlichte Arbeiten von Jensen zur Deutschen Atomforschung aus den Jahren 1940 bis 1942, die er in Zusammenarbeit mit Paul Harteck, Friedrich Knauer und anderen verfasst hatte.[386]

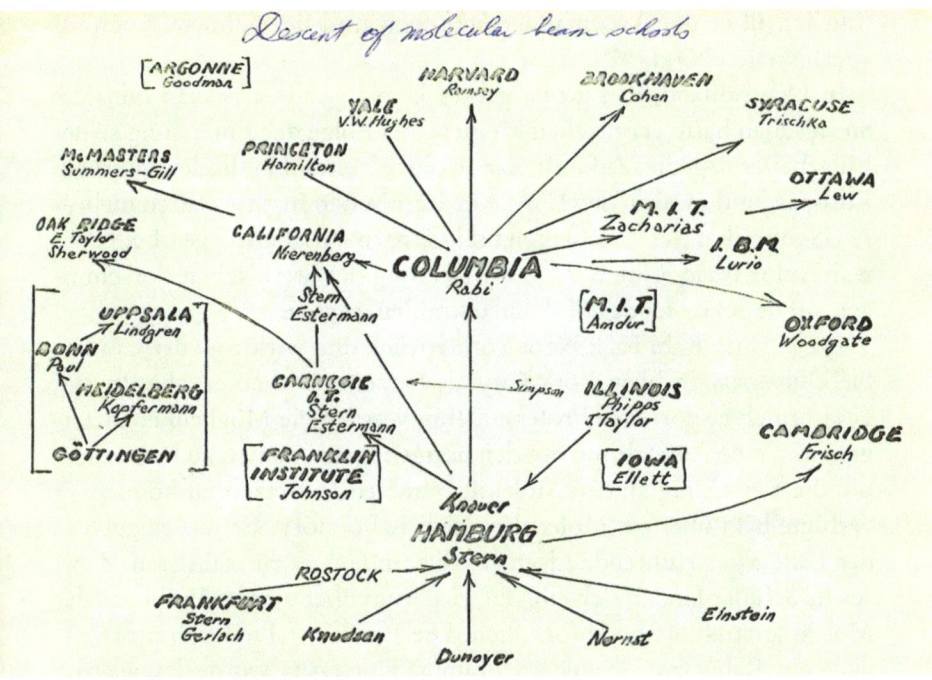

Die Entwicklung der Molekularstrahlmethode, Diagramm von Lester Lewis, 1965

Sowohl Peter Paul Koch, Leiter des Physikalischen Staatsinstitutes, als auch Wilhelm Lenz, Leiter des Institutes für theoretische Physik, wurden im Jahr 1937 Mitglied der NSDAP. Doch danach trennten sich ihre Wege, Koch entwickelte sich zum fanatischen Unterstützer der Nationalsozialisten, während Lenz ohne Überzeugung, nur dem Druck gehorchend, Parteimitglied geworden war. Koch leistete kriegswichtige Forschung, Lenz dagegen hatte keine Forschungsaufträge.[387] In den 1940er-Jahren folgten erbitterte Auseinandersetzungen, die vor allem in den Protokollen der Mathematisch-Naturwissenschaftlichen Fakultät ihren Niederschlag fanden, es kam vonseiten Kochs zu Niederträchtigkeiten und Verleumdungen, die hier nicht im Detail erläutert werden sollen. Dieser Streit muss aber erwähnt werden, weil er Eingang in die Briefwechsel fand, die Otto Stern in der Nachkriegszeit mit seinen ehemaligen Hamburger Kollegen führte. Insbesondere Jensen berichtete ziemlich aus-

führlich über die Auseinandersetzungen und bezeichnete Koch als
»verbissenen Nazi«.[388]

In Deutschland, in Europa gab es kein Institut, das man mit dem
Stern'schen hätte vergleichen können. Als Folge der Entlassung seiner
Mitarbeiter lag die Zukunft der Molekularstrahlmethode außerhalb
Europas, und zwar in den USA. Am Stern'schen Institut hatten mehrere US-amerikanische Studenten und Gastwissenschaftler gearbeitet. Es
war Isidor Isaac Rabi, der die Fortsetzung der Stern'schen Forschungen auf dem Gebiet der Molekularstrahlen garantierte.

1929 kehrte Rabi nach New York zurück und wirkte an der Columbia University in New York City als Dozent für theoretische Physik,
1937 erhielt er dort eine Professur. Ihm wurden die Möglichkeiten ein-
geräumt, eine Ausstattung mit den nötigen Instrumenten zu beschaffen,
um die Forschung an den Molekularstrahlen fortsetzen zu können, er
verfügte bald über ein Molecular Beam Laboratory. Er war so auch in
der Lage, weiterführende Ideen auf diesem Gebiet zu realisieren. Zahlreiche Schüler fanden sich ein, die wiederum über weitere Probleme der
Molekularstrahlmethode forschten. Die Erfolge stellten sich postwen-
dend ein, Rabis Institut an der Columbia University wurde das, was das
Institut für Physikalische Chemie an der Universität Hamburg unter der
Ägide von Stern gewesen war, ein Magnet und Sammelpunkt für zukünftige Spitzenforscher auf dem Gebiet der Molekularstrahlentheorie.

So konnte Rabi die Auflösungen für Kernspinmessungen entscheidend verbessern und viele neue Anwendungsgebiete für die Molekularstrahltechnik erschließen. 3-Stufen-Stern-Gerlach-Apparaturen
benutzend, implementierte er in die Stern'sche Apparatur die Pho-
ton-Resonanztechnik.[389] Diese Idee wurde schon 1927 von Bohr vorgeschlagen, wie Heisenberg, der sich im selben Jahr in Kopenhagen
aufhielt, in seiner Publikation über die Unschärferelation berichtet.[390]
1940 wechselte Rabi an das Massachusetts Institute of Technology
(MIT), wo er als Associate Director arbeitete. Das damals schon hoch-
berühmte MIT in Cambridge konnte ihm die bestmögliche Ausstattung
zur Verfügung stellen. Rabi übernahm die Führung auf dem Gebiet der
Molekularstrahlmethode. Er war maßgeblich an der Kriegsforschung
beteiligt. 1944 wurde er mit dem Nobelpreis »for his resonance method
for recording the magnetic properties of atomic nuclei« ausgezeichnet,
der ihm und Otto Stern gleichzeitig verliehen wurde.

Aus diesem Grund fand am 14. November 1944 bei Familie Rabi eine Feier statt, an der auch Felix Bloch (1905-1983) und seine Frau Clara Gertrud Leonore (1911-1996) teilnahmen. Sie verfassten bei dieser Feier folgenden Gedichtbrief:

TWINKLE, TWINKLE OTTO STERN

Twinkle, twinkle Otto Stern
How did Rabi so much learn?
He rose in the world so high
Like a diamond in the sky.
Twinkle, twinkle Otto Stern
How did Rabi so much learn?

The infant cried when he was born:
In Austria I feel forlorn.
And he said: The stupid stork
Should have brought me to New York
Twinkle, twinkle Otto Stern
How did Rabi so much learn?

He crossed the sea as baby small
But that didn't hurt at all.
Great was his intelligence
In a certain narrow sense.
Twinkle, twinkle Otto Stern
How did Rabi so much learn?

Talmud and philosophie
Didn't really satisfy.
So he thought as physicist
He perhaps would not be missed.
Twinkle, twinkle Otto Stern
How did Rabi so much learn?

He together with his team
Wiggled the atomic beam
Up and down through slits so fine
Saw the light of reason shine.
Twinkle, twinkle Otto Stern
How did Rabi so much learn?

Soon the moments made him worry
And he said: I'm awfully sorry.
Gentlemen, we have no chance,
What we need is resonance.
Twinkle, twinkle Otto Stern
How did Rabi so much learn?

Well, you know, he's always right,
This time he was even bright,
And a quadrupole he found.
Deuterons were no more round.
Twinkle, twinkle Otto Stern
How did Rabi so much learn?

At R. L. he said: Why not
Should I be a great big shot?
And again he was quite right
He almost made it, but not quite.
Twinkle, twinkle Otto Stern
Ho did Rabi so much learn?

So he finally grew wise
Got himself the Nobelprize.
Back to physics now he is
With undreamt possibilities.
Twinkle, twinkle Otto Stern
How did Rabi so much learn?

Twinkle, twinkle Otto Stern
How did Rabi so much learn?
He rose in the world so high
Like a diamond in the sky.
Twinkle, twinkle Otto Stern
How did Rabi so much learn?

Felix Bloch und Frau Clara Gertrud Leonore, Gedichtbrief »Twinkle twinkle Otto Stern« zum 14. November 1944

Twinkle, twinkle Otto Stern
How did Rabi so much learn?
He rose in the world so high
Like a diamond in the sky.
Twinkle, twinkle Otto Stern
How did Rabi so much learn?

The infant cried when he was born:
In Austria I feel forlorn.
And he said: The stupid stork
Should have brought me to New York.
Twinkle, twinkle Otto Stern
How did Rabi so much learn?

He crossed the sea a baby small
But that didn't hurt at all.
Great was his intelligence
In a certain narrow sense.
Twinkle, twinkle Otto Stern
How did Rabi so much learn?

Talmud and philosophy
Didn't really satisfy
So he thought as physicist
He perhaps would not be missed.
Twinkle, twinkle Otto Stern
How did Rabi so much learn?

He together with his team
Wiggled the atomic beam
Up and down through slits so fine
Saw the light of reason shine.
Twinkle, twinkle Otto Stern
How did Rabi so much learn?

Soon the moments made him worry
And he said: I'm awfully sorry.
Gentlemen, we have no chance
What we need is resonance.
Twinkle, twinkle Otto Stern
How did Rabi so much learn?

Well you know, he's always right,
This time he was even bright,
And a quadrupole he found.
Deuterons were no more round
Twinkle, twinkle Otto Stern
How die Rabi so much learn?

At R. L. he said: Why not
Should I be a great big shot?
And again he was quite right
He almost made it, but not quite.
Twinkle, twinkle Otto Stern
How did Rabi so much learn?

So he finally grew wise
Got himself the Nobel prize.
Back to physics now he is
With undreamt possibilities.
Twinkle, twinkle Otto Stern
How did Rabi so much learn?

Twinkle, twinkle Otto Stern
How did Rabi so much learn?
He rose in the world so high
Like a diamond in the sky.
Twinkle, twinkle Otto Stern
How did Rabi so much learn?

Entstanden anlässlich einer Feier bei den Rabi's bei der wir alle an Sie dachten.
Viele herzliche Glückwünsche F. Bloch. Auch von mir die herzlichsten Glückwünsche Lore Bloch.[391]

Felix Bloch wurde für seine Entwicklung der Kernspinresonanzspektroskopie 1952 mit dem Nobelpreis für Physik ausgezeichnet.

Den Glückwunschbrief an Stern und Rabi unterschrieben 26 Personen.

Rabi kehrte 1945 nach New York zurück. Er wurde mit allen Ehren ausgezeichnet, die die USA zu bieten hatten, und übernahm mannigfache Aufgaben in Forschung, Politik und Wirtschaft.[392]

Doch zurück zu Rabi und Stern: Berühmt geworden ist Rabis Geburtstagsglückwunsch vom 17. Februar 1948, es handelte sich um Otto Sterns 60. Geburtstag.

Porträt von Isaac Rabi, Nobelfoto aus dem Jahr 1944

Rabi und Stern trafen sich das letzte Mal anlässlich der Tagung der Nobelpreisträger im Juli 1968 in Lindau (Bodensee).[393] Im Jahr 1985 wurde Rabi mit der Ehrendoktorwürde der Universität Hamburg ausgezeichnet (siehe S. 283). Er starb am 11. Januar 1988 in New York.

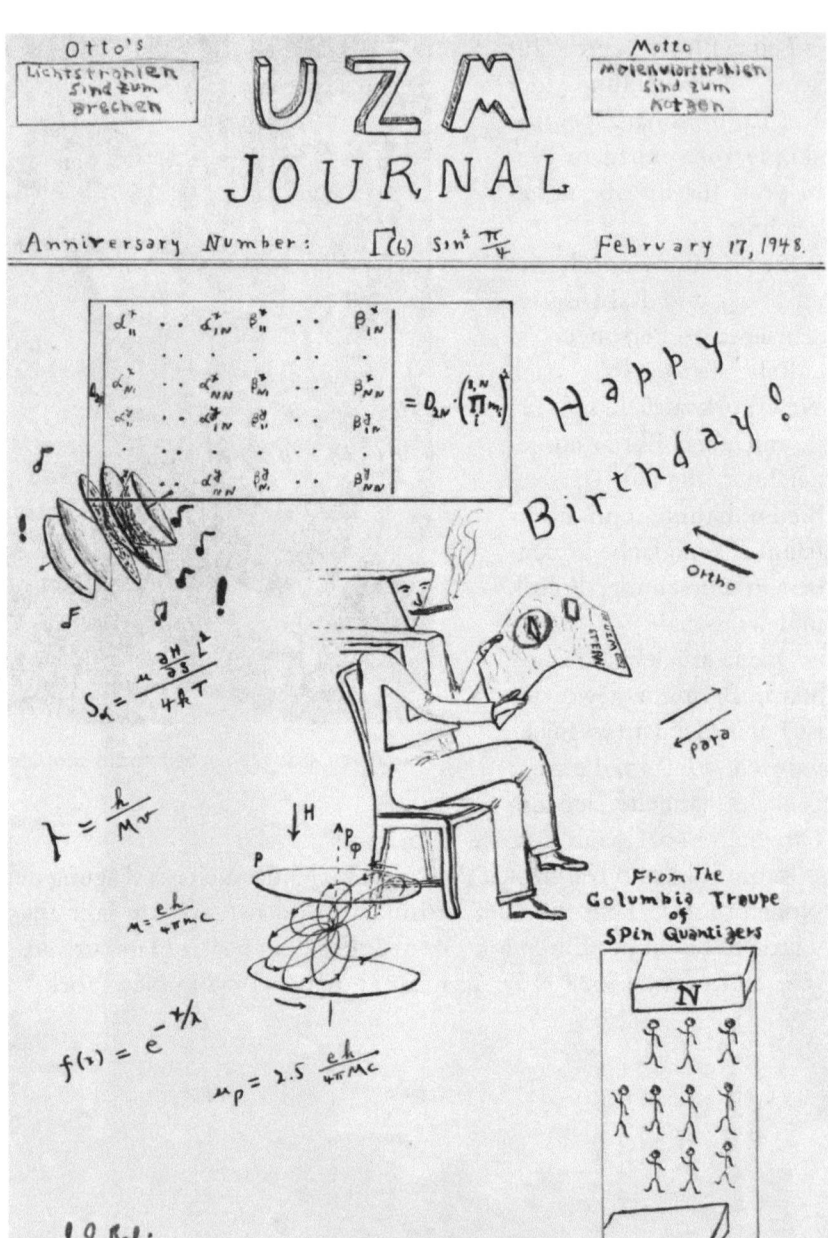

Happy Birthday! Rabis Glückwünsche vom 17. Februar 1948, an dem Otto Stern seinen 60. Geburtstag feierte

Pittsburgh 1933–1945

Als Stern 1930 das erste Mal in Berkeley war, hatte man ihm vonseiten der Universität sozusagen den roten Teppich ausgerollt, er wurde mit dem »Doctor of laws« ausgezeichnet und erfuhr während seines Besuchs viel Anerkennung, er hatte Freunde gefunden; mit Lawrence stand er auch später noch in Briefkontakt. Estermann war in Berkeley sicher ebenfalls willkommen gewesen, sonst wäre sein dortiger Aufenthalt nicht mehrfach verlängert worden. Und es gab dort bereits die nötigen Einrichtungen, um auch weiterhin die Methode der Molekularstrahlen erforschen zu können. Trotz der Verbundenheit von Stern und Estermann mit der Universität in Berkeley, die auf längeren Aufenthalten fußte, erfuhren Stern und Estermann nach der »Machtergreifung« Hitlers keinerlei Unterstützung seitens der kalifornischen Universität, da wurde keine hilfreiche Hand gereicht, die beide Wissenschaftler so bitter nötig gehabt hätten. William Aaron Nierenberg (1919-2000) beschrieb die Situation nur in dürren Worten: »Because of the war and other interests this field of reseach [molecular beams] was dormant at Berkeley until 1950.«[394] Man hätte sehr wohl gekonnt, aber man hatte eben nicht gewollt, warum auch immer.

Für Otto Stern stand fest, dass er ins Ausland emigrieren musste. Um eine neue Wirkungsstätte zu finden, nahm er zu mehreren Personen und Institutionen Kontakte auf, so beispielsweise zur Universität in Jerusalem. Erste Kontakte mit Frederick Lindemann (1886-1957) in Oxford waren zunächst vielversprechend. Lindemanns Eltern waren 1871 von Deutschland nach Großbritannien emigriert, der Sohn Frederick kam allerdings während eines Kuraufenthaltes seiner Mutter in Baden-Baden auf die Welt. Lindemann hatte in Berlin bei Walther Nernst promoviert. Schon seit den 1920er-Jahren pflegte er eine enge Beziehung zu Winston Churchill (1874-1965) und wurde später dessen Berater. Zwischen den Kriegen bekleidete Lindemann eine Professur für Experimentalphysik in Oxford und war Direktor des Clarendon-Laboratoriums. Seit 1933 leitete er eine Abteilung, die emigrierten und vertriebenen deutschen Wissenschaftlern helfen sollte, in Großbritannien eine Stelle zu finden.

Gleichzeitig stand Stern mit Thomas Baker (1871-1939) in Kontakt, der Präsident des Carnegie Institute of Technology in Pittsburgh war.

In Aberdeen geboren, hatte Baker an der Johns Hopkins University in Baltimore, Maryland, und an der Universität Leipzig studiert, er promovierte 1895 in Baltimore. Dort unterrichtete er deutsche Sprache und Literatur. 1909 wurde er Direktor einer Schule in Maryland; 1919 bekam er eine Position in Pittsburgh am Carnegie Institute of Technology und wurde 1922 dessen Präsident. Im Jahr 1933 reiste er durch Deutschland, um gute Leute für Pittsburgh zu requirieren. Am 12. Juli 1933 war Baker in Hamburg.

Stern berichtete Lindemann von diesem Treffen: Gestern war

Herr Baker, President des Carnegie Institute of Technology, Pittsburgh hier. Sie wollen dort die wissenschaftliche Forschung aufbauen und Baker bot mir eine recht anständige Professur an. Ich sagte ihm, dass ich in Verhandlungen mit England stünde und die Sache überhaupt nur in Frage käme, wenn aus der englischen Sache nichts wird. Ich brauche wohl nicht zu betonen, dass ich natürlich sehr viel lieber nach England ginge als nach Pittsburgh.[395]

Doch die Hoffnungen, nach Großbritannien zu emigrieren, hatten sich bereits Ende Juli 1933 zerschlagen. So blieb nunmehr vor allem noch Pittsburgh. Besonders vielversprechend war der Kontakt mit Thomas Baker in Pittsburgh. Am 18. Juni 1933 ließ Baker Stern wissen: »I wish to invite you to become Research Professor of Physics at the Carnegie Institute of Technology, Pittsburgh. The position which I offer you is not a temporary one and I hope if you accept it, you will be associated with the Institute of Technology for many years. Your engagement will begin September 1st 1933.«[396] Baker machte Gehaltsvorschläge, nannte die Anzahl von Assistenten und die Lehrverpflichtung, Stern sollte lediglich an Fortgeschrittene Unterricht erteilen und so weiter. Das Angebot kann man nur als sehr großzügig bezeichnen, es klang alles sehr gut. Auch für Estermann war eine Stelle vorgesehen. Stern nahm das Angebot am 5. August 1933 an. So bekam Otto Stern eine Professur als Research Professor of Physics, und Estermann wurde »associate member«. Die Kollegen in Pittsburgh nahmen die Zusage mit großer Freude zur Kenntnis und brachten zum Ausdruck, dass sie sich auf die Zusammenarbeit freuen würden. Da Stern und Estermann ihre Forschungen an der Molekularstrahlmethode weiter fortführen wollten, klärte man

Carnegie Institute of Technology in Pittsburgh, 2015

auch die instrumentelle Ausstattung. Ein Teil der Instrumente wurde aus Hamburg mitgenommen, ein weiterer Teil neu angeschafft. Die finanzielle Ausstattung konnte sich ebenfalls sehen lassen, noch fehlende Dinge bestellte Stern bei Kollegen. So schien eigentlich alles zum Besten zu stehen. Stern und Estermann wurden, wie man so sagt, mit offenen Armen empfangen. Dennoch hatte Stern Schwierigkeiten, sowohl mit dem Einleben als auch mit der englischen Sprache.[397]

Pittsburgh liegt im Bundesstaat Pennsylvania, einem der 13 Gründerstaaten der USA. Der Name geht auf William Penn (1644-1718) zurück, der 1681 dort eine Kolonie gründete. Die Hauptstadt von Pennsylvania ist Harrisburg, die größte Stadt Philadelphia. Maryland ist der Nachbarstaat im Süden, New Jersey im Osten, New York im Norden und Ohio im Westen. Im Jahr 1900 wurden in Pittsburgh dank der finanziellen Unterstützung von Andrew Carnegie (1835-1919) die Carnegie Technical Schools gegründet, die 1912 in Carnegie Institute of Technology umbenannt wurden; es handelte sich um eine private Universität.

Gleichzeitig gab es aber auch noch weitere Universitäten in Pittsburgh. Otto Stern und Immanuel Estermann kamen Anfang Oktober 1933 in Pittsburgh an.[398] Stern hatte einige Instrumente, mit denen er in Hamburg gearbeitet hatte, nach Pittsburgh mitnehmen können; die offizielle Erlaubnis dazu vom 11. August 1933 stammte von Peter Paul Koch und Adolf Rein.[399]

Noch im selben Jahr, am 28. Dezember 1933, wurde Otto Stern Fellow der American Physical Society (APS).[400] Diese war am 20. Mai 1899 in New York gegründet worden und hatte ihren Sitz in College Park in Maryland. Diese Gesellschaft verfolgte damals das Ziel: »to advance and diffuse the knowledge of physics«. Nach der Deutschen Physikalischen Gesellschaft ist sie die zweitgrößte Physikergesellschaft der Welt. Seit 1913 gibt die American Physical Society die Zeitschrift »The Physical Review« heraus, eines der bedeutendsten Publikationsorgane für die Physik sowohl national als auch international; auch Stern und Estermann veröffentlichten dort einen sehr großen Teil ihrer wissenschaftlichen Beiträge, die während ihrer Zeit in Pittsburgh entstanden. Viele ihrer Artikel erschienen aber in sehr knapper Form, der Text umfasste nur wenige Zeilen, vielmehr an eine »note« erinnernd als an eine Abhandlung.

Seit 1935 war Stern ferner Mitglied der AAAS, der American Association for the Advancement of Science, die am 20. September 1848 in Pennsylvania gegründet wurde; Vorbild für sie war die BAAS, die British Association for the Advancement of Science. Die AAAS stand und steht jedem als Mitglied offen, nur die Fellows werden gewählt. Otto Stern wurde 1940 Fellow.[401] Die AAAS ist die größte wissenschaftliche Gesellschaft und Herausgeberin zahlreicher wissenschaftlicher Zeitschriften, darunter »Science«, in der auch Stern und seine Mitarbeiter ihre Ergebnisse veröffentlicht hatten.

Thomas Baker wirkte aus gesundheitlichen Gründen nur bis 1935, sein Nachfolger als President wurde Robert E. Doherty (1885-1950), der, geboren in Clay City, Illinois, Elektroingenieur war. Unter seiner Ägide verschlechterten sich leider die Beziehungen der Leitung zu Otto Stern und seinem Forschungsteam. Stern ließ am 21. März 1937 seinen Freund Max von Laue wissen: »Aber ich habe in der letzten Zeit wirklich viel Ärger und Aufregungen gehabt. Der neue ›President‹ [Doherty] ist ganz unmöglich, und ich muß mich nach einer anderen Stelle umsehen. Scheußlich!«[402]

Am 8. März 1939 wurde Otto Stern US-amerikanischer Staatsbürger[403] und blieb dies bis zu seinem Lebensende.

The American Physical Society

'NCORPORATED IN THE DISTRICT OF COLUMBIA

Dear Sir:

I have the honor of informing you that you were elected a

Fellow

of

The American Physical Society

at a meeting of the Council held in___Cambridge_____

on___December 28, 1933.___

Respectfully,

W. L. Severinghaus
Secretary

To___Dr. Otto Stern_____

Carnegie Institute of Technology

Pittsburgh, Pa.___ _____

Urkunde zur Aufnahme als »Fellow« der American Physical Society am 28. Dezember 1933

Zunächst galt es, einen geeigneten Mitarbeiter zu finden. Dafür wandte sich Stern an Robert Oppenheimer. Dessen Vorschläge ließen sich allerdings nicht realisieren.[404] Thomas E. Phipps, Sterns ehemaliger Mitarbeiter in Hamburg, der nunmehr in Urbana wirkte, empfahl Oliver Cecil Simpson (1909-2002), der an der University of Illinois in Urbana-Champaigne als Physikochemiker tätig war. Dieser war genau der Richtige für Sterns Team. So wurde Simpson 1934 Assistant Professor für Molelularphysik am Carnegie Institute in Pittsburgh, 1939 wurde er dort zum Associate Professor befördert, was er bis 1943 blieb; er war an mehreren Veröffentlichungen, die aus Sterns Pittsburgher Gruppe hervorgingen, beteiligt.[405]

Was die Studenten betraf, hatten diese nicht die Qualifikation, die Stern sich wünschte. Das Arbeitsklima am Stern'schen Institut in Pittsburgh war weit entfernt von der hervorragenden und produktiven Atmosphäre, die das Hamburger Institut ausgezeichnet hatte. Stern fehlten sicher die vielen Gespräche und die fachlichen Diskussionen mit Mitarbeitern und Studenten, die in Hamburg eine Selbstverständlichkeit waren.

Stern konnte mehrere, vielleicht auch zahlreiche Instrumente von Hamburg nach Pittsburgh bringen. Gleichzeitig versuchte man dort, die nötigen Mittel bereitzustellen, um die Ausstattung verbessern zu können; auch größere Summen an Stiftungsgeldern konnten eingeworben werden. Aber trotz aller Anstrengungen hatte Sterns neues Labor in Pittsburgh bei weitem nicht die Qualität des Hamburger Instituts für Physikalische Chemie.

Wie schwer es Stern fiel, sich in seiner neuen Heimat wohl zu fühlen, belegen auch seine zahlreichen Reisen nach Europa, die er so lange wie irgend möglich unternahm. Deutschland war bei keiner dieser Reisen das primäre Ziel. Bereits im Sommer 1934 reiste er erstmals wieder nach Europa, in der Zeit von Juni bis zum 15. September besuchte er unter anderem Zürich und Paris. Von Mai bis September 1936 hielt sich Stern in London und in Kopenhagen auf. 1937 bereiste er in der Zeit vom 20. Juli bis Ende September Belgien, auch stattete er Kopenhagen wieder einen Besuch ab, wo er an einer von Niels Bohr ausgerichteten Tagung teilnahm. Von Mitte Juli bis Ende August 1939 hielt er sich in Amsterdam, Danzig und abermals Kopenhagen auf.[406] Am 1. September 1939 begann der Zweite Weltkrieg, der alles veränderte und Reisen nach Europa für Stern unmöglich machte.

Außerdem nahm Stern an Tagungen in den USA teil, so vom 19. bis zum 21. April 1935 an der ersten Washington Conference on Theoretical Physics. Bei dieser gab es einen Programmpunkt: »Lengthy discussion of why magnetic moment of proton differs from electron«. Diese Konferenz wurde anschließend bis 1947 jährlich wiederholt. So nahm Otto Stern auch an der 5. Washingtoner Konferenz im Januar 1939 teil, die in engem Zusammenhang mit der Entdeckung der Kernspaltung durch Otto Hahn kurze Zeit vorher stand.[407]

Ein ganz besonderes Ereignis, nicht nur für die USA, war die Harvard Tercentenary Conference vom 31. August bis 12. September 1936.

Der Präsident der USA – das war seit 1933 Franklin Delano Roosevelt (1882-1945) – sprach ein Grußwort, hatte er doch in Harvard studiert. Harvard ist die älteste Universität der USA und gehört bis heute zur sogenannten »Ivy League«, den acht renommiertesten Universitäten in Nordamerika. Die Feierlichkeiten waren ein universitäres, kulturelles und wissenschaftliches Großereignis. So wurden 75 berühmte Wissenschaftler und 14 Nobelpreisträger eingeladen.

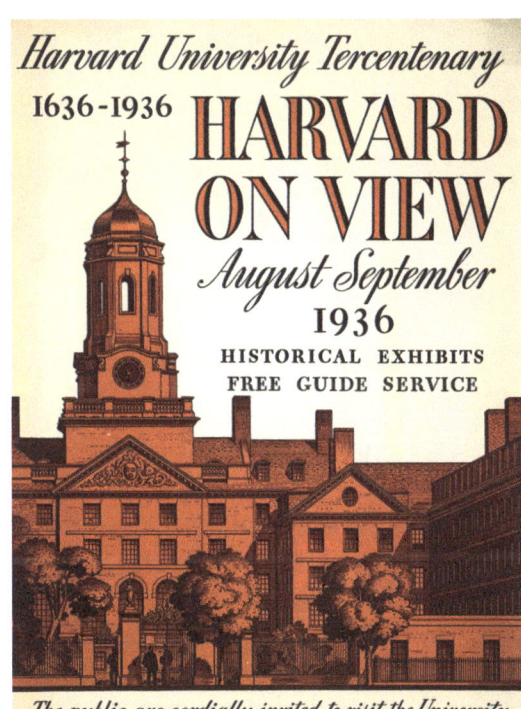

Otto Stern hielt einen Vortrag »On the derivation of Nuclear Moments from measurements on Molecules«. Albert Einstein, Niels Bohr, Werner Heisenberg und andere waren ebenfalls zu Vorträgen eingeladen.[408]

Am 27. und 28. November 1936 war Stern Teilnehmer des Chicago Meetings. Die Inhalte des Vortrages wurden von Stern zusammen mit Estermann und Simpson veröffentlicht und unter dem Titel

Plakat für die 300-Jahr-Feiern der Harvard University; Cambridge, Massachusetts, 1936

Harvard Tercentenary Conference of Arts and Sciences, Preliminary Announcement, 1936

»Magnetic Deflection of HD Molecules« in Form einer kurzen »note«
in der Zeitschrift »The Physical Review« publiziert.[409]

Angelockt durch Stern kamen auch prominente Wissenschaftler aus
Europa nach Pittsburgh, um dort an der Carnegie Technical School
Vorträge zu halten. Der erste Besucher war Sterns langjähriger Freund
Max von Laue, der vom 7. bis zum 11. November 1935 in Pittsburgh
weilte und mehrere Vorträge hielt. Sicher hatte Laue viel zu erzählen,
war er doch von seinem Amt als stellvertretender Leiter des Kaiser-Wilhelm-Institutes für Physik in Berlin zurückgetreten, nachdem Einstein
das Amt als Leiter niedergelegt hatte. So wurde kurze Zeit später Peter
Debye zum neuen Leiter dieses Kaiser-Wilhelm-Institutes bestimmt.

Niels Bohr und Otto Stern, 1937

Wolfgang Pauli, der an der ETH in Zürich wirkte, begab sich am 20. September auf seine zweite USA-Reise und war vom 21. bis zum 22. Februar 1936 auf dem Meeting der American Physical Society. Vorher, vom 13. bis 15. Januar, hatte Pauli Pittsburgh besucht und dort mehrere Vorträge am Carnegie Institute of Technology gehalten. Im darauffolgenden Jahr war es Niels Bohr, der nach Pittsburgh kam und am 23. und 24. Februar 1937 am Carnegie Institute of Technology zwei Vorträge hielt.[410] Stern und Bohr hatten sich kurz zuvor bereits in Princeton getroffen – am 25. Januar 1937, vielleicht einige Tage vorher.[411]

In den Jahren 1936 und 1937 nahm Stern die Gelegenheiten seiner Europareisen stets wahr, um Niels Bohr in Kopenhagen aufzusuchen, und umgekehrt kam Bohr nach Pittsburgh. Bemerkenswert ist, dass sich Bohr und Stern duzten, wie etwa der Brief vom 26. Juli 1937 zeigt: Die Anrede lautete »Lieber Bohr« und das Ende »Dein Otto Stern«.[412]

Am 3. April 1936 wurde Otto Stern Mitglied der Königlichen Dänischen Akademie der Wissenschaften (Kongelige Danske Videnskabernes Selskab), eine sehr wichtige Auszeichnung.[413] Niels Bohr war von 1939 bis 1962 Präsident der Dänischen Akademie.

Niels Bohr, einer der Väter der Quantenmechanik, war damals auf dem Höhepunkt seiner Karriere, er wurde weltweit geschätzt und sehr verehrt. Wie weit die Verehrung ging und geht, sieht man beispielsweise an einer Niels-Bohr-Statue, die in Peking aufgestellt wurde. In der Tat hatte Bohr im Jahr 1937 eine sechs Monate dauernde Weltreise unternommen, die ihn in die USA sowie nach Japan und China und in die Sowjetunion führte.[414]

Im Interview mit John Heilbron am 13. Dezember 1962 schilderte Estermann die Situation Sterns in Pittsburgh folgendermaßen:

> No, it was not only the sources of students; there was no response on the faculty. The head of the department was very unsympathetic [Otto Stern] never, never felt at home there [...] Stern was something of a prima donna, as you have probably noticed. If things didn't come his way he would retire into his [corner], and pick up his marbles and go home, so to speak; which made life even more difficult. His whole personality is not suited to an American University [...]. He never liked Pittsburgh; he never liked the whole atmosphere.[415]

Niels-Bohr-Statue, University of Petroleum, Peking, China, o. J.

Was die wissenschaftlichen Untersuchungen anbelangte, so fuhren Stern und Estermann da fort, wo man in Hamburg aufgehört hatte, also zunächst mit der Bestimmung des magnetischen Moments des Deutons. Das war auch das Thema der Publikation, die Estermann und Stern in Pittsburgh 1934 in der renommierten Zeitschrift »Nature« publizierten. Diese sehr kurze, aber bedeutungsvolle »note« mit dem Titel »Magnetic Moment of the Deuton« war ihre erste Publikation, die von ihnen im Carnegie Institute of Technology erarbeitet worden war.[416] Estermann und Stern knüpften an die Ergebnisse an, die Frisch und Stern schon in Hamburg erzielen konnten: »We have now performed similar experiments with a beam of ›heavy‹ hydrogen molecules and derived in a similar way the magnetic moment of the deuton. The value obtained is about 0,7 nuclear magnetons. A detailed account of these experiments will appear in the Physical Review.«[417]

Auch in einigen weiteren Experimenten ging es darum, Ergebnisse, die schon in Hamburg erzielt wurden, zu modifizieren, zu erweitern und/oder zu präzisieren, so beispielsweise in dem von Estermann, Simpson und Stern verfassten Aufsatz »The Magnetic Moment of the Proton«[418]: Hatte man in Hamburg die entsprechenden Experimente mit Wasserstoff H_2 umgesetzt, so führte man sie nunmehr mit HD durch; dadurch konnten einige frühere Fehlerquellen ausgeschaltet werden: »In addition to the experiments with H_2, we have employed beams of HD[2] and have removed certain sources of error contained in the previous measurements.«[419]

Am 21. März 1937 schrieb Stern an Laue: »Ich arbeite z.Z. an einer neuen Mol.strahlmethode, die mir viel Spaß macht (Neubestimmung des Bohrschen Magnetons, Isotopentrennung etc.).«[420] Die Ergebnisse wurden von Stern in demselben Jahr in der Zeitschrift »The Physical Review« mit dem Titel »A New Method for the Measurement of the Bohr Magneton« publiziert.[421] Er beschrieb die Methode folgendermaßen: »[...] by employing a molecular ray, the acceleration given to a molecule by an external field (magnetic, electric) is compared directly with the acceleration by gravity«.[422] Diese Methode kann auch für die Trennung von Isotopen verwendet werden; dies schilderte Stern ebenfalls 1937 in dem Beitrag »Molecular Ray Method for the Separation of Isotopes« und kam dabei zu dem Schluss: »This method will give a pure isotope like the mass-spectrograph.«[423]

Leider gelang es Stern und Estermann in Pittsburg nicht, so spektakuläre Ergebnisse wie in Frankfurt am Main oder in Hamburg zu erzielen. Die Gründe hierfür waren vielfältig. Insgesamt wurden vom Pittsburgher Team um Stern neun Veröffentlichungen vorgestellt, viele davon waren nur kurze »notes«. In den Jahren von 1939 bis 1943 wurden keine Beiträge zur Molekularstrahlmethode veröffentlicht; das stand sicher im Zusammenhang mit der Kriegsforschung, die damals allerorten vonseiten der Naturwissenschaftler betrieben wurde, so auch von Otto Stern.

Sterns Institut für Physikalische Chemie mit dem Forschungsschwerpunkt Molekularstrahlen war nicht nur in Deutschland, sondern in Europa einzigartig. Entsprechend schwierig gestaltete es sich für die früheren Mitarbeiter, wissenschaftlich wieder Fuß zu fassen. Dies war fast nicht möglich, wenn man nicht bereit war, das Forschungsgebiet zu wechseln.

In erster Linie ging es Stern darum auszuloten, welche Arbeitsmöglichkeiten für die in seinem Institut und in der Physik entlassenen Mitarbeiter überhaupt in Frage kämen. Nur für Estermann bestand die Möglichkeit, Stern nach Pittsburgh zu begleiten. So reiste Stern im Sommer 1933 nach Paris, um zu erkunden, ob eventuell am Institut du Radium, das von Marie Curie geleitet wurde, eine Stelle frei sei. Leider war das nicht der Fall. Stern konnte aber den Physiker Patrick Blackett (1897-1974) in London überreden, für Otto Robert Frisch eine Arbeitsmöglichkeit zu schaffen. Blacketts Forschungsgebiete waren die Entwicklung von Nebelkammern sowie die Untersuchung der Höhenstrahlung. Das Angebot für Frisch war, dass ihm das neugegründete Academic Assistance Council ein Stipendium von 250 Pfund im Jahr gewähren könnte. Frisch war flexibel und konnte sich ein derartiges neues Wirkungsfeld mit einer sehr kleinen finanziellen Ausstattung durchaus vorstellen. Aus dem Academic Assistance Council wurde später die Society for the Protection of Science and Learning.[424] Nachdem Patrick Blackett 1933 an das Birbeck College, das zur University of London gehörte, gewechselt hatte, ergab sich für Frisch dort eine Arbeitsmöglichkeit. Im Oktober 1933 verließ Frisch Hamburg in Richtung London, wo er nunmehr über die Technologie der Nebelkammer und über künstliche Radioaktivität forschte. Frisch stand dabei mit Emilio Segrè in Verbindung, den er auf dem Laufenden hielt. Segrè seinerseits, der sich damals in Rom befand, teilte Stern mit: »Ich hätte sehr gern etwas für die hamburgischen Freunde und insbesondere für Frisch getan. Leider ist es <u>unmöglich</u> gewesen.«[425] 1934 konnte Frisch nach Kopenhagen wechseln, wo er bis zum Ausbruch des Zweiten Weltkrieges am Institut für theoretische Physik der Universität, also bei Niels Bohr, eine neue Wirkungsstätte fand. Dort beschäftigte er sich mit Fragen der Kern- und insbesondere der Neutronenphysik. Frisch und Lise Meitner ist die Interpretation von Otto Hahns Versuchen zur Kernspaltung Anfang des Jahres 1939 zu verdanken. In den Jahren 1939 bis 1940 war Frisch an der University of Birmingham, von 1940 bis 1943 in Liverpool und von 1943 bis 1946 in Los Alamos tätig, wo er Mitarbeiter bei der Entwicklung der Atombombe war. Nach dem Zweiten Weltkrieg fand er in Großbritannien ein wissenschaftliches Zuhause, von 1946 bis 1947 war er Leiter der kernphysikalischen Abteilung der Atomic Energy Research Establishment (AERE) in Harwell (Oxfordshire) und von 1947 bis 1972 Jacksonian Professor of Natural Philosophy und Fellow des Trinity College in Cambridge. 1948 erhielt Blackett den Nobelpreis für Physik »für die Weiterentwicklung der Anwendung der Wilsonschen Nebelkammer und seine damit gemachten Entdeckungen auf dem Gebiete der Kernphysik und der kosmischen Strahlung«. Frisch starb am 22. September 1979 in Cambridge.[426]

Walter Gordon und Robert Schnurmann hatten zunächst Aussichten, in Stockholm wissenschaftlich weiterarbeiten zu können. Gordon fand am dortigen Institut für Mechanik und mathematische Physik der Universität eine Stelle. Schnurmanns wissenschaftliche Zukunft jedoch gestaltete sich schwierig, denn er wollte zunächst sein früheres Forschungsgebiet Molekularstrahlen nicht aufgeben. Er fand eine Stelle am Physikalischen Institut der Technischen Hochschule in Stockholm, wo er vom 1. Oktober 1933 bis zum 31. Dezember 1934 beschäftigt war. Aber dort gab es gar keine Ausstattung für die Erforschung der Molekularstrahltheorie; Schnurmann berichtete Stern von seinen großen Schwierigkeiten, was mögliche Experimente anbelangte. Auch die Finanzierung Schnurmanns in Stockholm bereitete große Probleme, er musste sich mit einer Art Stipendium zufriedengeben. Stern sorgte für weitere Unterstützung durch die Deutsche Notgemeinschaft, teilweise griff er auch in seine eigene Tasche, um Schnurmann zu helfen, und schaltete Ronald Fraser ein, der in den 1930er-Jahren in Großbritannien arbeitete. Fraser fragte in einem an Stern gerichteten Brief vom 7. Oktober 1936 nach den Werten der magnetischen Momente des Protons und des Deuterons, die früher in Hamburg gemessen wurden. Stern fügte dem getippten Brief handgeschrieben die gewünschten Werte hinzu.[427] Schließlich war es Fraser, der es ermöglichte, dass

Schnurmann am Physical Chemistry Laboratory in Cambridge vorübergehend eine Anstellung erhielt.[428] 1939 wechselte Schnurmann zum Research Laboratory der London Midland and Scottish Railway Company, 1943 wurde er Chief Physicist im Physics Department der Manchester Oil Refinery, danach bei der Esso Research Ltd. in Abingdon, bis er endlich wieder an einer Universität Fuß fassen konnte. Sein neuer Arbeitsplatz war an der University of Birmingham angesiedelt, wo er 1963 als Lecturer im Department of Chemical Engineering begann und schließlich ebenda 1979 Honorary Research Fellow wurde.[429]

Rudolph Minkowskis Forschungsgebiet waren die Spektrallinien. Da war es naheliegend, an eine Stelle in der Astronomie, also an einer Sternwarte, zu denken. In Hamburg hatte Minkowski sich mit dem dortigen Astronomen Walter Baade angefreundet, der 1931 einem Ruf an das Mount Wilson Observatorium folgte. So konnte Minkowski hoffen, mit Hilfe eines Rockefeller-Stipendiums am Mount Wilson Observatory eine Beschäftigung zu finden. Doch gab es Probleme mit dem Rockefeller-Stipendium, wobei auch Versehen und Irrtümer eine Rolle spielten. Minkowski wandte sich erstmals am 21. September 1933 an Otto Stern und bat um Hilfe und Unterstützung. Stern setzte sich mit Walter Baade in Verbindung, und schließlich bemühte sich auch noch Minkowskis Doktorvater Rudolf Ladenburg, um eine Finanzierung für Minkowski zu ermöglichen; Ladenburg wirkte damals in Princeton. Stern, Baade und Ladenburg scheuten keine Mühen, um Minkowski zu helfen. Schließlich konnte mit vereinten Kräften doch noch das nötige Geld beschafft werden, sodass Minkowski und seine Familie im Mai 1935 in die USA emigrieren konnten.[430] Minkowski wirkte von 1935 bis 1960 an den Observatorien von Mount Wilson und Mount Palomar in Kalifornien, von 1961 bis 1965 als Radioastronom und Professor an der Universität in Berkeley und war von 1965 bis zu seinem Tod im Jahr 1976 Astronomer Emeritus.

Sowohl Robert Schnurmann als auch Rudolph Minkowski konnten später an der Universität Hamburg erfolgreich Wiedergutmachungsansprüche geltend machen.

Auch der in Hamburg wirkende Mathematiker Emil Artin (1898-1962), der in den 1930er-Jahren bereits Weltruhm genoss, benötigte Hilfe, nachdem er 1937 in den vorzeitigen Ruhestand versetzt wurde. Seine Frau Natascha (1909-2003) hatte väterlicherseits jüdische Vorfahren.

Artin ahnte schon vorher, dass es so kommen würde, und suchte ab 1936 nach einer Stelle in den USA. Er wandte sich daher an den aus Göttingen vertriebenen Mathematiker Richard Courant (1888-1972), der in New York Fuß fassen konnte und dort 1935 ein Forschungsinstitut für Mathematik gründete. Aus diesem ging das Courant Institute of Mathematical Sciences hervorging, bis heute eine Institution, die den besten Ruf genießt. Courant wiederum wandte sich am 30. November 1936 an Otto Stern:

> Heute schreibe ich veranlasst durch eine akute Notlage, in der ich evtl. an Ihre persönliche Hilfe appellieren möchte. Während meiner Europareise stellte es sich heraus, dass sowohl Artin wie auch Hecke aus seelischen Gründen eine Einladung nach hier brauchen. Hecke will nur temporär hierher kommen und alles ist in Princeton dafür in befriedigender Weise für nächstes Jahr vorbereitet. Artin hingegen muss seine Reise hierher unter dem Gesichtspunkt einer permanenten Übersiedlung betrachten, und es ist aus psychologischen Gründen dringend, dass er bald kommt und auch seine Frau mitbringt.[431]

Stern antwortete bereits am 2. Dezember 1936:

> Ich will Ihnen natürlich sehr gern in der Angelegenheit Artin helfen und bin bereit, meine Garantie bis zu $ 300 zu übernehmen. [...] Bitte antworten Sie mir, denn es liegt mir wirklich sehr daran, Artin zu helfen. Der arme Kerl muß sich ja schrecklich unbehaglich in Deutschland fühlen.[432]

Für Artin konnte schließlich durch die Anstrengungen von Courant, Stern und durch die in Princeton wirkenden Mathematiker Oswald Veblen (1888-1960) und Solomon Lefschetz (1884-1972) eine Professur in Notre Dame, Indiana, gefunden werden. Am 1. Oktober 1937 verließ Familie Artin Europa; Emil Artin wirkte von 1937 bis 1938 in Notre Dame, von 1938 bis 1946 in Bloomington, Indiana, und von 1946 bis 1958 in Princeton an der Universität. Danach kehrte er nach Hamburg zurück, wo er als Wiedergutmachung eine neu geschaffene Professur übernehmen konnte.[433]

Doch Stern unterstützte nicht nur vertriebene Wissenschaftler, die an der Universität Hamburg gewirkt hatten. Für Stern spielte vielmehr die Herkunftsuniversität keine Rolle, sondern nur der Notfall. Es gab so viele Hilfesuchende, dass sie gar nicht alle erwähnt werden können.[434] Aber berücksichtigt werden sollten noch Frankfurter Kollegen von Stern: der Mathematiker Ernst Hellinger und der Chemiker Friedrich Hahn (1888-1975).

Hellinger wurde 1935/36 durch die Nationalsozialisten in den Zwangsruhestand versetzt; er blieb in Frankfurt am Main und wurde dort im November 1938 verhaftet und ins Konzentrationslager in Dachau deportiert. Dank der Unterstützung von Stern, Courant und anderen konnte Hellinger 1939 in die USA emigrieren,[435] wo er an der Northwestern University in Evanston, Illinois, eine neue Stelle fand und dort als Professor wirkte.

Friedrich Hahn, geboren in Oels in Schlesien (heute: Oleśnica, Polen), nordöstlich von Breslau gelegen, studierte an der Universität in Berlin, wo er das Verbandsexamen ablegte; er hörte auch Vorlesungen bei Walther Nernst. Seine Doktorarbeit entstand im Pharmazeutischen Institut, am 19. Januar 1911 bestand er die Promotionsprüfung; sein Dissertationsthema lautete »Synthese einiger α-Aminoketone«.[436] Nernst fungierte als einer der zwei Referenten. Später wechselte Hahn an die Universität Frankfurt am Main, wo er sich 1917 mit der Arbeit »Über die Bestimmung des Kupfers als Sulfür und durch Elektrolyse« habilitierte.[437] Seit 1922 bekleidete er eine außerordentliche Professur für Chemie an der Universität Frankfurt am Main. Nach seiner Entlassung 1933 konnte er für ein Jahr einen Arbeitsplatz im Laboratoire de Chimie Générale an der Sorbonne bekommen. In seinem Brief vom 26. November 1933 an Stern suchte er nach einer weiteren Arbeitsmöglichkeit und fand diese offensichtlich in Südamerika. Hahns nächster Brief an Stern vom 23. Juni 1935 stammt aus Quito, der Hauptstadt von Ecuador, wo er von 1935 bis 1942 Professor der Chemie an der Escuela Politécnica war. Hahns nächste Arbeitsstelle lag in Guatemala am Instituto Químico Agrícola Nacional, er wirkte dort von 1942 bis 1945. Seine folgenden Briefe aus dem Jahr 1945 stammen aus Guatemala, Hahn wollte sich einbürgern lassen und benötigte ein Gutachten eines Fachkollegen. Otto Stern ließ sich nicht lange bitten und sandte ihm das Gutachten am 4. April 1945.[438] Damit bricht der erhaltene

Briefwechsel ab. Später im Jahr 1945 wurde Hahn Leiter des analytischen und Forschungslabors Industrias Químico Farmacéuticas Americanas in Mexiko, seit 1948 war er Professor der Universidad Nacional Autónoma de México und seit 1949 wissenschaftlicher Mitarbeiter am Laboratorio Control Chímico.[439]

Die hier geschilderten Einzelschicksale machen klar, dass keiner der hier betrachteten Wissenschaftler, die Deutschland verlassen mussten, schnell eine adäquate Stelle fand, auf der er wissenschaftlich auf dem Gebiet weiterforschen konnte, wo er in Deutschland aufgehört hatte. Alle wurden, wie man so sagt, aus der Bahn geworfen. Betrachtet man das Schicksal von Stern und Estermann, so erging es ihnen in Pittsburgh, wo sie eine Dauerstelle hatten, vergleichsweise nicht einmal schlecht, aber vom Anknüpfen an ihre Hamburger Ergebnisse konnte keine Rede sein.

Wie Otto Stern absolvierte auch der jüngere Bruder Kurt sein Abitur in Breslau (1910). Danach studierte er ein Semester Rechtswissenschaft in Berlin und sieben Semester Naturwissenschaften, insbesondere Botanik, an den Universitäten in Breslau und München. Zu seinen Lehrern gehörten unter anderem Otto Sackur, Richard Hönigswald und Otto Lummer in Breslau sowie Adolf von Baeyer, Leo Graetz und Wilhelm Röntgen in München; bei manchen von Kurt Sterns Lehrern hatte bereits Otto Stern Vorlesungen besucht. Kurt Sterns Doktorarbeit entstand unter der Ägide des Botanikers Karl von Goebel (1855-1932), seit 1891 Professor für Botanik an der Universität München, Schöpfer und seit 1914 erster Direktor des Neuen Botanischen Gartens in München sowie von 1930 bis 1932 Präsident der Bayerischen Akademie der Wissenschaften. Kurt Sterns Dissertation entstand in der Zeit vom April 1913 bis Juli 1914, der Titel lautete »Beiträge zur Kenntnis der Nepenthaceen«, die Dissertation erschien 1916 in Jena.[440]

Kurt Stern wirkte wohl von Anfang an am 1921 gegründeten Institut für Physikalische Grundlagen der Medizin an der Universität in Frankfurt am Main. Dieses damals ganz und gar neuartige Institut entstand auf Initiative von Friedrich Dessauer (1881-1963), der Physiker, Röntgenpionier, Ingenieur und Philosoph war. 1924 publizierte Kurt Stern seine erste bedeutende Monografie »Elektrophysiologie von Pflanzen«; im Vorwort, geschrieben im Oktober 1923 in Frankfurt, wurde festgehalten: »Dies ist die erste zusammenfassende Darstellung der pflanzlichen Elektrophysiologie.«[441] Im Jahr 1933 erschien das zweite großartige Lehrbuch »Pflanzen-Thermodynamik«. Kurt Stern stand offensichtlich fachlich seinem älteren Bruder ziemlich nahe, was man bei einem Botaniker gar nicht vermutet hätte. Im zuletzt genannten Werk zitierte Kurt Stern auch »Zur Theorie der elektrolytischen Doppelschicht«,[442] eine Arbeit seines Bruders Otto: »Auch die hier herrschenden Verhältnisse lassen sich durch die Theorie der elektrischen Doppelschicht von O. Stern theoretisch begründen und voraussagen.«[443] Er erwähnte diesen Beitrag auf den Seiten 187 und 217. Es ist bemerkenswert, dass sich Kurt Sterns Forschungsgebiete an der Schnittstelle zwischen Botanik und Physik bewegen, die Bezeichnung Biophysik hatte sich damals noch nicht eingebürgert. Der Institutsgründer Dessauer war nicht nur wissenschaftlich, sondern auch politisch sehr aktiv, er war von 1924 bis 1933 Abgeordneter der Zentrumspartei im Deutschen Reichstag. Am 21. Juni 1933 wurde er erstmals verhaftet, wurde aber ziemlich bald wieder freigelassen. Am 3. Juli 1933 wurde er ein zweites Mal verhaftet und kam, diesmal für längere Zeit, ins Polizeigefängnis. Zwar erfolgte am 20. Dezember 1933 sein Freispruch, aber Anfang des Jahres 1934 wurde er in den Ruhestand versetzt. Glücklicherweise konnte er zunächst an der Universität Istanbul ein neues Wirkungsfeld finden, 1937 wechselte er an die Universität in Fribourg in der Schweiz.[444] Dessauers Institut überlebte das Desaster, der Assistent Boris Rajewsky (1893-1974), seit 1933 SA-Mitglied, übernahm die Leitung und führte die Forschungsarbeiten im Sinne Dessauers fort.[445] Kurt Stern, Mitarbeiter des Institutes, wurde 1933 gezwungen, sein Haus in Frankfurt-Niederrad, Deutschordenstraße 78, zu verkaufen; seine sehr wertvollen Mikroskope, die sein Arbeitsleben begleitet hatten, wurden von der Gestapo beschlagnahmt. Er emigrierte zunächst nach Paris, wo er die Adresse »Kurt Stern. Paris 15ᵉ 4 Place de Vaugirard« hatte. Diese Adresse diente auch Otto Stern zeitweise als seine europäische Adresse.[446] 1934 übersiedelte Kurt Stern nach New York, dort nahm er sich am 19. Dezember 1938 das Leben. Er wurde im Staat New York auf dem Ferncliff Cemetery in der Stadt Greenburgh, Westchester County, beerdigt. 1947 wurden die sterblichen Überreste von Kurt Stern umgebettet und in Berkeley begraben. Was das Haus in Frankfurt am Main angelangte, so stimmten die Erben Otto Stern und die älteste Schwester Berta Kamm, geborene Stern,

Otto Stern und sein Bruder Kurt als Soldaten, um 1915

einem Vergleich zu, der 1951 von der damaligen Hausbesitzerin vorgeschlagen wurde.[447]

Im Jahr 1958 gab es Kontakte zwischen Otto Stern und dem Botaniker Otto Renner (1883-1960). Dieser hatte während seines Studiums in
München auch Vorlesungen bei Karl von Goebel gehört und zeitweise
als dessen Assistent gewirkt. Renner promovierte 1906 an der Universität München und habilitierte sich ebenda 1911. Er war damit Privatdozent, wurde aber bereits 1913 außerordentlicher Professor, dabei
kreuzten sich seine Wege mit denen von Kurt Stern. Zwischenzeitlich
auch an der Universität Jena tätig, wurde Renner 1948 an der Universität München ordentlicher Professor für Botanik, Leiter des Botanischen Instituts und Direktor des Botanischen Gartens, 1952 wurde er
emeritiert. Renner war Mitglied mehrerer Akademien.

Kurt Stern hatte Renner schon während seines Studiums in München
kennengelernt, denn am 18. September 1915 teilte er seinem Bruder Otto
mit: »Renner hat tatsächlich in seiner Cohäsionsarbeit wieder gewal-
tigen Unsinn betreffs Energetik geschrieben. Ich habe ihm die ganze
Geschichte, so wie sie meiner Meinung nach ist, geschrieben und ich
glaube ziemlich richtig.«[448] Kurt Stern erwähnte in diesem Brief Ren-
ners 1911 veröffentlichte Habilitationsschrift »Experimentelle Beiträge
zur Kenntnis der Wasserbewegung«.[449] Offensichtlich war auch Otto

Stern vielleicht 1915 in München gewesen und hatte dort, vermittelt durch seinen Bruder Kurt, Renner persönlich kennengelernt.

Wann sich Renner und Kurt Stern aus den Augen verloren hatten, ist nicht bekannt. So fragte Renner Otto Stern am 16. Januar 1958 nach dem Schicksal seines Bruders Kurt:

Seit ich weiß nicht wie lange habe ich die Absicht Ihnen zu schreiben, weil ich Sie bitten wollte mich wissen zu lassen, was das Schicksal Ihres Bruders Kurt war, seit er Europa verlassen hatte. Vor einiger Zeit bin ich besonders an ihn erinnert worden, als einer meiner hiesigen Kollegen sich mit der Morphologie der Nepanthes beschäftigte und dabei auf die Dissertation Ihres Bruders Bezug nahm.

Sie werden sich schwerlich so lebhaft wie ich des Abends in einem Münchner Restaurant entsinnen, an dem Ihr Bruder mich mit Ihnen bekannt machte; ich hörte damals zum ersten Mal den Namen Einstein. Daß Sie Nobelpreisträger wurden, habe ich natürlich erfahren. Seit einigen Jahren dürfte ich selber Vorschläge für Physik und Chemie machen, aber das nehme ich mir selbst nicht heraus. [...][450]

In Erinnerung an Kurt Stern: Der Stolperstein vor dem Haus in der Deutschordenstraße 78 in Frankfurt-Niederrad wurde am 12. Mai 2012 verlegt

Am 12. Mai 2012 wurde von der Stadt Frankfurt am Main zum Gedenken an Kurt Stern vor dem Haus in Frankfurt-Niederrad in der Deutschordenstraße 78 ein Stolperstein in den Bürgersteig eingelassen, der an sein Schicksal erinnert.

Dieser trägt die Aufschrift: »Hier wohnte KURT STERN Jg. 1892, Flucht 1933 Paris, USA Flucht in den Tod 19.12.1938«.

Dessauer kehrte im August 1953 nach Frankfurt am Main zurück. Er starb am 16. Februar 1963 an seinen Röntgenverbrennungen, die er sich als junger Wissenschaftler zugezogen hatte.

Kriegsbedingt wurden in den Jahren 1940, 1941 und 1942 keine Nobelpreise verliehen. Erst 1943 setzte man die alte Tradition fort, obwohl der Krieg immer noch wütete. In diesem Jahr verzichtete man nur noch auf die Vergabe des Friedensnobelpreises und des Nobelpreises für Literatur; die Nobelpreise für Physik, Chemie und Medizin wurden vergeben. Erst 1944 wurde wieder das volle Spektrum an Nobelpreisen verliehen.

An erster Stelle in Sterns Œuvre steht der Stern-Gerlach-Versuch, der von Stern ausgedacht und von Gerlach durchgeführt wurde. Es gab vor allem in den 1920er-Jahren zahlreiche Nominierungen Sterns für den Nobelpreis, in denen sowohl Stern als auch Gerlach als Kandidaten genannt wurden. Die erste Nominierung von Stern und Gerlach stammte von Einstein, der am 26. und ebenso am 27. Oktober 1923 dem Nobelkomitee seine Vorschläge unterbreitete (siehe S. 76).[451] Nachdem Einstein aber nicht nur diesen, sondern mehrere Vorschläge gemacht hatte und Stern und Gerlach erst an dritter Stelle genannt wurden, wurde diese Nominierung nicht gewertet. Die nächste Nominierung, auch wieder von Stern und Gerlach, folgte bereits am 26. Dezember 1924. Insgesamt wurde Stern 82 Mal und Gerlach 30 Mal vorgeschlagen.[452] 1934 wurde Stern sogar 14 Mal als Kandidat vorgeschlagen! Kriegsbedingt gingen die Nominierungen in den Jahren 1940 und folgenden stark zurück. Für das Jahr 1941 erhielt Stern zwei Nominierungen, für das Jahr 1943 drei.

Es war Eric Hulthén (1891-1972) vorbehalten, ein Gutachten zu verfassen. Dieser hatte an der Universität in Lund studiert, er war Schüler von Manne Siegbahn (1886-1978), bei dem er 1923 promovierte. Siegbahn war 1924 mit dem Nobelpreis ausgezeichnet worden. Danach wurde Hulthén in Lund bei Siegbahn Lektor. Die Jahre von 1925 bis 1927 verbrachte Hulthén als Stipendiat an der Michigan State University in East Lansing, von 1927 bis 1929 konnte er einen Studienaufenthalt bei Niels Bohr in Kopenhagen wahrnehmen. Von 1929 bis 1959 wirkte er als Professor für Experimentalphysik an der Universität Stockholm, 1931 wurde er zum Mitglied der Schwedischen Akademie der Wissen-

CLASS OF SERVICE

This is a full-rate Telegram or Cablegram unless its deferred character is indicated by a suitable symbol above or preceding the address.

WESTERN UNION

A. N. WILLIAMS
PRESIDENT

SYMBOLS

DL=Day Letter

NL=Night Letter

LC=Deferred Cable

NLT=Cable Night Letter

Ship Radiogram

The filing time shown in the date line on telegrams and day letters is STANDARD TIME at point of origin. Time of receipt is STANDARD TIME at point of destination

NA1055 INTL=CD STOCKHOLM VIA RCA 29/28 9/2030

PROFESSOR O STERN=

·CARNEGIE INSTITUTION OF TECHNOLOGY PGH=

THE ROYAL SWEDISH ACADEMY OF SCIENCE HAS WARDED YOU THE

NOBELPRIZE IN PHYSICS 1943 STOP LETTER FOLLOWS=

ARNE WESTGREN SECRETARY.

1943

Nobelentscheidung vom 11. September 1944, Telegramm an Otto Stern
vom 9. November 1944

schaften gewählt, von 1929 bis 1957 war er Mitglied des Nobelkomitees für Physik. Hulthéns Gutachten vom 1. Juni 1944 umfasste mehr als 10 Seiten; er kam dabei zu dem Schluss, dass Stern und Rabi durch ihre hervorragenden Forschungsarbeiten auf dem Gebiet der Molekularstrahltechnik und deren Anwendungen würdige Kandidaten für den Nobelpreis für Physik seien.

Am 11. September 1944 besiegelte das Nobelkomitee mit fünf Unterschriften, dass der Nobelpreis für Physik für das Jahr 1943 rückwirkend allein an Otto Stern verliehen wird. Die Unterschriften stammten von Henning Pleijel (1873-1962), Axel Edvin Lindh (1888-1960), Manne Siegbahn, Carl Wilhelm Oseen (1879-1944) und Eric Hulthén.

Isidor Rabi erhielt, ebenfalls als alleiniger Preisträger, den Nobelpreis für Physik für das Jahr 1944.

Am 11. November 1944 nahm Otto Stern die Nachricht von der Zuerkennung des Preises entgegen.

Naheliegenderweise feierte man zuerst in Pittsburgh. Am 8. Dezember 1944 fand das Nobelpreisbankett im University Club in Pittsburgh statt, etwa 300 Gäste waren anwesend. Zu diesem Ereignis kamen die in Pittsburgh führende Schicht des Bürgertums, aber auch zahlreiche Wissenschaftler und Freunde Otto Sterns, die in den USA lebten; in Europa herrschte immer noch Krieg. Hier eine kleine Auswahl in alphabetischer Reihenfolge: Felix Bloch (Stanford University, Kalifornien), James Franck (University of Chicago, Illinois), Ernst Hellinger (Northwestern University in Evanston, Illinois), Rudolf Ladenburg und Wolfgang Pauli (beide Princeton University, New Jersey), Thomas E. Phipps (University of Illinois, Urbana-Champaign), Isidor Isaac Rabi und Leo Szilard (beide Columbia University, New York City), Eugene Paul Wigner (Princeton University).

Otto Stern hielt eine sogenannte Dinner-Rede, hier in deutscher Übersetzung:

Ich bin mir bewusst, dass diese Auszeichnung nur zum Teil meine eigene Arbeit betrifft, sondern vor allem die Arbeit von Physikern ist. Fortschritt in der Physik kann nur in einer wissenschaftlichen Atmosphäre erzielt werden, wo jeder die Freiheit hat, an seinem eigenen Problem zu arbeiten und seine Ergebnisse mit anderen Wissenschaftlern zu diskutieren. Beide Bedingungen sehe ich in der Zukunft gefährdet. Erstens, die wachsende Bedeutung der Ergebnisse der reinen Forschung für industrielle und militärische Entwicklung wird einen gewissen Grad von Geheimhaltung notwendig machen und wird den freien Austausch von Ideen gefährden. Zweitens, die Basis und die Wurzeln aller wissenschaftlichen Forschung ist die absolute Freiheit, sein eigenes Forschungsproblem zu wählen. Wegen der fundamentalen Bedeutung der Forschungsergebnisse der Wissenschaft für die Anwendung werden die materiellen Ressourcen für Forschung sich auf die Lösung von praktischen Problemen konzentrieren und die Wissenschaftler selbst werden sich scheuen, ihre Forschung auf Probleme zu lenken, die keine Bedeutung für Ver-

Am 10. Dezember 1944 verlieh der schwedische Minister für Auswärtige Angelegenheiten Wollmar Boström den Nobelpreis im Waldorf Astoria Hotel in New York. Von links: Edward Adelbert Doisy, Medizin 1943; Joseph Erlanger, Medizin 1944; Otto Stern, Physik 1943; Isidor Isaac Rabi, Physik 1944

teidigung, sozialen und industriellen Fortschritt haben. Wir müssen die richtige Ausgewogenheit zwischen reiner und angewandter Wissenschaft finden. Wir müssen dies tun auch aus dem einzigen Grund, dass ohne eine starke reine Wissenschaft kein Fortschritt in deren Anwendung möglich ist. Aus diesen Gründen bin ich der Königlichen Schwedischen Akademie sehr dankbar, nicht nur für die große Ehre, die mich betrifft, sondern mehr für die große Hilfe für die reine Wissenschaft durch das große Prestige Nobels und der Nobelstiftung.[453]

Am 10. Dezember 1944 wurde der Nobelpreis durch den schwedischen Minister für Auswärtige Angelegenheiten, Wollmar Boström (1878-1956), im Waldorf Astoria Hotel in New York sowohl an Stern als auch an Rabi und zwei ebenfalls in New York ausgezeichnete Mediziner verliehen. Boström war nicht nur Diplomat, sondern in jungen Jahren ein so guter Tennisspieler, dass er an den Olympischen Spielen 1908 und 1912 teilnahm.

Nobelurkunde für Otto Stern

Auf der Nobelurkunde für Otto Stern steht:

>>För hans bidrag till utvecklingen av molekylstralmetoden och upptäckten av protonens magnetiska moment.<<
>>Für seinen Beitrag zur Entwicklung der Molekularstrahlmethode und die Entdeckung des magnetischen Momentes des Protons.<<

Eric Hulthén hielt am 10. Dezember 1944 folgende Laudatio für das Nobelkommittee, die auch im Rundfunk übertragen wurde, hier in deutscher Übersetzung:

Ich will mit dem Hinweis auf ein Experiment beginnen, das zum ersten Male die so wichtige, sogenannte Raumquantisierung nachweisen konnte. Das Experiment wurde 1920 von Otto Stern und Walther

Gerlach in Frankfurt durchgeführt. In einem kleinen Elektroofen, in den ein kleines Loch gebohrt war, wurde Dampf (Silber) erzeugt. Dieser Dampf formte im Vakuum einen sehr fein ausgeblendeten Dampfstrahl. Die Moleküle in diesem sogenannten Atom- oder Molekularstrahl flogen alle geradlinig, ohne aneinander zu stoßen, sie wurden mit einem Detektor nachgewiesen, der hier aus Zeitgründen nicht beschrieben werden kann. Auf seinem Weg zwischen Ofen und Detektor wurde der Strahl einem inhomogenen Magnetfeld ausgesetzt, sodass die Atome, wenn sie wirklich magnetisch waren, abgelenkt wurden in eine oder die andere Richtung, abhängig von der Richtung der Achse ihres inneren Magnetfeldes. Die klassische Vorstellung war, dass der scharf ausgeblendete Strahl aufgeweitet würde isotrop in alle Richtungen. Aber das Gegenteil wurde beobachtet.

Die zwei Experimentatoren fanden, dass der Strahl sich in eine Anzahl von relativ scharfen Strahlen teilt, jeder zu einer bestimmten Magnetrichtung der Atome gehörend in Bezug zum äußeren Feld. Dieses bestätigte die Hypothese der Richtungsquantelung. Außerdem konnte man im Experiment das magnetische Moment des Elektrons bestimmen, das in guter Übereinstimmung mit der universellen Einheit, dem Bohr'schen Magneton, gefunden wurde.

Nachdem Stern 1923 zum Direktor der Physikalischen Chemie in Hamburg berufen worden war, konnte er die Molekularstrahlmethode perfektionieren. Unter den vielen von ihm untersuchten Problemen war eins von ganz besonderem Interesse. Durch Untersuchung der Feinstruktur der Spektrallinien wusste man, dass

Das offizielle Nobelpreisfoto, 1944

der Kern rotiert und einen »Spin« haben muss. Entsprechend der Größe des magnetischen Moments des Kerns, einige 1000-mal kleiner als das des Elektrons, die Spektroskopiker konnten für seine Größe nur grobe Abschätzungen liefern. Es bestand großes Interesse in der Bestimmung des magnetischen Momentes vom Wasserstoffkern, da das Proton zusammen mit dem kürzlich entdeckten Neutron die Grundbausteine aller Elemente darstellt; und ob diese zwei Arten von Teilchen ähnlich dem Elektron als wahre Elementarteilchen zu betrachten sind, unteilbar und nicht zusammengesetzt, und soweit es das Proton betrifft, sein magnetischer Faktor sovielmal kleiner als seine Masse größer als die des Elektrons ist, in groben Zahlen etwa 1850-mal kleiner als der des Elektrons. Natürlicherweise war es 1933 von großem Interesse, als Stern und seine Kollegen mittels der MSM diese Messung machten und feststellten, dass der Proton Faktor 2.5-mal größer war als theoretisch vorausgesagt.[454]

Seinen offiziellen Nobelvortrag hielt Stern erst nach dem Krieg, am 10. Dezember 1946 in Stockholm, sein Thema lautete: »The Method of Molecular Rays«. Sein Ziel war folgendes:

My aim is to bring out its distinctive features, the points where it is different from other methods used in physics, for what kind of problems it is especially suited and why. Let me state from the beginning that I consider the directness and simplicity as the distinguishing properties of the molecular ray method. For this reason it is particularly well suited for shedding light on fundamental problems.[455]

Er beendete seine Rede mit dem programmatischen Satz:

The most distinctive characteristic property of the molecular ray method is its simplicity and directness. It enables us to make measurements on isolated neutral atoms or molecules with macroscopic tools. For this reason it is especially valuable for testing and demonstrating directly the fundamental assumptions of the theory.[456]

Im Gegensatz zu Stern hielt Rabi keinen offiziellen Nobelvortrag.

Das Preisgeld betrug damals 30.000 US-Dollar, Stern ließ früheren Mitarbeitern einen Teil des Preisgeldes zukommen.[457]

Das kriegführende Europa ausgenommen, kamen nun Glückwünsche aus aller Welt, vor allem aus den USA, aber auch aus Kanada, Großbritannien, Schweden und Peru,[458] hier ein sehr kleiner Ausschnitt in alphabetischer Reihenfolge:

Max Born aus Edinburgh am 11. November 1944, Otto Brill aus Arequipa in Peru am 21. Dezember 1944, Richard Courant [wohl aus New York] am 14. November 1944, Enrico Fermi aus Santa Fe am 12. November 1944, Ernst Hellinger aus Evanston am 11. November 1944, Ernest Orlando Lawrence [wohl aus Berkeley] am 13. November 1944, Gilbert Newton Lewis aus Berkeley am 17. November 1944, Lise Meitner aus Stockholm am 14. Januar 1945, Fritz Paneth aus Montreal am 14. November 1944, Dora und Erwin Panofsky aus Princeton am 10. November 1944, Wolfgang Pauli aus Princeton am 10. November 1944, Isidor Isaac Rabi aus New York am 14. November 1944, Robert Schnurmann aus Denefield am 12. November 1944, Emilio Segrè aus Santa Fe am 11. November 1944, Rudolf Stern aus New York am 10. November 1944, Hermann Weyl aus Princeton am 10. November 1944.

Rudolf Stern (1895-1962), Mediziner und ein enger Verwandter von Otto Stern, übermittelte folgendes Gedicht:

Endlich mal ein Grund zum Freuen,
endlich lohnt der Zeitung Kauf.
Nimm den Glückwunsch, den in Treue
wir Dir senden, gnädig auf.
Platzen sollen all die Goim
wenn das Schicksal nimmt sein'n Lauf:
Auf molekulare Strahlung
Logisch folgt immense Zahlung.
An dem Ruhme des Verwandten
sonnen sich die
Stern-Trabanten.[459]

Eine ganz besondere Ehre war natürlich das Schreiben des Präsidenten der USA, Franklin Delano Roosevelt, vom 6. Dezember 1944.[460]

Wolfgang Pauli wurde schließlich der Nobelpreis für Physik im Jahr 1945 verliehen. Am 13. Dezember 1946 hielt er in Stockholm seine Nobelvorlesung zu dem Thema »Exclusion Principle and Quantum Mechanics«; das Ausschließungsprinzip hatte Pauli in Hamburg entdeckt, was er hier so formulierte:

The exposition of this general formulation of the exclusion principle was made in Hamburg in the spring of 1925, after I was able to verify some additional conclusions concerning the anomalous Zeeman effect of more complicated atoms during a visit to Tübingen with help of the spectroscopic material assembled there.[461]

Pauli war am 9. Januar 1925 in Tübingen und besuchte dort Landé.[462] Paulis Entdeckung des Ausschließungsprinzips steht in engem Zusammenhang mit Landés g-Faktor.[463]

Nachdem Otto Stern 1922 den Ruf auf eine Professur in Physikalischer Chemie an die Universität Hamburg erhalten hatte, blieb der zweitplatzierte George de Hevesy in Kopenhagen, er pflegte auch weiterhin wissenschaftlich und menschlich eine sehr enge Freundschaft mit Niels Bohr. 1926 erhielt Hevesy einen Ruf an die Albert-Ludwigs-Universität Freiburg, wo er als Professor der Physikalischen Chemie wirkte. 1930 wurde er an der Cornell University in Ithaca im Bundesstaat New York Baker Lecturer. 1934 kehrte er nach Kopenhagen zurück und war wieder am Institut von Niels Bohr angebunden. Zwar wurde Dänemark bereits im Jahr 1940 von deutschen Truppen besetzt, aber im Jahr 1943 verschlechterte sich die politische Situation dermaßen, dass Hevesy ins sichere Schweden nach Stockholm wechselte, wo er am Universitätsinstitut für organische Chemie wirkte. Er widmete sich vor allem biologischen Fragen, wobei die Tracer-Methode stets eine wichtige Rolle spielte. Er erhielt, Otto Stern vergleichbar, den Nobelpreis für Chemie für das Jahr 1943, der 1944 verliehen wurde. Er wurde für seine Arbeiten über die Anwendung der Isotope als Indikatoren bei der Erforschung chemischer Prozesse ausgezeichnet. Am 12. Dezember 1944 hielt er in Stockholm seine Nobel Lecture mit dem Titel »Some applications of isotopic indicators.«[464] Hevesy blieb bis 1961 in Stockholm, die Jahre danach verbrachte er in Freiburg im Breisgau und kehrte damit in die Stadt zurück, in der er, wie er selbst sagte, die besten Jahre seines Lebens verbracht hatte. Er starb am 5. Juli 1966 in Freiburg, seine sterblichen Überreste wurden jedoch im Jahr 2000 in seine Geburtsstadt Budapest überführt.

Nur nebenbei sei erwähnt, dass der Nobelpreis für Chemie im Jahr 1944 an Otto Hahn »for his discovery of the fission of heavy nuclei« ging. Wegen des Krieges beziehungsweise Kriegsendes konnte er seine Nobel Lecture erst am 13. Dezember 1946 halten, sein Thema lautete: »From the natural transmutation of uranium to its artificial fission«.[465] Hahn bekam den Nobelpreis allein, seine früheren Mitarbeiter Fritz Straßmann und Lise Meitner wurden nicht berücksichtigt. Hahn erwähnte sowohl Straßmanns als auch Meitners wissenschaftliche Beiträge in seiner Nobelvorlesung, auch wies er auf die erste richtige Interpretation seiner Versuche durch Meitner und Frisch hin. Hahns letzter Satz seiner Nobelvorlesung lautet: »Both uranium 235 and plutonium are made in the United States. The result was the bombing of Hiroshima and Nagasaki«.[466]

Nobelpreisträger erhalten nicht selten im Anschluss an ihre Auszeichnung weitere ehrenvolle Mitgliedschaften angetragen, etwa in Akademien. Die National Academy of Sciences of the United States of America wurde am 3. März 1863 gegründet, die Gründungsurkunde unterschrieb der damalige Präsident der USA, Abraham Lincoln (1809-1865). Erster Präsident der National Academy wurde Alexander Dallas Bache (1806-1867), ein Wissenschaftler, der Europa gut kannte und mit Gauß und Humboldt in Verbindung stand. Die National Academy hatte ihren Sitz in Washington D.C., von 1939 bis 1947 war der Physiker Frank Baldwin Jewett (1879-1949) der Präsident. Am 25. April 1945 teilte der Sekretär der Akademie Stern mit: »I have the honor to inform you that you are elected a member of the National Academy of Sciences at the Annual Meeting held in Washington, April 23 and 24, 1945.«[467]

Am 6. Mai 1945 bedankte sich Stern: »It is with great pleasure that I accept the election as a member of the National Academy of Sciences. Please convey to the National Academy of Sciences the expression of my deepest gratitude for the great honor bestowed on me.«[468]

Es dauerte nicht allzu lange, da meldete sich auch die älteste Akademie der Vereinigten Staaten bei Otto Stern, nämlich die American Philosophical Society in Philadelphia. Diese wurde 1743 gegründet, unter ihren Gründungsvätern befand sich der Physiker Benjamin Franklin

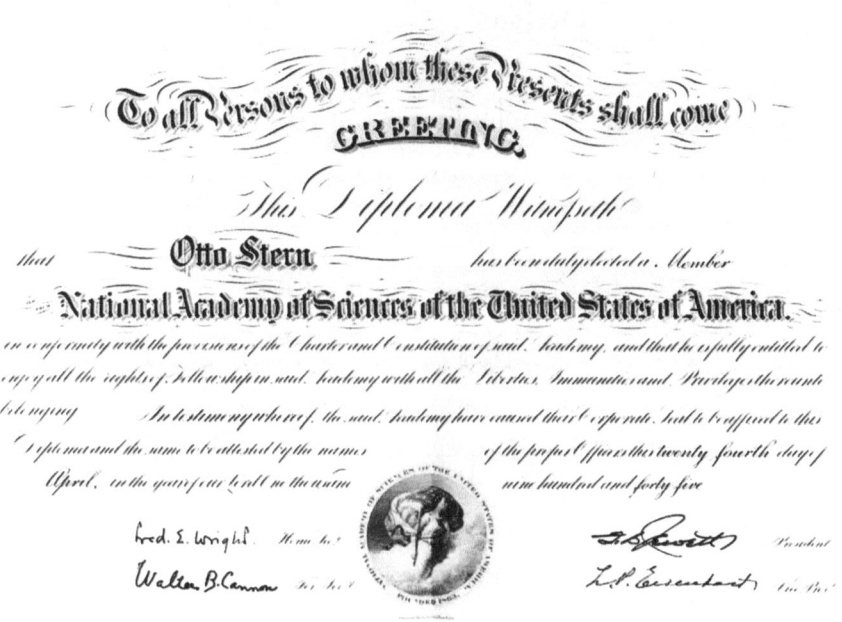

Urkunde zur Aufnahme in die National Academy of Sciences of the United States vom 24. April 1945

(1706-1790), der auch das Amt des ersten Präsidenten bekleidete. Otto Stern wurde am 19. April 1946 zum Mitglied dieser so ehrenvollen Gesellschaft gewählt.[469] Damals war der Philosoph, Jurist und Investmentbanker Thomas Sovereign Gates (1873-1948) ihr Präsident.

Am 11. November 1946 schließlich ernannte die Physical Society of Pittsburgh Otto Stern zum lebenslangen Ehrenmitglied.[470]

Einsteins Brief vom 2. August 1939 an den Präsidenten der USA Franklin D. Roosevelt machte Geschichte. Das Schreiben hatten Leo Szilard (1898-1964), Edward Teller (1908-2003) und Eugene Paul Wigner (1902-1995) aufgesetzt, es wurde von Einstein nur unterzeichnet. Das Manhattan-Projekt wurde jedoch erst im August 1942 offiziell ins Leben gerufen. Es handelte sich um ein militärisches Atomforschungs-

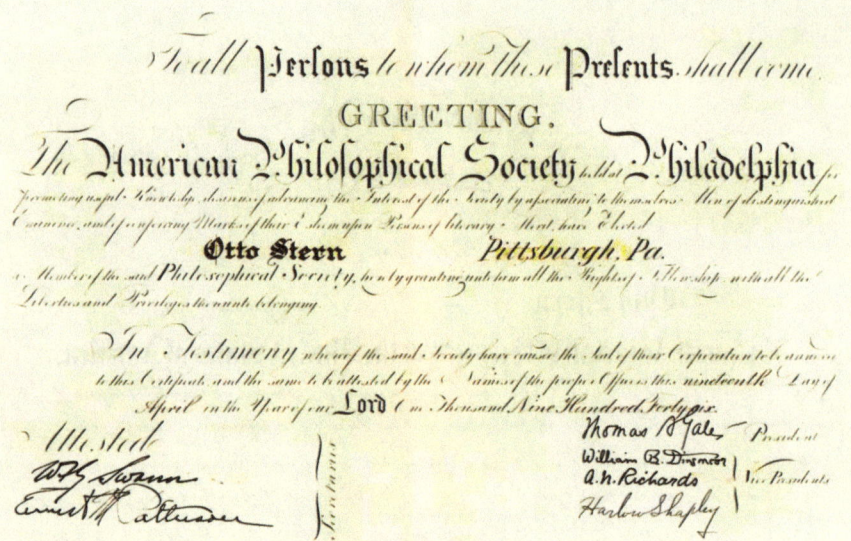

Urkunde zur Aufnahme in die American Philosophical Society in Philadelphia
vom 19. April 1946

projekt mit dem Ziel der Entwicklung und des Baues einer Atombombe und wurde von zahlreichen, über die USA verstreuten Institutionen getragen. Es galt die allerhöchste Geheimhaltungsstufe. Viele der an dem Vorhaben mitarbeitenden beziehungsweise beteiligten Wissenschaftler waren aus Deutschland geflohen oder waren in Deutschland entlassen worden, weil sie nichtarisch waren; zu diesem Wissenschaftlerkreis gehörten auch Otto Robert Frisch und Otto Stern. Einstein spielte beim Manhattan-Projekt direkt keine Rolle, da man ihn für ein Sicherheitsrisiko hielt. Was er über die Fortschritte der Unternehmung in Erfahrung bringen konnte, lässt sich den schriftlichen Dokumenten nicht entnehmen; über dieses Thema wurde vielleicht gesprochen, aber schriftliche Äußerungen gibt es nicht. Stern war nach Beginn des Vorhabens in beratender Funktion am Metallurgischen Laboratorium in Chicago tätig. Er blieb zwar weiterhin in Pittsburgh als Ratgeber der anderen Berater des Manhattan-Projektes im Carnegie Institute of Technology. Er nahm aber an den Informationstreffen in Chicago teil, die dort etwa alle sechs Wochen abgehalten wurden. Wie der Einstein-Biograf Ronald W. Clark (1916-1987) zu berichten weiß, war Stern derjenige, der mit Einstein über die Fortschritte der Operation gesprochen hatte:

Stern machte eine ganze Reihe von Besuchen bei Einstein, der einmal äußerte, wie schrecklich besorgt er über die Entwicklung neuer Waffen nach Beendigung des Krieges sei. Über ihre Diskussionen ist wahrscheinlich nichts Schriftliches festgehalten; doch kann auf den Inhalt dieser Gespräche aus der kritischen Zuspitzung geschlossen werden, zu der es Mitte Dezember 1944 kam. Stern besuchte Einstein am Montag, den 11. Dezember. Wieder diskutierten sie Kernwaffen. Diesmal schien Einstein ernsthaft alarmiert.[471]

Am nächsten Tag, am 12. Dezember 1944 schrieb Einstein an Bohr:

Vor einiger Zeit erschien Otto Stern bei mir, recht alarmiert, und sagte etwa: Wenn der Krieg vorbei ist, dann gibt es in allen Ländern eine Fortsetzung des Geheimrüstens mit technologischen Mitteln, das notwendig zu Präventiv-Kriegen führt, wahren Vernichtungskriegen, schlimmer als der jetzige in Lebensvernichtung. Die Politiker kennen nicht die Möglichkeiten, und somit auch nicht das Ausmass der Bedrohung aller. Es muss jede Anstrengung gemacht werden, um solche Entwicklung abzuwenden. – Ich teilte seine Ansicht über die Situation, sah aber keinen Weg, etwas auch nur einigermassen Aussichtsreiches zu machen. Gestern war nun Stern wieder da, und es schien uns, dass es doch einen Weg gibt, der – wenn auch geringe – Aussichten auf Erfolg gibt. Es gibt in den hauptsächlichen Ländern Wissenschaftler, die wirklich einflussreich sind und bei den politischen Leitern Gehör finden können. Da sind Sie mit Ihren internationalen Beziehungen, A. Compton hier in U.S.A., Lindeman[n] in England, Kapitza und Joffe in Russland etc. Die Idee ist, diese zu gemeinsamer Aktion auf die Leiter der Politik in ihren Ländern zu bringen, um eine Internationalisierung der Militärmacht zu erreichen – ein Weg, der als zu abenteuerlich schon geraume Zeit fallen gelassen worden ist. Aber dieser radikale Schritt mit all seinen weitgehenden politischen Voraussetzungen betreffend übernationale Regierung scheint die einzige Alternative gegen das technische Geheimwettrüsten zu sein. Wir kamen überein, dass ich Ihnen dies unterbreiten solle.[472]

Bohr war die Angelegenheit so wichtig, dass er am 22. Dezember Einstein in Princeton besuchte. Aus diesem Treffen ging ein Bericht hervor, der notgedrungen ziemlich kryptisch ausfiel.[473] Am 26. Dezember 1944 meldete sich Einstein bei Stern wie folgt:

> Auf meinen Brief an B[ohr] hin hat sich eine Wolke des bleiernen Geheimnisses auf mich heruntergesenkt, sodass ich über die Sache nichts anderes berichten kann, dass wir nicht die ersten sind, die ähnliches ins Auge gefasst haben. Ich habe den Eindruck, dass Ernsthaftes angestrebt wird und dass man der Sache am Besten dient, wenn man vorläufig nicht davon spricht und überhaupt in keiner Weise dazu beiträgt, dass im gegenwärtigen Moment die Aufmerksamkeit der Oeffentlichkeit darauf gelenkt wird. Solche nebulose Redeweise fällt mir schwer, aber ich kanns dieses Mal nicht ändern.[474]

Stern verfasste am 23. Januar 1945 ein Memorandum, erhalten ist nur ein Entwurf. Es handelte von der Verpflichtung der Wissenschaft, nur dem Wohle der Menschheit zu dienen. Es ist nicht bekannt, ob dieses Memorandum realisiert wurde, und falls ja, welche Wirkung es entfaltete. Für seine Mitarbeit sowohl an der Kriegsforschung als auch am Manhattan-Projekt wurde Stern mit mehreren Urkunden ausgezeichnet, so am 1. März 1945:

> The United States of America, Office of scientific research and development. This is to certify that O. Stern has participated in work organized under the Office of Scientific Research and Development through the National Defense Research Committee, contributing to the successful prosecution of the Second Word war. On behalf of the Government of the United States of America, this certificate is awarded in appreciation of effective Service. Office of Scientific Research and Development, Washington D.C. March 1, 1945.

The United States of America

OFFICE OF SCIENTIFIC RESEARCH AND DEVELOPMENT

This is to certify that

O. Stern

has participated in work organized under the Office of Scientific Research and Development through the National Defense Research Committee, contributing to the successful prosecution of the Second World War.

On behalf of the Government of the United States of America, this certificate is awarded in appreciation of effective Service.

Office of Scientific Research and Development

James B. Conant
Chairman
National Defense Research Committee

Vannevar Bush
Director

Washington, D.C.
March 1, 1945

Urkunde für Sterns Teilnahme an der US-Kriegsforschung, 1. März 1945

United States of America
WAR DEPARTMENT
ARMY SERVICE FORCES ~ CORPS OF ENGINEERS
Manhattan District

This is to Certify that

OTTO STERN
University of Chicago

has participated in work essential to the production of the Atomic Bomb, thereby contributing to the successful conclusion of World War II. This certificate is awarded in appreciation of effective service.

6 August 1945

Henry L. Stimson
Secretary of War

Washington, D. C.

Urkunde für die Teilnahme am Atombombenprojekt, 6. August 1945

Am 16. Juli 1945 fand der sogenannte Trinity Test statt, in New Mexico wurde eine Plutonium-Implosionsbombe gezündet, am 6. August fiel eine Uranbombe auf Hiroshima und am 9. August eine weitere Bombe, eine Plutoniumbombe, auf Nagasaki.

Der Text der Urkunde vom 6. August 1945 lautet:

United States of America war department, Army Service Forces – Corps of Engineers, Manhattan District
This is to Certify that Otto Stern University of Chicago has participated in work essential to the production of the Atomic Bomb, thereby contributing to the successful conclusion of World War II. This certificate is awarded in appreciation of effective service. 6 August 1945, Washington. D.C.

Vitrine mit früherem Experimentiergerät von Otto Stern an der Carnegie Mellon University in Pittsburgh, o. J.

Otto Stern wurde zum Ende des Akademischen Jahres 1944/45 emeritiert. Für ihn begann damit ein neuer Lebensabschnitt, er übersiedelte 1945 nach Berkeley.

Im Jahre 1967 entstand in Pittsburgh durch Fusion mit dem Carnegie Institute of Technology die Carnegie Mellon University. Dank der Initiative des Physikers Robert B. Griffiths (*1937) wurde schließlich zum Gedenken an Otto Stern eine Vitrine mit dem früheren Experimentiergerät aufgestellt, das Stern während seiner Zeit in Pittsburgh benutzt hatte.

Berkeley 1945–1969

Der Bundesstaat Kalifornien unterhält zahlreiche Universitäten. Die älteste – University of California, Berkeley beziehungsweise UC Berkeley – wurde am 23. März 1868 gegründet. Sie ist gegenwärtig nicht die größte, mehr Studenten hat nämlich die zweitälteste staatliche Universität des Landes, die University of California, San Francisco beziehungsweise UC San Francisco, die 1873 gegründet wurde.

Die Universität in Berkeley zählte und zählt zu den besten US-Universitäten; zu ihren Wahrzeichen auf dem Campus gehört ein Turm, der einem Campanile ähnlich sieht.

Es war ein Wendepunkt in der Geschichte der Physik an der Universität, als im Jahr 1928 Ernest Orlando Lawrence und ein Jahr später Robert Oppenheimer dort ihre Karriere als Associate Professoren begannen; Lawrence gehörte zum Board of Editors der hochangesehenen Zeitschrift »The Physical Review«. Die Physik begann nunmehr, eine sehr wichtige Rolle zu spielen, was vorher so nicht der Fall war. Lawrence gelang der Bau eines ganz und gar neuartigen Teilchenbeschleunigers, eines Zyklotrons, fertiggestellt 1930. Damit wurde ein damals ganz neues Forschungsgebiet eröffnet, nämlich die Entdeckung neuer Elemente, der Transurane, und deren Erforschung. Zur Erläuterung: Auf Uran mit der Ordnungszahl 92 folgen die Transurane, sie haben

Campanile U.C. Berkeley (Calif.)

Campanileartiger Turm auf dem Campusgelände der Universität in Berkeley die Ordnungszahlen 93 bis 103 und sind alle radioaktiv. Die meisten kommen nicht in der Natur vor, sie werden künstlich erzeugt. Ihre Lebenszeiten sind sehr unterschiedlich, es gibt sehr langlebige Elemente, wie das Plutonium (Ordnungszahl 94), und zahlreiche sehr kurzlebige Elemente. Schon wenn man die Namen einiger dieser Transurane betrachtet, wird klar, wo sie entdeckt wurden oder wer sie entdeckt hatte: Berkelium (Ordnungszahl 97), Californium (Ordnungszahl 98), Lawrencium (Ordnungszahl 103). Insgesamt wurden in Berkeley 16 neue Elemente gefunden.

Damit wurde nicht nur für die UC Berkeley, sondern auch in der Geschichte der Physik eine neue Seite aufgeschlagen, es begann das goldene Zeitalter der Beschleuniger. Die Universität erlangte auf dem Gebiet der Elementarteilchenphysik Weltruhm. Aber sie nahm auch auf anderen Gebieten sowohl der Naturwissenschaften als auch der Geisteswissenschaften eine Spitzenstellung ein.

1939 wurde Lawrence mit dem Nobelpreis für Physik ausgezeichnet »for the invention and development of the cyclotron and for results obtained with it, especially with regard to artificial radioactive elements«. Es war der erste Nobelpreis, den ein Professor der Universität Berkeley erhalten hatte. Bereits im Jahre 1941 stand ein wesentlich verbessertes Zyklotron zur Verfügung.

Im Jahre 1942 übertrug man Robert Oppenheimer die wissenschaftliche Leitung des gesamten Manhattan-Projektes.

Weitere Nobelpreisträger aus der UC Berkeley sollten alsbald folgen. 1951 wurden, wie bereits berichtet, Edwin McMillan und Glenn Seaborg mit dem Nobelpreis für Chemie ausgezeichnet und zwar für ihre Entdeckungen in der Chemie der Transurane (»for their discoveries in the chemistry of the transuranium elements«). Nach Seaborg wurde das Element Seaborgium mit der Ordnungszahl 106 benannt, das aber eigentlich nicht zu den Transuranen, sondern zu den Transactinoiden gehört. Seaborg promovierte 1937 in Berkeley, sein Doktorvater war George Ernest Gibson, Otto Sterns alter Studienfreund in Breslau. 1941 wurde Seaborg in Berkeley Assistant Professor und 1945 ordentlicher Professor der Chemie.

Im Jahr 1959 erhielten Emilio Segrè und Owen Chamberlain (1920-2006) den Nobelpreis für Physik »for their discovery of the antiproton«.

Sterns Haus in Berkeley, 759 Cragmont Avenue, Foto aus dem Jahr 2010

Dies kann nur einen kleinen Einblick geben, auf welchem Niveau damals die Universität in Berkeley stand und welche Forschungsrichtungen die dortige Physik dominierten.

Nur am Rande sei erwähnt, dass die Familie von Thomas Mann (1875-1955) von 1941 bis 1952 in Kalifornien lebte: in einem Haus in Pacific Palisades, einem Stadtteil von Los Angeles, das seit 2018 eine Begegnungsstätte ist. Ihr jüngster Sohn Michael Mann (1919-1977) wirkte von 1964 bis zu seinem frühen Tod im Jahr 1977 als Professor für Deutsche Literatur an der UC Berkeley.

Der Hauptgrund für Otto Stern, 1945 gerade nach Berkeley zu übersiedeln, war ein familiärer. Seine ältere Schwester Berta, verheiratete Kamm, und deren Familie wohnten dort. Otto Stern wollte eigentlich mit seiner jüngeren Schwester Elise, genannt Li, die unverheiratet war, in einem gemeinsamen Haushalt leben und kaufte daher in Berkeley ein größeres Haus; dieses lag in der 759 Cragmont Avenue. Doch leider wurde aus diesem Plan nichts, da seine jüngere Schwester bereits 1945 in New York starb. So wohnte er allein in diesem Haus bis zu seinem Tod, also etwa 24 Jahre lang.

Stern besuchte regelmäßig die Kolloquia und Seminare in Berkeley, aber zu einer weiteren Annäherung zwischen ihm und der Hochschule kam es nicht. Vielleicht passte er nicht in das physikalische Forschungsprofil der Universität, vielleicht spielten persönliche Gründe eine Rolle, man kann nur spekulieren. Immanuel Estermann vertrat in seinem Interview mit John Heilbron am 13. Dezember 1962 die Meinung:

> I think Berkeley made a great mistake by not inviting Stern, when he came to settle there, to join the University and be on the faculty. They could have done it even without pay because he didn't need the money, but they almost completely ignored the fact that he was there, and didn't make him any offer. So I think that must have hit him pretty hard.[475]

Stern veröffentlichte während seiner Zeit in Berkeley nur seinen Nobelvortrag sowie drei wissenschaftliche Beiträge, von denen zwei den Entropiebegriff zum Thema hatten: »On the term k ln n! in the entropy«, 1949,[476] sowie »On a proposal to base wave mechanics on Nernst's theorem«, 1962.[477]

Aus dem Jahr 1948, Stern wurde 60 Jahre alt, sind keine besonderen Vorkommnisse bekannt. Den 70. Geburtstag am 17. Februar 1958 feierte Stern zusammen mit alten Freunden: mit Wolfgang Pauli und Max von Laue. Pauli hielt vom 4. Februar bis zum 20. Mai 1958 als Visiting Professor in Berkeley Vorlesungen.[478] Max von Laue war 1958 auswärtiges Mitglied der National Academy of Sciences geworden.[479]

Sterns ehemaliger Assistent, Weggefährte und Freund Immanuel Estermann realisierte eine ganz besondere Idee, nämlich ein Werk, das 1959 in New York und London erschien: »Recent Research in Molecular Beams. A Collection of Papers Dedicated to Otto Stern on the Occasion of his Seventieth Birthday«.[480]

Im »Preface« führte Estermann aus:

> During the month of February of 1958, Otto Stern, the founder of Molecular Beam Research, completed his seventieth year. This is a landmark that calls for public recognition by his many friends and disciples. The most appropriate way of paying tribute to a scientist

on such an occasion is to present a series of scientific papers which have been inspired by his work and have carried it beyond the limits of his own efforts.[481]

Der erste Beitrag zu dieser Festschrift stammte von Estermann selbst: »Molecular Beam Research in Hamburg 1922-33«.[482] Hier zählte er acht Bereiche auf, zu denen in Hamburg erfolgreich geforscht wurde:

1. Measurements of magnetic moments of atoms or molecules of the order of one Bohr magneton
2. Nuclear and other moments of order of 1/2000 Bohr magneton
3. Moments of higher order
4. »Natural« electric dipole of molecules
5. Higher order electric moments
6. Intermolecular forces
7. The radiation reaction according to Einstein
8. The existence of de Broglie waves.[483]

Zudem nannte Estermannn die Titel aller 30 »U. z. M.«, deren Verfasser und deren Inhalte; das war natürlich ein sehr großes Lob für Hamburg. Die übrigen neun Beiträge kamen aus der University California, Berkeley, aus dem Carnegie Institute of Technology, Pittsburgh, aus der Yale University in New Haven, aus der Columbia University in New York, aus der Harvard University in Cambridge, aus dem Brookhaven National Laboratory, Long Island in New York, aus dem Oak Ridge National Laboratory in Oak Ridge, Tennessee. Aus Deutschland kam kein Beitrag, ja aus ganz Europa nicht. Zwar war der Zweite Weltkrieg vorüber, aber in den Wissenschaften, speziell in den Naturwissenschaften gab es noch sehr viel Nachholbedarf. Dass diese Festschrift auch heute noch interessant ist, zeigte Dudley Herschbach (*1932).[484]

Erwin Panofsky war an der Universität Hamburg ein hoch angesehener Kunsthistoriker.[485] Auch er musste er mit seiner Familie emigrieren. Er bekleidete in den Jahren 1931/32 eine Gastprofessur in New York, kehrte dann aber nach Hamburg zurück, wo er seine Studenten noch unbedingt betreuen wollte. Nach seiner Entlassung 1933 erhielt er eine weitere Gastprofessur in New York, aber bereits 1935 konnte er dem verlockenden Angebot, an das Institute for Advanced Study in Princeton zu wechseln, nicht widerstehen. Erwin und Dora Panofsky gratulierten Otto Stern am 10. November 1944 zum Nobelpreis. Der in Berlin geborene Sohn Wolfgang Kurt Hermann Panofsky (1919-2007), genannt Pief, war in Hamburg aufgewachsen und besuchte dort bis 1933 das Johanneum. Er studierte an der Princeton University Physik, promovierte 1942 am California Institute of Technology (Caltech) in Pasadena und wirkte von 1945 bis 1951 als Assistant und Associate Professor an der UC Berkeley. Ob er in dieser Zeit Kontakt zu Otto Stern hatte, ist nicht bekannt. Danach wechselte Wolfgang Panofsky als Professor der Physik nach Stanford, wo er als Direktor des Standford Linear Accelerator Center wirkte. Es ist ein Brief von Wolfgang Panowsky an Otto Stern vom 22. März 1969 erhalten. In diesem Brief berichtet er, dass er nach einer langen Reise durch Russland nach Hamburg zurückgekehrt sei, wo er Bekannte von Otto Stern traf, und schreibt, dass er sich recht oft in Hamburg aufhalten würde, »da das Deutsche Elektronen Synchrotron (DESY) dort an dem selben Gebiet tätig ist wie wir hier in Stanford«.[486] Der Fachbereich Physik der Universität Hamburg zeichnete Wolfgang Panofsky am 25. September 1984 mit der Ehrendoktorwürde aus, bei den Feierlichkeiten überreichte ihm der Universitätspräsident Peter Fischer-Appelt eine Gedenkmünze, die 1920 zur Eröffnung der Universität geprägt worden war.

In der Laudatio wurde insbesondere die »Zusammenarbeit zwischen dem von Wolfgang Panofsky geleiteten Stanford Linear Accelerator Center und der Universität Hamburg« betont, außerdem wurde die Zusammenarbeit durch Unterstützung gemeinsamer Forschungsprojekte sowie der Austausch von Wissenschaftlern hervorgehoben.[487] Panofsky hielt bei dieser Gelegenheit einen Vortrag über »The Decade of the Leptons«.[488] Im Jahr 2006, kurz vor seinem Tod, wurde Wolfgang Panofsky Ehrensenator der Universität Hamburg.[489]

Es hatte Otto Stern und andere engagierte Wissenschaftler große Mühe gekostet, dass Rudolph Minkowski nach seiner Entlassung an der Universität Hamburg schließlich doch noch am kalifornischen Mount Wilson Observatory eine berufliche Zukunft fand. Nach seiner Pensionierung 1960 wirkte Minkowski vorübergehend an der University Wisconsin-Madison, im Jahr 1961 ließ er sich in Berkeley nieder, wo er bis 1965 als »research astronomer at the Berkeley Astronomy

Das Ehepaar Wolfgang Kurt Hermann und Adèle Irene Panofsky
bei der Feier der Ehrenpromotion am 25. September 1984

Laboratory« wirkte; danach war er Astronomer Emeritus. Im Jahr
1968 feierte die UC Berkeley ihr 100-jähriges Bestehen und zeichnete bei dieser Gelegenheit Minkowski mit der Ehrendoktorwürde aus,
»for his outstanding astronomical achievements«. Ob er in Berkeley
Kontakt zu Otto Stern aufnahm, ist nicht bekannt. Minkowski starb
1976 in Berkeley.

Dudley Herschbach (siehe auch die Abb. S. 278 und 295), geboren
1932 in San José in Kalifornien, begann 1950 ein Chemiestudium an
der Stanford University, wo er 1955 seine Studien mit dem Master abschloss. Am Ende des Studiums, 1955, lernte er dort Otto Sterns Molekularstrahlmethode kennen. Genauer gesagt, er hörte damals eine Vorlesung über statistische Thermodynamik und machte Bekanntschaft
mit Otto Sterns Versuch aus dem Jahr 1919 zur Maxwell'schen Geschwindigkeitsverteilung. Noch im Jahr 1955 wechselte Herschbach
an die Harvard University, wo er sein Physikstudium abschloss. Dort
hörte er bei Norman Ramsey (1915-2011) eine Vorlesung über Molekularstrahlen; kurze Zeit später erschien dessen Lehrbuch »Molecular

Beams«, das Herschbach tief beeindruckte. Ramsey knüpfte an die Arbeiten seines früheren Mentors Isidor Isaac Rabi an. Herschbach promovierte 1958 in Harvard, 1959 wechselte er als Assistant Professor an die Universität in Berkeley und konnte dort eigene Versuche zur Molekularstrahlmethode durchführen. 1960 hielt Herschbach ein Seminar zur Molekularstrahlmethode ab; zunächst wusste er nicht, dass Otto Stern zu seinen Zuhörern gehörte. Kurze Zeit später kam es zu einem persönlichen Treffen, wobei Stern über seine Forschungen in Frankfurt am Main und Hamburg berichtete. Herschbach erinnerte sich mit folgenden Worten:

In presenting the seminar, I naturally began with homage to Otto Stern, writing his name on the blackboard and sketching his velocity analysis and magnetic deflection experiments. During my seminar, I was surprised that two of the professors in the first row were engaged in animated conversation and swiveling around to look back at the audience. After the seminar, one of them asked me, »Did you know Otto Stern was in the audience?« Actually, I had noticed a fellow seated by himself, many rows up and back at left. In size and dark attire, he resembled Charlie Chaplin. A meeting was arranged so that researchers using molecular beams at Berkeley could meet him. That was a week or so after the seminar. […]. At the meeting, supplied with coffee, tea, and cookies, Stern at first seemed very shy. Soon, however, in response to questions, he began telling stories with gleeful verve.[490]

Hier sollen folgende zwei der insgesamt sechs Geschichten vorgestellt werden:

4. The birth of the celebrated Stern-Gerlach experiment was told by Stern this way »The question whether a gas might be magnetically birefringent (in the words we used in those days) was raised at a seminar. The next morning I woke early, too early to go to the lab. As it was too cold to get out of bed, I lay there thinking about the seminar question and had the idea for the experiment.«
5. Stern said when he got to the lab, »I recruited Gerlach as a collaborator. He was a skillful experimentalist, and I was not. In fact,

each part of the apparatus that I constructed had to be remade by Gerlach.« Cheerfully, Stern also said: »We were never able to get the apparatus to work before midnight.«[491]

1961 wurde Herschbach an der University of California in Berkeley Associate Professor, wechselte dann aber 1963 an die Harvard University, wo er nunmehr als Professor seine Molekularstrahlexperimente fortsetzte. 1986 erhielten Dudley Herschbach, Yuan Tseh Lee (*1936) und John Charles Polanyi (*1929; Sohn von Michael Polanyi) je ein Drittel des Nobelpreises für Chemie »for their contribution concerning the dynamics of chemical elementary processes«.

Seit 2003 ist Herschbach Professor Emeritus.

Emilio Segrè, der in Hamburg mit Otto Stern zusammengearbeitet hatte, war von 1936 bis 1938 Professor und Direktor des Physikalischen Instituts der Universität in Palermo. Da er das Zyklotron in Berkeley nur vom Hörensagen kannte, konnte er 1936 zu einem kurzen Studienaufenthalt nach Berkeley reisen, wo er von Ernest Orlando Lawrence sehr freundlich empfangen wurde. Segrè hielt bei dieser Gelegenheit Vorlesungen über Neutronen.[492] Danach kehrte er wieder nach Palermo zurück. 1937 nahm er an einer Konferenz in Kopenhagen teil, wobei er bei seiner Rückreise nach Sizilien unter anderem in Hamburg Station machte. Über diesen Aufenthalt in Hamburg berichtete er:

The city of Hamburg and Germany in general after such a long absence have a curious effect on me. Although the exterior aspect has somewhat changed, I could not say that the country looks different, in spite of the abundance of soldiers, each stiff as a ramrod. The shops, with the exception of the booksellers, are the same, and so are the public places, but the whole looks to me like a shell without the animal. For me, who knew Germany as the freest country, as a fountainhead of culture for a physicist, as an unprejudiced country for girls, full of new ideas and with a lively intellectual life, it gives the impression of a total void. Void, void, void, and nothing else ...[493]

Wieder in Palermo, strebte Segrè einen weiteren Aufenthalt in Berkeley an. So landete er am 13. Juli 1938 erneut in New York. Inzwischen hatten sich die Verhältnisse in Italien grundlegend gewandelt. Benito Mussolini (1883-1945) war bereits seit 1922 an der Macht, aber der Faschismus hatte bislang in Italien für jüdische Bewohner und Wissenschaftler keine Auswirkungen gehabt. Das sollte sich wesentlich ändern, nachdem Mussolini am 1. November 1936 die »Achse Rom–Berlin« proklamiert hatte; am 17. November 1938 wurden in Italien Rassengesetze (Leggi razziali) eingeführt, die für die jüdische Bevölkerung eine direkte Bedrohung darstellten. Segrè tat gut daran, in den USA zu bleiben, wo man ihm glücklicherweise in Berkeley die Hand reichte. Von 1943 bis 1946 war er zusätzlich Mitarbeiter am Manhattan-Projekt. 1946 kehrte er nach Berkeley zurück, wo er als Professor für Physik bis 1972 blieb. 1958 war er als Guggenheim Fellow eine längere Zeit in Rom. Im Februar 1959 nahm er abermals an einer Konferenz in Kopenhagen teil und kam im Februar 1959 nochmals nach Hamburg. In seinem Werk »A Mind Always in Motion« berichtete er darüber:

On my way back I stopped at Hamburg, where I lectured on February 16, 1959, on the invitation of W. Jentschke, a physicist I had befriended in Urbana in 1952 and who later became director of CERN. I spoke at the old Stern Institute, where I had worked about thirty years earlier. In the audience were some professors who had been Stern's assistants; I knew they had become zealous Nazis under Hitler and avoided them.[494]

Im November 1959 wurde Segrè, wie bereits erwähnt, mit dem Nobelpreis für Physik ausgezeichnet. Er ist der Verfasser einer Biografie von Otto Stern, die 1973 erschien. Diese beendete Segrè mit folgender Feststellung, die dieser Biografie auch als Motto dient:

Stern was one of the greatest physicists of this century. He wrote relatively few papers, but of what power were those he did write! The reader does not know whether to admire most the simplicity and profundity of the theoretical ideas, the ingenuity of the techniques employed, or the inescapable force of the conclusions.[495]

1974 kehrte Segrè nach Italien zurück und übernahm eine Professur für Kernphysik in Rom. Er starb 1989 in Kalifornien.

Edwin Mattison McMillan, der 1932 mit einer Doktorarbeit aus dem Bereich der Molekularstrahlen promoviert hatte, machte an der Universität in Berkeley Karriere. Dort wurde er 1935 Instructor, 1936 Assistant Professor, 1941 Associate Professor und 1946 Professor. McMillan war der erste Wissenschaftler, dem es gelang, am Zyklotron in Berkeley das Element Neptunium herzustellen, welches das erste Element unter den Transuranen ist, es trägt die Ordnungszahl 93. Während des Zweiten Weltkrieges war er an diversen Stellen tätig. Nachdem er 1951 zusammen mit Glenn Seaborg mit dem Nobelpreis für Chemie ausgezeichnet wurde, wirkte er 1954 bis 1958 in Berkeley als Associate Director des dortigen Radiation Laboratory und ab als 1958 Director. Man kann wohl davon ausgehen, dass sich McMillan und Otto Stern persönlich kannten.

1965 kam es zu einem kleinen Briefwechsel der beiden Wissenschaftler; am 20. Oktober 1965 fragte McMillan bei Otto Stern wegen historischer Fakten über Leo Szilard an, doch Stern konnte ihm nicht helfen. Dies zeigt Sterns Antwortbrief vom Dezember 1965.[496]

Edwin McMillan, Foto bei der Nobelpreisverleihung 1951

Otto Stern verfolgte zwar das politische Leben sehr genau, er trat jedoch nie irgendwelchen Organisationen oder Parteien offiziell bei. Ganz anders war es um seine Schwester Berta, genannt Bertl, bestellt. Es ist ein Brief von einer Claire Marck an Otto Stern erhalten, geschrieben in New York am 30. Dezember 1963, also nach dem Tod von Berta. Claire Marck war offensichtlich in jungen Jahren eine gute Freundin von Bertl, denn sie berichtete Otto Stern Folgendes:

Wir waren seit dem Jahre 1923 in Breslau befreundet. Ich gruende-te dort die Breslauer Ortsgruppe der Internationalen Frauenliga fuer Frieden und Freiheit, und Ihre Schwester wurde bald ein Mitglied und kam nach kurzer Zeit in den Vorstand. Wir haben viele Sitzun-gen mit einander gehabt, bald in der Kirschallee bei Bertl, bald bei uns in der Kurfuerstenstrasse 29, wohin wir nach gemeinsamen Beratun-gen die Geschaeftsstelle verlegten. Dann organisierte Ihre Schwester und ich eine Reihe von internationalen Konferenzen, eine deutsch-polnische Grenzkonferenz, eine Tagung im Boberhaus und viele Ta-gungen und Ausstellungen in Breslau selbst. Sehr oft holte mich Bertl in ihrem roten Auto ab, um in der Stadt Dinge zu erledigen. Ich sah Lilo [gemeint ist Bertas Tochter Lieselotte] und Dieter aufwachsen, so wie Ihre Schwester Lutz und Claudia in unserem Hause sah. Mein Mann, Professor Siegfried Marck und ich waren auch oefters bei Ih-ren Geschwistern eingeladen und schaetzten Ihren Schwager Walter sehr. Im Jahr 1931 fuhr ich mit Bertl ueber Leipzig und Paris nach Grenoble zu einer internationalen Friedenskonferenz und verbrachte dann noch einige Tage allein mit ihr in Aix-les-Bains. Wir kehrten dann ueber Genf nach Breslau zurueck, bemuehten uns noch einmal im Jahre 1932 um eine sehr gelungene grosse Ausstellung im Breslau-er einstigen Generalkommando, zu der viele politische Fuehrer aus Europa kamen. Die Ausstellung hiess »Nie wieder Krieg!« […]
Ich verliess Breslau am Tage nach dem Reichstagsbrand, da ich nicht nur Pazifistin, sondern auch Mitglied mehrerer Ausschuesse der SPD war. Ich sprach Bertl noch einmal in Paris. Dann trennten sich un-sere Wege.[497]

Der Reichstagsbrand fand am 27./28. Februar 1933 statt.

Dieser Brief liefert eine Erklärung, warum Berta und Walter Kamm (1886-1954) zusammen mit ihren zwei Kindern, der Tochter Lieselotte (1918-2009) und dem Sohn Dieter Max (1920 oder 1921-1994) bereits im April 1933 auswanderten, die Familie Kamm war hochgradig ge-fährdet. In wieweit Bertls Standpunkt auch der Standpunkt von Otto Stern war, lässt sich nicht sagen, weil darüber keine Nachrichten vor-liegen. Vom Sohn Dieter Kamm sind kaum Details aus seinem späteren Leben bekannt, er hatte aber Kontakt zu Otto Stern, wie sein Brief vom 2. Mai 1964 an diesen zeigt.[498]

Die Stadt Berlin spielte im Leben vieler Familienmitglieder von Otto Stern eine große Rolle. Der Vater Oskar Stern hatte offensichtlich längere Zeit dort gelebt. Nach dem Tod seiner ersten Frau Eugenie im Jahr 1907 heiratete er nochmals, nämlich Paula Feldheim (1868-1943). Aus dieser zweiten Ehe gingen keine weiteren Kinder hervor, Paula Stern kümmerte sich sehr um die jüngste Tochter aus erster Ehe, Elise (1899-1945). Man wohnte in Charlottenburg, das ab 1920 zu Berlin gehörte. Nachdem Oskar Stern im Jahr 1919 gestorben war, zog seine Witwe nach Wiesbaden, wo sie mit ihren zwei unverheirateten Schwestern Clara und Emmy Feldheim zusammenlebte. Zwischen 1936 und 1942 wohnten Paula Stern und ihre beiden Schwestern dort in der Wallauer Straße 13.

Im Jahr 1933 änderte sich jedoch alles sehr schnell. Berta Kamm und ihre Familie emigrierten bereits im April 1933, Otto Stern verließ Hamburg ebenfalls noch im Jahr 1933. Die Familie Kamm lebte zunächst für drei Jahre in Versailles, emigrierte 1936 nach New York und ließ sich schließlich 1937 in Berkeley nieder, wo der Sohn Dieter mit einem Studium begann.[499] Auch Elise Stern emigrierte in die USA und lebte in New York, also nicht allzu weit von Pittsburgh entfernt. Elise und Otto Stern besuchten sich, so oft es ging, und pflegten daher sehr gute Beziehungen miteinander. Über das tragische Schicksal des jüngeren Bruders Kurt Stern, der 1934 nach New York übersiedelte, wurde bereits berichtet.

Otto Sterns Stiefmutter Paula und ihre zwei Schwestern Clara und Emmy Feld-

Berta Kamm, geborene Stern, um 1940

heim wanderten nicht aus. Im Juli 1938 wurde Claras Vermögen beschlagnahmt; 1942 erbat sie die Freigabe von monatlich 300 Reichsmark, da sie ihre inzwischen ebenfalls mittellos gewordene Schwester Paula und ihre Stieftochter Elise unterstützte. Die drei Schwestern wurden am 1. September 1942 nach Theresienstadt deportiert, wo Paula am 4. Februar 1943, Emmy am 19. Februar 1943 und Clara am 12. Juni 1943 im Lager starben; sie waren dort verhungert.[500]

Otto Stern wusste davon und war zutiefst erschüttert. Die Schrecken des Holocaust hatten auch vor der Familie Stern nicht Halt gemacht. Ebenso mussten weitere Verwandte Otto Sterns emigrieren und lebten beziehungsweise leben nunmehr über den Erdball verstreut.

Otto Stern und die Familie Kamm lebten in Berkeley in vergleichsweise enger Nachbarschaft, die Entfernung zwischen ihren Häusern betrug etwa drei Kilometer; man sah sich oft und sehr gern.

Otto Stern schätzte insbesondere seine Nichte Lieselotte Kamm, genannt Lilo, sie war am 4. August 1918 wie ihr Onkel in Breslau geboren. Lilo hatte wie Otto Stern Physikalische Chemie studiert, 1946 machte sie ihren Bachelorabschluss. 1948 heiratete sie David H. Templeton (1920-2010), der ebenfalls Physikochemiker war. Lieselotte Templeton promovierte 1950 in Berkeley über »The Heats of Formation of CN, N2 and NO«. Nach einer kurzen Zeit am Lawrence National Laboratory in Berkeley wurde sie wissenschaftliche Mitarbeiterin an der UC Berkeley. Sie arbeitete über Festkörperchemie, Keramik und Sprengstoffdetektion. Später waren ihre Forschungen der Kristallographie gewidmet. Lieselotte und David Templeton konnten zahlreiche sehr wichtige Forschungsergebnisse auf diesem Gebiet präsentieren; das Ehepaar wurde 1987 mit dem American Crystallographic Association Patterson Award ausgezeichnet. Die Deutsche Gesellschaft für Kristallographie schuf einen Preis für exzellente Bachelor- und Masterarbeiten, der nach Lieselotte Templeton benannt ist.[501] Sie war ihr ganzes Leben lang berufstätig und wurde dabei sehr von Otto Stern unterstützt.

Lieselottes Ehemann David Templeton wurde am 2. März 1920 in Houston geboren. Um 1933 zog die Familie nach Athens in Louisiana, wo David im Jahr 1941 das Polytechnic Institute mit dem Bachelor of Science mit summa cum laude absolvierte. 1943 erhielt er den Master of Arts Degree an der University of Texas in Austin. Von 1944 bis 1946 war er Mitarbeiter des Manhattan-Projekts. Seinen PhD-Abschluss

Lieselotte und David Templeton im fortgeschrittenen Alter, o. J.

machte David Templeton 1947 in Berkeley, dort lernte er Lieselotte Kamm kennen. 1953 erhielt er ein Guggenheim-Stipendium, das er in Uppsala verbrachte. Das war seine erste Reise nach Europa, es sollten noch zahlreiche weitere Reisen folgen, die er meistens zusammen mit seiner Familie unternahm. David Templeton war an der Universität in Berkeley von 1970 bis 1975 Dekan der Fakultät für Chemie und 1984 Präsident der American Crystallographic Association; 2001 wurde er emeritiert.[502] Lieselotte Templeton starb am 10. Oktober 2009, David Templeton starb im Mai 2010.

Lieselotte Templetons Erinnerungen »My Uncle Otto Stern« wurden 2021 veröffentlicht.[503] Lieselotte und David Templeton hatten zwei Kinder, Diana (*1950) und Alan Templeton (*1960).

Es war ein ganz besonderer Glücksfall, dass sich die Nachkommen der Familie Berta und Walter Kamm sowohl in der ersten als auch in der zweiten Nachfolgegeneration sehr für Otto Stern interessierten und immer noch interessieren. Die Templetons sind aktiv an den Recherchen zur Rolle Otto Sterns als Wissenschaftler beteiligt und nehmen großen Anteil an der historischen Aufarbeitung seines Lebens. Alans Erinnerungen an seinen Großonkel Otto Stern wurden 2021 veröffentlicht. Er war bei mehreren Tagungen zu Otto Stern zugegen und gab Interviews. Nicht zu vergessen ist sein Anteil an der fünfbändigen Edition von Otto Sterns Veröffentlichungen sowie an der Edition von Otto Sterns gesammelten Briefen in drei Bänden.

Vor allem erwies sich die Familie Templeton als äußert großzügig und generös, was den Nachlass ihres Großonkels anbelangte, dieser gelangte im Großen und Ganzen an die Bancroft Library in Berkeley, nur wenige Stücke blieben in Familienbesitz.

Ziel des Besuches der beiden Autoren Karin Reich und Horst Schmidt-Böcking bei der Familie Templeton im Jahr 2009 war die Vorbereitung einer Edition der Werke und der gesammelten Briefe von Otto Stern. Daher waren eine Kontaktaufnahme mit der Familie Templeton und eine Sichtung des Nachlasses von Otto Stern in der Bancroft Library geplant. Dieser Nachlass war damals noch nicht final geordnet und natürlich auch nicht digital zugänglich. Um ihn aufzuarbeiten und dann Teile des Nachlasses publizieren zu dürfen, war sowohl ein Kontakt zur Familie Templeton als auch zur Bancroft Library unerlässlich. Hier half entscheidend der Physiker Howard Shugart (1931-2016), der an der Universität in Berkeley seit 1957 als Lecturer und seit 1959 als Full Professor wirkte, seit 1993 war er Emeritus. Er konnte sich noch an Otto Sterns Begräbnis erinnern und wusste auch, wo Sterns Verwandte in der Nähe von Berkeley wohnten. Er stellte darüber hinaus eine freundschaftliche Verbindung zum Kurator der Bancroft Library David Farrell her. Mit Hilfe von Howard Shugart fanden die Autoren Otto Sterns Grabstätte auf dem Sunset View Friedhof in El Cerrito in Kalifornien und konnten Lieselotte und ihren Mann David Templeton besuchen. Das etwa einstündige Gespräch im Haus der Familie Templeton fand mit Lieselotte in sehr entspannter Atmosphäre in deutscher Sprache statt. Die ursprüngliche Befürchtung, bei Familie Templeton als Deutsche auf Vorbehalte zu treffen, bewahrheitete sich nicht. Am Ende des Gesprächs überlies Lieselotte Templeton Horst Schmidt-Böcking sehr wertvolle Teile aus dem Nachlass von Otto Stern, die noch in Familienbesitz waren. Unter diesen Gegenständen befanden sich neun Bücher von Otto Stern, die er während seines Studiums in Deutschland erworben hatte; das persönliche Exemplar der Dissertation, in die Otto Stern Notizen eingetragen hatte; zwei Kästchen mit etwa 200 Dias von der Größe 50 mal 50 mm, auf denen wissenschaftliche Darstellungen und Apparate zu sehen waren, sowie Otto Sterns Mikroskop, das er 1919 in Frankfurt am Main von der Firma W. & H. Seibert in Wetzlar erworben hatte.

Das Mikroskop von Otto Stern

Das Mikroskop hatte Otto Stern auf seinem Weg von Frankfurt nach Rostock und Hamburg sowie Pittsburgh bis zu seinem Tod in Berkeley stets mitgenommen. Mit diesem Mikroskop konnte Walther Gerlach zum ersten Male die Existenz der Quantisierung der magnetischen Momente, das heißt, der Drehimpulse in Atomen real beobachten; es handelt sich also um ein ganz besonderes Instrument, das in der Quantenphysik Geschichte gemacht hat. Horst Schmidt-Böcking brachte alle diese Teile mit nach Deutschland, wo sie dem Physikalischen Verein in Frankfurt am Main übergeben wurden.

Es mag vielleicht erstaunen, aber es gibt keinen bedeutenden Briefwechsel zwischen Stern und Gerlach, sondern nur einige Briefe aus der Zeit 1924 und 1925.[504] Das könnte auch daran liegen, dass Gerlachs Unterlagen aus der Zeit der Zusammenarbeit in Frankfurt am Main sowie die erhaltenen Briefe im Zweiten Weltkrieg verloren gingen.

Walther Gerlach war nie Mitglied der NSDAP gewesen. Seine 1918 geborene Tochter Ursula wurde am 1. August 1940 in Grafeneck, in der Nähe von Reutlingen in Baden-Württemberg gelegen, ermordet.[505] Schloss Grafeneck wurde in der Zeit von Januar bis Dezember 1940 von den Nationalsozialisten als Tötungsanstalt benutzt, mehr als 10.600 Menschen aus Krankenanstalten und Heimen brachte man dort um. Heute ist Grafeneck zum Teil eine Gedenkstätte.

Gerlach, seit 1929 Professor der Experimentalphysik an der Universität München, wurde 1940 Mitglied in der Leopoldina. Er erhielt insgesamt 30 Nominierungen für den Nobelpreis, die ersten 24 Nominierungen erfolgten bis einschließlich 1934,[506] fast alle zusammen mit Otto Stern. Von 1943 bis 1945 wirkte Gerlach im Reichsforschungsrat in Berlin als Leiter der Fachsparte Physik und als Bevollmächtigter für Kernphysik. 1945 bis Januar 1946 befand er sich mit neun weiteren Wissenschaftlern im Rahmen der Operation Epsilon im Internierungslager in Farm Hall (Großbritannien), da er am Uranprojekt beteiligt war.[507] Von Februar 1946 bis März 1948 war er als Vertretungsprofessor an der Universität Bonn tätig. 1948 kehrte er nach München auf sein früheres Ordinariat zurück, von 1948 bis 1951 war er Rektor der Universität. 1957 wurde er emeritiert.[508] Er starb am 10. August 1979, überlebte also Otto Stern um etwa zehn Jahre.

In den Jahren 1956 und 1957 bemühte sich Gerlach, dass unter anderen auch Stern Mitglied der Leopoldina werden würde. So lautete sein Vorschlag vom 16. Januar 1956:

An allererster Stelle möchte ich vier Herren nennen, welche 1933 aus Deutschland vertrieben wurden:
James Franck, Professor an der Universität Chicago,

Otto Stern, emeritierter Professor, jetzt in Berkeley lebend (nähere Adresse könnte ich erfahren, sie ist aber sicher in internationalen Nachschlagewerken),
Erwin Schrödinger, z.Z. noch Irland, jetzt gerade übersiedelnd nach Wien, Universität,
Sir Simon, Professor in Oxford.
Die drei erstgenannten sind Nobelpreisträger. Es ist gar keine Frage, dass alle vier zu der internationalen Spitzenklasse gehören.[509]

Der in Wien geborene Schrödinger war 1933 mit dem Nobelpreis für Physik ausgezeichnet worden und wirkte seit 1940 am Dublin Institute for Advanced Studies; 1956 kehrte er nach Wien zurück. Bei Sir Simon handelte es sich um Franz Simon (1893-1956); in Berlin geboren promovierte er 1921 bei Walther Nernst über ein Thema aus der Tieftemperaturphysik. Er wurde 1931 Direktor des Physikalischen Instituts der TH Breslau. 1933 emigrierte er nach Oxford. Er starb dort kurz nach dieser Leopoldina-Nominierung am 31. Oktober 1956. Ein Jahr später am 22. Dezember 1957 wiederholte Gerlach den Vorschlag, Otto Stern zu nominieren.[510] Aber das Auswahlgremium der Leopoldina reagierte offensichtlich nicht auf seine Vorschläge. Gerlach hatte mit Sicherheit eine sehr gute Meinung von Otto Stern, der, wenn auch nur für kurze Zeit, sein Weggefährte gewesen war; sonst hätte er ihn sicher nicht vorgeschlagen.

Es ist äußerst bemerkenswert, wie Gerlach die Treffen mit Stern schilderte und vor allem, dass es offensichtlich ein Treffen zwischen beiden in Zürich nur wenige Jahre vor Sterns Tod gab:

Ich hatte Stern erstmals während des Ersten Weltkrieges getroffen, als er ein technisches Verfahren zur Erhöhung der Viskosität von Schmierölen durch elektrische Entladungen entwickeln sollte. Nach den Frankfurter Jahren trafen wir uns oft bis 1933 – einige in seinem Institut gemeinsam probierte optische Versuche blieben ohne Ergebnis – und das letzte Mal vor wenigen Jahren in Zürich.[511]

Mit den hier erwähnten optischen Versuchen spielte Gerlach wohl auf die in Rostock durchgeführten Untersuchungen des Phänomens der Doppelbrechung an.

Eine Ehrenpromotion kommt in der Regel nicht ad hoc zustande, sondern bedarf eines Vorlaufes in Form eines Vorschlages und eines Gutachtens. Den Vorschlag machte am 8. Juli 1960 der Physiker Markus Fierz (1912-2006). Dieser, geboren in Basel, hatte 1931 an der Universität Göttingen ein Physikstudium begonnen, wechselte aber 1933 an die ETH in Zürich, wo er unter anderem Schüler von Wolfgang Pauli wurde. Er promovierte 1936 mit der Dissertation »Über die künstliche Umwandlung des Protons in ein Neutron« an der Universität Zürich.[512] Nach einem Aufenthalt in Leipzig bei Heisenberg kehrte Fierz 1936 nach Zürich zurück und wurde bei Pauli Assistent. Er habilitierte sich 1939 und wurde Privatdozent. Als solcher wechselte er an die Universität in Basel, wo er von 1944 bis 1959 als Professor der theoretischen Physik wirkte. 1960 wurde er an der ETH Paulis Nachfolger. Fierz machte am 8. Juli 1960 den »Vorschlag für eine Ehrenpromotion an der Abteilung IX. Im Einverständnis mit meinen Kollegen von der theoretischen und der Experimentalphysik möchte ich der Abteilung IX der E.T.H. vorschlagen, Herrn Prof. Dr. Otto S t e r n zum Ehrendoktor zu promovieren.« Das Gutachten stammte von Pierre Marmier (1922-1973), der nach seinem Physikstudium 1951 an der ETH promovierte. 1956/57 wurde er Privatdozent, 1957 außerordentlicher und 1958 ordentlicher Professor für Kernphysik. Er leitete am Physikalischen Institut der ETH das Laboratorium für Kernphysik. Beide Dokumente, der Vorschlag für eine Ehrenpromotion von Markus Fierz sowie das Gutachten von Pierre Marmier, wurden bislang noch nicht publiziert und sollen deshalb im Anhang 4 in voller Länge vorgestellt werden. Es handelt sich hierbei um eine Würdigung von Sterns Lebenswerk und seine Einordnung in die jeweiligen zeitgeschichtlichen Verhältnisse.[513]

Am 12. November 1960 bekam Otto Stern Post von Albert Frey-Wyssling (1900-1988), der von 1957 bis 1961 als Rektor der ETH in Zürich vorstand. Frey-Wyssling war Botaniker und galt als Pionier der Molekularbiologie. Er ließ Stern wissen:

Ich habe die grosse Freude, Sie zu benachrichtigen, dass die Vorständekonferenz der ETH in ihrer Sitzung vom 11. November 1960 beschlossen hat, Ihnen auf Antrag der Abteilung Mathematik und Physik für Ihre wissenschaftlichen Verdienste die <u>Doktorwürde ehrenhalber</u> unserer Hochschule zu verleihen. [...] Ich möchte Sie herzlich einladen, am 19. November oder, falls Ihnen dies nicht möglich ist, am nächstjährigen ETH-Tag, nach Zürich zu kommen, um vor dem versammelten Lehrkörper das ehrende Dokument in Empfang zu nehmen und am anschließenden Mittagessen teilzunehmen.[514]

Otto Stern antwortete darauf am 15. November 1960:

[...] vielen Dank für Ihren Brief vom 12. Nov. 1960, den ich heute morgen erhielt, sowie das Telegramm mir eine besondere Freude durch Ehrung von der Hochschule zu empfangen, an der ich meine akademische Laufbahn begann, als ich mich im Herbst 1913 als Privatdozent an der ETH habilitierte. Ich erlaube mir, Sie zu bitten, allen Mitgliedern der ETH, die mich so geehrt haben, meinen herzlichsten Dank auszusprechen.
Ich sandte Ihnen heute das folgende Antworttelegramm:
»I accept the degree with sincere thanks. Sorry cannot make it Nov.19th but hope to attend ETH day 1961.
Otto Stern.«

Ich habe mir, seit ich in USA bin, meine Verbindung mit Zürich und den Physikern der ETH durch häufige langdauernde Besuche in Zürich aufrechterhalten. Der verstorbene Professor Pauli war seit langen Jahren mein persönlicher und wissenschaftlicher Freund.
Ich beabsichtige [...] im Herbst 1961 wieder nach Zürich zu kommen. Soweit man also in meinem Alter voraussehen kann, hoffe ich bestimmt, mein Diplom am ETH Tag 1961 persönlich in Empfang nehmen zu können.[515]

Stern konnte also leider an den Feierlichkeiten am 19. November 1960 nicht teilnehmen. In der »Neuen Zürcher Zeitung« wurde dieser Ehrentag ausführlich beschrieben, und Otto Sterns Verdienste wurden mit folgenden Worten gewürdigt: »[...] in Anerkennung seiner Arbeiten, aus denen uns sein tiefes Verständnis der klassischen Molekularphysik anspricht und wo er die geistreiche Methode der Molekularstrahlen entwickelt, die schließlich die erste Messung des magnetischen Moments des Protons möglich machte und ihn so zu grundlegenden

Berkeley 1945–1969

Ehrendoktorurkunde der ETH Zürich

Fragen über die Struktur der Elementarteilchen führte«.[516] Letztlich
bekam Otto Stern die Auszeichnung am ETH-Tag am 17. November
1961 übergeben. Aus diesem Anlass gab er ein mehrstündiges Interview, bei dem der Schwerpunkt auf seiner früheren Zusammenarbeit
mit Albert Einstein lag.[517] Das Original des Ehrendoktordiploms mit
dem Datum 19. November 1960 ist in Otto Sterns Nachlass erhalten;
im Archiv der ETH befindet sich noch der Entwurf dieses Diploms.[518]

Graf Lennart Bernadotte (1909-2004), ein Mitglied des schwedischen
Königshauses, gestaltete die Insel Mainau im Bodensee in ein Pflanzen-
paradies um; er war der Initiator der in Lindau stattfindenden jährlichen
Tagungen der Nobelpreisträger. Ein erstes Treffen von einigen wenigen
Nobelpreisträgern fand 1951 statt; 1954 wurde dann das Kuratorium
für die Lindauer Nobelpreisträgertagungen gegründet, das fortan als
Organisationskomitee der Tagungen diente. Graf Lennart Bernadotte
wurde zum ersten Präsidenten ernannt. Gleichzeitig entstand das Konzept, auch junge Wissenschaftler zu den Tagungen einzuladen. Jährlich
wechselnd sind die Tagungen einer der Nobelpreisdisziplinen Medizin,

Chemie und Physik gewidmet, gelegentlich gibt es auch interdisziplinäre Veranstaltungen.

Otto Stern erhielt zahlreiche Einladungen zu Tagungen, an denen er meistens nicht teilnahm. So wurde er auch mehrmals nach Lindau eingeladen, bespielsweise zu der Tagung im Jahr 1965, die der Physik gewidmet war. Stern erhielt folgendes Schreiben des Präsidenten Lennart Bernadotte:

> I am writing to most heartly request our invitation to participate in the Nobel Prize Winners Conference here in Lindau. Lindau is a little medieval town-island, in the Lake of Constance, Western Germany. It is a very quiet and agreeable place, where it is easy to combine a restful stay with some interesting work. I have just started the preparation for the 15th meeting which will be held from June 28th to July 2nd 1965 and will be devoted to physics. I do hope that this time it will be possible for you not only to participate but also to give a paper during the conference.[519]

Porträt von Otto Stern 1968 in Lindau

Doch Stern sagte ab. Am 15. Dezember 1967 wiederholte Lennart Bernadotte die Einladung für das Jahr 1968, die wiederum der Physik gewidmet war. In diesem Jahr überlegte Stern es sich anders: Trotz massiver gesundheitlicher Probleme meldete er sich zu der 18. Tagung der Nobelpreisträger und gleichzeitig der 6. Tagung der Physiker an. Dass dies seine letzte Europareise sein würde, ahnte Stern vielleicht. Er reiste aus Zürich an, die Zusammenkunft fand vom 1. bis zum 5. Juli 1968 statt. 22 Nobelpreisträger trafen sich; dazu eingeladen waren außerdem etwa 480 junge Wissenschaftler, die noch am Anfang ihrer Karriere standen. Es sollen hier nicht alle 22 Nobelpreisträger aufgelistet, sondern nur die Namen derjenigen erwähnt werden, die im Umfeld von Stern wirkten: Werner Heisenberg, Gustav Hertz, Isidor Isaac Rabi, Maria Goeppert-Mayer und Eugene Paul Wigner.[520] Die Tagung war offensichtlich ein Erfolg, nach Beendigung bedankte sich das Kuratorium am 22. Juli 1968 bei Stern mit vielen sehr freundlichen Worten für die Teilnahme.[521]

Die Universität in Berkeley, gegründet im Jahr 1868, feierte 1968 ihren 100. Geburtstag. Es ist nicht bekannt, ob Otto Stern an den Feiern Anteil nahm oder ob er vielleicht daran beteiligt war.

Sterns runde Geburtstage waren stets Anlass für zahlreiche Glückwünsche. Der 80. Geburtstag am 17. Februar 1968 wurde auch in Deutschland wahrgenommen. Bereits am 13. Februar 1968 übermittelte der Generalkonsul der Bundesrepublik Deutschland in San Francisco herzliche Glückwünsche und legte diesen einen Bildband bei.[522] Der Bundespräsident Heinrich Lübke (1894-1972, Bundespräsident 1959-1969) schickte am 17. Februar folgendes Telegramm:

Zur Vollendung ihres 80. Lebensjahres moechte ich Ihnen meine besten Glueckwuensche aussprechen. Auch in Ihrem Geburtsland gedenkt man heute voller Verehrung Ihrer langjaehrigen wissenschaftliche Taetigkeit und Forschung die zu bahnbrechenden Ergebnissen und Erkenntnissen auf dem Gebiet der Physik gefuehrt haben. Moege Ihnen auch weiterhin ein fruchtbares Wirken in guter Gesundheit beschieden sein.
Heinrich Luebke Praesident der Bundesrepublik Deutschland.[523]

Ein Glückwunschschreiben kam ferner von der Atomphysikergruppe an der Universität in Berkeley (Atomic Beam Group at Berkeley), das von 21 Wissenschaftlern unterschrieben worden war.[524] Auch in Pittsburgh hatte man an Otto Sterns großen Geburtstag gedacht, zwölf frühere Kollegen unterzeichneten das Schreiben.[525] In der Schweiz veröffentlichte Markus Fierz, der seit 1960 als Nachfolger von Pauli die Professur für theoretische Physik an der ETH inne hatte, in der »Neu-

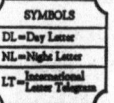

827A PST FEB 17 68 LA094
SYB078 SY WA143 PDB 2 EXTRA TLX WASHINGTON DC 17 1047A EST
HERRN PROFESSOR OTTO STERN
  759 CRAIGMONT AVE BERKELEY CALIF
ZUR VOLLENDUNG IHRES 80. LEBENSJAHRES MOECHTE ICH IHNEN MEINE
BESTEN GLUECKWUENSCHE AUSSPRECHEN. AUCH IN IHREM GEBURTSLAND
GEDENKT MAN HEUTE VOLLER VEREHRUNG IHRER LANGJAEHRIGEN WISENSCHAFTLICH
EN TAETIGKEIT UND FORSCHUNG DIE ZU BAHNBRECHENDEN ERGEBNISSEN
UND ERKENNTNISSEN AUF DEM GBIET DER PHYSIK GEFUEHRT HABEN.
MOEGE IHNEN AUCH WEITERHIN EIN FRUCHTBARES WIRKEN IN GUTER
GESUNDHEIT BESCHIEDEN SEIN
  HEINRICH LUEBKE PRAESIDENT DER BUNDESREPUBLIK DEUTSCHLAND
(21).

SF1201(R2-65)

Telegramm des deutschen Bundespräsidenten Heinrich Lübke vom 17. Februar 1968

en Zürcher Zeitung« eine sehr umfangreiche Würdigung; diese endete mit dem denkwürdigen Satz: »Otto Stern war ein Künstler in seinem Fach, und er ist ein Lebenskünstler. Und wie ein wahrer Künstler zeigt er uns das Schwierige in vollendeter Einfachheit.«[526]

Viele Glückwünsche stammten selbstverständlich auch von der Schülergeneration Sterns; hier seien nur zwei erwähnt. Aus Hamburg war es Hans Jensen, der Stern sehr herzlich gratulierte. Aus Berkeley meldete sich Emilio Segrè, der in Hamburg bei Stern seine Studien fortgesetzt hatte, mit folgendem Brief:

I gave some lectures in the history of nuclear physics, and on that occasion I learned that you will be 80 on the 17th. I can not let the occasion go by without writing you a note of congratulation, admiration and best wishes – I learned a lot in the old days of 1930-1931

in Hamburg. Even more than you think and I am grateful to you for the instruction and for the example as a scientist.
With best wishes. Yours ever Emilio Segrè.[527]

Auch aus dem Umfeld von Sterns Familie kamen zahlreiche Glückwünsche, besonders erwähnt werden sollen hier die guten Wünsche von Käthe Stern – ihr Ehemann Rudolf war schon 1962 gestorben – und ihrem Sohn Fritz Stern. Käthe Stern erwähnte in ihrem Schreiben: »Wann dürfen wir Dich wieder in New York begrüssen? Es tut so gut, sich mit Dir über Gegenwart und Vergangenheit zu unterhalten. Rudi hat Dich wie einen etwas älteren Bruder respektiert und geliebt, und es ist mir eine grosse Freude, dass er diese Anhänglichkeit auch an Fritz vererbt hat.«[528] Fritz Stern war damals bereits auf dem Weg, ein weltberühmter Historiker zu werden, bald folgten Mitgliedschaften in Akademien in den USA und in Europa, zahlreiche Auszeichnungen, Ehrendoktorwürden.

Die Universität Hamburg nach dem Zweiten Weltkrieg

Hamburg wurde am 3. Mai 1945 von den Briten kampflos eingenommen und gehörte nun zur britischen Besatzungszone. Die Universität wurde geschlossen, das Sommersemester 1945 fiel aus. Pünktlich zu Beginn des Wintersemesters, am 6. November 1945, wurde die Universität wiedereröffnet. Das Vorlesungsverzeichnis lag nur als Typoskript vor. Über die Hälfte der planmäßigen Professoren standen nicht zur Verfügung, weil sie politisch belastet waren. Zwar wurden manche nur kurzfristig vom Dienst suspendiert, aber in vielen Fällen dauerte das Entnazifizierungsverfahren Jahre, einige verloren ihre Stelle ganz und wurden nicht rehabilitiert.[529] Zum ersten Rektor wurde der Anglist Emil Wolff (1879-1952) gewählt; er war 1921/22 Dekan, 1923/24 Rektor und von 1924 bis 1926 Prorektor gewesen und nicht Mitglied der NSDAP geworden. Wolff war also in der Universitätspolitik erfahren und politisch unbelastet.

In der ersten Sitzung der Mathematisch-Naturwissenschaftlichen Fakultät wurden der Mathematiker Erich Hecke zum Dekan und der Physikochemiker Paul Harteck zum Prodekan gewählt; beide waren keine Parteimitglieder gewesen, waren also ebenfalls politisch unbelastet. Als Hecke 1946 schwer erkrankte und 1947 starb, wurde Harteck sein Nachfolger als Dekan.

In der Experimentalphysik herrschte sofortiger Handlungsbedarf, da Peter Paul Koch am 28. August 1945 entlassen wurde. Er vergiftete sich am 1. Oktober 1945 im Arbeitszimmer seines ehemaligen Widersachers und Kollegen Wilhelm Lenz mit Zyankali. Kochs Nachfolger wurde 1947 Rudolf Fleischmann (1903-2002), der nunmehr als Direktor des Physikalischen Staatsinstitutes fungierte; Fleischmann forschte auf dem Gebiet der Kernphysik. Als er 1953 einen Ruf an die Universität Erlangen annahm, folgte ihm 1956 der Kernphysiker Willibald Jentschke (1911-2002) nach, der 1959 Gründungsdirektor von DESY wurde. Der gebürtige Wiener Jentschke hatte vorher Karriere in Urbana gemacht, er wurde 1950 Assistant Professor an der University of Illinois at Urbana-Champaign, 1951 Direktor des dortigen Cyclotron Laboratory und 1955 Professor. Vielleicht hatte Jentschke dort Thomas Erwin Phipps persönlich kennengelernt.

Von besonderer Bedeutung war Ronald Fraser, der ehemals am Stern'schen Institut tätig war. Zur britischen Zone gehörte auch Göttingen, wo Fraser nach dem Zweiten Weltkrieg als britischer Kontrolloffizier wirkte. Er fühlte sich der internationalen Forschung sehr verbunden und sorgte dafür, dass britische Physiker an deutschen Fachtagungen teilnehmen und deutsche Physiker in Form von Gastaufenthalten ins Ausland reisen konnten.[530] Besonders wichtig war, dass er die Verbindung zu seinen früheren Kollegen in Hamburg suchte und sich daher häufig in Hamburg aufhielt. Nicht nur einmal war er an den Grüßen, die Hamburger Kollegen Otto Stern zukommen ließen, mitbeteiligt. Dies zeigt, wie sehr er sich nach wie vor mit Stern verbunden fühlte.

Sterns neu gebautes Institut für Physikalische Chemie hatte wie durch ein Wunder den Krieg überlebt, auch das Haus im Hofweg 9, wo er früher gewohnt hatte, existiert noch. Das Physikalische und das Chemische Staatsinstitut jedoch waren schwer bis sehr schwer beschädigt worden. Als am 3. Mai 1945 die 2. britische Armee in Hamburg einrückte, stand der Name Paul Harteck ganz oben auf der Fahndungsliste:

> Eine Spezialeinheit besetzte sein Institut für Physikalische Chemie in der Jungius-Straße. Ein Nachrichtenoffizier fragte ihn: »Are you Dr. Paul Harteck? Then please come with me. You are detained.« Hartecks Unterlagen wurden beschlagnahmt. Er wurde mit neun weiteren deutschen Atomwissenschaftlern nach England gebracht.[531]

Die neun weiteren Kollegen, wie Harteck selbst alle Atomphysiker, waren Erich Bagge (1912-1996), Kurt Diebner (1905-1964), Walther Gerlach, Otto Hahn, Werner Heisenberg, Horst Korsching (1912-1998), Max von Laue, Carl Friedrich Freiherr von Weizsäcker (1912-2007) und Karl Wirtz (1910-1994). Gerlach hatte Ende 1943 die Leitung der Fachsparte Physik im Reichsforschungsrat übernommen und wurde Bevollmächtigter für Kernphysik und damit der Leiter des Uranprojektes.[532] Harteck war vom 3. Juli 1945 bis zum 3. Januar 1946 in Farm Hall nahe Cambridge interniert. In diese Zeit fielen die Atombombenabwürfe am 6. August 1945 auf Hiroshima und am 9. August 1945 auf Nagasaki. Wieder in Hamburg, wurde Harteck für das Studienjahr 1946/47 zum Dekan der Mathematisch-Naturwissenschaftlichen

Fakultät der Universität gewählt, für die Studienjahre 1948/49 und 1949/50 wirkte er als Rektor der Universität, er wurde also sogar wiedergewählt. Danach übernahm er für das Studienjahr 1950/51 das Amt des Prorektors.

Aber Harteck wollte nun nicht mehr in Hamburg bleiben. Kurz vor seinem Weggang teilte er dem damaligen Rektor der Hamburger Universität, dem klassischen Philologen Bruno Snell (1896-1986), mit:

> Ganz allgemein ist zu sagen, daß die Bedeutung der phys. Chemie seit 15 bis 20 Jahren in Deutschland völlig verkannt wurde. – Dies beginnt nun an allen Ecken und Enden offenkundig zu werden [...]. Die phys. Chemie in deutschen Landen hat sich aus der absolut führenden Weltstellung, die sie bis 1930 innehatte, in eine Art von freiwilliger Liquidation begeben, und wenn nicht drastische Maßnahmen ergriffen werden, so ist schwer zu ersehen, wie dies auch nur einigermaßen wieder einbalanciert werden könnte. Mir ist nun anscheinend die beschwerliche Ehre und Aufgabe zugefallen, die Fahne der phys. Chemie im Auslande zu vertreten.[533]

Paul Harteck, Rektor der Universität Hamburg 1948-1950

Harteck verließ Europa im Januar 1951 und ging in die USA, wo er am Rensselaer Institute in Troy im Bundesstaat New York tätig war. An der Universität Hamburg trat nunmehr eine Vakanz ein; in den Jahren von 1952 bis 1954 übernahm der Chemiker Ludwig Holleck (1904-1976) vertretungsweise

Die Universität Hamburg nach dem Zweiten Weltkrieg

die Leitung des Institutes, sein Forschungsschwerpunkt war die Elektrochemie. Als Nachfolger Hartecks wurde schließlich 1954 Ewald Wicke (1914-2000) berufen, der vorher an der Universität in Göttingen gewirkt hatte. Wicke leitete als Nachnachfolger das ehemals Stern'sche Institut für Physikalische Chemie 1959 als Direktor. Auf Wicke folgte Adolf Knappwost (1913-2007) als Direktor des Instituts für Physikalische Chemie.[534]

Harteck starb am 21. Januar 1985 in Santa Barbara in Kalifornien. »Mit ihm verlor die physikalische Chemie einen der letzten Großen ihres Faches«, so sein Biograf Michael Schaaf.[535]

Friedrich Knauer war 1937, wie viele andere auch, Mitglied der NSDAP geworden; er wurde zwar 1945 vom Amt suspendiert, aber bereits im September 1945 rehabilitiert. Harteck hatte ihn dagegen als »nicht günstig« beurteilt und seinen Verbleib als »zweifelhaft« dargestellt. Der beratende Ausschuss empfahl dennoch, die Bestätigung im Fall Knauer aufrecht zu erhalten.[536] Knauer war seit 1939 außerplanmäßiger Professor und blieb dies bis 1963, dem Jahr seiner Entpflichtung.

Wilhelm Groth war zwar ebenfalls 1937 Parteimitglied der NSDAP geworden, aber er galt unter den Kollegen als Nazi-Gegner. Es gab keine Verfahren gegen Groth, er wurde am 28. November 1945 zum außerplanmäßigen Professor ernannt. Als Harteck in Farm Hall interniert war, übernahm Groth dessen Vorlesungen. Am 1. Februar 1948 wurde er zum außerordentlichen Professor an der Universität Hamburg ernannt. Erst 1949 konnte er wieder Forschungsergebnisse präsentieren und publizieren. 1950 folgte er einem Ruf an die Rheinische Friedrich-

Wilhelm Groth in Brasilien, o. J.

Wilhelms-Universität Bonn, wo er eine ordentliche Professur für Physikalische Chemie bekleidete. Sein Wirken dort war überaus erfolgreich. Als Groth 1953 einen Ruf als Nachfolger Hartecks an die Universität Hamburg bekam, lehnte er diesen ab und blieb in Bonn.[537] Er wurde 1956 Gründungsmitglied und erster Vorsitzender des wissenschaftlichen Beirates der Kernforschungsanlage Jülich und bekleidete 1965/66 das Amt des Rektors der Universität Bonn.

Am 22. August 1954 ließ Franz Simon Stern wissen:

> Ich schreibe heute hauptsaechlich, um Ihnen zu sagen, dass die meisten Emigranten jetzt ihre Entschaedigung von der Deutschen Regierung bekommen. Man erhaelt ein Emeritus Gehalt – ungefaehr 18000 DM, und zwar ruecklaeufig vom Jahre 50 an, und zwar kann man es voll uebertragen. Ich habe es noch nicht, aber die Nachricht, dass ich es bald bekommen werde. Wie Sie wissen, war ich freiwillig gegangen, aber das macht nichts – die Leute haben ohne weiteres zugegeben, dass man ja nur gegangen ist, da man kurz drauf doch haette gehen muessen – oder man unter den Umstaenden doch nicht haette bleiben wollen. Das gilt als Verfolgung. Ich weiß, dass Sie nichts mit der Entschaedigung zu tun haben wollten, aber ich finde, man soll denen nichts schenken.[538]

Stern jedoch antwortete ihm im September 1954: »Was die Entschädigung der Emigranten betrifft, so haben Sie natürlich ganz recht. Ich kann für mich nur sagen, dass ich es nicht über mich bringe, mit dem Deutschen Staat noch irgendetwas zu tun zu haben.«[539] Stern meinte es ernst, wie auch seine Haltung gegenüber der Göttinger Akademie zeigt (siehe weiter unten). Er wollte mit deutschen Behörden und Institutionen nichts mehr zu tun haben. Otto Sterns Standpunkt ist ehrenhaft und verständlich, aber er war auch nicht auf eine mögliche Entschädigung angewiesen, wie das vielleicht bei anderen der Fall war.

Immanuel Estermann stellte am 11. November 1954 bei der Hamburger Behörde einen Antrag auf Wiedergutachtung: Für ihn galt das Gesetz zur Regelung der Wiedergutmachung nationalsozialistischen Unrechts für die im Ausland lebenden Angehörigen des öffentlichen Dienstes vom 18. März 1952. Der Wiedergutmachungsbescheid vom 8. Februar 1957 umfasst fünf Punkte, wobei der erste der wichtigste ist: »Der Antragsteller erhält die Rechtsstellung eines entpflichteten Ordentlichen Professors und führt diese Amtsbezeichnung mit dem Zusatz ›emeritiert (em.)‹.«[540]

Die folgenden Punkte 2 bis 5 betreffen den sich daraus ergebenden finanziellen Sachverhalt, der detailreich ausgeführt wird.

Rudolph Minkowski stellte am 11. August 1956 einen Wiedergutmachungsantrag. Im entsprechenden Bescheid vom 20. August 1957 wurde festgehalten, dass »auf dem Wege der Wiedergutmachung die Rechtsstellung eines entpflichteten Ordentlichen Professors (em.)« zuerkannt wird. Minkowski erhielt Entschädigungszahlungen für die Zeit vor 1957 sowie Emeritenbezüge ab 1957;[541] jährlich musste er eine Bescheinigung nach Hamburg schicken, in der bestätigt wurde, dass er noch am Leben sei. Der Dekan der Mathematisch-Naturwissenschaftlichen Fakultät übermittelte ihm nun zu allen runden Geburtstagen Glückwünsche, so am 24. Mai 1960 zum 65. Geburtstag, am 24. Mai 1965 zum 70. Geburtstag, am 25. Mai 1970 zum 75. Geburtstag, für die Minkowski sich jeweils bedankte. Offensichtlich stattete er im Jahr 1964 Hamburg, insbesondere der Hamburger Sternwarte, einen Besuch ab; in den Akten ist ein Antrag auf Reisekostenzuschuss vorhanden, der aber wegen der schlechten finanziellen Lage der Universität Hamburg nicht gewährt werden konnte. Minkowski starb am 4. Januar 1976 in Berkeley.

Robert Schnurmann konnte in den Jahren von 1939 bis 1963 an keiner Universität wirken. Im Jahr 1961, er arbeitete für Esso Research Ltd. im britischen Abingdon, stellte er bei

Immanuel Estermann im Jahr 1959

der Universität Hamburg einen Antrag auf Wiedergutmachung, wobei er sich von einem Rechtsanwalt vertreten ließ. Im Antrag wurde ausgeführt, dass Schnurmanns Karriere nach 1933 höchstwahrscheinlich parallel zu der von Knauer verlaufen wäre, also Grund zur Annahme bestünde, dass sich Schnurmann 1935/36 für das Fach Physikalische Chemie habilitiert hätte. Es wurde eine lange Zusammenstellung vorgelegt, welche Lehrstühle für Physikalische Chemie zu dieser Zeit vakant und neu besetzt worden waren. Knauer bestätigte jedoch nicht, dass Schnurmann sicherlich Ordinarius geworden wäre.

Schnurmann hatte nach einer längeren Pause wieder den Kontakt zu Otto Stern gesucht. Am 20. November 1962 schilderte er ihm seine momentane Situation; die Frage war, ob seine Stelle im Jahr 1933 eine planmäßige gewesen war oder nicht. Aber Otto Stern konnte das Problem in seinem Antwortbrief vom 30. Dezember 1962 nicht lösen. Am 22. Dezember 1967 meldete sich Schnurmann abermals bei Otto Stern und bat um eine »positive kleine Empfehlung«: »Es handelt sich darum, zu bekräftigen, dass es meine Absicht war, die wissenschaftliche Laufbahn weiter zu verfolgen und mich zu habilitieren.«[542]

Am 6. März 1968 kam es zu einem Vergleich mit der Behörde, Schnurmann wurde das Ruhegehalt eines außerplanmäßigen Professors zugestanden und zwar ab dem 1. April 1951, anfangs waren dies 450,54 DM, bis 1969 stiegen diese Bezüge auf 1.419,47 DM.[543]

1942 wurde aus der Gesellschaft der Wissenschaften zu Göttingen die Akademie der Wissenschaften in Göttingen. Noch vor dem Ende des Zweiten Weltkrieges, 1942, wurde der Mineraloge Carl Wilhelm Correns (1893-1980) neuer Vizepräsident und 1944 Präsident der Akademie. In der Folgezeit bis 1949 wechselten sich der Jurist Rudolf Smend (1882-1975) und Correns in den Ämtern des Präsidenten beziehungsweise Vizepräsidenten ab.

Unmittelbar nach Kriegsende, am 28. Dezember 1945, hatte offensichtlich Smend einen ersten Brief an Otto Stern geschrieben, der aber vielleicht nicht bei diesem angekommen war, vielleicht aber auch verschollen ist. Am 28. Dezember 1946 wandte sich Smend abermals an Stern:

Sehr verehrter Herr Kollege!

Am 21. August 1945 haben wir an Sie und an eine Reihe weiterer Mitglieder unserer Akademie folgendes Schreiben gerichtet: »Nachdem die bedauerlichen Umstände, die seinerzeit zu Ihrem Ausscheiden geführt haben, nicht mehr bestehen, bitten wir Sie, Sie wieder als Mitglied führen zu dürfen.«

Offenbar ist die Mehrzahl dieser Schreiben verloren gegangen. Wir bitten Sie daher wiederholt, sich in dem bezeichneten Sinne wieder als unser Mitglied zu betrachten. Zu unserer großen Genugtuung sind die Herren Misch und Latte längst wieder hier in unseren Kreis eingetreten und arbeiten in ihm mit.

Mit angelegentlicher Begrüssung Ihr sehr ergebener
Smend.[544]

Offensichtlich hatten sich bis zu diesem Zeitpunkt der Philosoph Georg Misch (1878-1965) und der klassische Philologe Kurt Latte (1891-1964) mit Smends Vorschlag bereits einverstanden erklärt und waren damit wieder Mitglieder. Auch James Franck hatte einen Brief von Smend erhalten, antwortete zwar zurückhaltend, aber letztendlich positiv. Max von Laue schließlich wünschte sich von Stern, dass dieser wieder in die Göttinger Akademie eintreten möge, wie seinem Brief vom 11. Juni 1947 an Stern zu entnehmen ist:

Sehr schmerzlich war es mir, neulich in der Akademie zu hören, daß Sie und einige andere ehemalige Mitglieder der Akademie jetzt nicht wieder beitreten wollen. Es mag ja sein, daß es Ihnen eine gewisse Überwindung gekostet hätte; aber solche Überwindung müßen wir jetzt Alle üben, und zwar recht oft, wenn die Zukunft der Welt überhaupt wieder friedlich aussehen soll.[545]

Otto Stern blieb jedoch bei seiner Meinung und antwortete Smend am 14. April 1947: »Ich danke der Göttinger Akademie für ihre Aufforderung. Jedoch machen die furchtbaren Ereignisse der Hitlerzeit es mir unmöglich, mich wieder als Mitglied der Akademie zu betrachten.«[546] Auf einem Entwurfblatt dieses Briefes befindet sich noch die folgende gestrichene Passage: »Die von Ihnen erwähnten bedauerlichen Umstände, die u.a. die Ermordung ungezählter unschuldiger Menschen durch

die damalige deutsche Regierung einschließen, machen es unmöglich, mich wieder als Mitglied der Göttinger Akademie zu betrachten.«[547]
Max von Laue ließ Stern am 1. Oktober 1947 wissen:

> Daß Sie über die Empfindungen, die Ihnen das »dritte Reich« aufzwang, nicht hinwegkommen, ist sehr zu bedauern, wenn auch verständlich. Wir alle müßen solche Ressentiments über Bord werfen, wenn die Menschheit nicht zu Grund gehen soll. Und die so notwendige Überführung der Welt in einen neuen Zustand, die schließlich einmal kommt, setzt sich um so schneller und mit um so weniger Geburtswehen durch, je schneller und gründlicher wir dies tun. Selbst der geschickteste Staatsmann kann ohne Gesinnungsänderung aller Menschen nichts wesentliches erreichen. Sie brauchen ja nur in die Zeitungen zu sehen, um dies illustriert zu finden.[548]

In Holger Krahnkes Band »Die Mitglieder der Akademie der Wissenschaften zu Göttingen 1751-2001« findet sich zu Otto Stern nur: »korr. Mitglied 1931*«. Man ist dann doch etwas erstaunt, was sich hinter so einem * alles verbergen kann.[549]

Die Hamburgische Wissenschaftliche Stiftung hatte Pauli zu einem Vortrag am 21. November 1958 eingeladen. Das Thema des Vortrags lautete »Die ältere und neuere Geschichte des Neutrinos«.[550]

Pascual Jordan ergriff die Gelegenheit und machte der Fakultät den Vorschlag, dass Pauli bei dieser Gelegenheit von der Universität Hamburg mit der Ehrendoktorwürde ausgezeichnet werden sollte:

> Ich würde diese Verleihung wärmstens begrüssen. Obwohl der Name Pauli in der breiten Öffentlichkeit weniger bekannt ist, als etwa die Namen Planck, Einstein, Heisenberg, so besteht doch in Fachkreisen keinerlei Zweifel darüber, dass Pauli zu der ganz kleinen Gruppe international bedeutendster Vertreter seines Forschungsgebietes gehört. Seine Biografie und seine Arbeit ist eng mit Hamburg verbunden; gerade einige seiner wichtigsten Arbeiten, an welche bei Verleihung des Nobelpreises in erster Linie gedacht wurde, sind in den Jahren seiner Zugehörigkeit zur Universität Hamburg entstanden. Die vorgeschlagene Verleihung wäre also im besonderen Masse sinnvoll und angebracht.[551]

Jordans Vorschlag wurde angenommen. Pauli besuchte Hamburg vom 20. bis 22. November und hielt seinen Vortrag. Kurz darauf starb er am 15. Dezember 1958 in Zürich. Am 20. Dezember 1958 fand eine Begräbniszeremonie im Fraumünster in Zürich statt.[552] Otto Stern war in diesem Jahr erst spät, nämlich am 15. Oktober 1958, in der Schweiz angekommen. Daher konnte er an dieser Begräbnisfeier von Pauli teilnehmen.[553] Stern berichtete darüber Lise Meitner am 28. Dezember 1958:

> Der Tod von Pauli hat mich sehr schwer getroffen. Franca hält sich bewundernswert, man merkt aber, was es sie kostet. […] Die große Trauerfeier war sehr würdig, besonders Weißkopf hat sehr schön gesprochen. Auch Niels Bohr war da (mit Aage), er war dann noch bei mir in der Tiefenau und wir haben uns bis spät (11 ¼) unterhalten. […] Der Tod Paulis hat mich sehr deprimiert. Er war halt mein Gewährsmann für alle theoretischen Fragen seit 1923 und dazu ein sehr guter alter Freund.[554]

Franca Pauli (1901-1987) ließ die Fakultät in Hamburg am 2. Januar 1959 wissen:

> Die Verleihung der Ehrendoktorwürde der Naturwissenschaften durch die Mathem.-Naturwissenschaftl. Fakultät der Universität Hamburg war die letzte große Freude meines Mannes, dafür möchte ich Ihnen von Herzen Dank sagen. Obwohl er schon krank war – ohne zu ahnen, daß er todkrank war – wollte er unbedingt diese Reise nach Hamburg unternehmen. Erst später verstand ich, wie wesentlich diese Reise für ihn war. Er wollte doch offenbar, unbewußt, in jene Stadt zurückkehren in der er einmal so schöpferisch war – und glücklich.[555]

Franca Pauli und Stern tauschten am 29. Dezember 1960[556] und am 21. Januar 1961[557] noch Briefe, es ging dabei um die Zusammenführung der Schreiben, die Wolfgang Pauli und Otto Stern gewechselt hatten. Im November/Dezember 1963 ereilte Otto Stern ein weiterer Schicksalsschlag, seine Schwester Berta Kamm starb plötzlich und unvermittelt. Er verlor damit seine letzte Schwester und war von da an der letzte

Überlebende seiner Geschwister. Am 8. Dezember 1963 ließ Franca Pauli Otto Stern ihre Anteilnahme zukommen. Stern antwortete ihr:

[…] für Ihren l[ie]b[en] Brief vom 18. sehr vielen Dank. Am liebsten würde ich ganz nach Zürich ziehen. Leider geht's nicht. Wo könnte ich in Zürich so eine richtige Wohnung finden? Und der Umzug mit all meinen Büchern? Ich muss halt weiter ein »commuter« zwischen Zürich und B[er]k[el]y bleiben, solange ich dazu noch die Kraft habe. Ich beabsichtige etwa im März wieder in Zürich zu sein […].[558]

Otto Sterns Europareisen, Briefwechsel mit in Europa beheimateten Wissenschaftlern

Nach dem Krieg verreiste Otto Stern erstmals im Jahr 1946 nach Europa. Im Dezember 1946 fand abermals eine Nobelpreisfeier statt, diesmal in Stockholm. Stern hielt dort am 12. Dezember 1946 seinen 1944 ausgefallenen Vortrag als Nobelpreisträger. Danach führte ihn seine Reise nach Kopenhagen zu Niels Bohr. Die Zeit über Weihnachten verbrachte Stern in der Schweiz, er wohnte damals erstmals in Zürich in der Pension Tiefenau, in der Steinwiesstrasse 8. Im Januar 1947 hielt er Vorträge in Basel, Zürich und Genf. So nahm er am 20. Januar 1947 an der Sitzung der Physikalischen Gesellschaft Zürich teil und hielt einen Vortrag über »Die Methode der Molekularstrahlen«. Daraus ging eine kleine und sehr interessante Publikation hervor, die in der Zeitschrift »CHIMIA. International Journal for Chemistry and Official Membership Journal of the Swiss Chemical Society (SCS) and its Divisions« erschien.[559]

Stern beschrieb hier die wesentlichen Punkte seiner Molekularstrahlmethode und kam zu dem Schluss: »Die Methode gestattet in prinzipiell sehr einfacher Weise, durch direkte Messungen die Grundhypothesen der klassischen kinetischen Gastheorie und der Quantentheorie zu überprüfen.«[560]

Er verbrachte nach dem Krieg fast jedes Jahr einige Monate in Zürich, in der Stadt, in der er in den Jahren 1913/14 mit Einstein zusammengearbeitet hatte. Die Pension Tiefenau wurde sozusagen sein zweites Zuhause, wo er bei jedem Aufenthalt in Zürich wohnte.[561]

Von Zürich aus unternahm er zahlreiche Reisen, mehrfach durchkreuzte er dabei Deutschland, und viermal waren auch Städte in Deutschland sein Ziel, so 1955 Berlin (West), 1957 Bad Pyrmont und München und schließlich 1968 Lindau. Aber in Hamburg war Otto Stern nach 1933 nie wieder.

Auf seinem Weg nach Zürich machte Stern häufig Station in New York. Dort besuchte er seine Verwandten Rudolf und Käthe Stern sowie deren Sohn Fritz Stern, zu denen er ein sehr herzliches Verhältnis hatte. Rudolf Stern und Käthe Stern (1894-1973), geborene Brieger, hatten 1919 geheiratet, Rudolf war Mediziner und Käthe Pädagogin

Pension Tiefenau, Ansichtskarte, um 1900, und im Jahr 2010

und promovierte Physikerin. Rudolf Stern wirkte von 1923 bis 1925 am Institut von Fritz Haber in Berlin auf dem Gebiet der Kolloid-Chemie. Haber war der Taufpate des 1926 in Breslau geborenen Sohnes Fritz Stern (1926-2016), der den Vornamen seines Taufpaten erhielt. Die Familie Rudolf und Käthe Stern emigrierte 1938 und fand in New York eine neue Heimat. Fritz Stern wurde Historiker, er studierte an der Columbia University, wo er 1953 promovierte, danach als Associate Professor und ab 1963 als Full Professor wirkte. Otto Stern und Fritz Stern standen in Briefwechsel, meistens ging es darum, dass ein Treffen in New York vereinbart wurde, geeignete Hotelzimmer gefunden werden mussten und ähnliche Themen.[562]

Max Volmer hatte ja 1922 Hamburg mit Berlin getauscht, wo er an der Technischen Hochschule als ordentlicher Professor für Physikalische Chemie wirkte. Mit dem »Dritten Reich« begann für Volmer in Berlin eine Zeit, die sich zunehmend verdüsterte. Als er 1934 zum ordentlichen Mitglied der Preußischen Akademie der Wissenschaften gewählt werden sollte, unterschrieben namhafte Physiker den Vorschlag, darunter auch Otto Hahn, Walther Nernst und Rudolf Schenck. Max Planck war damals Sekretär der mathematisch-physikalischen Klasse; er musste es hinnehmen, dass das zuständige Ministerium die Wahl nicht bestätigte. Erst 1938 wurden die wahren Gründe dafür genannt: »Zur Repräsentation des nationalsozialistischen Staates ist die politische Haltung Volmers nicht klar genug.« Auch ein zweiter Wahlvorschlag im Jahr 1942, abermals von hochrangigen Physikern der Akademie unterschrieben, scheiterte am damaligen Sekretär der Akademie, Ludwig Bieberbach (1886-1982). Präsident der Akademie war von 1938 bis 1943 Theodor Vahlen (1869-1945). Diese beiden Mathematiker waren entschiedene Befürworter des nationalsozialistischen Regimes. Die Arbeitsbedingungen an Volmers Institut wurden zunehmend unbefriedigender, Forschungsarbeiten wurden behindert, da keine Anschaffungen für wegweisende Experimente mehr gemacht werden konnten. 1943/44 musste Volmer ein Dienststrafverfahren über sich ergehen lassen. Die Sicherheitspolizei vermutete, dass Volmer einem Juden Unterstützung gewährt hatte und Beziehungen zu einer Widerstandsgruppe unterhalten habe. Das Arbeitsklima verschlechterte sich in dramatischer Weise.[563] Nach dem Zweiten Weltkrieg wirkte Volmer, einer Verpflichtung für die kommenden acht Jahre folgend, in der Sowjetunion am Institut der Physik und Technologie in Agudsera bei Suchumi am Schwarzen Meer. Er kam am 9. August 1945 in Moskau an,[564] das war der Tag, an dem die zweite Atombombe die japanische Stadt Nagasaki und ihre Bewohner auslöschte. Volmer musste mit einem völlig neuen Arbeitsgebiet vorliebnehmen, das Teil des sowjetischen Atomprojektes war: Es ging um die Einrichtung einer Anlage zur Herstellung von schwerem Wasser und die Gewinnung von Deuterium sowie um die Aufbereitung von Brennstoffen, es sollte also Plutonium aus ausgebrannten Reaktorstäben extrahiert werden.[565] Bereits 1946 wurde Volmers Mitgliedschaft in der Berliner Akademie seit 1934 rückwirkend anerkannt. Obwohl sein Arbeitsvertrag 1953 endete, konnte er erst im Frühjahr 1955 Moskau verlassen und nach Berlin zurückkehren. Im Mai bezog die Familie Volmer wieder ihr Haus in Babelsberg, seit 1939 ein Stadtteil von Potsdam. 1955 wurde Volmer Professor für Physikalische und Elektrochemie an der Humboldt-Universität zu Berlin. 1955 wurde er für seine Leistungen in der Disziplin Fotochemie mit den Nationalpreis der DDR, 1. Klasse für Wissenschaft und Technik, ausgezeichnet.[566] Die Deutsche Bunsen-Gesellschaft hatte schon 1950 beschlossen, Max Volmer mit der Bunsen-Denkmünze auszuzeichnen, am 20. Mai 1955 konnte ihm diese nun endlich überreicht werden.[567] Die Chemische Gesellschaft der DDR ernannte Max Volmer zu ihrem Ehrenmitglied. 1959 wurde ihm der Dr. rer. nat. h.c. der Universität Leipzig verliehen. 1956 bis 1958 hatte Volmer das Amt des Präsidenten der Akademie der Wissenschaften der DDR inne, von 1958 bis 1961 war er deren Vizepräsident.[568] Es gab noch zahlreiche weitere Auszeichnungen, die hier nicht mehr genannt werden können.[569]

Volmer hatte sich am 4. August 1955 bei Otto Stern gemeldet, das geht aus dessen Antwortbrief aus Berkeley vom 29. August 1955 hervor:

[...] vielen Dank für Ihren lieben Brief vom 4.8. und die schönen Photographien. [...] Was die Entwicklung der Wissenschaft, und speziell der Physik betrifft, so bin ich ziemlich unglücklich darüber. Die Anwendungen der Atomphysik (?) als Wissenschaft zu bezeichnen, ist einfach ein Sakrileg. Aber abgesehen davon sind auch die rein wissenschaftlich unleugbaren Erfolge doch wahrhaft (?) außerordentlich. Im Verständnis der Fundamente ist man seit 1926 nicht weitergekommen. Ich verspreche seit langer Zeit von der Seite der Thermodynamik her dem Quantenproblem näher zu kommen, aber ohne Erfolg. Ich werde halt alt! Ich freue mich schon sehr darauf, Ihnen von diesen Dingen zu erzählen.[570]

Max Volmer und seine Frau Lotte, geb. Pusch, 1955 in Berlin (West)

Otto Stern beschäftigte sich demnach 1955 noch mit der Thermodynamik, wenn auch ohne nennenswerten Erfolg.

Sterns Europareise – dies war sein erster Besuch Deutschlands nach 1933 – fand vom 19. September 1955 bis zum 7. Januar 1956 statt. Innerhalb dieses zeitlichen Rahmens gab es ein erstes Treffen zwischen Otto Stern sowie Max und Lotte Volmer, und zwar im westlichen Teil Berlins. Wie aus Otto Sterns Reisepass hervorgeht, war er nicht in den östlichen Teil der Stadt gefahren.[571]

Ein weiteres Treffen war geplant, wie ein Brief von Volmer an Stern vom 11. Juni 1958 zeigt, aber dazu kam es nicht mehr.[572] Max Volmer starb am 3. Juni 1965 in Potsdam. Sterns Beileidbrief an Lotte Volmer stammt vom 19. Juni 1965:

Sehr verehrte, liebe Frau Volmer

Mein innigstes Beileid! Ich weiß wie nahe Sie und Volmer sich standen. Ich muß immer auch an die schöne Zeit denken, die wir drei trotz des Krieges im [Nernst'schen] Institut hatten. Wie eifrig wir arbeiteten und diskutierten und dann täglich in die Konditorei gingen. Sogar die revolutionierenden Matrosen stoppten ihr Maschinengewehrfeuer bis wir die Straße überquert hatten, erinnern Sie sich noch liebe collega?

Das letzte Mal, das [sic] wir uns sahen, in Berlin, war viel zu kurz und muß ja auch 10 etwa Jahre her sein. Ich möchte den kommenden Herbst in die Schweiz fahren, aber ich bin ein kranker alter Mann und werde immer klappriger. Falls ich es schaffe, dürfte ich Sie zu einem Besuch einladen?

Herzlichst Ihr alter Otto Stern.

P.S. Wenn ich Ihnen irgendwie behilflich sein kann, würde ich es nur zu gern tun.[573]

Von nun an standen Otto Stern und Lotte Volmer in einem lebhaften Briefwechsel miteinander. Am 12. August 1965 antwortete Lotte Volmer:

Lieber Herr Stern!

Vielen Dank für Ihren Brief, über den ich mich sehr gefreut habe. Mein Mann und ich haben oft von Ihnen gesprochen. Je älter man wird, umso lebhafter erinnert man sich an frühere Zeiten. Und darin nehmen die Jahre unserer Bekanntschaft und Freundschaft mit Ihnen einen grossen Raum ein.

Natürlich erinnere ich mich noch sehr an die Zeit im Nernst'schen Institut. Wir haben im vorigen Jahr in Berlin seinen 100. Geburtstag gefeiert, sowohl in Dahlem wie in der Bunsenstr.[aße].

Aber auch die spätere Zeit, Ihre Stippbesuche von Rostock nach Hamburg, unsere Helgoland-Fahrt, der Unterricht meines Mannes mit Hilfe einer Qualle Bekanntschaft mit jungen Badenixen zu machen usw. Alles ist unvergessen.

Es wäre natürlich sehr schön, wenn wir uns im Herbst einmal treffen könnten.[574]

Doch es gestaltete sich sehr schwierig, einen möglichen Termin und Treffpunkt zu vereinbaren. Schließlich kam es aber doch noch zu einem Treffen, denn am 21. Juli 1967 ließ Lotte Volmer Stern wissen: »Ehe Sie wieder nach Amerika reisen, möchte ich Ihnen noch einen Gruss schicken und Ihnen sagen, wie sehr ich mich über das Wiedersehen gefreut habe. […] Alles Gute für Ihre Heimreise und nochmals herzlichen Dank für die Ermöglichung des Zusammentreffens. Ihre Freundin Lotte Volmer«.[575] Darüber hinaus blieb ein Brief vom 14. Juli 1969 von Lotte Volmer an Stern erhalten, der mit folgenden Worten schließt: »[…] Ich denke immer noch gern an unser Treffen vor 2 Jahren zurück nach so langer Zeit! Mit herzlichen Grüssen, Ihre alte Freundin Lotte Volmer.«[576] Es gibt noch einen Entwurf eines Antwortbriefes von Otto Stern von August 1969. Er starb kurze Zeit später am 17. August. Lotte Volmer überlebte ihren Mann und Otto Stern, sie starb am 27. Juni 1983 im Alter von 92 Jahren.[577]

Lise Meitners Karriere begann 1912 am Kaiser-Wilhelm-Institut für Chemie in Berlin. Bereits 1915 schrieb Otto Stern einen kurzen Brief an Lise Meitner[578], danach gab es immer wieder Kontakte, Treffen auf Tagungen, Briefe, die getauscht wurden, und so weiter. So trafen sich die beiden Wissenschaftler 1920 bei der sogenannten »Bonzenfreien« Tagung in Berlin (siehe S. 56). 1922 erhielt Lise Meitner die Venia Legendi für Physik. Am 22. Januar 1927 begann Stern sein Schreiben, in dem er sie zu einer Gremiumstagung der Hamburger Physiker einladen wollte, mit der Anrede: »Hochverehrtes Frl. Professor! Liebes Frl. Meitner!«[579] In der Tat war Lise Meitner am 1. März 1926 außerordentliche Professorin für experimentelle Kernphysik an der Universität Berlin geworden, sie war die erste Professorin für Physik in Deutschland. Meitner kam zu dieser Tagung nach Hamburg, Stern hatte ihr ein Zimmer im Hotel Esplanade reservieren lassen.[580] In ihrem Brief vom 18. September 1931 bat Meitner, eine Einladung nach Rom zu bekommen.[581] Dort fand im

Oktober 1931 der Convegno di Fisica Nucleare (Fondazione Alessandro Volta) statt. Wohl dank der Stern'schen Intervention erhielt dann Meitner noch eine Einladung, denn sie wurde in der veröffentlichten Teilnehmerliste, Congressisti, namentlich genannt.[582] Danach gibt es im Briefwechsel größere Lücken bis 1953, ein Teil der Briefe könnte auch verloren gegangen sein. In der Zwischenzeit war sehr viel geschehen; im September 1933 wurde Meitner ihre Lehrbefugnis entzogen.

Nach dem »Anschluss« Österreichs an das Deutsche Reich am 13. März 1938 musste sie emigrieren, was glücklicherweise am 13. Juli 1938 auch gelang. Der Fluchtweg führte über die Niederlande und Dänemark nach Schweden. In Stockholm fand sie eine neue Wirkungsstätte am Nobelinstitut, wo sie bis 1946 wirkte. Aber sie fühlte sich dort nicht wohl. Trotzdem nahm sie das Angebot, in den USA an der Entwicklung der Atombombe mitzuarbeiten, nicht an, sie war Pazifistin geworden: »I will have nothing to do with a bomb.«[583] In Großbritannien hätte sie wie ihr Neffe Otto Robert Frisch eine Arbeitsstelle in der Kriegsforschung bekommen können, aber auch dies war keine Option für sie.[584] Sie blieb lieber im ungeliebten Schweden, als ein angenehmeres Leben zu leben, wenn die Bedingung dafür war, auf dem Gebiet der Waffenentwicklung zu arbeiten: ein äußerst bewundernswertes Verhalten in der damaligen sehr schwierigen Zeit. Darüber hinaus hätte sie das vielfach von aus Deutschland geflohenen Wissenschaftlern genutzte Argument einbringen können, dass man den Deutschen keinerlei Chance geben sollte, den Krieg zu gewinnen.

Mehr als 40 Mal war Lise Meitner für den Nobelpreis nominiert worden, aber sie bekam ihn nie, auch nicht,

Otto Stern und Lise Meitner während einer Konferenz im Niels-Bohr-Institut im September 1937 in Kopenhagen, Ausschnitt

als Hahn 1945 damit ausgezeichnet wurde. 1947 wurde sie Leiterin der kernphysikalischen Abteilung des Physikalischen Instituts der Königlichen Technischen Hochschule in Stockholm. 1960 begann der Ruhestand, Lise Meitner wechselte in diesem Jahr nach Cambridge, wo ihr Neffe Otto Rudolf Frisch seit 1947 Jacksonian Professor of Natural Philosophy und Fellow des Trinity College war.

Meitner, damals in Stockholm, meldete sich am 14. Januar 1945 bei Otto Stern, hier einige Passagen aus diesem Brief:

> If you only could know how many letters I have written to you – in fancy. When I first learned that you had got the Nobel Prize I (and quite a lot of people) was extremely pleased and I had in view to send you a wire. [...] There is nothing to tell about myself. My working conditions are rather poor [and] I can not help feeling me very isolated. [...] I remember so well our last conversation in London. You may imagine how much I since have regretted that I did not stay directly in England. It would have meant to have the possibility to do some helpful work. I hope this year will bring the end of the war and the establishment of peace and security.[585]

Otto Sterns Antwort vom 12. Mai 1945 kam schon aus Berkeley:

> Über Ihren Brief vom 14.1. habe ich mich ganz besonders gefreut. Seit langer Zeit (6 Jahren!) wollte ich Ihnen dauernd schreiben und immer wieder verschob ich es, ich bin wirklich unmöglich. Aber ich hörte immer von Ihnen, hauptsächlich durch Franck. Daß Sie sich in wissenschaftlicher Beziehung nicht wohl fühlen, kann ich sehr gut verstehen. Trotzdem die äußeren Bedingungen bei mir viel günstiger aussehen, geht's mir halt ebenso. Ich habe jetzt endgültig resigniert. Ich wollte eigentlich noch warten, denn es sieht ja nicht gut aus, so direkt nach dem Nobelpreis, aber mit unserer Verwaltung (Carnegie Inst. of Techn.) ist eben nichts zu machen. [...] In absehbarer Zeit (Jahr?) will ich nach Stockholm kommen für meinen Nobelvortrag. Jedenfalls besteht doch jetzt Aussicht, daß wir uns wieder mal sehen, worauf ich mich schon furchtbar freue.[586]

Lise Meitner unternahm im folgenden Jahr 1946 eine Reise in die USA, es war ihre erste.[587] Sie kam am 25. Januar 1946 in New York an und übernahm eine Lehrtätigkeit an der Catholic University in Washington D.C. Sie ließ es sich nicht nehmen, bei dieser Gelegenheit im Mai auch Otto Stern in Pittsburgh einen Besuch abzustatten; Details über diesen Besuch sind nicht bekannt. Am 8. Juli 1946 verließ Meitner die USA.[588] Stern hielt am 10. Dezember 1946 in Stockholm seinen Nobelvortrag über »The Method of Molecular Rays«, es ist doch wohl anzunehmen, dass Meitner dabei anwesend war.

Doch zurück zum Briefwechsel Stern–Meitner. Nach 1953 wurde aus der bislang eher sporadischen Korrespondenz, welche die beiden Wissenschaftler miteinander führten, ein sehr lebhafter schriftlicher Austausch, der, wie bereits berichtet, der umfangreichste unter den erhaltenen Briefwechseln von Stern ist. In den Schreiben ging es häufig um alte Bekannte, gelegentlich um deren Publikationen, aber auch die eigenen gesundheitlichen Probleme, Stimmungen und Reisepläne wurden mitgeteilt. Oft war eine Terminvereinbarung für ein Treffen das Thema; in Frage kamen nur Zusammenkünfte in Europa. So teilte Stern bereits am 20. Dezember 1953 seine Pläne für einen Aufenthalt in Europa im Jahr 1954 mit.[589] In der Tat kam es, wie die Briefe zeigen, noch vor dem April 1954 zu einem Treffen in Stockholm, denn es gibt einen Brief vom 31. Mai 1954 von Stern an Lise Meitner: »Ich denke noch oft und gern zurück an die schönen Tage in Stockholm und hoffe sehr, Sie nun bald hier begrüßen zu können.«[590] Auch war eine weitere Begegnung im Dezember in der Schweiz angedacht. Am 27. Februar 1954 lässt Stern Meitner wissen: »Zürich ist mein Hauptquartier, und von dort aus kann ich mich irgendwo, wo es Ihnen paßt, mit Ihnen treffen (nur bitte nicht in Dtschld!).«[591]

Dennoch kam es anders: Bereits 1956 gab es Pläne, in München zusammenzukommen. Bei dieser Gelegenheit ließ Stern Meitner in seinem Brief vom 22. April 1956 sehr dezidiert wissen: »Ich lege gar keinen Wert darauf den Münchener Physiker, Herrn Gerlach, zu sehen.«[592] Die Begegnung mit Meitner in München fand am 24. April 1957 statt.[593] Im Jahr 1962 hielt sich Stern vom 9. bis 12. März in London auf, in dieser Zeit konnte ein Treffen mit Meitner und Frisch realisiert werden.[594] Im darauffolgenden Jahr war Stern vom 31. März bis Ende Juni in Zürich. Wie aus seinem Brief an Meitner vom 17. April 1963 hervorgeht, hoffte Stern, dass Meitner ihn in Zürich besuchen würde.[595] Das geschah in der Tat, Ende Mai 1963 fand dieses Treffen in Zürich statt.[596] Am 21. Dezember 1965, Otto Stern befand sich bereits in Zürich, wurde eine weitere Zusammenkunft in London im Februar 1966 in Aussicht genommen. Lise Meitner antwortete am 6. Januar 1966: »Auf Ihren angekündigten Besuch freue ich mich schon jetzt sehr. Der 20. Februar ist ein Sonntag, es wäre gut, wenn Sie mich vorher wissen lassen könnten, um welche Zeit Sie kommen.«[597] Stern informierte Meitner am 12. Februar 1966: »Ich möchte mir erlauben, mich bei Ihnen am Sonntag, d.[en] 20. Nachm.[ittags] zum Treffen einzuladen. Ich beabsichtige, Sie am S[onnabend] vom Hotel aus anzurufen, sodaß wir alles Weitere besprechen können.«[598] Dies war die letzte Begegnung zwischen Lise Meitner und Otto Stern.[599]

Otto Sterns letzter Brief an Lise Meitner ist nur ein Briefentwurf mit dem Datum 7. September 1966: Er gratulierte ihr zum Enrico-Fermi-Preis, den sie zusammen mit Otto Hahn und Fritz Straßmann bekommen hatte. Dieser Preis wurde seit 1956 jährlich von der Atomenergiekommission der USA verliehen; der erste Preisträger war John von Neumann, der zweite Ernest Orlando Lawrence. Über seine Gesundheit berichtete Stern: »[…] ich werde halt immer klappriger, habe grässliche Erscheinungen, besonders an meinen Händen.« Er beabsichtige, 1967 nochmals nach Zürich zu reisen, »aber es ist fraglich, ob ich's schaffe«.[600] Ob er diesen Brief, vielleicht in Reinschrift, abgeschickt hat, ist ungewiss.[601] Lise Meitner starb am 27. Oktober 1968 in Cambridge. Auf ihrem Grabstein ließ Otto Robert Frisch folgende Inschrift anbringen: »A physicist who never lost her humanity«.

Max von Laue, der maßgebliche Beiträge zur Relativitätstheorie geleistet hatte, blieb ein Freund Einsteins, auch nachdem sich das »Dritte Reich« etabliert hatte. 1934 veröffentlichte er einen Nachruf auf Fritz Haber, der, inzwischen bei den nationalsozialistischen Machthabern in Ungnade gefallen, am 29. Januar 1934 gestorben war.[602] Laue machte aus seiner Gesinnung niemals einen Hehl und unterstützte Kollegen, die in Bedrängnis gerieten. Es waren mehrere Vorkommnisse, die schließlich dazu führten, dass er 1943 vorzeitig emeritiert wurde. Sein Nachfolger an der Universität Berlin wurde Pascual Jordan. Auch Laue wurde nach Kriegsende interniert und kam nach Farm Hall. In dieser Zeit schrieb er ein kleines Büchlein mit 176 Seiten: »Geschichte der Physik«;[603] beginnend bei Archimedes erwähnte Laue dort an geeigneter Stelle auch Sterns Bestätigung der Mawell'schen Geschwindigkeitsverteilung, den Stern-Gerlach-Versuch, Sterns Entdeckung der Materiewellen und seine Beugungsversuche mit Strahlen von He- und H-Atomen.[604] 1946 wurde Laue Honorarprofessor an der Universität in Göttingen, aus der Kaiser-Wilhelm-Gesellschaft ging schließlich am 28. Juni 1948 die Max-Planck-Gesellschaft hervor. Er engagierte sich in besonderem Maße für den Wiederaufbau der deutschen Forschung und war stets bemüht, bei den vertriebenen Kollegen für einen Neuanfang der Beziehungen zu werben.

Otto Stern und Max von Laue hatten sich 1913 in Zürich persönlich kennengelernt und blieben Freunde für das ganze Leben. Was ihre Forschungsgebiete anbelangt, so gab es kaum Gemeinsamkeiten, Laues bevorzugte Gebiete waren die Röntgeninterferenz, die Relativitätstheorie und die Supraleitung, Stern arbeitete vor allem auf den Gebieten der Entropie und der Molekularstrahlmethode. Das bedeutet, dass der wissenschaftliche Gedankenaustausch nicht die Rolle spielte wie beispielsweise im Verhältnis von Stern und Pauli oder Stern und Einstein, aber man verstand, was der andere machte, informierte sich gegenseitig und erteilte Ratschläge.

Laue und Stern waren während des Ersten Weltkrieges an der Universität Frankfurt am Main tätig, Laue musste die Vorlesungen organisieren, und Stern leistete an verschiedenen Orten Kriegsdienst. Damit begann 1915 der gemeinsame Briefwechsel, wobei es auch oft nur um Mitteilungen, Informationen, Erfahrungen und eigene Ideen ging.[605] Der Briefwechsel Stern–Laue ist der zweitgrößte erhaltene Briefwechsel. Erhalten sind meist nur die Briefe von Laue an Stern und nur sehr wenige Briefe von Stern an Laue. Letzteres zeigt der Laue-Nachlass, der sich im Archiv der Goethe Universität Frankfurt am Main befindet.

Nach einer größeren Lücke findet der erhaltene Briefwechsel mit Laue erst 1933 wieder eine Fortsetzung, vielleicht gingen ja auch in der Zwischenzeit verfasste Briefe verloren. Stern befand sich bereits in Pittsburgh. Laue meldete sich kurz vor Weihnachten am 12. Dezember 1933, er war damals in Berlin: »Lieber Stern! Zum ersten Mal verleben Sie ein Weihnachtsfest fern von Deutschland. Diese Karte soll Ihnen zeigen, daß man hier an Sie denkt.«[606] Laue zeigte große Anteilnahme an Sterns Situation und ließ ihn stets sein Mitgefühl spüren. In den folgenden zwei Briefen schilderte er ausführlich, was sich wissenschaftlich betrachtet in Deutschland ereignete, etwa Nernsts 70. Geburtstag, die Veränderungen in der Deutschen Physikalischen Gesellschaft und andere Begebenheiten.[607]

Für das Jahr 1935 plante er schon lange im Voraus eine ausgedehnte Reise in die USA. Er brauchte dafür eine Einladung, die Finanzierung musste sicher gestellt werden; es waren viele Helfer nötig, darunter auch Stern.[608] Am 22. September 1935 ging es endlich los. Laue traf auf seiner Reise unter anderem Courant in New Rochelle, Pauli, Einstein, Ladenburg, Weyl und Veblen in Princeton, Maria Goeppert-Mayer und James Franck in Baltimore. Am Ende seiner Reise stand auch Pittsburgh auf dem Besuchsprogramm. Laue war dort vom 7. bis 10. November 1935 und hielt mehrere Vorträge. Danach reiste er noch nach Columbus in Ohio, wo er Landé besuchte, und nach Ithaca in New York, wo Hans Bethe (1906-2005) sein Gesprächspartner war. Am 22. November verließ Laue die USA und war am 27. November 1935 wieder in Deutschland.[609] 1937 konnte Stern ein letztes Mal vor Kriegsausbruch nach Europa fahren. Er teilte Laue in einem Brief vom 31. Mai 1937 seine Reiseroute mit und fragte ihn, ob man sich vielleicht in Dänemark sehen könnte, wo Stern einen längeren Aufenthalt vom 20. Juli bis September plante.[610] Ob dieses Treffen dann stattgefunden hat, ist nicht bekannt.

Der Zweite Weltkrieg sorgte für eine große Lücke im Briefwechsel zwischen 1938 bis 1946. Der nächste erhaltene Brief von Laue an Stern

Porträt von Max von Laue, Nobelfoto aus dem Jahr 1915

Otto Sterns Europareisen

stammt vom 11. Juni 1947, Laue lebte damals schon in Göttingen. Er bedankte sich für die erhaltenen Care-Pakete, die ihm Stern hatte zukommen lassen, und äußerte sein Bedauern, dass Stern der Göttinger Akademie nicht wieder beitreten wollte.[611] Dies sollten nicht die letzten Care-Pakete für Laue gewesen sein; dass Stern Laue Pakete schickte, wusste auch der Laue-Biograf Jost Lemmerich (1929-2018).[612] Laues Lage in Göttingen war sehr bescheiden, und Stern war besonders großzügig. So bat Laue in den Folgebriefen Stern um die Übersendung von Haferflocken für Laues kleine Enkelin; Briefpapier, Umschläge und Farbbänder waren ebenfalls erwünscht und so weiter. Auch lud Stern Laue nach Zürich ein und kam für die Kosten auf. Bei diesem Besuch konnte sich Laue in Zürich einen neuen Anzug kaufen; am 1. Oktober 1947 nämlich ließ er Stern wissen: »Und noch eine Bitte. Ich kaufte von Ihrem Gelde in Zürich einen braunen Anzug, den ich bei feierlichen Gelegenheiten oft brauche. Aber es fehlt mir eine Weste dazu, die damals nicht zu haben war. Können Sie mir von Zürich aus eine senden?«[613]

Es war für Laue sicherlich äußerst schmerzlich, dass Max Planck am 4. Oktober 1947 in Göttingen starb, er wäre am 23. April 1948 90 Jahre alt geworden. Laue berichtete ausführlich über die Gedenkfeier und Vorträge.[614]

Weitere Nachrichten folgten am 23. August 1953. Laue begann mit: »Wir hörten lange nichts von Ihnen und hoffen, dass dieser Brief auch auf Ihrer Seite eine Aeusserung hervorruft. Zudem ist heute der letzte Ferientag: morgen öffnet das Fritz-Haber-Institut der Max-Planck-Gesellschaft, wie es seit dem 1.7. heisst seine Pforten.«[615] Laue berichtete ausführlich über das neue Institut und über zwei Kongresse, an denen er teilgenommen hatte, am Treffen der Nobelpreisträger für Physik in Lindau sowie am Kongress für »Wissenschaft und Freiheit«, der in Hamburg Ende Juni stattfand. Anwesend waren der Berliner Regierende Bürgermeister Ernst Reuter (1889-1953) sowie der Hamburger Kultursenator Heinrich Landahl (1895-1971).[616]

Auch 1954 reiste Stern wieder nach Zürich. Am 31. Mai 1954 schrieb er an Laue, dass er ihn wiederzusehen hoffe.[617] Ob sein Wunsch noch in diesem Jahr oder später in Erfüllung ging, ist nicht bekannt. Als im Februar 1958 Otto Sterns 70. Geburtstag in Berkeley gefeiert wurde, gehörte Laue zu den Gästen.

Max von Laue hatte großen Anteil am Wiederaufbau der deutschen Wissenschaft nach dem Zweiten Weltkrieg,[618] auch dieses Thema wurde an manchen Stellen im Briefwechsel mit Stern angesprochen.

Max Born hatte 1933 seine Professur in Göttingen verloren, er floh nach Großbritannien und konnte zunächst in Cambridge eine Dozentur übernehmen.1936 wurde ihm die deutsche Staatsbürgerschaft entzogen. In demselben Jahr fand Born an der Universität Edinburgh ein neues Wirkungsfeld, er erhielt dort eine Professur für theoretische Physik; seit 1939 war er britischer Staatsbürger. Am 11. November 1944 gratulierte Born Stern zum Nobelpreis:

> Yesterday I learned from the newspaper that you have got the Nobel Prize. I need not to tell you how pleased we were. It was a real good news in these sad times. You have been my first candidate every time I have been asked by the Nobel committee. And I feel a particular and rather mean safisfaction that you have not to share the honor with Nazi Gerlach.[619]

Born war nicht der einzige, der Gerlach für einen Nazi hielt.

Mit der Beendigung des Zweiten Weltkrieges waren für die meisten die »sad times« vorüber. Nachdem Born vor 1933 eine Professur an der Universität in Göttingen bekleidet hatte, fühlte sich die Stadt Göttingen ihm gegenüber sicher besonders verpflichtet; sie verlieh Born 1953 die Ehrenbürgerschaft. Born hegte den Wunsch, nach Deutschland zurückzukehren. Einstein wusste von Borns Plänen und reagierte in einem Brief vom 12. Oktober 1953 folgendermaßen: »Wenn es jemanden gibt, der für Deine Übersiedlung in das Land der Massenmörder unserer Stammesgenossen verantwortlich gemacht werden könnte, so ist es allenfalls Dein für seine Sparsamkeit allberühmtes Adoptiv-Vaterland.« Woraufhin Born bemerkte: »Dann kommt das harte Wort ›Land der Massenmörder‹. Er hat meine Rückkehr nach Deutschland nie verstanden und nie gebilligt.«[620] 1954 kehrte Born nach Deutschland zurück und lebte in Bad Pyrmont. Im Jahr 1954 wurde er für seine grundlegenden Forschungen in der Quantenmechanik mit dem Nobelpreis für Physik ausgezeichnet, besonders für seine statistische Interpretation der Wellenfunktion. Otto Stern gratulierte ihm am 18. Dezember 1954; erhalten ist ein Briefentwurf mit diesem Datum: »Zunächst meine herzlichsten Glückwünsche zum Nobelpreis, die ich infolge meiner Schreibfaulheit gleich mit den besten Neujahrswünschen für Sie und Ihre Frau verbinden kann. Ich hatte immer gehofft Sie bei meinen zahlreichen Europareisen zu treffen. Hoffentlich glückt es das nächste Mal, das im kommenden Sept.[ember] (1955) fällig ist. Ich pflege immer 3-4 Monate in Europa, hauptsächlich Zürich, zu bleiben.«[621] Leider klappte es mit einer Zusammenkunft erst 1957, als sich Stern von Mitte März bis Mitte Juli wieder in Zürich aufhielt. Stern reiste von dort aus nach Bad Pyrmont, um Max Born zu sehen.[622]

Briefe mit den in Hamburg verbliebenen Kollegen und Mitarbeitern zu wechseln, war während des Zweiten Weltkrieges sehr schwierig geworden beziehungsweise unmöglich. Aber nach dem Krieg meldeten sich mehrere Kollegen, um zum Beispiel nachträglich zum Nobelpreis zu gratulieren, um zu erzählen, wie damals oder gegenwärtig die Situation am Institut für Physikalische Chemie oder am Physikalischen Staatsinstitut aussah und mit welchen Problemen man gerade beschäftigt war. Und selbstverständlich meldeten sich auch weitere Kollegen aus anderen Universitäten, um alte Kontakte wieder aufzufrischen, so etwa Karl Friedrich Bonhoeffer.[623] Sterns Briefwechsel mit Max von Laue erlebte geradezu eine Renaissance. Es ist wirklich berührend, dass Stern Bonhoeffer und Laue Care-Pakete zukommen ließ, die dann in der Tat die Lebensbedingungen der Familien ein bisschen verbessern konnten und vor allem der Lebensfreude zugutekamen.[624]

Im Folgenden sollen nur die Briefe der Kollegen, die Otto Stern von seiner Zeit an der Universität Hamburg her kannte, angesprochen und gegebenenfalls erläutert werden. Ein Teil dieser Briefe erlaubt einen Einblick, wie es mit Sterns altem Institut weiterging.

Der erste, der sich bei Otto Stern in Berkeley meldete, war Hans Jensen, an dessen Promotion Stern im Jahr 1932 beteiligt war. Jensen war zwar nach dem Krieg an der Technischen Hochschule in Hannover als außerordentlicher Professor tätig, aber er nahm an der Universität Hamburg Lehraufträge wahr. Er wohnte immer noch in Egestorf am Ostrand des Naturschutzgebietes Lüneburger Heide. So stellte Wilhelm Lenz 1947 den Antrag:

Nach Besprechungen mit Herrn Prof. Jensen würde er es gern übernehmen, alle 14 Tage zwei Tage in Hamburg zu weilen, eine zweistündige Vorlesung über Kernphysik zu halten und sich an den regelmäßig hier stattfindenden einschlägigen wissenschaftlichen Veranstaltungen zu beteiligen. Es ist verständlich, dass er den Aufwand eines so erheblichen Teils seiner Zeit und Arbeitskraft seiner Hochschule gegenüber nicht lediglich auf einen Lehrauftrag hin vertreten könnte, dagegen wäre er auf Grund der Ernennung zum Honorarprofessor sehr wohl hierzu imstande.[625]

Die Behörde stimmte zu. Jensens Urkunde trägt das Datum 11. November 1947.[626]

Kurze Zeit vorher, am 23. Oktober 1947 hatte Jensen einen Ruf als ordentlicher Professor der Physik an die Universität Heidelberg erhalten. Was noch fehlte, um den Ruf annehmen zu können, war die Entnazifizierung. Es gab ein erstes Verfahren im Jahr 1946; im zweiten Verfahren wurde Jensen in die Kategorie IV, das heißt, als »Mitläufer«, eingereiht und konnte daher am 28. Februar 1948 der Universität Heidelberg seine Zusage übermitteln. Diese Stelle hatte Jensen lebenslang inne.[627]

Erhalten sind nur Schreiben von Jensen an Stern, Briefe von Stern an Jensen fehlen. Jensens Briefe sind teilweise sehr ausführlich; an dieser Stelle können lediglich einige ausgewählte Textstellen herausgegriffen werden, ansonsten sei auf die Literatur verwiesen.[628]

Der erste Brief von Jensen stammt vom 12. April 1946, hier nur der erste Teil:

Sehr verehrter lieber Herr Stern,
die Oeffnung unserer Grenzen, wenigstens für die Post, gibt mir Gelegenheit, Ihnen, wenn auch verspätet, zum Nobel-Preis zu gratulieren. Ich erfuhr damals davon durch das Londoner Radio [...] und es war damals erstaunlich, wie schnell sich die Nachricht in Deutschland herumsprach, und überall war man höchst erfreut, dass diese längst fällige Ehrung endlich erfolgt war. Ich hoffe, dass Sie mir Ihr Wohlwollen bewahrt haben, auch durch diesen bösen Krieg hindurch, und ich hoffe auch, dass Bohr Ihnen, wenn Sie mal wieder das Good Old Europe besuchen, bestätigen wird, dass ich nur einer von einer ganzen Zahl deutscher Physiker bin, die auch durch diese böse Zeit hindurch die Einstellung und Haltung bewahrt haben, die ich in Kopenhagen zum Ausdruck zu bringen versuchte. Vor allem das Uranproblem war im Wesentlichen in guten

Händen. Als Hamburger Klatsch wird Sie vielleicht interessieren, dass Ihr geschätzter Kollege P.P. Koch sich allmählich zu einem verbissenen Nazi entwickelt hatte, und u.a. Harteck und später auch mich bei der Gestapo denunziert hat. Wir hatten damals sehr grosses Glück, dass nichts Schlimmes aus der Sache wurde, denn unser »Sündenregister« bei den Nazis war, wenn sie alles gewusst hätten, natürlich nicht unerheblich; ich selbst habe Gerlach zu danken, der damals als »Bevollmächtigter für Kriegsphysik« befragt wurde und meine Angelegenheit bagatellisierte.[629]

Im Oktober 1946 konnte Jensen zu einer Physikertagung nach Göttingen reisen, wo er Ronald Fraser und Werner Heisenberg traf:

[…] wir sind hier in Göttingen auf der ersten Gauvereinstagung im alten Geiste versammelt unter der väterlichen Fürsorge Herrn Frasers, der sich in ganz rührender Weise um den guten Verlauf bemüht hat. Fraser und ich haben dabei in etwas wehmütiger Erinnerung unseres gemeinsamen Lehrers gedacht der jetzt so weit weg ist, auf jeden Fall wollten wir Ihnen aber unsere herzlichsten Grüsse senden.
Stets Ihr   H. Jensen   Ronald Fraser
Viele Grüsse in Erinnerung an die alte Zeit! Ihr W. Heisenberg
Beste Wünsche zum neuen Aufenthaltsort, wir schreiben noch an die alte Adresse, da wir die neue nicht kennen.[630]

Auch der Familie Jensen ließ Stern zahlreiche Care-Pakete zukommen. Die Freude darüber war stets sehr groß, wie mehrere Briefe zeigen. In seinem Brief vom 23. Oktober 1947 berichtete Jensen über seine Berufung nach Heidelberg. Sein Brief vom 28. Februar 1948 war gleichzeitig ein Geburtstagsgruß, und er erwähnte: »Ich möchte diesen Tag nicht vorübergehen lassen, ohne ihn zum Anlaß zu nehmen, Ihnen herzlich zu danken für die vielen Anregungen und Förderungen, die mir in den Hamburger Jahren von Ihnen zuteil wurden, und die so nachhaltig waren, daß ich nicht weiß, ob ich mich eher einen Schüler von W. Lenz oder von O. Stern nennen sollte.«[631] Im November 1948 konnte Jensen seine erste Auslandsreise nach dem Krieg unternehmen, sie führte ihn nach Kopenhagen zu Niels Bohr. Von dort aus schrieb er am 22. November an Stern: »[…] diesen Gruß sende ich, wie Sie sehen, aus Kopenhagen, wohin Bohr mich auf vier Wochen eingeladen hat. Ich brauche kaum zu betonen, wieviel, – ganz abgesehen von den wissenschaftlichen Anregungen, die jedes Begegnen mit Bohr in sich birgt, – diese erste Reise über die so scharf gehüteten Grenzen der Reste unseres Landes (das diese Heimsuchung so frevelnd herausforderte) und die Möglichkeit, seine Probleme, mit Abstand, von außen zu sehen, für mich bedeutet.« Auch hier erwähnte Jensen das Hamburger Institut für Physikalische Chemie:

Ihnen von hier aus einen Gruß zu senden war mir ein besonderes Bedürfnis, weil für mich die Erinnerungen an Sie ebenso an Kopenhagen hängen wie an meine Hamburger Lehrjahre. In Ihrem dortigen Institut herrscht ein gesundes Leben. Harteck hat es sehr geschickt durch die Kriegsjahre und die fürs Institut eher schwierigere Nachkriegszeit gebracht, sodaß es sich fast wie eine Präziosität unter den Instituten in Deutschland ausnimmt. Harteck hat jetzt das Rektoramt übernommen und man darf es wohl als ein gutes Zeichen für Hamburg werten, daß ein Mann, der eine so unversöhnliche antinazistische Haltung mit organisatorischer Tüchtigkeit verbindet, zu diesem Amte gewählt wurde.[632]

Nach dem Krieg wandte sich Jensen wieder seinem früheren Forschungsthema zu, dem er sich in den 1930er-Jahren gewidmet hatte, nämlich der Kernphysik, in der es nun insbesondere um die Erforschung der Stabilität der Atomkerne ging. In Heidelberg verbrachte Jensen seine fruchtbarste Zeit, er wurde dort zusammen mit Hans Kopfermann (1895-1963) zum »Motor der Entwicklung der gesamten Heidelberger Physik«.[633] In den Jahren 1948 bis 1952 veröffentlichte er in Zusammenarbeit mit Otto Haxel (1909-1998) in Berlin und Hans Suess (1909-1993) in Hamburg mehrere Beiträge über die Interpretation der ausgezeichneten Nucleonenzahlen im Bau der Atomkerne, die teilweise in der Zeitschrift »Naturwissenschaften« erschienen. Gleichzeitig hatte sich auch Maria Goeppert-Mayer mit diesem Thema beschäftigt. Das führte zu einer intensiven Zusammenarbeit zwischen Goeppert-Mayer und Jensen; 1955 erschien das gemeinsam verfasste Werk »Elementary Theory of Nuclear Shell Structure«, das mehrere Auflagen beziehungsweise

Nachdrucke erlebte.[634] Im November desselben Jahrs 1963 erhielten Goeppert-Mayer und Jensen zusammen einen halben Nobelpreis verliehen, »for their discoveries concerning nuclear shell structure«. Die andere Hälfte des Nobelpreises von 1963 ging an Eugene Paul Wigner.[635] Am 12. Dezember 1963 hielt Jensen in Stockholm seine Nobelvorlesung, das Thema lautete »Zur Geschichte der Theorie des Atomkerns«. Er zitierte hier folgende Strophe aus Rainer Maria Rilkes Stundenbuch »Das Buch vom mönchischen Leben« aus dem Jahr 1899:

Man fühlt den Glanz von einer neuen Seite,
auf der noch alles werden kann.
Die stillen Kräfte prüfen ihre Breite
und sehn einander dunkel an.[636]

Ob Stern Jensen zum Nobelpreis gratuliert hat, ist nicht bekannt.

Aus dem Jahr 1968 gibt es noch einen Geburtstagsgruß, den Jensen Stern zukommen ließ; diesen beendete er mit folgenden Worten:

Ich möchte Ihnen aber auch bei diesem Anlaß nochmals meinen Dank sagen für die Grüße, die Sie mir nach 1945 sandten. Wieviel damals, als, nach den zwölf grauenvollen Jahren, es in Deutschland wieder ein wenig Licht zu werden begann, Ihre Grüße in unsere Isoliertheit herüber uns Mut und Zuversicht gegeben haben, läßt sich nicht in Worten sagen, obwohl es mir jetzt, nach fast einem Vierteljahrhundert, immer noch lebendig gegenwärtig ist.[637]

Im Juli 1968 nahmen sowohl Otto Stern als auch Maria Goeppert-Mayer an der Nobelpreisträgertagung in Lindau teil; ob sich die beiden Wissenschaftler bei dieser Gelegenheit näherkamen, weiß man nicht.

Am 30. Dezember 1947 meldete sich auch Friedrich Knauer bei Otto Stern, er hatte folgende zwei in der Zeitschrift »The Physical Review« veröffentlichten Beiträge von Otto Stern entdeckt: Immanuel Estermann, Oliver C. Simpson, Otto Stern, »The Free Fall of Atoms and the Measurement of the Velocity Distribution in a Molecular Beam of Cesium Atoms«[638] und Immanuel Estermann, Samuel N. Foner, Otto Stern, »The Mean Free Paths of Cesium Atoms in Helium, Nitrogen, and Cesium Vapor«.[639]

Knauer bat um Sonderdrucke und teilte Stern seine Gedanken zu dieser Problematik mit. Darüber hinaus erzählte er von seinen weiteren, die Molekularstrahlen betreffenden Experimenten:

> Ich habe nun auch wieder einen Molekularstrahlapparat in Betrieb genommen, der schon vor dem Kriege beinahe fertig war, dann aber wegen anderer Arbeiten liegen bleiben mußte, und der zum Glück – wie das ganze Institut – die Fliegerangriffe heil überstanden hat. Ich habe damit zunächst die Verweilzeit von Alkaliatomen am glühenden Wolframdraht in Abhängigkeit von der Temperatur gemessen. [...] Ich will meine Streumessungen von früher fortsetzen und bei Streuwinkeln messen, wo die Streuung noch von der Geschwindigkeit des Strahles abhängt.[640]

Und selbstverständlich vergaß auch Knauer nicht, Stern zur Verleihung des Nobelpreises zu gratulieren.[641]

Dies ist der einzige erhaltene Brief von Knauer an Otto Stern. Es ist schon bemerkenswert, dass Knauer die früher so erfolgreichen Versuche mit den Molekularstrahlen nach dem Krieg fortsetzen wollte und er am Ende des Zweiten Weltkrieges für die dafür notwendige Apparatur sorgen konnte. Er war wohl damit zu dieser Zeit in Deutschland der einzige Physiker, der auch weiterhin über Molekularstrahlen zu forschen gedachte.

Anlass für Wilhelm Groth, Otto Stern am 1. Februar 1948 zu schreiben, war dessen 60. Geburtstag am 17. Februar: Die Wünsche kommen »aus dem Institut, das für mich immer noch das Ihre und das in einer Umgebung, die Sie kaum wiedererkennen würden, völlig wohlerhalten ist. Wie oft sind in diesen schrecklichen 15 Jahren meine Gedanken bei Ihnen gewesen, in dankbarer Erinnerung an die Zeit, als ich bei Ihnen arbeiten konnte.«[642] Groth berichtete beispielsweise über die schreckliche Zeit während des Nationalsozialismus: »Es hat wenig Menschen gegeben, die sich ganz vertrauten – Jensen gehörte dazu und auch Harteck. Ich kann Ihnen nicht schildern, wie wir unter dem Kochschen Institut gelitten haben« und über die damaligen und gegenwärtigen wissenschaftlichen Versuche: »Ich habe gemeinsam mit Harteck einige Jahre Photochemie im Schumann-Ultraviolett gearbeitet, später Reaktionskinetik, Gaskinetik und dann Isotopentrennung. Das hat uns im

Krieg unser Leben gerettet – jetzt ist im Institut eine Ultrazentrifuge für Gase aufgestellt, mit der ich noch einige Zeit experimentieren kann. Ausserdem setze ich Versuche, Isotope in einer Glimmentladung zu trennen, ganz vielversprechend fort.« Groth verabschiedete sich »Mit herzlichen und ergebenen Grüssen«.[643] Am 4. Februar 1948 folgte noch eine in Hamburg in Englisch verfasste Geburtstagskarte, geschrieben wohl von Ronald Fraser, ferner unterzeichnet von Hans Jensen und Wilhelm Groth.[644]

Zu guter Letzt meldete sich auch noch der Leiter des Institutes für theoretische Physik, Wilhelm Lenz, in einem bewegenden Brief, geschrieben am 29. Dezember 1955, bei Otto Stern. Die Initiative ging offensichtlich von Stern aus, denn Pauli hatte Lenz Stern'sche Grüße übermittelt, was diesen zu diesem Schreiben veranlasste. Mit eindringlichen Worten schilderte Lenz die Verhältnisse in Hamburg während des nationalsozialistischen Regimes, die Lage an der Universität, die Situation der jungen Wissenschaftler. Als Beispiel führte er das Schicksal von Jensen an: »Den Jungen, die eine Assistentenstelle oder sonst ein Amt haben wollten, blieb nichts anders übrig, als in die Partei zu gehen, d.h. Beitrag zu zahlen und bei Sammlungen mit der Sammelbüchse herumzulaufen. So Jensen, der ja damals im Herzen noch Kommunist war.«[645] Von besonderem Interesse ist das Ende von Lenz' Brief:

> Zu meinem zu erwartenden Abgang (wahrscheinlich Ende SS 56) ist mir eine große Genugtuung geworden. Aufgrund meines Vorschlages, auf die z. Zt. freie Exp. Phys. Professur einen Kerndynamiker zu setzen u. eine Maschine zu verlangen (wozu zunächst gar keine Aussicht zu bestehen schien) und stetigen weiteren Drängens ist es schließlich gelungen, den Senat dazu zu bringen, dass er 7,5 Mill. D-Mark für ein kernphys. Institut bewilligte; die Maschine soll 2 Milliarden e-Volt schwere Teilchen liefern, Hr. Jentschke (Wiener) Urbana hat angenommen.[646]

Das war der Anfang von DESY, dessen Gründung im Jahr 1959 im Wesentlichen dem neu berufenen Willibald Jentschke zu verdanken war.

Und natürlich gratulierte auch Lenz seinem ehemaligen Kollegen zum Nobelpreis und zwar im PS:

Es ist zwar lange her, aber wenn ich den Brief überlese, empfinde ich es trotzdem als unumgänglich, Ihnen noch sehr sehr nachträglich meinen Glückwunsch zu sagen zu der höchsten Ehrung, die einem Wissenschaftler zuteil werden kann, der Verleihung des Nobelpreises. Nachdem Sie das H-Kernmoment gemessen hatten, war das zwar ein Selbstläufer, die Tatsache der endlichen Verleihung aber ist doch dann eine hohe Genugtuung.[647]

Pacual Jordan war von 1947 bis 1953 Vertretungs- beziehungsweise Gastprofessor für Theoretische Physik an der Universität Hamburg, seit 1953 war er ordentlicher Professor, er bekleidete eine Forschungsprofessur ad personam; seit 1963 waren Jordan und Werner Döring (1911-2006) die Direktoren des I. Instituts für Theoretische Physik. 1970 wurde Jordan emeritiert, er starb am 31. Juli 1980 in Hamburg.

Der Ausgangspunkt für einen lebhaften Briefwechsel zwischen Stern und Jordan im Jahr 1963 war Sterns jüngste Publikation »On a Proposal to Base Wave Mechanics on Nernst's Theorem«, die 1962 in den »Helvetica Physica Acta« erschienen war;[648] das Thema war also wieder der 3. Hauptsatz der Thermodynamik. Stern versuchte abermals die klassische Thermodynamik im Lichte der neuen Quantenmechanik zu betrachten. Er hatte Jordan von dieser Arbeit einen Sonderdruck zukommen lassen. Am 4. Februar 1963 antwortete dieser: »Ihre Überlegungen sind mir sehr eindrucksvoll, und ich glaube, daß Sie grundsätzlich völlig recht haben. Eine Ausführung dieses Gedankenganges in mathematischer Präzision wird allerdings, so möchte ich vermuten, keinesfalls einfach sein, sondern im Gegenteil geradezu ein umfangreiches Forschungsprogramm darstellen.«[649] Stern, eigentlich schreibfaul, antwortete ziemlich schnell am 13. März 1963:

[...] über Ihren Brief vom 4.2. habe ich mich sehr gefreut. Ihre Idee, die Schwankungen aus dem 3. Hauptsatz nach Szilard abzuleiten ist mir sehr verlockend, ich sehe aber noch nicht ein, wie man das durchführt. Ich würde gern darüber und über anderes mit Ihnen sprechen. Ich beabsichtige bald nach Europa zu fahren. Falls alles klappt, bin ich ab 1. April für 3 Monate in Zürich. Meine Adresse: Pension Tiefenau, Zürich, Steinwiesstr. 8. Ich würde mich sehr freuen, wenn Sie mich dort besuchen könnten.[650]

Jordan teilte am 20. März 1963 Stern mit, dass er einen Besuch ermöglichen wolle und ließ Stern weitere Überlegungen zur Anwendung der Ideen von Szilard wissen. In den folgenden drei Briefen von Stern an Jordan vom 16. April, 6. und 13. Juni ging es vor allem um die Terminvereinbarung für die Zusammenkunft, die dann zwischen dem 21. bis 23. Juni 1963 stattfand.[651] Es gibt keine Nachrichten darüber, worüber bei dem Treffen gesprochen wurde oder welche wissenschaftlichen Überlegungen diskutiert wurden. Es ist nicht ausgeschlossen, dass sich Stern auch nach der Situation in Hamburg erkundigte oder dass Jordan ihn darüber informierte.

Otto Sterns Tod in Berkeley, Nachrufe, Nachlass

Am 1. August 1969 feierte Gerlach seinen 80. Geburtstag. Dies war der Anlass für seinen ehemaligen Doktoranden Wilhelm Schütz, »Persönliche Erinnerungen an die Entdeckung des Stern-Gerlach-Effektes« zu publizieren; sie erschienen 1969 in den »Physikalischen Blättern« (S. 343-345). Der Beitrag ist Walther Gerlach zu seinem 80. Geburtstag gewidmet. Wilhelm Schütz war an den Tagen des gelungenen Versuchs im Institut anwesend gewesen und hatte Stern das Telegramm mit dem Text »Bohr hat doch recht« geschickt.

Sterns Gesundheit ließ schon zu wünschen übrig, als er am 6. August 1969 einem Freund schrieb: »An der Physik (ich meine richtige Physik, nicht Weltraumreisen) bin ich noch immer sehr interessiert. Ich kann zwar seit langer Zeit keine Arbeiten mehr verfassen und verstehe die meisten Theorien nicht mehr, aber es gibt doch [andere] Probleme, an denen ich weiterhin arbeiten kann und das macht mir Freude.«[652]

Am 17. August 1969 starb Otto Stern in Berkeley während eines Kinobesuchs. Er fand seine letzte Ruhe auf dem Sunset View Cemetery and Mortuary im kalifornischen El Cerrito, wo seine Urne neben denen seiner Schwestern Berta und Elise sowie seines Schwagers Walter Joseph Kamm (1886-1954) begraben wurde.

So erschien im selben Band der »Physikalischen Blätter« mit dem Beitrag von Schütz auch der Nachruf von Gerlach »Otto Stern zum Gedenken« (S. 412-413). Gerlach ging in diesem Beitrag ebenfalls ausführlich auf das gemeinsame Stern-Gerlach-Experiment ein und würdigte den Menschen Otto Stern mit großen Worten. Am Ende seiner Ausführungen erwähnte Gerlach den Aschenbecher mit der Inschrift »Lichtstrahlen sind zum Brechen, Molekularstrahlen sind zum Kotzen«, den Stern bei allen seinen Umzügen bis nach Berkeley mitgenommen hatte.

Isidor Rabi verfasste einen Nachruf »Otto Stern, Co-discoverer of Space Quantization, Dies at 81«, der in »Physics Today« veröffentlicht wurde.[653] Auch Rabi beschrieb die gemeinsame Zeit in Hamburg. Den Menschen Stern beurteilte Rabi wie folgt:

His personality did not lend itself to intimacy. A bachelor, he lived alone, but was not what one would call a »loner«. Although he

276

Begräbnisstätte von Otto und Elise Stern auf dem Sunset View Cemetery and Mortuary in El Cerrito bei Berkeley, o. J.

cherished his privacy, he could also be excellent company, highly cultivated, liberal, and very much aware of what was happening in the world. Stern was one of the antistuffy generation of German professors who observed with a mixture of amusement and contempt the pomposity of their predecessors.[654]

Robert Schnurmann, der in Hamburg eine Zeitlang Sterns Assistent war, schrieb einen Nachruf mit dem Titel »Obituary. Professor Otto Stern, A Great Apostle of Classical Thermodynamics«, dieser Beitrag wurde am 22. August in der britischen Zeitung »The Times« veröffentlicht.[655] Schnurmann schilderte insbesondere die gemeinsame Zeit in Hamburg. Er hatte Stern wie folgt erlebt:

Stern lived a simple life, tempered by reasonable comfort. He was the most generous of men. He was an ideal administrator who delegated everything but really confidential matter. He was friend and father confessor of every member of his staff. He was of uncompromising integrity.[656]

Gedenkecke mit früheren Möbeln Otto Sterns an der Universität in Berkeley am
Department of Physical Chemistry, an Sterns ehemaligem Schreibtisch sitzend Dudley
Herschbach, rechts hinter ihm stehend Alan Templeton, o. J.

Die Universität in Berkeley sorgte für eine Gedenkecke, die mit früheren Möbelstücken von Otto Stern eingerichtet ist. Auf der Abbildung
sieht man rechts stehend Alan Templeton, den Großneffen von Otto
Stern, und links am Schreibtisch sitzend Dudley Herschbach.

Der hier gezeigte Schreibtisch und links das kleine Bücherregal
stammen aus dem Besitz von Otto Stern, sie waren von seiner Schwester Elise in den 1920er-Jahren entworfen worden. Nach Sterns Tod gelangten die beiden Möbelstücke in den Besitz von Lieselotte und David
Templeton. Diesem Ehepaar war es schließlich zu verdanken, dass die
Möbelstücke der Universität in Berkeley überlassen wurden und hier
das Fundament der Gedenkecke bilden.

Auf dem Schreibtisch befindet sich eine Gedenktafel mit einer kurzen Biografie Sterns, einer Würdigung seines Werkes sowie einem Bericht über seine Beziehungen zur Universität in Berkeley. Der letzte
Satz lautet: »The family wishes to see the furniture continue to serve
by being used in the Chemistry library.«

Die Bancroft Library in Berkeley ist älter als die Universität, ihre Geschichte reicht bis ins Jahr 1859 zurück. Sie erhielt ihren Namen nach Hubert Howe Bancroft (1832-1918), einem Historiker und Ethnologen. Seine umfangreichen Sammlungen wurden 1905 eingegliedert. Die Bancroft Library entwickelte sich im Laufe der Jahre zu einer Universitätsbibliothek und wurde eine der größten und bedeutendsten Bibliotheken in Kalifornien. Das Profil der Bibliothek wird folgendermaßen beschrieben:

> The Bancroft Library is the primary special collections library at the University of California, Berkeley. One of the largest and most heavily used libraries of manuscripts, rare books, and unique materials in the United States, Bancroft supports major research and instructional activities and plays a leading role in the development of the University's research collections.[657]

Die Bibliothek verfügt über mehrere Nachlässe, so zum Beispiel den Nachlass von Ernest Orlando Lawrence, den Nachlass des deutschen Chemikers Emil Fischer und eben auch den Nachlass von Otto Stern. Der Großteil seines Nachlasses kam 1985 in die Bancroft Library, es war das Ehepaar Lieselotte und David Templeton, das diese Entscheidung traf. Ein kleinerer zusätzlicher Teil wurde 2010, also nach dem Tod von Lieselotte und David Templeton, von deren Kindern Diana Killen Templeton und Alan Templeton der Bancroft Library überlassen. Der Nachlass, der in der Zwischenzeit auf 13 Mikrofilmen gesichert wurde, umfasst folgende Einheiten: »5 cartons, 1 volume, 1 oversize box, 1 oversize folder (ca. 6 linear feet)«. Der Nachlass besteht aus einer Sammlung von »Correspondence, Notes, Manuscripts« mit 298 Titeln (items) und einer »Otto Stern Photograph Collection«, die 143 Titel (items) umfasst. Die Dokumente sind gegenwärtig digital zugänglich.

Im Universitätsarchiv Frankfurt am Main befinden sich Kopien der 13 Mikrofilmrollen unter der Signatur Na 73. Der Bestand ist unerschlossen.

Nach Otto Sterns Tod

Von 1970 bis 1991 hatte die Universität Hamburg einen sehr beliebten Präsidenten, den evangelischen Theologen Peter Fischer-Appelt (*1932). Am 5. Oktober 1971 richtete der Chemiker Wolfgang Walter (1919-2005) einen Brief an den Präsidenten der Universität Hamburg mit der Bitte, das Doktordiplom von Immanuel Estermann, das 1921 überreicht worden war, zu erneuern.

Während des Zweiten Weltkrieges forschte Estermann über Radar und wechselte dann zum Manhattan-Projekt. Nach dem Zweiten Weltkrieg wurde er in Pittsburgh Associate Professor, wirkte aber ab 1951 am United States Office of Naval Research in Washington D.C., einer militärischen Forschungseinrichtung, wo er zunächst als Berater (consultant) und später als Leiter der Abteilung Materialwissenschaften arbeitete. 1959 wurde er Scientific Director am Office of Naval Research in der Londoner Zweigstelle, wo er 1964 pensioniert wurde. Estermann ging zurück nach Israel, das 1949 gegründet worden war; er war ja in Palästina aufgewachsen, wo seine Eltern seit 1925 lebten. Am Technion in Haifa wurde Immanuel Estermann Lidow Professor für Festkörperphysik. Seine letzte Arbeit war der Geschichte der Methode der Molekularstrahlen gewidmet: »History of Molecular Beam Research: Personal Reminiscences of the Important Evolutionary Period 1919-1933«.[658] Er konnte den Beitrag allerdings nicht mehr zu seinen Lebzeiten vollenden, dieser wurde 1975 posthum dank der Initiative von Samuel N. Foner (1920-2000) veröffentlicht.[659]

Wolfgang Walter war von 1969 bis 1986 Mitglied des Akademischen Senats der Universität Hamburg. Seinem Brief an den Präsidenten Peter Fischer-Appelt legte er folgende, bislang noch nicht veröffentlichte Laudatio bei:

Anlässlich der 50-jährigen Wiederkehr seiner Promotion zum Dr. rer. nat. durch die Mathematisch-Naturwissenschaftliche Fakultät der Universität Hamburg am 26.11.1971 erneuert der Fachbereich Chemie der Universität Hamburg Herrn Prof. Dr. Immanuel Estermann, Lidow-Professor für Festkörperphysik am Israel Institut für Technologie in Haifa, die Promotion zum Doctor rerum naturalium.

Der Fachbereich Chemie spricht diese Erneuerung mit besonderer Freude einem Wissenschaftler gegenüber aus, der – obwohl er sich schon sehr früh physikalischen Fragestellungen zuwandte und sein gesamtes wissenschaftliches Werk im Bereich der Physik der Materie geleistet hat – seinen Ursprung aus der Chemie nahm.

Immanuel Estermann promovierte 1921 im Institut für Physikalische Chemie der Universität Hamburg mit einer unter der Anleitung von Max Volmer angefertigten Dissertation »Über den Verdampfungskoeffizienten und seine Beziehung zur Ostwaldschen Stufenregel«. In seinem einfachen und klaren experimentellen Aufbau wird schon in seiner ersten selbständigen Arbeit ein grundlegender physikalischer Vorgang, das Verdampfen und Kondensieren von Flüssigkeiten und festen Stoffen, untersucht. Die Arbeit ist nach Worten seines späteren Lehrers Otto Stern »grundlegend geworden für die weitere Entwicklung des ganzen Wissenschaftsgebietes«.

Es folgen, zunächst zusammen mit Otto Stern, mehrere Arbeiten über Atom- und Molekularstrahlen. Auch in dieser Zeit kommt eine offenbar latent schon immer vorhandene Vorliebe zur Erforschung der Genese und des Aufbaus der Festkörper gelegentlich zum Durchbruch bei der Untersuchung von Problemen der Kondensation von Atomstrahlen zu festen Niederschlägen.

Nach der Habilitation in Physikalischer Chemie 1928 bei Otto Stern in Hamburg mit einer Habilitationsschrift über »Elektrische Dipolmomente von organischen Molekülen« tritt in den folgenden Jahren der wissenschaftlichen Arbeit in Pittsburgh, Washington, London und zuletzt in Haifa die so überaus fruchtbare und erfolgreiche Hinwendung zur Festkörperphysik ein, die in einem gleichmässigen, bis zur Gegenwart anhaltenden Strom von Veröffentlichungen über alle Bereiche dieses vielseitigen Gebietes ihren Niederschlag findet.

Der Fachbereich Chemie freut sich, in Immanuel Estermann einen bedeutenden Festkörperphysiker zu ehren. Des zum Zeichen wird diese Urkunde ausgefertigt und mit dem Siegel der Universität versehen.[660]

Es soll hier nicht unerwähnt bleiben, dass Wolfgang Walter, der seit 1964 an der Universität Hamburg eine Professur für organische Chemie bekleidete, sich intensiv mit der Biografie von Otto Stern beschäftigt und mehrere Beiträge zu diesem Thema veröffentlicht hatte.

Estermann starb am 30. März 1973 in Haifa. Schließlich wurden posthum zwei Stern-Biografien von Estermann veröffentlicht, die eine erschien 1976 im »Dictionary of Scientific Biography« und die andere 1989 in »Physiker und Astronomen in Frankfurt« von Klaus Bethge und Horst Klein.[661]

Im Jahr 1985 konnte der Fachbereich Physik den 100. Geburtstag des Bestehens des Physikalischen Staatslaboratoriums feiern, das am 1. Oktober 1885 gegründet worden war und aus dem nach der Gründung der Universität das Physikalische Staatsinstitut hervorgegangen war. In Verbindung damit stand auch die Ehrenpromotion von Isidor Isaac Rabi, die aber schon am 12. Juni 1985 gefeiert wurde.

Der Senat gab aus diesem Anlass im Rathaus einen Empfang. Zu den herausragenden Persönlichkeiten, die an der Feier teilnahmen, gehörten der Wissenschaftssenator Klaus Michael Meyer-Abich (1936-2018), der Universitätspräsident Peter Fischer-Appelt und Willibald Jentschke, der Gründungsdirektor von DESY. Meyer-Abich, in Hamburg geboren, hatte Physik, Philosophie und Wissenschaftsgeschichte studiert und wirkte seit 1972 als ordentlicher Professor für Naturphilosophie an der Universität Essen.

Wie das Programm zeigt, stammte die Laudatio von Peter Toschek. Aus Toscheks Nachlass geht hervor, dass diese dem Text entspricht, der in der Zeitschrift »uni HH« veröffentlicht wurde. Da Rabis Karriere in engem Zusammenhang mit Otto Stern und dessen Molekularstrahlmethode stand, soll diese Laudatio hier in voller Länge folgen:

I. I. Rabi wurde 1898 in Rymanov im damaligen österreichisch-Galizien geboren und kam in früher Kindheit mit seinen Eltern nach New York. Er studierte an der Cornell-Universität Elektrotechnik und Chemie. 1926 promovierte er in Physik an der New Yorker Columbia-Universität, der er bis heute verbunden blieb.

Von 1926 bis 28 nutzte er ein Reisestipendium zu Aufenthalten bei der physikalischen Avantgarde Europas: bei Arnold Sommerfeld in München, bei Niels Bohr in Kopenhagen, bei Max Born in Göttingen und bei Werner Heisenberg in Leipzig. Die längste Zeit, einein-

Zu Ehren von Prof. Dr. Isaac I. Rabi gab der Senat im Rathaus einen Empfang. Unser Bild zeigt in der Mitte den Nobelpreisträger für Physik (1944) im Gespräch mit Wissenschaftssenator Klaus-Michael Meyer-Abich (links) und Universitätspräsident Peter Fischer-Appelt. Im Hintergrund: Prof. Willibald Jentschke.
Foto: Lüttgen

Ein Nobelpreisträger, den Hamburg prägte

Isaac I. Rabi wurde Ehrendoktor des Fachbereichs Physik

Der Fachbereich Physik hat Prof. I. Isaac Rabi, New York, im Rahmen eines Festkolloquiums am 12. Juni die Würde eines Doktors der Naturwissenschaften ehrenhalber verliehen. Diese Ehrenpromotion steht im Rahmen der Feiern zur 100. Wiederkehr des Gründungstages des Physikalischen Staatsinstitutes (1.10.1885). I.I. Rabi war 1927/28 in Hamburg und hatte damals mit dem Experimentalphysiker Otto Stern und dem Theoretiker Wolfgang Pauli zusammengearbeitet. Alle drei erhielten später den Nobelpreis für Physik: Otto Stern im Jahre 1943, I. Isaac Rabi 1944 und Wolfgang Pauli 1945.

I.I. Rabi wurde 1898 in Rymanov im damaligen Österreichisch-Galizien geboren und kam in früher Kindheit mit seinen Eltern nach New York. Er studierte an der Cornell-Universität Elektrotechnik und Chemie. 1926 promovierte er in Physik an der New Yorker Columbia-Universität, der er bis heute verbunden blieb.

Von 1926 bis 28 nutzte er ein Reisestipendium zu Aufenthalten bei der physikalischen Avantgarde Europas: bei Arnold Sommerfeld in München, bei Niels Bohr in Kopenhagen, bei Max Born in Göttingen und bei Werner Heisenberg in Leipzig. Die längste Zeit,

eineinhalb Jahre, verbrachte er jedoch mit Otto Stern und Wolfgang Pauli an der Universität Hamburg.

Hier lernte er die Molekularstrahlmethode kennen, die er dann später in bewunderungswürdigen Experimenten virtuos einsetzte. Hier wurde er aber auch geprägt durch die Atmosphäre der heiteren wissenschaftlichen Neugier und der Begeisterung für die neue Atomphysik, die so charakteristisch waren für Otto Stern und seine Arbeitsgruppe.

Mehr als zehn Jahre lang widmete sich Rabi, wieder an der Columbia-Univer-

14

Ehrenpromotion von Isidor Isaac Rabi, Empfang im Rathaus, links Klaus Michael Meyer-Abich, rechts Universitätspräsident Peter Fischer-Appelt, im Hintergrund Willibald Jentschke, in der Bildmitte der 87-jährige Isidor Isaac Rabi, 12. Juni 1985

Programm:

Im Rahmen der Feiern zur 100. Wiederkehr
des Gründungstages des Physikalischen
Staatsinstituts lädt der Fachbereich Physik
der Universität Hamburg ein zu einem

Prof. Dr. J. Appel
(Stellv. Sprecher des Fachbereichs Physik): Begrüßung

Prof. Dr. H. Raether
(Institut für Angewandte Physik): "Zur Geschichte
des Physikalischen Staatsinstituts"

Prof. Dr. P. E. Toschek
(I. Institut für Experimentalphysik): Laudatio

FESTKOLLOQUIUM

Prof. Dr. J. Appel
(Stellv. Sprecher des Fachbereichs Physik): Überreichung der Urkunde über die Ehrenpromotion

Dr. P. Fischer-Appelt
(Präsident der Universität Hamburg): Ansprache

anläßlich
der Verleihung der Ehrendoktorwürde an

Prof. Dr. I. ISAAC RABI, New York

Prof. Dr. W. Paul
(Alexander von Humboldt-Stiftung und Universität
Bonn): "Speicherung von neutralen Teilchen"

Der Fachbereich Physik lädt die Teilnehmer des Festkolloquiums
zu einem kleinen Empfang ab 16.30 Uhr im Kursraum des
I. Instituts für Experimentalphysik ein.

am Mittwoch, den 12. Juni 1985, 17.00 Uhr
im Hörsaal I des I. Instituts für Experimentalphysik,
Jungiusstraße 9, 2000 Hamburg 36

Nach dem Festkolloquium findet ein festliches Abendessen im
Alsterpavillon, Jungfernstieg statt. Beginn um 19.30 Uhr.

Programm des Festkolloquiums anlässlich der Verleihung der Ehrendoktorwürde an
Prof. Dr. I. Isaac Rabi, New York

halb Jahre, verbrachte er jedoch mit Otto Stern und Wolfgang Pauli
an der Universität Hamburg.

Hier lernte er die Molekularstrahlmethode kennen, die er dann später in bewunderungswürdigen Experimenten virtuos einsetzte. Hier
wurde er aber auch geprägt durch die Atmosphäre der heiteren wissenschaftlichen Neugier und der Begeisterung für die neue Atomphysik, die so charakteristisch waren für Otto Stern und seine Arbeitsgruppe.

Mehr als zehn Jahre lang widmete sich Rabi, wieder an der Columbia-Universität, in freundschaftlichem Wettstreit mit Stern, der, 1933
von seinem Lehrstuhl verjagt, am Carnegie Institute of Technology
in Pittsburgh seine Arbeit fortsetzen konnte, einem der damals zentralen Probleme der Atomphysik: der Bestimmung der magnetischen
Momente des Protons und Deuterons. Rabi und seinen Mitarbeitern
gelang es, in einer Serie von ständig verbesserten Experimenten genaue Zahlenwerte zu ermitteln. Dies wurde ermöglicht durch die un-

vergleichliche Präzision der von Rabi ersonnenen Doppelresonanz-methode.

Ein weiterer Triumph dieser Methode wurde die überraschende Entdeckung des Quadrupolmomentes des Deuterons. Für diese Forschungen wurde Rabi im Jahr 1944 der Nobelpreis für Physik zuerkannt.

Die Nachkriegszeit sah Rabi in verantwortungsvollen Positionen der Forschungspolitik: als Mitglied und als Vorsitzenden des Allgemeinen Berater-Komitees der Atomenergiekommission der USA und des »Science Advisory Committee« bei vier amerikanischen Präsidenten. Als wissenschaftlicher Berater des Generalsekretärs der Vereinten Nationen rief er die »Internationalen Konferenzen für die friedliche Nutzung der Atomenergie« ins Leben und wirkte bei diesen als Vizepräsident.

Als einer der ersten regte er ferner die Gründung des Europäischen Kernforschungszentrum CERN – nach dem Modell des von ihm inspirierten Brookhaven National Laboratory – an und förderte diese für die gegenwärtige physikalische Forschung so entscheidende Institution nach Kräften.

In diesem Zusammenhang war es für die deutschen Physiker von besonderer Bedeutung, daß Rabi sie stets und ohne Vorbehalt als gleichwertige Partner betrachtete und schon bald nach dem Zusammenbruch der Unrechtsherrschaft in Deutschland Kontakte und Zusammenarbeit mit deutschen Physikern, etwa mit Hans Kopfermann, wieder aufnahm.

Rabis ausgeprägter Sinn für Fairness zeigte sich auch auf eindrucksvolle Weise bei der unerschrockenen Verteidigung seines Freundes Robert Oppenheimer, als dieser in den fünfziger Jahren durch die Angriffe engherziger Politiker in Bedrängnis geriet. Dieser praktische Gerechtigkeitssinn hat es ihm stets erlaubt, sein humanitäres Denken mit tiefer Liebe zu seinem Land zu vereinbaren. Nicht zuletzt diese Seiten von Rabis Wesen haben ihm eine große Zahl von Freunden in aller Welt zugeführt. Die Ehrung durch die Universität Hamburg soll aufzeigen, daß auch die Hamburger Naturwissenschaftler zu seinen Freunden und Bewunderern gehören.

Bei seinem jüngsten Aufenthalt in Hamburg hob I.I. Rabi noch einmal den prägenden Einfluß, den die Zusammenarbeit mit Stern und

Pauli für seine weitere wissenschaftliche Arbeit hatte, hervor. Seine damaligen Kenntnisse verglich er mit einem Libretto, noch ohne Noten. Es habe ihm die Berührung mit der lebendigen Tradition der Physik gefehlt. Erfolgreiche Arbeit in der Physik beruhe neben Einfallsreichtum und Experimentiergeschick auch wesentlich darauf, das Gefühl für die wesentlichen und interessanten Fragen zu entwickeln. Hierin seien die Erfahrungen in Hamburg unschätzbar gewesen.

In seiner eigenen Ansprache ging Rabi u.a. auch auf die Universalität und damit einigende Kraft naturwissenschaftlicher Forschung ein. Anders als in den Geisteswissenschaften (»humanities«), die von Werten geprägt seien und damit eher Trennendes betonten, könne »Science« in der Herangehensweise, den Methoden, auch der Art der Zusammenarbeit ein Beispiel geben für das Zusammenleben der Menschen miteinander.[662]

Den physikalischen Festvortrag zum Thema »Speicherung von neutralen Teilen« hielt damals Wolfgang Paul (1913-1993), bei dem Peter Toschek im Jahr 1961 promoviert hatte. Paul wurde vier Jahre später, 1989, mit dem Nobelpreis für Physik ausgezeichnet. Dieser Nobelpreis wurde geteilt, die Hälfte des Preises ging, wie bereits berichtet, an Norman Ramsey und je ein Viertel »for the development of the ion trap technique« an Hans G. Dehmelt (1922-2017) und Wolfgang Paul.

Rabi erwähnte bei seinem Aufenthalt in Hamburg auch: »Das Hamburg, das ich kannte, ist nicht mehr. Aber es ist wieder ein bedeutendes Zentrum der Physik.«[663] Er meinte damit sicher die Großforschungseinrichtung DESY; der Vorsitzende des Direktoriums von DESY war von 1981 bis 1993 Volker Soergel (1931-2022).

Am 3. November 1988 wurde vom damaligen Präsidenten der Universität Hamburg Peter Fischer-Appelt und einem Vorstandsmitglied der Patriotischen Gesellschaft an dem Institut, in dem Otto Stern so erfolgreich gewirkt hat, eine Gedenktafel mit folgendem Text enthüllt:

Nach Otto Sterns Tod

Hier wirkte von 1923 bis zu seiner Vertreibung
durch die Nationalsozialisten 1933
Professor Dr. Otto Stern
(1888-1969)
Direktor des Instituts für Physikalische Chemie
der Universität Hamburg.
Seine Leistungen und seine Persönlichkeit
machten die mathematisch-naturwissenschaftliche
Fakultät der Universität zu einem
Anziehungspunkt für Physiker aus aller Welt.
Für seine an diesem Institut
erarbeiteten Beiträge zur Entwicklung der
Molekularstrahlenmethode und der Entdeckung des
magnetischen Moments des Protons wurde
ihm 1943 der Nobelpreis für Physik verliehen.[664]

Auch wurde in diesem Gebäude ein Hörsaal nach Otto Stern benannt.

Peter Toschek wirkte seit 1972 als Professor der Physik an der Universität Heidelberg. Er galt als einer der Pioniere der Laserspektroskopie und gründete dort die erste deutsche Forschungsgruppe, die sich mit diesem Gebiet beschäftigte. 1981 wechselte er an die Universität Hamburg, wo er dafür sorgte, dass hier ein Institut für Laserphysik eingerichtet wurde. Toschek organisierte das Festkolloquium zu Ehren von Otto Sterns 100. Geburtstag im Februar 1988.

Der erste Festredner war Norman Ramsey, der an der Columbia University in New York City Mathematik studiert hatte. Nach einem Zwischenspiel im britischen Cambridge kehrte Ramsey an die Columbia University zurück, wo er sich der Gruppe um Isidor Isaac Rabi anschloss, das heißt, er arbeitete an der Weiterentwicklung der Stern'schen Molekularstrahlmethode. Er entdeckte zusammen mit einem Mitarbeiter das Quadrupolmoment des Deuterons. Nach seiner Promotion bei Rabi im Jahr 1940 ging Ramsey als Fellow der Carnegie Institution nach Washington D.C., wo er über die Neutron-Proton-Streuung und die Streuung von Neutronen an Heliumkernen forschte. Nach dem Zweiten Weltkrieg kehrte er zunächst an die Columbia University zurück, wechselte aber 1947 nach Harvard und brachte dort ein Labor für Molekularstrahlversuche auf den Weg.

Gedenktafel am Gebäude des Physikalischen Instituts der Universität Hamburg in der Jungiusstraße 9a

Der zweite Redner war Yuan Tseh Lee, der zusammen mit Dudley Herschbach und John Polanyi zwei Jahre vorher, 1986, mit dem Nobelpreis für Chemie ausgezeichnet wurde. Das Forschungsgebiet von beiden Rednern stand also in engstem Zusammenhang mit Sterns Molekularstrahlmethode. Peter Toschek beschrieb in seinem Artikel »Zum hundertsten Geburtstag von Otto Stern – Festkolloquium in Hamburg« die Vorträge:

Benennung eines Hörsaals nach Otto Stern, 2024

Im ersten Festvortrag zeigte Norman Ramsey auf – die physikalische Ideengeschichte der dreißiger bis siebziger Jahre nachzeichnend –, in welch erstaunlicher Breite Stern die Physik der letzten fünfzig Jahre beeinflußt hatte – bis hin zum Laser und zur Speicherung atomarer Teilchen. Im zweiten Vortrag demonstrierte Yuan Lee an höchst eindrucksvoll konzipierten Experimenten zur chemischen Reaktionskinetik – meist aus dem eigenen Labor –, wie die Molekularstrahltechnik erstmalig den Zugang zu einem quantitativen und detaillierten Verständnis der Molekularstrahltechnik und der Reaktionsmechanismen eröffnet hat.[665]

Peter Toschek führte zu den Vorträgen passend aus:

Sterns Schicksal bietet – falls es dessen noch bedürfte – ein bewegendes Beispiel dafür, wie der braune Wahn der dreißiger Jahre die besten, produktivsten Köpfe aus diesem Lande vertrieben und damit die Quellen wirtschaftlicher Kraft und kultureller wie wissenschaftlicher Inspiration in nicht wieder gutzumachender Weise zerstört hat. Die Beiträge zu dem Festkolloquium führten in ihrer Nüchternheit diesen Umstand den zahllosen Zuhörern fast schmerzhaft vor Augen.[666]

Norman Ramsey wurde ein Jahr später, 1989, mit dem Nobelpreis für Physik »for the invention of the separated oscillatory fields method and its use in the hydrogen maser and other atomic clocks« ausgezeichnet.

Auch die »Zeitschrift für Physik«, die ja in den Jahren von 1926 bis 1933 alle 30 »U. z. M.« veröffentlicht hatte, nahm an Sterns Jubiläum großen Anteil. Im Jahr 1988 waren von Band 10 die Hefte 2 und 3 Otto Stern sozusagen als Festschrift gewidmet.[667] Die einführenden Worte »An Homage to Otto Stern«, geschmückt durch ein Porträt Sterns, lieferte Dudley Herschbach (S. 109f.), dann kam Otto Stern selbst zu Wort, indem man seinen 1921 erschienenen Aufsatz »Ein Weg zur experimentellen Prüfung der Richtungsquantelung im Magnetfeld« sowohl im deutschen Original als auch in englischer Übersetzung veröffentlichte (S. 111-113, 114-116). Es ist die einzige Abhandlung von Stern, deren deutscher Originaltext ins Englische übersetzt wurde. An diese Beiträge schließt eine Liste von Sterns Publikationen an (S. 117-118). Sodann sollte eigentlich Rabi zu Wort kommen, der aber leider am 11. Januar 1988 gestorben war. Für Rabi sprang John Rigden (1934-2017) ein: »Otto Stern and the Discovery of Space Quantization, I.I. Rabi as Told to John Rigden« (S. 119-120).[668] Den Abschluss bildete Norman Ramseys Beitrag »Molecular Beams: Our Legacy from Otto Stern« (S. 121-125).[669] Diese Beiträge stellten den historischen Teil dar, der durch 30 Abhandlungen ergänzt wurde, in denen ausgewählte Wissenschaftler ihre an Stern anknüpfenden Weiterentwicklungen vorstellten.[670]

Fritz Stern, Historiker und Spezialist für das 19. und 20. Jahrhundert vor allem für die Geschichte Deutschlands, wurde in aller Welt ausgezeichnet und gefeiert, so auch an der Universität Hamburg. Im Jahr 1987 hielt er als erster ausländischer Staatsbürger im Deutschen Bundestag die Festrede zum 17. Juni. Stern kannte Hamburg und hatte 1991 und 1999 der Stadt einen offiziellen Besuch abgestattet. 1991 wur-

de die Ausstellung »ENGE ZEIT« eröffnet, eine erste Auseinanderset-
zung der Universität Hamburg mit dem »Dritten Reich«. Stern hielt
den Festvortrag über Albrecht Mendelssohn Bartholdy (1874-1936),
1999 nahm er an der Trauerfeier für den Historiker Fritz Fischer (1908-
1999) teil. Am 19. November 2002 wurde Fritz Stern die Bruno Snell-
Plakette überreicht, benannt nach dem Altphilologen Bruno Snell, der
zweimal, nämlich in den Jahren 1951/52 und 1952/53, das Amt des
Rektors an der Universität Hamburg bekleidet hatte. Diese Ehrung
wurde »für beispielhaftes Wirken in Wissenschaft und Gesellschaft«
verliehen und sollte eine engere Verbindung zwischen der geehrten
Persönlichkeit und der Universität Hamburg begründen.[671] An der
Veranstaltung nahmen auch der Altbundeskanzler Helmut Schmidt
(1918-2015) und seine Frau Hannelore »Loki« (1919-2010) teil. Die bei

dieser Feier gehaltenen Reden,
darunter die Laudatio von Barbara Vogel (*1940) sowie auch
die Dankesrede von Fritz
Stern, wurden im Jahr 2004
veröffentlicht. Stern begann
seine Rede mit folgenden Worten: »Es ist nicht leicht, meinen
Dank auszudrücken. Ich bin
dieser Universität verbunden,
daher empfinde ich die Ehre
umso mehr.«[672]

Das Jahr 1991 war für die
Universität Hamburg insofern
ein ganz besonderes Jahr, als
der Zeit des »Dritten Reiches«
intensive Aufmerksamkeit gewidmet wurde, so in Form der
umfangreichen, von Eckart
Krause (*1943), Ludwig Huber (1937-2019) und Holger
Fischer (*1946) herausgegebenen Publikation »Hochschulalltag im ›Dritten Reich‹. Die

Fritz Stern 2004 bei der Einstein-Ausstellung
in Frankfurt am Main

Hamburger Universität 1933-1945«. Ferner war vom 23. Februar bis 4. April 1991 die Ausstellung »ENGE ZEIT: Spuren Vertriebener und Verfolgter der Hamburger Universität« im Audimax der Universität Hamburg zu sehen, die unter der Ägide von Angela Bottin (*1957) unter Mitarbeit von Rainer Nicolaysen (*1961) entstanden war. Ein wichtiges Thema dieser Ausstellung war Otto Stern und sein so überaus erfolgreiches Institut. Auf S. 17 des Katalogs wurde das Institut von Otto Stern vorgestellt:

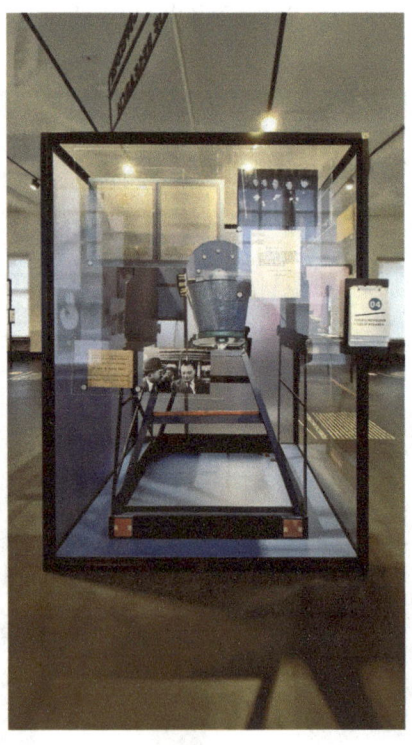

Die Vitrine »04 Forschungsfelder« mit Materialien über Otto Stern in der 2019 eröffneten Ausstellung über die Geschichte der Universität Hamburg im Hauptgebäude der Universität

In den Jahren von 1923 bis 1933 schuf Stern, der ehemalige Assistent von Albert Einstein, in Hamburg ein wissenschaftliches Zentrum von internationalem Rang. Seine programmatische Reihe »Untersuchungen zur Molekularstrahlmethode aus dem Institut für physikalische Chemie der Hamburgischen Universität« – erschienen in der »Zeitschrift für Physik« – dokumentiert die wegweisenden Arbeiten jener Zeit.[673]

Gleichzeitig wurden drei Abbildungen gezeigt, von denen zwei auch in die vorliegende Publikation Eingang fanden (S. 93 und S. 100). Die Abbildungen auf S. 143-152 waren »Otto Stern: Verstummen im Exil« gewidmet; in diesem sehr umfangreichen Kapitel wurden ebenfalls zahlreiche Abbildungen gezeigt, wobei die Abbildungen auf den S. 145, 147, 151 und 152 interessanterweise von Lieselotte Templeton beigesteuert wurden.[674] Es gab

Nach Otto Sterns Tod

also bereits damals Kontakte der Familie Templeton mit der Universität Hamburg.

Im Jahr 2019 feierte die Universität ihr 100-jähriges Bestehen. Auch hier wurde eine Ausstellung präsentiert, in der einige Ausschnitte aus ihrer reichhaltigen Geschichte gezeigt wurden. Kuratiert und gestaltet wurde die Ausstellung von Antonia Humm und Kirsten Weining; Antje Nagel wirkte als Projektleiterin. Die Präsentation erfolgte in Zusammenarbeit mit vielen verschiedenen Fachberaterinnen und Fachberater aus den jeweiligen Fakultäten. In der Vitrine »04 Forschungsfelder« wurde in einem ersten Teil »Otto Stern und die Hamburger Physik der 20er Jahre« in 14 Punkten mit zahlreichen Fotos und Kopien von Dokumenten vorgestellt, hier ein Ausschnitt: Otto Stern als Dekan und in seinem Hamburger Labor, das neue Institutsgebäude, die Überreichung des Nobelpreises sowie Kopien der Nobelpreisurkunde, Otto Stern und Pauli, die Ankündigung von Paulis Antrittsvorlesung am 23. Februar 1924, ein Dankesbrief von Hans Jensen für ein Care-Paket vom 11. November 1947, der Zeitungsausschnitt aus dem »Hamburger Fremdenblatt« vom 6. Februar 1932 mit dem Titel »Die Wellennatur der Materie« sowie schließlich das Telegramm von Otto Stern vom 29. Juni 1933 und der dazugehörige Brief, in dem er um seine Entlassung aus dem Staatsdienst bittet. Eine vollständige Dokumentation wurde im Internet zur Verfügung gestellt.[675] Einen Blick auf die Vitrine 04 bietet die Abbildung auf S. 292.

Aktivitäten in Frankfurt am Main

Aus der Universität Frankfurt am Main wurde im Jahre 1932 die Johann Wolfgang Goethe-Universität Frankfurt am Main beziehungsweise die Goethe-Universität Frankfurt am Main. Im Physikalischen Verein in Frankfurt am Main waren zum Beispiel Walther Gerlach seit 1924, Albert Einstein seit 1929 und Otto Stern seit 1930 Ehrenmitglieder. Sowohl die Universität als auch der Physikalische Verein hielten in Frankfurt das Gedenken an Otto Stern und insbesondere an das Stern-Gerlach-Experiment wach – doch intensiv begann man sich mit der Rolle von Stern und der Entwicklung des Experiments erst im 21. Jahrhundert zu beschäftigen. Als Beispiel sei erwähnt, dass Horst Schmidt-Böcking, der 1982 an die Universität Frankfurt am Main berufen wurde, über mehrere Jahre hinweg die Vorlesung »Einführung in die Atomphysik« im Gebäude des Physikalischen Vereins hielt. Dieses Gebäude, zwischen 1904 und 1907 errichtet, wird heute als die »Alte Physik« bezeichnet; die Adresse lautet Robert-Mayer-Straße 2-4. In dieser Vorlesung wurde auch das Stern-Gerlach-Experiment als der wichtigste Versuch bei der Erforschung der Quantenphysik besprochen. Schmidt-Böcking musste feststellen, dass kaum einer der Studenten, ja auch der Lehrenden, sich damals bewusst war, dass dieses Experiment nur in etwa 20 Metern Entfernung in den Räumen des Physikalischen Vereins stattgefunden hatte. Dieses Ereignis aus dem Jahr 1922 war in Frankfurt am Main einfach in Vergessenheit geraten. Das musste sich ändern!

Im Jahr 2002 fand zum 80. Jahrestag des Stern-Gerlach-Experimentes eine großartige Gedenkfeier statt, die Horst Schmidt-Böcking, zu dieser Zeit Prodekan des physikalischen Fachbereichs, organisierte; der Dekan war damals Walter Greiner (1935-2016), seit 1965 Direktor des Instituts für Theoretische Physik der Universität Frankfurt am Main. Als Redner konnten unter anderem die beiden Nobelpreisträger Richard Ernst und Dudley Herschbach gewonnen werden.

Rudolf Steinberg (*1943), Jurist, war damals Präsident der Universität Frankfurt am Main.

Bei dieser Feier wurde am Eingang der »Alten Physik« in der Robert-Mayer-Straße 2-4 eine Gedenktafel angebracht (siehe S. 297). Auf dieser etwa 80 Zentimeter hohen und etwa 100 Zentimeter breiten

Links Richard Ernst im Gespräch mit Dekan Walter Greiner, rechts Dudley Herschbach und Horst Schmidt-Böcking, der Organisator der Gedenkfeier, 2002

Messingtafel stand neben den Porträts von Stern und Gerlach folgender Text:

Im Februar 1922 wurde in diesem Gebäude des Physikalischen Vereins Frankfurt am Main von Otto Stern und Walther Gerlach die fundamentale Entdeckung der Raumquantisierung der magnetischen Momente in Atomen gemacht. Auf dem Stern-Gerlach-Experiment beruhen wichtige physikalisch-technische Entwicklungen des 20. Jahrhunderts, wie Kernspinresonanzmethode, Atomuhr oder Laser. Otto Stern wurde 1943 für diese Entdeckung der Nobelpreis verliehen.

Im Jahr 2011 beschloss das Präsidium der Goethe-Universität, das neue Hörsaal- und Bibliothekszentrum auf dem Campus Riedberg »Otto-Stern-Zentrum« zu nennen.

Es gab mit kleinem zeitlichem Abstand zwei Eröffnungsfeiern, die erste – in der eine Gedenktafel enthüllt wurde – war eher für die Wissenschaftler, die zweite für die Politiker gedacht. An dieser Stelle sollen nur Details zur ersten Feier folgen. Otto Sterns Großneffe Alan Templeton war aus Oakland angereist und hielt eine kurze Rede in Deutsch:

Stern-Gerlach-Gedenkfeier

Johann Wolfgang Goethe-Universität
Frankfurt am Main

Mittwoch, den 6. Februar 2002, 15.00 Uhr
Westend Campus, im Hörsaal des Casinos

Unter der Schirmherrschaft der Oberbürgermeisterin der Stadt Frankfurt am Main Petra Roth

Walter Greiner, Dekan
Horst Schmidt-Böcking, Prodekan
Rudolf Steinberg, Präsident

Dudley Herschbach *Richard R. Ernst*

Programm

15:00 Uhr	Musikalischer Auftakt Dorothea Höinghaus-Blockflöte Bettina Berg-Cembalo Hans Berg-Oboe G. P. Telemann Sonate D-Dur Soave - Allegro Assai
	Begrüßungen
15:30 Uhr	Prof. Dr. Reinhard Dörner J. W. Goethe-Universität Max Born, Albert Einstein und Henry Goldman- die Paten des Stern-Gerlach-Experimentes
15:45 Uhr	Nobelpreisträger 1986 Prof. Dr. Dudley Herschbach Harvard University Space Quantization: "Otto Stern`s Lucky Star"
16:30 Uhr	Enthüllung einer Gedenktafel
	Musik G. P. Telemann Sonate D-Dur Andante - Vivace
16:45 Uhr	Kaffee Pause
	Musik J. M. Leclair Sonate D-Dur Adagio - Allegro
17:15 Uhr	Nobelpreisträger 1991 Prof. Dr. Richard Ernst ETH Zürich: "Kernspin-Gymnastik. Von Stern-Gerlach zur Magnetresonanz-Tomographie"
18:15 Uhr	Musikalischer Ausklang J. B. Loeillet Sonate F-Dur Andante - Allegro

Links das Programm der Feier, rechts die Unterschriften von Dekan Walter Greiner, Prodekan Horst Schmidt-Böcking, Universitätspräsident Rudolf Steinberg sowie den beiden Ehrengästen Dudley Herschbach und Richard Ernst

Sehr geehrte Kollegen und Gäste, meine Damen und Herren, es ist mir eine unerwartete Freude und eine aufrichtige Ehrung, dass man sich heute an meinen lieben Großonkel, Otto Stern, in Frankfurt erinnert. Das ist eine großzügige Geste.

Neunzig Jahre trennen uns von der Zeit meines Großonkels in Frankfurt. Dazwischen warf die Geschichte Deutschlands einen langen Schatten. Es war nicht zufällig, dass Onkel Otto im Jahre 1933 Deutschland verlassen hat. Die Verbrechen der Vergangenheit sind unvergesslich und unverzeihlich.

Aber heute ist Deutschland eine reife und vertrauenswürdige Republik. Ich schätze die Bundesrepublik, und ich bewundere Herrn Professor Schmidt-Böcking. Er ist ein unermüdlicher Verteidiger

Gedenktafel am Gebäude in der Robert-Mayer-Straße 2-4 in Frankfurt am Main, o. J.

von Otto Sterns Rolle in der Geschichte der modernen Physik. Ich achte ihn sehr.

Ich bewundere auch die Vergrößerung und die starke Vitalität der Universität Frankfurt. Die neue Otto-Stern-Bibliothek und der Stern-Saal tragen dazu passend bei. Ich glaube, dass mein lieber Onkel diese Neuerung schätzen würde.

Jetzt möchte ich Ihnen einige Anekdoten über Otto erzählen. Als ich ein Kind war, wohnte Otto in einem schönen Haus in Kalifornien in der Nähe von uns, und wir besuchten ihn oft.

Es war meistens charmant und fröhlich. Trotz seiner berühmten Leistungen war sein Benehmen ziemlich bescheiden. Er war immer höflich, und war manchmal recht unkonventionell. Zum Beispiel hatte

Campus Riedberg der Universität Frankfurt am Main: das nach nach Otto Stern benannte neue Hörsaal- und Bibliothekszentrum, 2011

Otto einen großen Garten, den er vollständig wild wachsen ließ. Der Garten glich einem kleinen Märchenwald, den ich sehr liebte.

Es ist nicht überraschend, dass das wichtigste Zimmer in seinem Haus das Studierzimmer war. Dort hatte er einen wunderschönen, massiven Schreibtisch, der von seiner begabten Schwester, Elise Stern, entworfen war. Der große Holzschreibtisch war immer überladen mit Papieren und Gleichungen. Das ganze Zimmer wurde nie in Ordnung gebracht. Diese fröhliche Unordnung war für mich die Personifizierung von wissenschaftlichem Schaffensdrang, und ist es auch noch heute.[676]

In der »Frankfurter Rundschau« erschien am 25. November 2011 ein Bericht mit dem Titel »Das hätte ihm gefallen. Goethe-Uni ehrt den Nobelpreisträger Otto Stern / Großneffe extra aus den USA angereist«.[677]

Die Vizepräsidentin der Goethe-Universität war damals die spanisch-katalanische theoretische Festkörperphysikerin Roser Valentí. Im Hintergrund auf dem Foto (S. 299) nur undeutlich zu sehen ist ein kurzer Lebenslauf Otto Sterns bis 1943 sowie eine Skizze des Aufbaus des Stern-Gerlach-Experimentes.

Lebhafte Erinnerung: Alan Templeton (rechts) neben der Gedenktafel für seinen Großonkel Otto Stern. MICHAEL SCHICK

„Das hätte ihm gefallen"

Goethe-Uni ehrt den Nobelpreisträger Otto Stern / Großneffe extra aus den USA angereist

Von Astrid Ludwig

Alan Templeton erinnert sich noch genau an seinen Großonkel Otto Stern. „Er war ein höflicher, bescheidener Mensch und sehr unkonventionell." Stern lebte in einem Haus im kalifornischen Berkeley, unweit der Universität. Seinen Garten, erinnert sich Templeton, ließ der Großonkel verwildern. „Das war für mich als Kind eine kleine Märchenwelt." In dem Haus und Garten hat der Großonkel die handschriftlichen Briefe gelesen, die Albert Einstein ihm schrieb. Auch er wie Stern ein großer Physiker und Nobelpreisträger, ein Exilant und Flüchtling vor dem Nazi-Regime. Und Otto Sterns ehemaliger Chef an der Uni Prag.

Als Kind schon wusste Alan Templeton, dass der Bruder seiner Großmutter „ein sehr kluger Mann war, ein bedeutender Wissenschaftler – auch wenn er selbst nie mit seinen Leistungen geprahlt hat". Am Donnerstag steht der 51-Jährige gerührt im neuen Hörsaalzentrum auf dem Campus Riedberg, dem die Goethe-Universität den Namen „Otto-Stern-Zentrum" gegeben hat. Eine Gedenktafel zu Ehren des Großonkels wird enthüllt, das Präsidium der Universität ist da, der Architekt und Honoratioren. Vizepräsident Manfred Schubert-Zsilavecz würdigt Sterns große Verdienste für die Universität.

Die Vertreibung aus Deutschland blieb immer ein traumatisches Erlebnis

Der Physiker ist einer von 23 Nobelpreisträgern, die in den Annalen der Goethe-Uni stehen, doch der einzige, so Professor Horst Schmidt-Böcking, der einen wichtigen Teil seiner Nobelpreisarbeit auch in Frankfurt durchgeführt hat. Von 1919 bis 1922 forschte Stern an der Goethe-Uni. Schmidt-Böcking, selbst Physiker, hat eine Biografie über sein „Vorbild" Otto Stern geschrieben und unermüdlich dafür gesorgt, dass

der Name des Pioniers der Quantenphysik wieder in das Gedächtnis der Universität und der Öffentlichkeit rückt. Auf Sterns Forschungen, sagt Schmidt-Böcking, gehen die Erfindung der heutigen Atomuhr zurück, die Kernspintomographie oder der Laser. Er entwickelte die Grundlagen der Molekularstrahlmethode, mit der erstmals einzelne Atome vermessen werden konnten und für die er unter anderem 1943 die Stockholmer Weihen erhielt.

Weil er Jude war, flüchtete er Ende der 1930er Jahre in die USA. „Er nahm die amerikanische Staatsbürgerschaft an, aber kulturell blieb er immer ein Europäer", sagt sein Großneffe. Stern kehrte nach dem Krieg nie offiziell nach Deutschland zurück; auch die Rente, die die Universität Hamburg, sein letzter deutscher Arbeitgeber, ihm anbot, lehnte er ab. Die Vertreibung sei immer ein traumatisches Erlebnis für ihn geblieben, erinnert sich Templeton.

Die Familie habe nie Deutsch gesprochen, „höchstens, wenn er

meiner Mutter etwas sagen wollte, das wir Kinder nicht verstehen sollten". Templeton hält seine Dankesrede an diesem Morgen im Otto-Stern-Zentrum jedoch auf Deutsch. Seit einem Dreivierteljahr lernt er die Sprache und beherrscht sie bereits gut. Dass das Hörsaalzentrum auf dem Campus Riedberg nun Sterns Namen trägt, „das hätte ihm gefallen", ist Templeton sicher.

Obwohl der Mann, der für ihn wie ein Großvater war, Naturwissenschaftler war – Templetons Berufswahl war hat er nicht beeinflusst: Der 51-Jährige ist Schriftsteller geworden. Er verwaltet jedoch den Nachlass seines berühmten Familienmitglieds an der Universität von Berkeley. Dort steht Sterns Schreibtisch in der Bibliothek, und auch die Briefe, die Einstein ihm sandte, sind dort.

Eins hat der Großneffe jedoch von ihm gelernt: „Die Freiheit des Denkens. Anders zu denken als die meisten, Verbindungen herzustellen, die andere nicht sehen, und nichts unversucht zu lassen."

Gedenktafel für Otto Stern im Hintergrund, im Vordergrund in der Mitte die Vizepräsidentin der Goethe-Universität Roser Valentí und rechts neben ihr Alan Templeton

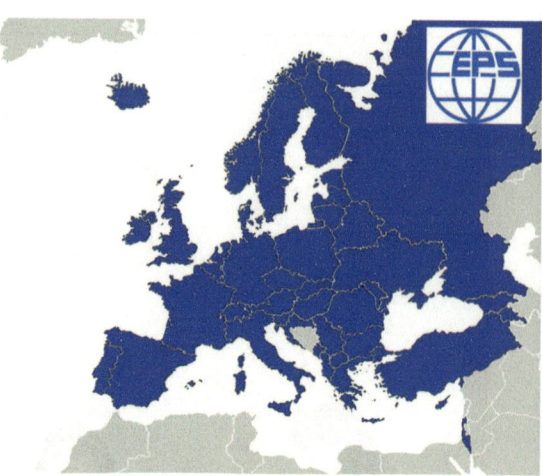

Historic-Site-Plakette am Gebäude der Alten Physik in Frankfurt am Main, Robert-Mayer-Straße 2-4

2014 verlieh die Europäische Physikalische Gesellschaft der Alten Physik der Universität Frankfurt am Main, Robert-Mayer-Straße 2-4, die Auszeichnung »Historic Site« (Weltkulturerbe der Wissenschaft) wegen des an dieser Stelle durchgeführten Stern-Gerlach-Experiments. Dort wurde eine Messingplakette in der Größe von etwa 85×45 Zentimetern angebracht:

Der folgende Text wurde auf der Plakette in Englisch und in Deutsch wiedergegeben, hier die deutsche Fassung:

In diesem Gebäude wurden in den Jahren 1919 bis 1922 im Institut von Max Born bahnbrechende physikalische Entdeckungen gemacht, die entscheidend zur Entwicklung der Quantenmechanik beigetragen haben. Das sind die Entwicklung der Molekularstrahlmethode im Jahre 1919 durch Otto Stern, für die er den Nobelpreis für Physik des Jahres 1943 erhielt, sowie der im Jahre 1922 erbrachte experimentelle Nachweis der Richtungsquantelung atomarer magnetischer Momente durch Otto Stern und Walther Gerlach, die damit auch erstmals die Drehimpulsquantelung in Atomen nachgewiesen haben. Max Born zusammen mit Elisabeth Bormann haben hier 1920 erstmals die freie Weglänge von Atomen und Gasen und die Größe von Molekülen gemessen. Alfred Landé hat hier 1921 erstmals die Drehimpulskopplung als die Grundlage der inneratomaren Elektronendynamik postuliert. In diesem Gebäude ist der Physikalische Verein Frankfurt (der älteste Deutschlands, gegründet 1824) zu Hause.

Die Plakette wurde aber erst am 3. September 2019 enthüllt: Auftraggeber war die EPS, die European Physical Society, die damit dieses Gebäude zum Gedenken an Max Born, Otto Stern, Walther Gerlach, Elisabeth Bormann und Alfred Landé als Historic Site auszeichnete.

Bereits im Oktober 2021 veröffentlichte die Deutsche Physikalische Gesellschaft (DPG) den Beitrag »100 Jahre Stern-Gerlach-Experiment«. Der Autor, Lutz Schröter, damals Präsident der DPG, ließ die Leser wissen: »Mit ihrem Experiment öffneten Stern und Gerlach ein weiteres bedeutendes Tor zur neuen Welt der Quanten. Die Quantenphysik erlaubt präziseste Vorhersagen, auch wenn sie der täglichen Erfahrung oft zuwiderzulaufen scheint. Ohne sie gäbe es aber weder Smartphones noch GPS-Navigation oder Laser.«[678]

Am 4. Februar 2022 erschien eine Pressemitteilung der Deutschen Physikalischen Gesellschaft, in der nochmals betont wurde:

Kaum ein Physikexperiment der vergangenen 200 Jahre hat einen so großen Einfluss auf die Wissenschaften gehabt wie das Stern-Gerlach-Experiment. Mit der von Otto Stern entwickelten Molekularstrahlmethode gelang es ihm und Walther Gerlach 1922 ein Messgerät zu bauen, mit dem sie das Innere von Atomen und später mit einer verbesserten Version sogar deren Kerne untersuchen und zeigen konnten, dass sich die Bausteine der Atome nicht nach den Gesetzen der klassischen Physik verhalten.[679]

Auch die »Frankfurter Allgemeine Sonntagszeitung« veröffentlichte am 4. Februar 2022 in ihrer Abteilung »Wissenschaft« einen vergleichsweise umfangreichen Artikel: »Stern & Gerlach«. Man sieht daran, dass das Interesse sowohl vonseiten der Physik als auch der Öffentlichkeit sehr groß war.

Am 8. Februar 2022, also genau zum 100. Jahrestag des Stern-Gerlach-Experimentes, fand in der Frankfurter Paulskirche die Gedenkfeier statt, ein wahrhaftig würdiger Ort für diesen Anlass. Veranstalter waren die Deutsche Physikalische Gesellschaft zusammen mit dem Physikalischen Verein Frankfurt am Main. Die Veranstaltung wurde per ZOOM in alle Länder übertragen. Trotz Corona hatten sich die Spitzen der Deutschen Physikalischen Gesellschaft und viele Physiker aus vielen deutschen Universitäten und Forschungszentren versammelt. Die Stadt Frankfurt am Main wurde vertreten durch ihre damalige Bürgermeisterin Nargess Eskandari-Grünberg, die das Grußwort beitrug; auch eine größere Zahl von Stadträten war anwesend. Es gab ein Dialoggespräch zwischen Dorothée Weber-Bruls, Präsidentin des Physikalischen Vereins, und Lutz Schröter, Präsident der Deutschen Physikalischen Gesellschaft. Die Festvorträge hielten die beiden Atomphysiker Horst Schmidt-Böcking aus Frankfurt am Main (»Das Stern-Gerlach-Experiment – Ein Meilenstein der Physikgeschichte«) und Klaus Blaum aus Heidelberg (»Stern-Gerlach in der Moderne – Präzisionsphysik mit gespeicherten Ionen«).[680]

Jüngster Nachbau des Stern-Gerlach-Versuchs im Auftrag von Horst Schmidt-Böcking

In den Räumlichkeiten des Physikalischen Vereins, also in der »Alten Physik«, existiert bereits ein Raum, in dem eine Ausstellung historischer Instrumente, darunter auch die noch vorhandenen Originalobjekte zu den von Stern in Zusammenarbeit mit Gerlach in Frankfurt am Main durchgeführten Versuchen. Dazu gehören die historischen Pumpen (Abb. S. 69) und das Mikroskop aus dem Besitz von Otto Stern (Abb. S. 232). Das Highlight der Ausstellung wird ein funktionsfähiger Nachbau des Stern-Gerlach-Experimentes sein, der bereits fertiggestellt ist.

Nachbau des Stern-Gerlach-Versuchs in Hamburg, Grindelallee 117

Es gibt bereits seit vielen Jahren einen ersten Nachbau des Stern-Gerlach-Experimentes, der in Hamburg im Erdgeschoss des gegenwärtigen Institutes für Physikalische Chemie in der Grindelallee 117 mit einer kurzen Erläuterung präsentiert wird. Details darüber, wann dieser Nachbau geschaffen wurde und wer der oder die Auftraggeber waren, ließen sich nicht mehr ermitteln.

Die Stern-Gerlach-Medaille

Stern-Gerlach-Medaille, hier das 2010 verliehene Exemplar

Seit 1988 vergibt die Deutsche Physikalische Gesellschaft (DPG) den Stern-Gerlach-Preis für besondere Leistungen auf dem Gebiet der Experimentalphysik. Dieser Preis wurde 1993 aufgewertet, seit dieser Zeit wird die Stern-Gerlach-Medaille jährlich vergeben. Die Medaille ist die höchste Auszeichnung der DPG für einen Experimentalphysiker und die höchste Auszeichnung, die diese Gesellschaft verleiht.

Das Pendant zur Stern-Gerlach-Medaille ist die Max-Planck-Medaille, die höchste Auszeichnung auf dem Gebiet der theoretischen Physik. Sie wird bereits seit 1929 jährlich vergeben. Die ersten ausgezeichneten Wissenschaftler waren Max Planck und Albert Einstein, im Jahr 1949 waren Otto Hahn und Lise Meitner die Preisträger.

Schlusswort

Otto Robert Frisch hielt 1979 in seinem Werk »Woran ich mich erinnere« fest:

> Das sogenannte Stern-Gerlach-Experiment machte sie beide berühmt. Sie konnten damit einige geradezu unglaubliche Konsequenzen der Quantentheorie bestätigen, die damals noch ziemlich neu war. Es war ihnen klar, daß es noch viele andere Erscheinungen gab, die auf dieselbe Weise untersucht werden konnten. Als Stern die Professur für physikalische Chemie in Hamburg erhielt, machte er sich an die Arbeit. Die Forschungen seiner Schule wurden in einer Reihe von Publikationen veröffentlicht mit dem Titel »U.z.M.« 1 bis »U.z.M.« 30 als Abkürzung für den Ausdruck »Untersuchungen zur Molekularstrahl-Methode«. In »U. z. M.« Nr. 1 (1926) skizzierte er das Forschungsprogramm, das im Laufe der nächsten Jahre tatsächlich durchgeführt wurde bis zu Hitlers Machtübernahme. Mit erstaunlicher Voraussicht plante er praktisch jedes durchführbare und wichtige Experiment. Stern wird als der Urgroßvater der Molekularstrahlen betrachtet; heute bin ich zusammen mit einigen anderen Schülern einer der Großväter geworden, die jeder auf seine Art den Einsatz dieser vielseitigen Technik verbreitet haben. Es ist immer noch weitgehend eine Familiensache, praktisch jedermann, der mit Molekularstrahlen arbeitet, kann seine »Abstammung« auf Stern zurückführen.[681]

Immanuel Estermann wollte kurz vor seinem Tod noch eine Geschichte der Molekularstrahlenmethode schreiben. Er konnte sein Werk allerdings nicht mehr vollenden. Es war geplant, in diesem Werk folgende drei historische Perioden zu betrachten:

> the first, the years 1911-1933, when the center of research in molecular beams was at the University of Hamburg; the second from 1933 to the outbreak of World War II, when the most active laboratory working in the field was at Columbia University; and the postwar period, when many laboratories on both sides of the Atlantic became actively engaged in this field.[682]

Die hier genannte Jahreszahl 1911 betrifft die erste Publikation über Molekularstrahlen »Sur la réalisation d'un rayonnement matériel d'origine purement thermique. Cinétique expérimentale«, die Louis Dunoyer (1880-1963) zu verdanken ist. Estermann vollendete nur das erste Kapitel »Personal reminiscences of the important evolutionary period 1919-1933«.[683] Aber seine 1959 erschienene Festschrift zu Ehren von Otto Sterns 70. Geburtstag lässt ahnen, an welche Autoren und Resultate Estermann für das dritte Kapitel gedacht hatte. An dieser Festschrift beteiligten sich außer Estermann 13 weitere Autoren, die neun Beiträge vorstellten. Darunter befanden sich zwei Nobelpreisträger, nämlich Norman Ramsey, der den »halben« Nobelpreis 1989 erhielt, und Polykarp Kusch (1911-1993). Letzterer, geboren in Blankenburg im Harz (Sachsen-Anhalt), seit 1912 in den USA lebend, wurde 1955 mit einem »halben« Nobelpreis »for his precision determination of the magnetic moment of the electron« ausgezeichnet. Besonders erwähnt sei hier der Beitrag von William Aaron Nierenberg »Molecular and Atomic Beams at Berkeley«. Nierenberg wirkte von 1950 bis 1965 zunächst als Associate Professor, später als Full Professor an der Universität in Berkeley. Er beschrieb in diesem Beitrag die erste Periode der Erforschung der Molekularstrahlen in Berkeley, die von 1926 bis 1933 reichte, sowie eine zweite Periode, die erst 1950 begann. Vielleicht gab es zu der Zeit Kontakte zwischen Nierenberg und Otto Stern. Allein dieser Band, den Estermann 1959 herausgab, macht deutlich, wie weit verbreitet und hoch entwickelt die Methode der Molekularstrahlen bereits in den 1950er-Jahren in den USA war.

An der Festschrift zu Ehren von Otto Stern im Jahr 1988 waren schon 75 Wissenschaftler beteiligt, die ihre aktuellen Forschungsergebnisse vorstellten. Unter diesen befanden sich einige Autoren, die nicht in den USA forschten, darunter auch einige deutsche Beiträger. Hier sei lediglich Peter Toschek erwähnt, der seit 1981 an der Universität Hamburg wirkte. Toschek selbst veröffentlichte 2007 eine Liste, in der er die wissenschaftliche Wirkung Sterns skizzierte, sie reicht bis Punkt 29 und endet mit »usw.« Darin wurden beispielsweise MASER, Cs-Atomuhren, Wasserstoff-MASER, Laseranregung und Lasernachweis von Atomstrahlen, Laserkühlung und Speicherung von Atomen erwähnt.[684]

Deutschland hatte 1933 nicht nur Otto Stern vertrieben, sondern dabei auch das so überaus fruchtbare Gebiet der Molekularforschung ad acta gelegt. Und es dauerte sehr, sehr lange, bis sich dieses Forschungsgebiet wieder in Deutschland etablieren konnte. Dies sollte all denjenigen Ländern zu denken geben, die aus welchen Gründen auch immer Wissenschaftler in die Emigration zwingen.

Die Methode der Molekularstrahlen ist ein Forschungsgebiet, das sich in relativ kurzer Zeit enorm ausgebreitet hat und wohl immer noch ausbreitet. Es gab noch einige weitere Nobelpreise, die für Forschungsergebnisse verliehen wurden, bei denen die Molekularstrahltheorie eine Rolle spielte. Diese Methode bietet ein überaus breites Spektrum an Anwendungsmöglichkeiten, sodass immer noch neue Ausrichtungen dazukommen. Wie es schon Otto Robert Frisch zum Ausdruck brachte: Der Stammvater der Theorie der Molekularstrahlen ist aber ist nur einer, nämlich Otto Stern.

Nachwort

Kurze Aufzählungen der Pioniere der Quantenphysik in Lehrbüchern und historischen Darstellungen enthalten in der Regel die Namen von Max Planck, Albert Einstein, Arnold Sommerfeld, Niels Bohr, Max von Laue, Werner Heisenberg, Erwin Schrödinger, Paul Dirac, Max Born und Wolfgang Pauli auf der theoretischen Seite und von Wilhelm Conrad Röntgen, Ernest Rutherford, Arthur Compton und James Franck auf der experimentellen. Die Aufzeichnungen im Archiv der Nobelstiftung sowie wissenschaftliche Korrespondenz, mündliche Überlieferungen und szientometrische Belege legen jedoch nahe, dass mindestens ein weiterer Name in die Liste aufgenommen werden sollte: der des »experimentierenden Theoretikers« Otto Stern. Sein Status wird durch die 82 Nobelpreisnominierungen belegt, die er im Zeitraum von 1901 bis 1950 erhielt. Damit war er der am häufigsten nominierte Kandidat für den Physik-Nobelpreis in den öffentlichen Aufzeichnungen, mit sieben Nominierungen mehr als Max Planck und 15 mehr als Albert Einstein. 30 Nominierungen entfielen auf das Stern-Gerlach-Experiment, 52 auf Sterns andere Arbeiten mit Molekularstrahlen. 1944 erhielt Otto Stern den ungeteilten Nobelpreis für Physik 1943 »for his contribution to the development of the molecular ray [beam] method and his discovery of the magnetic moment of the proton«.

Im Jahr 1919 entwickelte Stern einen experimentellen Ansatz zur Messung der internen Quanteneigenschaften einzelner isolierter Atome. Gemeinsam mit Walther Gerlach setzte er diesen Ansatz 1922 im Labor um und bewies, dass die von Arnold Sommerfeld und Peter Debye theoretisch vorhergesagte Richtungsquantelung nicht nur ein Hirngespinst der Mathematiker war, sondern tatsächlich existierte. Das Stern-Gerlach-Experiment (SGE) erwies sich als einer der Meilensteine auf dem verschlungenen Weg zur modernen Quantenphysik, der den Nachweis erbrachte, dass Quantenobjekte (Atome) ein Verhalten zeigen, das mit der klassischen Physik unvereinbar ist, und zwar auf andere Weise als durch Spektroskopie. Die meisten Experimente, die den Weg zur Quantenmechanik ebneten, waren eine Ansammlung von Daten, die einer Erklärung bedurften. Das Stern-Gerlach-Experiment war jedoch anders: Mit ihm sollte getestet werden, ob die Annahmen der Quantentheorie, wie sie im Bohr-Sommerfeld-Debye-Modell des Atoms verankert waren, richtig waren oder nicht.

Das Stern-Gerlach-Experiment wurde als Frage an die Natur entwickelt, um zwischen einer klassischen und einer Quantenbeschreibung des atomaren Verhaltens zu unterscheiden, und entschied eindeutig zugunsten des Letzteren. Stern erwartete, dass das SGE das Bohrsche Modell widerlegen würde. Denn kurz nachdem Niels Bohr 1913 die erste Folge seiner Atommodell-Trilogie veröffentlicht hatte, schwor Stern – gemeinsam mit seinem engen Kollegen und Freund Max von Laue –: »Wenn an diesem Bohrschen Unsinn etwas dran wäre, werden wir die Beschäftigung mit Physik aufgeben.«

Ein Großteil der Quantenmechanik, wie wir sie kennen, ist im Stern-Gerlach-Experiment verkörpert. Ob Quantenmessung, Zustandsvorbereitung, Kohärenz oder Verschränkung – abgesehen von der Quantisierung des Drehimpulses und seiner räumlichen Projektionen –, das SGE hat alles. Seine begriffliche Klarheit hat das SGE zu einem Prototyp für unser Denken über Quantensysteme und die quantenklassische Korrespondenz gemacht.

Aus dem SGE haben sich neue Perspektiven sowie weitreichende Anwendungen entwickelt. Dazu gehören die Prototypen der magnetischen Kernresonanz (NMR), des optischen Pumpens, des Lasers und der Atomuhren sowie einschneidende Entdeckungen wie das magnetische Moment des Protons und des Deuterons, die die Kernphysik einleiteten, oder die Lamb-Verschiebung und die anomale Zunahme des magnetischen Moments des Elektrons, welche die Quantenelektrodynamik begründeten.

Unser Verständnis des SGE wurde in Diskussionen über die Realisierbarkeit eines Stern-Gerlach-Interferometers auf die Probe gestellt. Die Möglichkeit der Rekombination der beiden vom Stern-Gerlach-Magneten geteilten Strahlen und ihrer anschließenden Interferenz wurde 1988 von Julian Schwinger, Marlan Scully und Berthold-Georg Englert analysiert. Sie verglichen den Durchgang der Atome durch den Stern-Gerlach-Magneten mit dem »großen Fall« von Humpty Dumpty und kamen (wie schon Eugene Wigner vor ihnen) zu dem Schluss, dass es »technische und grundsätzliche Grenzen für die Realisierbarkeit des [Stern-Gerlach-Interferometers]« gebe, das heißt, dass man »Humpty Dumpty nicht wieder zusammensetzen« könne. Doch

Ron Folman und andere hatten 2019 gezeigt, dass das Stern-Gerlach-Interferometer realisierbar ist, dass man also Humpty Dumpty wieder zusammensetzen kann, wenn alle Teile genau genug zusammenpassen. Abgesehen davon, dass es unser Verständnis des SGE prägt, nimmt das Stern-Gerlach-Interferometer wegen seiner kubischen Phasenskalierung einen besonderen Platz unter den Materiewellen-Interferometern ein.

Im Mittelpunkt des Stern-Gerlach-Experiments, das 1921 bis 1922 in Frankfurt am Main durchgeführt wurde, stand die so genannte Molekularstrahlmethode, die Stern und seine Mitarbeiter zwischen 1923 und 1933 an der Universität Hamburg weiterentwickelten und nutzbar machten. Während der Hamburger Zeit erbrachten die Experimente von Sterns Gruppe den Nachweis für andere wichtige Manifestationen der Quantennatur der Materie, wie die Beugung der Materiewellen des He-Atoms an einer Kristalloberfläche oder die anomalen magnetischen Momente des Protons und des Deuterons. In den darauffolgenden Jahrzehnten wurde Sterns Molekularstrahlmethode weltweit von der Physik und der physikalischen Chemie übernommen, und 26 Nobelpreise wurden für Arbeiten verliehen, die auf dieser Methode beruhen, darunter die Preise für MASER, NMR und die Atomuhr in der Physik sowie für die Dynamik chemischer Reaktionen und Elektrospray in der Chemie. Die Auswirkung der Molekularstrahlmethode kann als Bestätigung der These von Freeman Dyson dienen, dass »der Effekt einer konzeptgesteuerten Revolution darin besteht, alte Dinge auf neue Weise zu erklären. Der Effekt einer werkzeuggetriebenen Revolution besteht darin, dass neue Dinge entdeckt werden, die erklärt werden müssen.«

1927 kam Isidor Rabi nach Europa und arbeitete zeitweise mit Arnold Sommerfeld, Werner Heisenberg, Niels Bohr und Wolfgang Pauli zusammen – letzterer in Hamburg, wo Rabi den Verlockungen des Molekularstrahllabors von Otto Stern erlag. Wie Rabis Schüler Norman Ramsey feststellte, war Rabis Arbeit in Sterns Labor entscheidend dafür, dass sich sein Interesse auf die Molekularstrahlforschung richtete. Rabi wurde Sterns wichtigster Korrespondent zum Thema Molekularstrahlen, und nach Sterns erzwungener Emigration im Jahr 1933 übernahm Rabis Labor an der Columbia University von Stern die Vorreiterrolle in der Molekularstrahlforschung.

Auf Initiative von Dudley Herschbach erschien 1988 in der »Zeitschrift für Physik« ein Sonderheft »In memoriam Otto Stern on the 100th anniversary of his birth« mit Beiträgen von Sterns Geistesverwandten jüngeren Datums. Vier der Beitragenden des Stern-Sonderheftes wurden inzwischen Nobelpreisträger.

Die Deutsche Physikalische Gesellschaft würdigte 1992 das Vermächtnis von Otto Stern und Walther Gerlach, indem sie parallel zur bestehenden Max-Planck-Medaille für hervorragende theoretische Leistungen eine neue Auszeichnung, die »Stern-Gerlach-Medaille«, für hervorragende Leistungen in der Experimentalphysik einführte.

Die erste Monografie über Otto Sterns Leben und Werk, »Otto Stern. Physiker, Querdenker, Nobelpreisträger«, erschien 2011, verfasst von Horst Schmidt-Böcking und Karin Reich. Im Jahr 2019 fand an der Universität Frankfurt ein »Otto-Stern-Fest« zum 100-jährigen Jubiläum der quantitativen Experimente mit Molekularstrahlen statt, die Otto Stern dort erstmals 1919 durchführte. Auf dem Fest wurden 48 Vorträge und 35 Poster vor einem internationalen Publikum von 114 Teilnehmern präsentiert. Das Symposium stand unter dem Vorsitz von Dudley Herschbach und J. Peter Toennies (Max-Planck-Institut für Dynamik und Selbstorganisation, Göttingen) und wurde als 702. Heraeus-Seminar präsentiert. Die Europäische Physikalische Gesellschaft (EPS) hat den Fachbereich Physik in Frankfurt als »EPS Historic Site« anerkannt. Eine entsprechende Tafel wurde im Rahmen des Otto-Stern-Festes von der Präsidentin der EPS, Petra Rudolf, der Präsidentin der Universität Frankfurt, Birgitta Wolff, und dem Präsidenten der Deutschen Physikalischen Gesellschaft, Dieter Meschede, enthüllt. Die EPS Historic Site würdigt die Arbeiten von Max Born, Otto Stern, Walther Gerlach, Elisabeth Bormann und Alfred Landé, die in den Jahren 1919 bis 1922 in Frankfurt durchgeführt wurden.

Im Jahr 2021 erschien der Band »Molecular Beams in Physics and Chemistry: From Otto Stern's Pioneering Exploits to Present-Day Feats«, herausgegeben von Bretislav Friedrich und Horst Schmidt-Böcking, der sowohl die Geschichte als auch den aktuellen Stand der Molekularstrahlforschung ausführlich darstellt.

Der Schwerpunkt der vorliegenden Publikation »Otto Stern (1888-1969) und seine Jahrhundertexperimente, die die Welt der Physik revolutionierten« liegt auf Sterns Zeit in Hamburg von 1924 bis 1933 und auf seinen Beziehungen zu seinen Kollegen in dieser Zeit und danach. Das Buch berichtet, wie Stern nach seiner Emigration 1933 unermüdlich daran arbeitete, anderen Vertriebenen, vor allem Hamburger Kollegen, bei der Arbeitssuche in den USA zu helfen. Dies gelang ihm meist gemeinsam mit anderen Emigranten wie Walter Baade, James Franck, Richard Courant. Manchmal unterstützte Stern die Emigranten auch finanziell aus eigener Tasche. Nach dem Zweiten Weltkrieg schickte er Care-Pakete aus den USA an Kollegen und Freunde in Deutschland.

Nach Sterns Tod im Jahr 1969 schrieb Gerlach in den »Physikalischen Blättern«: »Wer ihn kannte, schätzte seine Aufgeschlossenheit – er war ein Grandseigneur! –, seine unbedingte Zuverlässigkeit, die bei seiner schnellen Reaktion oft nicht einfachen, aber fruchtbaren Diskussionen und – wer Sinn dafür hatte – seine bis zum Sarkastischen gehenden, stets überlegten Urteile über Sachen und Personen; bonzenhaftes, aber auch schlechtes Benehmen waren ihm zuwider.«

Wie treffend Gerlachs Charakterisierung Sterns war, zeigt die jüngste Arbeit über Otto Sterns Leben und Vermächtnis.

Prof. em. Dudley Herschbach, Ph. D.
Department of Chemistry, Harvard University, Cambridge, USA

Prof. em. Bretislav Friedrich, Ph. D.
Fritz-Haber-Institut der Max-Planck-Gesellschaft, Berlin

Anmerkungen

Einleitung

1 Segrè, Otto Stern, S. 231.
2 Briefwechsel Humboldt-Gauß, S. 88.
3 Otto Sterns gesammelte Briefe, Bd. 1, S. 1-3.
4 Ebd., S. 6.

Breslau 1892–1912

5 Bancroft Library, Nachlass Otto Stern, Bk0016n9b5q-ZeugnisFID1, S. 15 und 16.
6 Zeitschrift für Physikalische Chemie 1 (1887), S. 1, 2 und 4.
7 Nernst, Über die elektromotorischen Kräfte.
8 Jaenicke, Bunsen-Gesellschaft, S. 219.
9 Sexl; Hardy, Lise Meitner, S. 24-27, 32-34.
10 Otto Sterns gesammelte Briefe, Bd. 2, S. 21.
11 Jaenicke, Bunsen-Gesellschaft, S. 205, 219.
12 Otto Sterns Veröffentlichungen, Bd. 1, S. 80.
13 Sackur, Über den Einfluß gleichioniger Zusätze.
14 Otto Sterns Veröffentlichungen, Bd. 1, S. 39-80.
15 Ebd., S. 78.
16 Ebd., S. 79.
17 Ebd., S. 39-80 (S 1), S. 81 f. (S 1a), S. 83-117 (S 2).
18 Stern, Lösungen.
19 Stern, Osmotische Theorie.
20 Sackur, Lehrbuch der Thermochemie; Sackur, A Text Book of Thermo-Chemistry.
21 Auerbach, Otto Sackur; Herz, Otto Sackur.
22 Carl Julius Cranz (1858-1945), technischer Physiker, Spezialist für Ballistik.
23 Otto Sterns gesammelte Briefe, Bd. 1, S. 16.
24 Ebd., S. 23.
25 Ebd., S. 24.
26 Ebd., S. 24.

Prag und Zürich: Zusammenarbeit mit Albert Einstein 1912–1914

27 Gutfreund, Otto Stern.
28 Einstein, Bestimmung der Moleküldimensionen.
29 Siehe https://idw-online.de/de/news800558 (letzter Zugriff: 16. November 2023).
30 Der Nobelpreis wurde ihm ein Jahr später 1922 überreicht.
31 Einstein, Collected Papers, Bd. 5, S. 621.

32 Zu den genannten Daten siehe Einstein, Collected Papers, Bd. 1, S. 182-192.
33 Schmidt-Böcking; Reich, Otto Stern, S. 24.
34 Otto Sterns gesammelte Briefe, Bd. 1, S. 56f.
35 Einstein; Stern, Argumente, in: Otto Sterns Veröffentlichungen, Bd. 1, S. 139-149; Einstein, Collected Papers, Bd. 4, S. 275-285.
36 Otto Sterns Veröffentlichungen, Bd. 1, S. 149; Einstein, Collected Papers, Bd. 4, S. 284.
37 Einstein, Collected Papers, Bd. 4, S. 270, 272; Gutfreund, Otto Stern, S. 91-93.
38 Otto Sterns gesammelte Briefe, Bd. 1, S. 20-22; Einstein, Collected Papers, Bd. 5, S. 535-536.
39 Otto Sterns gesammelte Briefe, Bd. 1, S. 22.
40 Otto Sterns Veröffentlichungen, Bd. 1, S. 123-138.
41 Otto Sterns gesammelte Briefe, Bd. 1, S. 328.
42 Laue, Über die Interferenzerscheinungen.
43 Otto Sterns Veröffentlichungen, Bd. 1, S. 151-179.
44 Otto Sterns gesammelte Briefe, Bd. 2, S. 12; Einstein, Collected Papers, Bd. 8A, S. 29f.
45 Otto Sterns Veröffentlichungen, Bd. 1, S. 182.
46 Ebd., S. 181-200, sowie Bd. 2, S. 39-63.
47 Otto Stern gesammelte Briefe, Bd. 2, S. 32-38 (Briefe Nr. 61, 62, 64, 66, 68); Einstein, Collected Papers, Bd. 5, S. 262-276 (Briefe Nr. 191, 192, 198, 201, 205).
48 Einstein, Die Grundlage der allgemeinen Relativitätstheorie.
49 Otto Sterns gesammelte Briefe, Bd. 3, S. 4.

Frankfurt am Main, Kriegsdienst, Berlin 1914–1919

50 Physikalischer Verein, Stillt Wissen, S. 7.
51 Trageser, Stern-Stunden, S. 12-17.
52 Physikalischer Verein, Stillt Wissen, S. 22-27.
53 Laues gesamtes Gutachten in: Otto Sterns gesammelte Briefe, Bd. 1, S. 27f.
54 Otto Sterns gesammelte Briefe, Bd. 1, S. 45f.
55 Karl Wilhelm Franz Linke (1878-1944), Direktor des meteorologischen und geophysikalischen Instituts der Universität Frankfurt; Max Seddig (1877-1963) außerordentlicher Professor für Physik ebenda.
56 Templeton, L., My Uncle Otto Stern, S. 27; Templeton, A., My Great Uncle, S. 33.
57 Otto Sterns gesammelte Briefe, Bd. 1, S. 39.
58 Volmer, Photographische Umkehrungserscheinungen.
59 Volmer, Die verschiedenen lichtelektrischen Erscheinungen am Anthracen. StA Hbg., 361-6 Hochschulwesen, Dozenten- und Personalakten, Sign. I 0402.
60 Blumtritt, Max Volmer, S. 70, Abbildung der Patentschrift S. 18f.
61 Stern; Volmer, Über die Abklingungszeit, in: Otto Sterns Veröffentlichungen, Bd. 2, S. 79-85.
62 Ebd., S. 85.
63 Schmidt-Böcking; Reich, Otto Stern, S. 44.
64 Stern; Volmer, Abweichungen der Atomgewichte, in: Otto Sterns Veröffentlichungen, Bd. 2, S. 87-101.

65 Ebd., S. 101.
66 Pusch, Über die Zeitreaktion.
67 Blumtritt, Max Volmer, S. 20.
68 Stern; Volmer, Bemerkungen zum photochemischen Äquivalentgesetz, in: Otto
    Sterns Veröffentlichungen, Bd. 2, S. 119-132.
69 Otto Sterns gesammelte Briefe, Bd. 1, S. 42.
70 Born, Mein Leben, S. 249-255.
71 Born; Stern, Über die Oberflächenenergie der Kristalle, in: Otto Sterns Ver-
    öffentlichungen, Bd. 2, S. 65-78.
72 Hermann, Wie die Wissenschaft ihre Unschuld verlor, S. 94-103.
73 Hoffmann, K., Schuld und Verantwortung, S. 85.
74 Born, Mein Leben, S. 261.

Die Physik an der Universität Frankfurt am Main nach dem Ersten Welt-krieg

75 Ebd., S. 260.
76 Landé, Zur Methode der Eigenschwingungen in der Quantentheorie.
77 Otto Sterns gesammelte Briefe, Bd. 1, S. 42f.
78 Siehe Schmidt-Böcking; Gruber; Friedrich, One hundred years ago Alfred
    Landé.
79 Einstein, Collected Papers, Bd. 9, S. 571, 573.
80 Ebd., S. 142.
81 Otto Sterns gesammelte Briefe, Bd. 1, S. 44f.
82 Einstein, Collected Papers, Bd. 9, S. 460.
83 Otto Sterns gesammelte Briefe, Bd. 1, S. 46.
84 Ebd., S. 48f.
85 Einstein, Collected Papers, Bd. 10, S. 335f.
86 Ebd., Bd. 12, S. 81.
87 Born, Mein Leben, S. 285.
88 Otto Sterns gesammelte Briefe, Bd. 3, S. 4f.; Otto Sterns Veröffentlichungen,
    Bd. 2, S. 133-134.
89 Dunoyer, Sur la réalisation; Dunoyer, Sur la résonance optique des gaz.
90 Trageser, Stern-Stunden, S. 117f.
91 Elisabeth Bormann (1895-1986), Physikerin.
92 Adolf Schmidt.
93 Born, Mein Leben, S. 264.
94 Ebd., S. 269.
95 Otto Sterns Veröffentlichungen, Bd. 2, S. 143-151.
96 Ebd., S. 153-158.
97 Ebd., S. 133-134.
98 Otto Sterns Veröffentlichungen, Bd. 2, S. 151.
99 Dissertation: Gerlach, Eine Methode zur Bestimmung der Strahlung. Habilita-
    tionsschrift: Gerlach, Experimentelle Untersuchungen. Siehe Huber; Schmidt-
    Böcking; Friedrich: Walther Gerlach, S. 129-133.
100 Huber, Walther Gerlach (1889-1979), S. 285.
101 Ebd., S. 285.

102 Ebd., S. 285.
103 Born, Mein Leben, S. 264 f.
104 Einstein, Collected Papers, Bd. 12, S. 81.
105 Otto Sterns Veröffentlichungen, Bd. 2, S. 159-164.
106 Gerlach; Stern, Über die Richtungsquantelung im Magnetfeld, in: Otto Sterns Veröffentlichungen, Bd. 2, S. 212.
107 Gerlach; Stern, Der experimentelle Nachweis des magnetischen Moments, in: Otto Sterns Veröffentlichungen, Bd. 2, S. 165-167.
108 Gerlach, Otto Stern zum Gedenken, S. 413.
109 Niels Bohr Archiv, Kopenhagen.
110 Schütz, Persönliche Erinnerungen an die Entdeckung, S. 345.
111 Otto Sterns gesammelte Briefe, Bd. 2, S. 116.
112 Pauli, Wissenschaftlicher Briefwechsel, Bd. 1, S. 55.
113 Friedrich; Herschbach, Stern and Gerlach: How a Bad Cigar Helped, S. 57.
114 Landé, Schwierigkeiten in der Quantentheorie.
115 Gerlach; Stern, Der experimentelle Nachweis der Richtungsquantelung, in: Otto Sterns Veröffentlichungen, Bd. 2, S. 169-173.
116 Ebd., S. 173.
117 Gerlach; Stern, Das magnetische Moment des Silberatoms, in: Otto Sterns Veröffentlichungen, Bd. 2, S. 175-178.
118 Ebd., S. 178.
119 Gerlach; Stern, Über die Richtungsquantelung im Magnetfeld, in: Otto Sterns Veröffentlichungen, Bd. 2, S. 207-234.
120 Ebd., S. 224-225.
121 Gerlach, Über die Richtungsquantelung im Magnetfeld II, in: Otto Sterns Veröffentlichungen, Bd. 4, S. 151-186.
122 Otto Sterns Veröffentlichungen, Bd. 4, S. 114.
123 Gerlach, Otto Stern zum Gedenken, S. 413.
124 Trageser, Der Stern-Gerlach-Effekt.
125 Huber, Walther Gerlach (1889-1979).
126 Toschek, Otto Stern (1888-1969) in Hamburg, S. 153-163. Friedrich; Schmidt-Böcking, Otto Stern's Molecular Beam Method and Its Impact on Quantum Physics.
127 Huber, Walther Gerlach (1889-1979), S. 478, 483; der Text des Telegramms auch in: Otto Sterns gesammelte Briefe, Bd. 2, S. 125.
128 Schmidt-Böcking; Reich, Otto Stern, S. 47.
129 Ebd., S. 89.
130 Otto Sterns gesammelte Briefe, Bd. 2, S. 282 f. Ebenso in: Einstein, Collected Papers, Bd. 14, S. 220 f.

Rostock 1921–1922

131 Einstein, Collected Papers, Bd. 14, S. 385.
132 Mahnke; Mitschke, 100 Jahre Physikalisches Institut; Mahnke, Otto Stern; siehe auch: https://cpr.uni-rostock.de/resolve/id/cpr_person_00002339 (letzter Zugriff: 16. November 2023).
133 Mahnke; Ulbricht, Zur Entwicklung der Physik.

134 Otto Sterns gesammelte Briefe, Bd. 1, S. 55.
135 Mahnke; Mitschke, 100 Jahre Physikalisches Institut.
136 Ebd.; Mahnke, Otto Stern.
137 Otto Sterns Veröffentlichungen, Bd. 2, S. 179-185.
138 Ebd., S. 180, 185.
139 Estermann; Stern, Über die Sichtbarmachung dünner Silberschichten, in: Otto Sterns Veröffentlichungen, Bd. 2, S. 187-191, hier S. 191.
140 Huber, Walther Gerlach (1889-1979), S. 372.
141 Interview: Immanuel Estermann by John L. Heilbron.
142 Huber, Walther Gerlach (1889-1979), S. 335 und 381.
143 Ebd., S. 381, 466-468.
144 Schütz, Magnetoptische Untersuchungen.
145 Otto Sterns gesammelte Briefe, Bd. 1, S. 57.
146 Ebd., S. 58.
147 Hund, Versuch einer Deutung.
148 Jordan, Zur Theorie der Quantenstrahlung.
149 Klee, Das Personenlexikon zum Dritten Reich, S. 290.
150 Guhl, Wege aus dem »Dritten Reich«, S. 389.
151 Siehe https://www.hpk.uni-hamburg.de/resolve/id/cph_person_00000302 (letzter Zugriff: 16. November 2023) sowie https://cpr.uni-rostock.de/resolve/id/cpr_person_00002342 (letzter Zugriff: 16. November 2023).
152 Otto Sterns gesammelte Briefe, Bd. 1, S. 56.

Hamburg 1923–1933

153 Nicolaysen, siehe https://www.uni-hamburg.de/uhh/profil/geschichte.html (letzter Zugriff: 16. November 2023).
154 Witte, Zur Geschichte des Physikalischen Staatsinstituts, S. 14.
155 Minkowski, Untersuchungen über die magnetische Drehung.
156 Minkowski, Natürliche Breite und Druckverbreiterung.
157 Witte, Zur Geschichte des Physikalischen Staatsinstituts, S. 15.
158 Gordon, Der Comptoneffekt.
159 StA Hbg., 361-6 Hochschulwesen, Dozenten- und Personalakten, Sign. IV 2196.
160 Reich, Einsteins Vortrag, S. 62f.
161 Reich, Der erste Professor für Theoretische Physik, S. 94-101.
162 Pauli, Über die Energiekomponenten.
163 Pauli, Relativitätstheorie.
164 Pauli, Über das Modell des Wasserstoffmolekülions.
165 Einstein, Collected Papers, Bd. 12, S. 325.
166 Ebd., S. 362.
167 Pauli, Über das thermische Gleichgewicht.
168 Reich, Der erste Professor für Theoretische Physik, S. 114.
169 Ebd., S. 113-115.
170 Pauli, Wissenschaftlicher Briefwechsel, Bd. 1, S. 538, 540.
171 Pauli, Über den Zusammenhang.
172 Reich, Der erste Professor für Theoretische Physik, S. 115f.
173 Pauli, Wissenschaftlicher Briefwechsel, Bd. 2, S. 39f., 727.

174 Ebd., S. 729.
175 Vill; Behrens, 400 Jahre Chemie, S. 20-23.
176 Siehe https://www.chemie.uni-hamburg.de/institute/oc/publikationen/db/ rabe.html (letzter Zugriff: 27. November 2023) und https://www.chemie. uni-hamburg.de/institute/oc/publikationen/db/diss-rabe.html (letzter Zugriff: 27. November 2023).
177 Siehe https://www.chemie.uni-hamburg.de/institute/ac/publikationen/db/ paneth.html (letzter Zugriff: 27. November 2023).
178 Otto Sterns gesammelte Briefe, Bd. 2, S. 8.
179 Ebd., S. 10f., 15-17, 19-21.
180 Siehe https://www.chemie.uni-hamburg.de/institute/ac/publikationen/db/ paneth.html (letzter Zugriff: 27. November 2023); Vill; Behrens, 400 Jahre Chemie, S. 37.
181 Hevesy; Paneth, Lehrbuch der Radioaktivität.
182 Hevesy; Stern: Fritz Haber's Arbeiten.
183 Vill; Behrens, 400 Jahre Chemie, S. 37-39. Siehe ferner https://www.chemie. uni-hamburg.de/institute/ac/publikationen/db/diss-remy.html (letzter Zugriff: 27. November 2023).
184 StA Hbg., 361-6, Hochschulwesen, Dozenten- und Personalakten, Signatur I 0402, Blatt 1.
185 Ebd.
186 Siehe Doktoralbum der Mathematisch-Naturwissenschaftlichen Fakultät, Bd. 1.
187 Estermann, Über den Verdampfungskoeffizienten.
188 Siehe https://phys.technion.ac.il/images/in_memoriam/estermann.pdf (letzter Zugriff: 27. November 2023).
189 Siehe https://www.matrikelportal.uni-hamburg.de/receive/matrikelhh_ person_00002485 (letzter Zugriff: 27. November 2023).
190 E-Mail vom 6. Februar 2023 von Rainer Nicolaysen, Leiter der Arbeitsstelle für Universitätsgeschichte, Hamburg.
191 StA Hbg., 364-13 Fakultäten/Fachbereiche der Universität, Sign. Math.Nat. Fak. 28.
192 Volmer; Estermann, Über die Verdampfungskoeffizienten; Volmer; Estermann, Über den Mechanismus der Molekülabscheidungen; Estermann; Volmer, Über den Verdampfungskoeffizienten.
193 Schaaf, Paul Harteck, S. 69.
194 Otto Stern, Lösungen; Otto Stern, Osmotische Theorie.
195 Schaaf, Paul Harteck, S. 70.
196 Otto Sterns gesammelte Briefe, Bd. 2, S. 18 und Bd. 1, S. 50f.
197 StA Hbg., 364-13, Fakultäten/Fachbereiche der Universität, Sign. Math.Nat.8. Auszug in: Schaaf, Paul Harteck, S. 70.
198 [Fakultätsbuch], S. 113.
199 Als Quelle dienen die Vorlesungsungsverzeichnisse, in denen die Wohnungen der Universitätsangestellten angegeben wurden, siehe https://resolver.sub. uni-hamburg.de/kitodo/PPN669854360 (letzter Zugriff: 27. November 2023).
200 Schmidt-Böcking; Reich, Otto Stern, S. 100.
201 StA Hbg., 361-6 Hochschulwesen, Dozenten- und Personalakten, Sign. IV 1171.

202 Siehe https://www.chemie.uni-hamburg.de/institute/pc/publikationen/db/estermann.html (letzter Zugriff: 27. November 2023).
203 Knauer, Ein Wechselstromkompensator.
204 Siehe https://www.chemie.uni-hamburg.de/institute/pc/publikationen/db/knauer.html (letzter Zugriff: 27. November 2023).
205 StA Hbg., 361-6 Hochschulwesen, Dozenten- und Personalakten, Sign. IV 1171.
206 Schnurmann, Freie Raumladungen.
207 StA Hgb., 361-6 Hochschulwesen, Dozenten- und Personalakten, Sign. IV 1170.
208 Siehe https://www.chemie.uni-hamburg.de/institute/pc/publikationen/db/schnurmann.html (letzter Zugriff: 27. November 2023).
209 Schnurmann, Die magnetische Ablenkung von Sauerstoffmolekülen, in: Otto Sterns Veröffentlichungen, Bd. 5, S. 156.
210 Frisch, Einwirkung von Kathodenstrahlen.
211 StA Hbg., 361-6 Hochschulwesen, Dozenten- und Personalakte, Sign. IV 1570.
212 Siehe https://www.chemie.uni-hamburg.de/institute/pc/publikationen/db/frisch.html (letzter Zugriff: 27. November 2023).
213 Frisch, Woran ich mich erinnere, S. 62-79. In Auszügen und gekürzt auch in: Otto Sterns gesammelte Briefe, Bd. 2, S. 277-279.
214 Josephy, Resonanz bei Stößen zweiter Art
215 Otto Sterns Veröffentlichungen, Bd. 5, S. 139-147.
216 Zu dieser Vorlesung existiert eine Vorlesungsmitschrift von Pascual Jordan, Archiv der Staatsbibliothek preußischer Kulturbesitz, Nachlass Jordan 1255, 6 Seiten einschließlich Titelblatt, Typoskript.
217 Otto Sterns Veröffentlichungen, Bd. 5, S. 225 und 240.
218 StA Hbg., 364-13 Fakultäten/Fachbereiche der Universität, Sign. Prom.Math.-Nat.82.
219 Ebd., Sign. Prom.Math.-Nat.105.
220 Ebd., Sign. Prom.Math.-Nat.84.
221 Ebd., Sign. Prom.Math.-Nat.125.
222 Ebd., Sign. Prom.Math.-Nat.181.
223 Ebd., Sign. Prom.Math.-Nat.217.
224 Ebd., Sign. Prom.Math.-Nat.264.
225 Ebd., Sign. Prom.Math.-Nat.268.
226 Ebd., Sign. Prom.Math.-Nat.340.
227 Ebd., Sign. Prom.Math.-Nat.365.
228 Ebd., Sign. Prom.Math.-Nat.427.
229 Ebd., Sign. Prom.Math.-Nat.490.
230 [Fakultätsbuch], S. 132.
231 Ebd., S. 148.
232 StA Hbg., 361-6, Hochschulwesen, Dozenten- und Personalakten, Sign. IV 1171.
233 Klanner, Mehr als 100 Jahre exzellente Physik in Hamburg, S. 89-92.
234 Otto Sterns Veröffentlichungen, Bd. 2, S. 159-164.
235 Pauli, Wissenschaftlicher Briefwechsel, Bd. 3, S. 734.
236 Otto Sterns gesammelte Briefe, Bd. 2, S. 50.
237 Laue, Discorso del Prof. M.v. Laue (Germania).
238 Atti del Congresso, S. 598.
239 Gerlach, Das magnetische Verhalten.

240 Fraser, The Effective Cross Section of the Oriented Hydrogen Atom.
241 Leu, Untersuchungen an Wismut, in: Otto Sterns Veröffentlichungen, Bd. 4, S. 227-234 (I. Teil), S. 234-236 (II. Teil).
242 Ebd., S. 228.
243 Estermann; Fraser, The Deflection of Molecular Rays.
244 Fraser, Molecular Rays.
245 Ebd., S. V.
246 Stern, Foreword.
247 Fraser, Molecular Beams.
248 Rigden, Rabi, S. 17-19.
249 Rabi, Zur Methode der Ablenkung von Molekularstrahlen, in: Otto Sterns Veröffentlichungen, Bd. 5, S. 39-47.
250 Ebd., S. 40.
251 Ebd., S. 47.
252 Interview: Isidor Isaac Rabi by Thomas S. Kuhn.
253 Taylor, Magnetic Moments, S. 576.
254 Taylor, Das magnetische Moment des Lithiumatoms, in: Otto Sterns Veröffentlichungen, Bd. 4, S. 237-244.
255 Ebd., S. 238.
256 Ebd., S. 244.
257 Taylor, Eine Methode zur direkten Messung, in: Otto Sterns Veröffentlichungen, Bd. 5, S. 61-68.
258 Lammert, Herstellung von Molekularstrahlen, in: Otto Sterns Veröffentlichungen, Bd. 5, S. 49-59.
259 Lewis, Die Bestimmung des Gleichgewichts, in: Otto Sterns veröffentlichungen, Bd. 5, S. 69-93.
260 Phipps, The conductance of certain alkali metals.
261 Zu Phipps siehe Anonymus, Profile. Thomas Phipps.
262 Siehe https://academictree.org/chemistry/publications.php?pid=67858&searchstring=&showfilter=all (letzter Zugriff: 8. Dezember 2023).
263 Otto Sterns Veröffentlichungen, Bd. 3, S. 139-146.
264 Otto Sterns gesammelte Briefe, Bd. 2, S. 128-130.
265 Otto Sterns Veröffentlichungen, Bd. 3, S. 140.
266 Ebd., Bd. 2, S. 132 f.
267 Ebd., Bd. 3, S. 174 f.
268 Segrè, Otto Stern, S. 228 f.
269 Frisch; Phipps; Segrè; Stern, Process of Space Quantisation, in: Otto Sterns Veröffentlichungen, Bd. 3, S. 174 f.
270 Frisch; Segrè, Über die Einstellung der Richtungsquantelung II, in: Otto Sterns Veröffentlichungen, Bd. 5, S. 131-138, hier S. 138.
271 Frisch, Woran ich mich erinnere, S. 62 f.
272 Otto Sterns Veröffentlichungen, Bd. 2, S. 239-252.
273 Ebd., S. 240.
274 Ebd., Bd. 2, S. 252.
275 Ebd., Bd. 2, S. 248-252.
276 Ebd., Bd. 3, S. 47-53.
277 Frisch, Woran ich mich erinnere, S. 63 f.

278 Friedrich; Herschbach: Stern and Gerlach: How a Bad Cigar Helped, S. 53, 56-58; Herschbach, An Homage to Otto Stern, S. 9.

279 Knauer; Stern, Über die Reflexion der Molekularstrahlen, in: Otto Sterns Veröffentlichungen, Bd. 3, S. 59-72, hier S. 72.

280 Estermann; Stern, Beugung von Molekularstrahlen, in: Otto Sterns Veröffentlichungen, Bd. 3, S. 107-138, hier S. 108.

281 Estermann; Frisch; Stern, Monochromasierung der de Broglie-Wellen, in: Otto Sterns Veröffentlichungen, Bd. 3, S. 147-165, hier S. 148.

282 Frisch; Stern, Anomalien bei der spiegelnden Reflexion, in: Otto Sterns Veröffentlichungen, Bd. 3, S. 179-192.

283 Frisch, Anomalien bei der Reflexion, in: Otto Sterns Veröffentlichungen, Bd. 5, S. 149-154.

284 Frisch; Stern, Beugung von Materiestrahlen, in: Otto Sterns Veröffentlichungen, Bd. 3, S. 221-263.

285 Frisch; Stern, Über die magnetische Ablenkung von Wasserstoffmolekülen, in: Otto Sterns Veröffentlichungen, Bd. 3, S. 211-219.

286 Frisch; Stern, Über die magnetische Ablenkung von Wasserstoffmolekülen, in: Otto Sterns Veröffentlichungen, Bd. 3, S. 193-206.

287 Estermann; Stern, Über die magnetische Ablenkung von Wasserstoffmolekülen, in: Otto Sterns Veröffentlichungen, Bd. 4, S. 41-49.

288 Ebd., S. 46.

289 Estermann; Frisch; Stern, Magnetic Moment of the Proton, in: Otto Sterns Veröffentlichungen, Bd. 4, S. 39-40.

290 Estermann; Stern, Über die magnetische Ablenkung von isotopen Wasserstoffmolekülen, in: Otto Sterns Veröffentlichungen, Bd. 4, S. 61-64, hier S. 62f.

291 Ebd., S. 64.

292 Estermann; Stern, Magnetic Moment of the Deuton, in: Otto Sterns Veröffentlichungen, Bd. 4, S. 65f.

293 Einstein, Zur Quantentheorie der Strahlung, in: Collected Papers, Bd. 6, S. 381-398, hier S. 384.

294 Frisch, Experimenteller Nachweis des Einsteinschen Strahlungsrückstoßes, in: Otto Sterns Veröffentlichung, Bd. 5, S. 175-182, hier S. 176.

295 Ebd., S. 182.

296 Frisch, Woran ich mich erinnere, S. 75.

297 Otto Sterns gesammelte Briefe, Bd. 1, S. 70.

298 Nierenberg, Molecular and Atomic Beams at Berkeley, S. 9.

299 StA Hbg., 364-5 I Universität I, Sign. K 20. 1. 353, Protokolle des Universitätssenats.

300 Otto Sterns gesammelte Briefe, Bd. 1, S. 69-77.

301 Ebd., S. 77.

302 [Fakultätsbuch], S. 213.

303 Otto Sterns gesammelte Briefe, Bd. 2, S. 193.

304 Ebd., S. 193-208.

305 Ebd., S. 195f.

306 Ebd., S. 194.

307 Zartman, A Direct Measurement of Molecular Velocities. Siehe hierzu auch Nierenberg, Molecular and Atomic Beams at Berkeley, S. 9.

308 Otto Sterns gesammelte Briefe, Bd. 1, S. 87.
309 StA Hbg., 361-6 Hochschulwesen, Dozenten- und Personalakten, Sign. IV 1171.
310 Interview: Immanuel Estermann by John L. Heilbron.
311 Proceedings of the American Physical Society, S. 553, Nr. 27.
312 Estermann; Byck, High-Speed high-Vacuum Diffusion Pumps.
313 Estermann; Frisch; Stern, Monochromasierung der de Broglie-Wellen, in: Otto Sterns Veröffentlichungen, Bd. 3, S. 147-165.
314 Proceedings of the American Physical Society, S. 546, Nr. 3.
315 Estermann; Fraser, The Deflection of Molecular Rays.
316 Ebd., S. 396-399.
317 Otto Sterns Veröffentlichungen, Bd. 3, S. 193-206, 207-209, 211-219; Bd. 4, S. 39f., 41-49. Siehe hierzu ferner Nierenberg, Molecular and Atomic Beams at Berkeley, S. 10.
318 Krahnke, Mitglieder der Akademie zu Göttingen, S. 14.
319 Otto Sterns gesammelte Briefe, Bd. 1, S. 88.
320 Ebd., S. 88f.
321 Jensen, Die Ladungsverteilung in Ionen.
322 Scharnberg, Hans Jensen, S. 18-26.
323 StA Hbg., 361-6 Hochschulwesen, Dozenten- und Personalangelegenheiten, Sign. I 80. Gekürzt in: Otto Sterns gesammelte Briefe, Bd. 1, S. 89.
324 StA Hbg., 361-6 Hochschulwesen, Dozenten- und Personalangelegenheiten, Sign. I 80.
325 Ebd..
326 Interview: Res Jost mit Otto Stern.
327 Groth, Eine Methode zur Bestimmung des elektromechanischen Äquivalents.
328 Scharnberg, Hans Jensen, S. 226-228.
329 Bottin, Enge Zeit, S. 58.
330 Siehe Nicolaysen (https://www.uni-hamburg.de/einrichtungen/zentrale-einrichtungen/arbeitsstelle-fuer-universitaetsgeschichte/geschichte.html; letzter Zugriff: 8. Dezember 2023).
331 Schaaf, Paul Harteck, S. 72.
332 Walter, Otto Stern, Leistung und Schicksal, S. 1146.
333 Templeton, L., My uncle Otto Stern, S. 29; ferner in: Segrè, Otto Stern, S. 229.
334 Templeton, L., My uncle Otto Stern, S. 29.
335 Templeton, A., My Great Uncle, S. 34; Hollander, Lieselotte Templeton, S. 19.
336 StA Hbg., 361-6 Hochschulwesen, Dozenten- und Personalakten, Sign. I 80.
337 Otto Sterns gesammelte Briefe, Bd. 1, S. 91.
338 Ebd., S. 91f.
339 [Fakultätsbuch], S. 282.
340 StA Hbg., 361-6 Hochschulwesen, Dozenten- und Personalakten, Sign. IV 1326.
341 Zu Knauer siehe https://www.hpk.uni-hamburg.de/resolve/id/cph_person_00000384 (letzter Zugriff: 8. Dezember 2023).
342 Walter, Otto Stern, Leistung und Schicksal, S. 1147.
343 Ebd., S. 1145.
344 StA Hbg., 361-6 Hochschulwesen, Dozenten- und Personalakten, Sign. IV 2196.
345 Siehe https://www.chemie.uni-hamburg.de/institute/oc/publikationen/db/prochownick.html (letzter Zugriff: 8. Dezember 2023).

346 Renneberg, Die Physik und die physikalischen Institute, S. 1102.

347 Weyer, Das Fach Chemie an der Hamburger Universität, S. 1120-1123.

348 Schaaf, Paul Harteck, S. 73f., 221.

349 Ebd., S. 73-81.

350 Ebd., S. 76.

351 Otto Stern gesammelte Briefe, Bd. 1, S. 220.

352 Klee, Personenlexikon zum Dritten Reich, S. 486f.

353 StA Hbg., 361-6, Hochschulwesen, Dozenten- und Personalakten, Sign. IV 1326.

354 Scharnberg, Hans Jensen, S. 135.

355 Groth, Photochemie im Schumann-Ultraviolett.

356 Siehe https://www.chemie.uni-hamburg.de/institute/pc/publikationen/db/groth.html (letzter Zugriff: 8. Dezember 2023).

357 Siehe https://www.hpk.uni-hamburg.de/resolve/id/cph_person_00000407?_search=66a8c1dc-00a5-4f60-93ff-64d98a95413b&_hit=0 (letzter Zugriff: 8. Dezember 2023).

358 Kratzenstein, Untersuchungen über die »Wolke« bei Molekularstrahlversuchen, in: Otto Sterns Veröffentlichungen, Bd. 5, S. 227-240.

359 StA Hbg., 364-13 Fakultäten/Fachbereiche der Universität, Sign. Prom.Math.-Nat.490.

360 Hahn; Straßmann, Über den Nachweis und das Verhalten bei der Bestrahlung von Uran.

361 Siehe https://library.gwu.edu/nuclear-fission-announcement (letzter Zugriff: 27. August 2024).

362 Meitner; Frisch, Products of the Fission.

363 Bancroft Library, Nachlass Otto Stern, Otto Stern Photograph Collection, BANC PIC 1988.070:078.

364 Schaaf, Schweres Wasser und Zentrifugen.

365 Schaaf, Paul Harteck, S. 93-101.

366 Scharnberg, Hans Jensen, S. 83-160; Schaaf, Paul Harteck, S. 93-133.

367 Scharnberg, Hans Jensen, S. 135.

368 Brandt, Geometrisch-optische und wellentheoretische Methode. Siehe Doktoralbum der Mathematisch-Naturwissenschaftlichen Fakultät, Nr. 451.

369 Lenz, Berechnung der Beugungsintensitäten von Molekularstrahlen.

370 Artmann, Zur Theorie der anomalen Reflexion von Atomstrahlen.

371 Scharnberg, Hans Jensen, S. 212.

372 Frisch; Stern, Anomalien bei der spiegelnden Reflexion, in: Otto Sterns Veröffentlichungen, Bd. 3, S. 179-192, sowie Frisch, Anomalien bei der Reflexion, in: Otto Sterns Veröffentlichungen, Bd. 5, S. 149-154.

373 Scharnberg, Hans Jensen, S. 212.

374 Renneberg, Die Physik und die physikalischen Institute, S. 1103; Scharnberg, Hans Jensen, S. 212-216.

375 David, Spin-Wechselwirkung mit Austausch der Alkali-Atomen.

376 Scharnberg, Hans Jensen, S. 58.

377 David, Deutung der Anomalien.

378 Renneberg, Die Physik und die physikalischen Institute, S. 1101; Scharnberg, Hans Jensen, S. 58, 205-211.

379 Jensen, Über die Existenz negativer Ionen.
380 Scharnberg, Hans Jensen, S. 31-33.
381 Ebd., S. 34.
382 Ebd., S. 35.
383 Ebd., S. 56-62.
384 Reich, Der erste Professor für Theoretische Physik, S. 125.
385 Scharnberg, Hans Jensen, S. 156.
386 Ebd., S. 219f.
387 Renneberg, Die Physik und die physikalischen Institute, S. 1105.
388 Ebd., S. 1110-1112; Reich, Der erste Professor für Theoretische Physik, S. 128-133.
389 Otto Sterns Briefwechsel, Bd. 1, S. 424.
390 Heisenberg, Über den anschaulichen Inhalt.
391 Otto Sterns gesammelte Briefe, Bd. 2, S. 381f.
392 Rigden, Rabi, S. 232-254.
393 Otto Sterns gesammelte Briefe, Bd. 1, S. 344.

Pittsburgh 1933–1945

394 Nierenberg, Molecular and Atomic Beams at Berkeley, S. 10.
395 Otto Sterns gesammelte Briefe, Bd. 1, S. 97.
396 Ebd., S. 101.
397 Ebd., S. 112.
398 Ebd., S. 238.
399 Ebd., S. 93f.
400 Ebd., S. 113f.
401 Ebd., S. 122.
402 Ebd., S. 117.
403 Ebd., Bd. 1, S. 340.
404 Ebd., S. 113-115.
405 Ebd., S. 115f.
406 Ebd., S. 338-340.
407 Siehe https://home.gwu.edu/~kargaltsev/HEA/washington-conferences.html (letzter Zugriff: 8. Dezember 2023).
408 Otto Sterns gesammelte Briefe, Bd. 1, S. 338.
409 Otto Sterns Veröffentlichungen, Bd. 4, S. 71-72.
410 Ebd., Bd. 1, S. 338-339.
411 Ebd., Bd. 3, S. 43.
412 Ebd., Bd. 3, S. 46.
413 Ebd., Bd. 1, S. 116f.
414 Röseberg, Niels Bohr, S. 331.
415 Interview: Immanuel Estermann by John L. Heilbron.
416 Estermann; Stern, Magnetic Moment of the Proton, in: Otto Sterns Veröffentlichungen, Bd. 4, S. 65-66.
417 Otto Sterns Veröffentlichungen, Bd. 4, S. 66.
418 Esterman; Simpson; Stern, The Magnetic Moment of the Proton, in: Otto Sterns Veröffentlichungen, Bd. 4, S. 81-92.

419 Otto Sterns Veröffentlichungen, Bd. 4, S. 82.
420 Otto Sterns gesammelte Briefe, Bd. 1, S. 117.
421 Otto Sterns Veröffentlichungen, Bd. 4, S. 73-76.
422 Ebd., S. 74.
423 Ebd., S. 77f., hier S. 78.
424 Frisch, Woran ich mich erinnere, S. 75.
425 Otto Sterns gesammelte Briefe, Bd. 1, S. 194.
426 Siehe https://www.chemie.uni-hamburg.de/institute/pc/publikationen/db/frisch.html (letzter Zugriff: 27. November 2023).
427 Otto Sterns gesammelte Briefe, Bd. 1, S. 184.
428 Ebd., S. 170-188.
429 Ebd., S. 186, sowie https://www.chemie.uni-hamburg.de/institute/pc/publikationen/db/schnurmann.html (letzter Zugriff: 27. November 2023).
430 Otto Sterns gesammelte Briefe, Bd. 1, S. 143-170.
431 Ebd., S. 211.
432 Ebd., S. 212.
433 Odefey, Emil Artin, S. 159-257.
434 Otto Sterns gesammelte Briefe, Bd. 1, S. 195-222.
435 Ebd., S. 213-215.
436 Hahn, F., Synthese einiger α-Aminoketone, S. 63.
437 Hahn, F., Über die Bestimmung des Kupfers.
438 Otto Sterns gesammelte Briefe, Bd. 1, S. 188-194.
439 Poggendorff, Literarisches Handwörterbuch, Bd. 5, 6, 7, Hahn, Friedrich: eigene Mitteilung.
440 Stern, K., Beiträge zur Kenntnis der Nepenthaceen, Lebenslauf.
441 Stern, K., Elektrophysiologie der Pflanzen, S. V.
442 Otto Sterns Veröffentlichungen, Bd. 2, S. 197-206.
443 Stern, K., Pflanzen-Thermodynamik, S. 187 und 217.
444 Hardy, Friedrich Dessauer, S. 130-185.
445 Ebd., S. 132, 188, 195.
446 Otto Sterns gesammelte Briefe, Bd. 1, S. 153.
447 Ebd., S. 319-322.
448 Ebd., S, 33.
449 Renner, Experimentelle Beiträge.
450 Otto Sterns gesammelte Briefe, Bd. 1, S. 319.
451 Ebd., Bd. 1, S. 282f.
452 Ebd., Bd. 1, S. 281-343.
453 Ebd., Bd. 2, S. 350.
454 Ebd., Bd. 2, S. 344-346.
455 Otto Sterns Veröffentlichungen, Bd. 4, S. 125-133, hier S. 126.
456 Ebd., S. 133.
457 Schmidt-Böcking; Reich, Otto Stern, S. 159.
458 Otto Sterns gesammelte Briefe, Bd. 2, S. 349-401.
459 Ebd., S. 353.
460 Ebd., S. 400f.
461 Pauli, Exclusion Principle, S. 29.
462 Pauli, Wissenschaftlicher Briefwechsel, Bd. 1, S. 537.

463 Friedrich; Meijer; Schmidt-Böcking; Gruber, One Hundred Years of Alfred Landé's g-Factor; Schmidt-Böcking; Gruber; Friedrich, One hundred years ago Alfred Landé.
464 Hevesy, Some applications of isotopic indicators.
465 Hahn, O., From the natural transmutation of uranium.
466 Ebd., S. 55-57 (Straßmann, Meitner), S. 60 (Meitner, Frisch), S. 66 obiges Zitat.
467 Otto Sterns gesammelte Briefe, Bd. 1, S. 120.
468 Ebd., S. 121.
469 Ebd., S. 124.
470 Ebd., S. 124f.
471 Clark, Albert Einstein, S. 414f.
472 Otto Sterns gesammelte Briefe, Bd. 1, S. 243.
473 Clark, Albert Einstein, S. 416.
474 Otto Sterns gesammelte Briefe, Bd. 1, S. 244.
475 Interview: Immanuel Estermann by John L. Heilbron.
476 Otto Sterns Veröffentlichungen, Bd. 4, S. 143-145.
477 Ebd., S. 147-149.
478 Pauli, Wissenschaftlicher Briefwechsel, Bd. 4, Teil 4 B 1958, S. 1382.
479 Siehe https://de.wikipedia.org/wiki/Liste_der_Mitglieder_der_National_Academy_of_Sciences/1958 (letzter Zugriff: 12. Dezember 2023).
480 Estermann, Recent Research in Molecular Beams.
481 Ebd., Preface.
482 Estermann, Molecular Beam Research in Hamburg.
483 Ebd., S. 2.
484 Herschbach, An Homage to Otto Stern, S. 11f.
485 Michels, Erwin Panofsky.
486 Otto Sterns gesammelte Briefe, Bd. 3, S. 168.
487 UA Hbg., Best. 811 Peter Toschek, Nr. 157: 100 Jahre Physik in Hamburg.
488 Uni hh 15, 1984, Nr. 5, S. 31f.
489 Siehe https://web.archive.org/web/20151208065747/https://www.uni-hamburg.de/uhh/auszeichnungen/ehrungen-der-universitaet.html (letzter Zugriff: 12. Dezember 2023).
490 Herschbach, An Homage to Otto Stern, S. 7-8.
491 Ebd., S. 7-9.
492 Segrè, A Mind Always in Motion, S. 112f.
493 Ebd., S. 123.
494 Ebd., S. 268f.
495 Segrè, Otto Stern, S. 231.
496 Otto Sterns gesammelte Briefe, Bd. 2, S. 266f.
497 Ebd., Bd. 3, S. 137f.
498 Ebd., Bd. 3, S. 140.
499 Hollander, Lieselotte Templeton, S. 19.
500 Otto Sterns gesammelte Briefe, Bd. 3, S. 189f.; Templeton, A., My Great Uncle, S. 33.
501 Siehe https://dgk-home.de/templeton-prize-for-students/ (letzter Zugriff: 12. Dezember 2023).

502 Chapuis, David H. Templeton (1920-2010). Ferner Templeton, A.; Temple-
     ton, D., In memoriam David H. Templeton.
503 Templeton, L., My uncle Otto Stern.
504 Otto Sterns gesammelte Briefe, Bd. 2, S. 125-127.
505 Bundesarchiv Berlin-Lichterfelde: Bestand R 179.
506 Huber; Schmidt-Böcking; Friedrich, Walther Gerlach, S. 122.
507 Ebd., S. 144-150.
508 Huber, siehe https://www.deutsche-biographie.de/118538713.html#dbocontent
     (letzter Zugriff: 12. Dezember 2023).
509 Leopoldina-Archiv, Sign. M 1/4571.
510 Ebd.
511 Gerlach, Otto Stern zum Gedenken, S. 413.
512 Fierz, Über die künstliche Umwandlung des Protons.
513 Archiv der ETH Zürich, No. 186 Otto Stern.
514 Otto Sterns gesammelte Briefe, Bd. 1, S. 126f.
515 Ebd., S. 127f.
516 Ebd., S. 128.
517 Ebd., S. 131.
518 Archiv der ETH Zürich, No. 186 Otto Stern.
519 Otto Sterns gesammelte Briefe, Bd. 2, S. 416.
520 Ebd., Bd. 2, S. 446.
521 Ebd., Bd. 2, S. 422.
522 Ebd., Bd. 2, S. 423.
523 Ebd., Bd. 2, S. 423f.
524 Ebd., Bd. 2, S. 270.
525 Ebd., Bd. 2, S. 273.
526 Ebd., Bd. 2, S. 271f.
527 Ebd., Bd. 2, S. 274f.

Die Universität Hamburg nach dem Zweiten Weltkrieg

528 Ebd., Bd. 3, S. 162.
529 Guhl, Wege aus dem »Dritten Reich«, S. 11-16, 421-429.
530 Hoffmann; Walker, Physiker zwischen Autonomie und Anpassung, S. 376f.
531 Schaaf, Schweres Wasser und Zentrifugen, S. 1.
532 Huber, siehe https://www.deutsche-biographie.de/118538713.html#dbocontent
     (letzter Zugriff: 12. Dezember 2023).
533 Schaaf, Schweres Wasser und Zentrifugen, letzte Seite.
534 Vill; Behrens: 400 Jahre Chemie, S. 158-176. Vill; Rothenstein: Die Chemie
     an der Universität Hamburg, S. 147-152.
535 Schaaf, Schweres Wasser und Zentrifugen, letzte Seite.
536 Guhl, Wege aus dem »Dritten Reich«, S. 332, 428.
537 Scharnberg, Hans Jensen, S. 226-228.
538 Otto Sterns gesammelte Briefe, Bd. 1, S. 321f.
539 Ebd., S. 323.
540 StA Hbg., 361-6 Hochschulwesen, Dozenten- und Personalakte, Sign. IV 1171.

541 Ebd., Sign. 2389 und Sign. 1166.
542 Otto Sterns gesammelte Briefe, Bd. 1, S. 187f.
543 StA Hbg., 361-6 Hochschulwesen, Dozenten- und Personalakten, Sign. IV 1170.
544 Otto Sterns gesammelte Briefe, Bd. 1, S. 280
545 Ebd., S. 282.
546 Ebd., S. 280-282. Ebenfalls abgedruckt in: Bottin, Enge Zeit, S. 98.
547 Walter, Otto Stern, S. 1148. Ebenfalls abgedruckt in: Bottin, Enge Zeit, S. 98.
548 Otto Sterns gesammelte Briefe, Bd. 1, S. 287.
549 Krahnke, Mitglieder der Akademie zu Göttingen, S. 233.
550 Pauli, Wissenschaftlicher Briefwechsel, Bd. 4, Teil 4 B 1958, S. 1383.
551 StA Hbg., 361-6 Hochschulwesen, Dozenten- und Personalakten, Sign. IV 2340.
552 Pauli, Wissenschaftlicher Briefwechsel, Bd. 4, Teil 4 B 1958, S. 1384.
553 Otto Sterns gesammelte Briefe, Bd. 3, S. 104.
554 Ebd., S. 106.
555 Reich, Der erste Professor für Theoretische Physik, S. 117f.
556 Pauli, Wissenschaftlicher Briefwechsel, Bd. 4, Teil 4 B 1958, S. 1364f.
557 Otto Sterns gesammelte Briefe, Bd. 2, S. 92f.
558 Ebd., Bd. 3, S. 136f.

Briefwechsel und Treffen mit in Europa beheimateten Wissenschaftlern

559 Otto Sterns Veröffentlichungen, Bd. 4, S. 113f.
560 Ebd., Bd. 4, S. 114.
561 Otto Sterns gesammelte Briefe, Bd. 3, S. 54-57.
562 Ebd., S. 130, 138f., 140, 142, 151f.
563 Blumtritt, Max Volmer, S. 36-49.
564 Ebd., S. 51.
565 Ebd., S. 52f.
566 Herfurth, Der Nationalpreis der DDR, S. 49.
567 Jaenicke, Bunsen-Gesellschaft, S. 221f.
568 Hartkopf, Die Akademie der Wissenschaften der DDR.
569 Blumtritt, Max Volmer, S. 57f.
570 Otto Sterns gesammelte Briefe, Bd. 1, S. 312.
571 Ebd., Bd. 1, S. 312.
572 Ebd., Bd. 3, S. 104f.
573 Ebd., Bd. 3, S. 147f.
574 Ebd., Bd. 3, S. 149.
575 Ebd., Bd. 3, S. 160.
576 Ebd., Bd. 3, S. 168f.
577 Blumtritt, Max Volmer, S. 56.
578 Otto Sterns gesammelte Briefe, Bd. 2, S. 21.
579 Ebd., Bd. 3, S. 10.
580 Ebd., Bd. 3, S. 11,
581 Ebd., Bd. 3, S. 13.
582 Convegno di Fisica Nucleare, S. 7.
583 Sime, Lise Meitner, S. 305f.
584 Ebd., S. 477.

585 Otto Sterns gesammelte Briefe, Bd. 2, S. 391 f.
586 Ebd., S. 392.
587 Sexl; Hardy, Lise Meitner, S. 115-119.
588 Sime, Lise Meitner, S. 330-334, Aufenthalt in Pittsburgh S. 333.
589 Otto Sterns gesammelte Briefe, Bd. 3, S. 78.
590 Ebd., Bd. 3, S. 87.
591 Ebd., Bd. 3, S. 82.
592 Ebd., Bd. 3, S. 98.
593 Ebd., Bd. 3, S. 103 f., 193.
594 Ebd., Bd. 3, S. 193.
595 Ebd., Bd. 3, S. 129.
596 Ebd., Bd. 3, S. 193.
597 Ebd., Bd. 3, S. 153 f.
598 Ebd., Bd. 3, S. 155.
599 Ebd., Bd. 3, S. 146.
600 Ebd., Bd. 3, S. 156.
601 Ebd., Bd. 3, S. 156.
602 Laue, Fritz Haber.
603 Laue, Geschichte der Physik.
604 Ebd., S. 113, 148,168, 170.
605 Otto Sterns gesammelte Briefe, Bd. 1, S. 31-40, Bd. 2, S. 21-31.
606 Ebd., S. 143.
607 Ebd., S. 222-226.
608 Ebd., S. 225-233.
609 Ebd., S. 233-235.
610 Ebd., S. 238.
611 Ebd., S. 282 f.
612 Lemmerich, Max von Laue, S. 399.
613 Otto Sterns gesammelte Briefe, Bd. 1, S. 287.
614 Ebd., S. 286-290.
615 Ebd., S. 290-292.
616 Ebd.
617 Ebd., S. 292.
618 Zeitz, Max von Laue, S. 65-230.
619 Otto Sterns gesammelte Briefe, Bd. 2, S. 373.
620 Einstein. Born. Briefwechsel, S. 266 f.
621 Otto Sterns gesammelte Briefe, Bd. 3, S. 90.
622 Ebd., Bd. 3, S. 103.
623 Ebd., Bd. 1, S. 293-297.
624 Ebd., Bd. 1, S. 276-293.
625 Scharnberg, Hans Jensen, S. 161.
626 Ebd., S. 161 f.
627 Ebd., S. 165.
628 Otto Sterns gesammelte Briefe, Bd. 1, S. 266-276; Scharnberg, Hans Jensen, S. 187-200.
629 Otto Stern gesammelte Briefe, Bd. 1, S. 266 f. Dieser Brief wurde in voller Länge auch abgedruckt in: Bottin, Enge Zeit, S. 98.

630 Otto Sterns gesammelte Briefe, Bd. 1, S. 268.
631 Ebd., S. 273.
632 Otto Sterns gesammelte Briefe, Bd. 1, S. 276.
633 Dosch; Stech, Johannes Daniel Jensen.
634 Goeppert-Mayer; Jensen, Elementary Theory of Nuclear Shell Structure.
635 Scharnberg, Hans Jensen, S. 162-165.
636 Rilke, Rainer Maria: Das Buch vom mönchischen Leben, in: ders., Gesammel-
    te Werke, Reclambibliothek, o.J., S. 9-52, hier S. 12.
637 Otto Sterns gesammelte Briefe, Bd. 2, S. 275f.
638 Estermann; Simpson; Stern, The Free Fall of Atoms, in: Otto Sterns Veröffent-
    lichungen, Bd. 4, S. 99-111.
639 Estermann; Foner; Stern, The Mean Free Paths of Cesium Atoms, in: Otto Sterns
    Veröffentlichungen, Bd. 4, S. 115-123.
640 Bancroft Library, Nachlass Otto Stern, Bk0016n8s6h.
641 Otto Sterns gesammelte Briefe, Bd. 1, S. 303f.
642 Bancroft Library, Nachlass Otto Stern, Bk0016n8r17.
643 Otto Sterns gesammelte Briefe, Bd. 1, S. 305f.
644 Ebd., S. 306f.
645 Bancroft Library, Nachlass Otto Stern, Bk0016n8t9p.
646 Ebd.
647 Otto Sterns gesammelte Briefe, Bd. 1, S. 313-315.
648 Otto Sterns Veröffentlichungen, Bd. 4, S. 147-149.
649 Otto Sterns gesammelte Briefe, Bd. 2, S. 97f.
650 Ebd., Bd. 2, S. 98, und Bd. 3, S. 128.
651 Ebd., Bd. 2, S. 98-100, und Bd. 3, S. 193.

Otto Stern Tod in Berkeley, Nachrufe, Nachlass

652 Ebd., Bd. 3, S. 170f.
653 Rabi, Otto Stern.
654 Ebd., S. 105.
655 Schnurmann, Obituary: Otto Stern.
656 Ebd.
657 Siehe https://oac.cdlib.org/search?style=oac4;Institution=UC%20
    Berkeley::Bancroft%20Library;idT=UCb112357374 (letzter Zugriff: 12. De-
    zember 2023).

Nach Otto Sterns Tod

658 Estermann, History of molecular beam research.
659 Siehe https://phys.technion.ac.il/images/in_memoriam/estermann.pdf (letzter
    Zugriff: 27. November 2023).
660 StA Hbg., 361-6 Hochschulwesen, Dozenten- und Personalakten, Sign. IV 1171.
661 Estermann, Stern Otto, 1976; Estermann, Otto Stern, 1989.
662 K.W., Ein Nobelpreisträger, den Hamburg prägte, S. 14f.
663 Vgl. Bild, Nr. 135 (13. Juni 1985).

664 Walter, Otto Stern, Leistung und Schicksal, S. 1151.
665 Toschek, Zum hundertsten Geburtstag, S. 79.
666 Ebd., S. 79.
667 Festschrift in memoriam Otto Stern on the 100th anniversary of his birthday.
668 Rigden, Otto Stern and the discovery of space quantization.
669 Ramsey, Molecular Beams.
670 Siehe hierzu auch Herschbach, An Homage to Otto Stern, S. 13 f.
671 Siehe https://www.uni-hamburg.de/uhh/profil/auszeichnungen/ehrungen-der-universitaet.html (letzter Zugriff: 27. November 2023).
672 Brandstädter, Verleihung der Bruno Snell-Plakette, S. 65; siehe https://hup.sub.uni-hamburg.de/oa-pub/catalog/view/232/ebook/1352 (letzter Zugriff: 12. Dezember 2023).
673 Bottin, Enge Zeit, S. 17.
674 Ebd., S. 195 (Photonachweis).
675 Siehe https://guide.uhh.de/de/ausstellung/forschungsfelder.html (letzter Zugriff: 12. Dezember 2023).
676 Kopie des Originalmanuskriptes in Besitz von Horst Schmidt-Böcking.
677 Ludwig, »Das hätte ihm gefallen«.
678 Schröter, 100 Jahre Stern-Gerlach-Experiment.
679 Pressemitteilung der Deutschen Physikalischen Gesellschaft, 100 Jahre Stern-Gerlach-Experiment.
680 Ebd.

Aktivitäten in Frankfurt am Main

681 Frisch, Woran ich mich erinnere, S. 65 f.
682 Estermann, History of molecular beam research, S. 661.
683 Ebd., S. 662-671.
684 Toschek, Otto Stern (1888-1969) in Hamburg, S. 164-166.

Anhang

Anhang 1

Otto Stern: »Versuche an Molekularstrahlen (Zusammenfassung)«, in: Atti del Congresso internazionale dei fisici. 11-20 settembre 1927 – V, Como – Pavia – Roma. Onoranze ad Alessandro Volta nel primo centenario della morte, Bologna 1928, S. 117-118

Prinzip der Molekularstrahlmethode: aus einem mit Gas oder Dampf gefüllten Gefäss strömen die Moleküle durch eine feine Öffnung in einen hochevakuierten Raum aus. Dort breiten sie sich geradlinig aus. Die Öffnung strahlt also wie eine Lichtquelle. Durch eine Blende wird ein feiner Strahl von Molekülen herausgeblendet.

Auf diesen Strahl lässt man Kräfte (Corioliskraft, magnetisches oder elektrisches inhomogenes Feld usw.) wirken und beobachtet die dadurch erzeugte Ablenkung. So misst man die Geschwindigkeit der Moleküle, ihr magnetisches und elektrisches Moment und erhält Aufschluss über prinzipielle Fragen (Richtungsquantelung). Auch für andere Probleme, z.B. die Erforschung der Molekularkräfte, den Nachweis der de Broglie-Wellen ist diese Methode geeignet. Zur Behandlung diese[r] Probleme ist jedoch eine genaue Intensitätsmessung erforderlich, die auch für die erstgenannten Untersuchungen von Vorteil wäre. Der Nachweis der Strahlen erfolgte bisher dadurch, dass sie auf einer gekühlten Fläche kondensiert wurden. Der Nachteil dieses Verfahrens ist, dass es nur bei leicht kondensierbaren Stoffen anwendbar ist und keine genauen Intensitätsmessungen gestattet. Strahlen aus schwer kondensierbaren Gasen kann man dadurch nachweisen, dass man den Strahl auf eine feine Öffnung eines im übrigen geschlossenen Gefässes auftreffen lässt und die dadurch in dem Gefäss erzeugte Druckerhöhung mit einem hochempfindlichen Manometer misst. Die Ausarbeitung dieser Methode durch Herrn Knauer und mich hat bei Verwendung eines Hitzdrahtmanometers ergeben, dass damit sehr genaue (1 ‰) Intensitätsmessungen möglich sind, was für die meisten Molekularstrahlprobleme sehr wesentlich ist. Wir haben unter anderem untersucht, ob ein Molekularstrahl aus molekularem Wasserstoff an einer ebenen hochpolierten Fläche regulär reflektiert wird und gefunden, dass bei sehr kleinen (0,001) Winkeln tatsächlich bis zu 6 %

des auftreffenden Strahles gespiegelt werden. Ein auf die spiegelnde Fläche geritztes Strichgitter wird es voraussichtlich erlauben, die von de Broglie behaupteten Welleneigenschaften von bewegter Materie an Molekularstrahlen nachzuweisen.

Anhang 2

Otto Stern, Vorwort zu Ronald Fraser, »Molecular Rays«, Cambridge 1931, S. IX-X

Foreword

The investigations which are pursued in the Hamburg Institute for Physical Chemistry, and in which Dr Fraser took part for three years, are concerned with the task of furthering the development of the physical method of Molecular Rays. This task embraces not only the evolution of the experimental technique, but also the exploitation of the characteristic features of the new method, the selection of problems which lend themselves to its attack.

Since Dr Fraser discusses in his book chiefly the experimental aspect of the subject, I would add here some general remarks concerning the second point above.

What are the characteristic features of the molecular ray method? Its directness and (in principle at least) its primitiveness. These characteristics at the same time define the range of the method. That is clearly shown in its historical development.

The method was used initially to verify the fundamental postulates of the gas kinetic theory. Naturally there was never any doubt about their validity; but it was none the less satisfactory that one was able to demonstrate so absolutely directly the linear motion of the molecules, to measure their velocity, and so forth.

The characteristics of the method are still clearly shown in the next problem attacked, that of so-called space quantisation. The quantum theory required that magnetic atoms should take up only certain discrete positions in a magnetic field. Consequently one was at that time (1921) forced to conclude that a gas composed of such atoms should show marked double refraction in a magnetic field. Experiment demonstrated not the slightest trace of this double refraction, a contradiction which in the then stage of the theory was incomprehensible. The molecular ray method made possible an experimentia crucis. It gave absolutely direct evidence of the discrete positions (or rather components of the magnetic moment) demanded by the quantum theory. The fact that the method yields directly the terms (energy values in the field) and not term differences as in the optical method, was in this instance particularly important. It is clear that it is precisely the directness and (essential) primitiveness of the molecular ray method which enable it to attack problems of a fundamental character. The latest developments show the same trend. It has been found possible to diffract beams of atoms and molecules at the cross grating of a crystal cleavage plane, and thus to establish directly the wave properties demanded by the new mechanics.

Finally, the characteristics already mentioned are evidenced in a further wide field of enquiry open to the molecular ray method, namely the investigation of molecular properties. If one whishes to investigate the magnetic or electric properties of molecules, then the most obvious and natural procedure is surely this: One takes a beam of molecules, sends it past the pole of a magnet or an electrically charged body, and watches how the molecules are deflected. In the investigation of molecular properties appear as further characteristics of the method its high sensitivity (nuclear moments), and it suitability for the study of the potential fields around molecules and at surfaces, whereby the wave mechanics, with its connection between potential and refractive index of the matter waves, plays a special part.

I hope that I have been successful, as a result of this description, in very rough outline, of the characteristics of the molecular ray method and of its most important problems, in indicating also something of that beauty and peculiar charm which so firmly captivate physicists working in this field. I believe that the new method will in time find far wider application than heretofore, and I hope that the present book will help to further this development.

O. Stern

Hamburg
July 1931.

Anhang 3

Liste der 30 in Hamburg in den Jahren von 1926 bis 1933 veröffentlichten Untersuchungen zu Molekularstrahlen (»U.z. M.«)

»U. z. M.« Nr. 1. Stern, Otto: Zur Methode der Molekularstrahlen. I. Eingegangen am 8. September 1926, in: Zeitschrift für Physik 39 (1926), S. 751-763. Ferner in: Otto Sterns Veröffentlichungen, Bd. 2, S. 239-252 (S 28)

»U. z. M.« Nr. 2. Knauer, Friedrich; Stern, Otto: Zur Methode der Molekularstrahlen II. Eingegangen am 8. September 1926, in: Zeitschrift für Physik 39 (1926), S. 764-779. Ferner in: Otto Sterns Veröffentlichungen, Bd. 2, S. 253-269 (S 29)

»U. z. M.« Nr. 3. Knauer, Friedrich; Stern, Otto: Der Nachweis kleiner magnetischer Momente von Molekülen. Eingegangen am 8. September 1926, in: Zeitschrift für Physik 39 (1926), S. 780-786. Ferner in: Otto Sterns Veröffentlichungen, Bd. 3, S. 39-46 (S 30)

»U. z. M.« Nr. 4. Leu, Alfred: Versuche über die Ablenkung von Molekularstrahlen im Magnetfeld. Eingegangen am 22. Dezember 1926 (Diss. Hamburg 1927), in: Zeitschrift für Physik 41 (1927), S. 551-562. Ferner in: Otto Sterns Veröffentlichungen, Bd. 4, S. 195-207 (M 2)

»U. z. M.« Nr. 5. Stern, Otto: Bemerkungen über die Auswertung der Aufspaltungsbilder bei der magnetischen Ablenkung von Molekularstrahlen. Eingegangen am 22. Dezember 1926, in: Zeitschrift für Physik 41 (1927), S. 563-568. Ferner in: Otto Sterns Veröffentlichungen, Bd. 3, S. 47-53 (S 31)

»U. z. M.« Nr. 6. Wrede, Erwin: Über die magnetische Ablenkung von Wasserstoffatomstrahlen. Eingegangen am 22. Dezember 1926 (zweiter Teil der Diss. Hamburg 1927), in: Zeitschrift für Physik 41 (1927), S. 569-575. Ferner in: Otto Sterns Veröffentlichungen, Bd. 4, S. 209-216 (M 3)

»U. z. M.« Nr. 7. Wrede, Erwin: Über die Ablenkung von Molekularstrahlen elektrischer Dipolmoleküle im inhomogenen elektrischen Feld. Eingegangen am 4. Juni 1927 (erster Teil der Diss. Hamburg 1927), in: Zeitschrift für Physik 44 (1927), S. 261-268. Ferner in: Otto Sterns Veröffentlichungen, Bd. 4, S. 217-225 (M 4)

»U. z. M.« Nr. 8. Leu, Alfred: Untersuchungen an Wismut nach der magnetischen Molekularstrahlmethode. Eingegangen am 3. Mai 1928, in: Zeitschrift für Physik 49 (1928), S. 498-506. Ferner in: Otto Sterns Veröffentlichungen, Bd. 4, S. 227-236 (M 5)

»U. z. M.« Nr. 9. Taylor, John Bradshaw: Das magnetische Moment des Lithiumatoms. Eingegangen am 17. November 1928, in: Zeitschrift für Physik 52 (1929), S. 846-852. Ferner in: Otto Sterns Veröffentlichungen, Bd. 4, S. 237-244 (M 6)

»U. z. M.« Nr. 10. Knauer, Friedrich; Stern, Otto: Intensitätsmessungen an Molekularstrahlen von Gasen. Eingegangen am 24. Dezember 1928, in: Zeitschrift für Physik 53 (1929), S. 766-778. Ferner in: Otto Sterns Veröffentlichungen, Bd. 3, S. 83-96 (S 36)

»U. z. M.« Nr. 11. Knauer, Friedrich; Stern, Otto: Über die Reflexion von Molekularstrahlen. Eingegangen am 24. Dezember 1928, in: Zeitschrift für Physik 53 (1929), S. 779-791. Ferner in: Otto Sterns Veröffentlichungen, Bd. 3, S. 59-72 (S 33)

»U. z. M.« Nr. 12. Rabi, Isidor Isaac: Zur Methode der Ablenkung von Molekularstrahlen. Eingegangen am 29. Dezember 1928, in: Zeitschrift für Physik 54 (1929), S. 190-197. Ferner in: Otto Sterns Veröffentlichungen, Bd. 5, S. 39-47 (M 7)

»U. z. M.« Nr. 13. Lammert, Berthold: Herstellung von Molekularstrahlen einheitlicher Geschwindigkeit. Eingegangen am 10. Mai 1929 (Diss. Hamburg 1929), in: Zeitschrift für Physik 56 (1929), S. 244-253. Ferner in: Otto Sterns Veröffentlichungen, Bd. 5, S. 49-59 (M 8)

»U. z. M.« Nr. 14. Taylor, John Bradshaw: Eine Methode zur direkten Messung der Intensitätsverteilung in Molekularstrahlen. Eingegangen am 29. Juni 1929, in: Zeitschrift für Physik 57 (1929), S. 242-248. Ferner in: Otto Sterns Veröffentlichungen, Bd. 5, S. 61-68 (M 9)

»U. z. M.« Nr. 15. Estermann, Immanuel; Stern, Otto: Beugung von Molekularstrahlen. Eingegangen am 14. Dezember 1929, in: Zeitschrift für Physik 61 (1930), S. 95-125. Ferner in Otto Sterns Veröffentlichungen, Bd. 3, S. 107-138 (S 40)

»U. z. M.« Nr. 16. Lewis, Lester Clark: Die Bestimmung des Gleichgewichts zwischen den Atomen und den Molekülen eines Alkalidampfes mit einer Molekularstrahlmethode. Eingegangen am 22. März 1931 (Diss. Hamburg 1931), in: Zeitschrift für Physik 69 (1931), S. 786-809. Ferner in: Otto Sterns Veröffentlichungen, Bd. 5, S. 69-93 (M 10)

»U. z. M.« Nr. 17. Phipps, Thomas Erwin; Stern, Otto: Über die Einstellung der Richtungsquantelung. Eingegangen am 9. September 1931, in: Zeitschrift für Physik 73 (1932), S. 185-191. Ferner in: Otto Sterns Veröffentlichungen, Bd. 3, S. 139-146 (S 41)

»U. z. M.« Nr. 18. Estermann, Immanuel; Frisch, Otto Robert; Stern, Otto: Monochromasierung der de Broglie-Wellen von Molekularstrahlen. Eingegangen am 22. September 1931, in: Zeitschrift für Physik 73 (1932), S. 348-365. Ferner in: Otto Sterns Veröffentlichungen, Bd. 3, S. 147-165 (S 42)

»U. z. M.« Nr. 19. Wohlwill, Max: Messung von elektrischen Dipolmomenten mit einer Molekularstrahlmethode. Eingegangen am 27. September 1932 (Diss. Hamburg 1931), in: Zeitschrift für Physik 80 (1933), S. 67-79. Ferner in: Otto Sterns Veröffentlichungen, Bd. 5, S. 95-108 (M 11)

»U. z. M.« Nr. 20. Knauer, Friedrich: Über die Streuung von Molekularstrahlen in Gasen. I. Eingegangen am 28. August 1932, in: Zeitschrift für Physik 80 (1933), S. 80-99. Ferner in: Otto Sterns Veröffentlichungen, Bd. 5, S. 109-129 (M 12)

»U. z. M.« Nr. 21. Josephy, Bernhard: Die Reflexion von Quecksilber-Molekularstrahlen an Kristallspaltflächen. Eingegangen am 1. Dezember 1932, in: Zeitschrift für Physik 80 (1933), S. 755-762. Ferner in: Otto Sterns Veröffentlichungen, Bd. 5, S. 139-147 (M 14)

»U. z. M.« Nr. 22. Frisch, Otto Robert; Segrè, Emilio: Über die Einstellung der Richtungsquantelung. II. Eingegangen am 2. Dezember 1932, in: Zeitschrift für Physik 80 (1933), S. 610-616. Ferner in: Otto Sterns Veröffentlichungen, Bd. 5, S. 131-138 (M 13)

»U. z. M.« Nr. 23. Frisch, Otto Robert; Stern, Otto: Anomalien bei der spiegelnden Reflexion und Beugung von Molekularstrahlen an Kristallspaltflächen. I. Eingegangen am 28. April 1933, in: Zeitschrift für Physik 84 (1933), S. 430-442. Ferner in: Otto Sterns Veröffentlichungen, Bd. 3, S. 179-192 (S 46)

»U. z. M.« Nr. 24. Frisch, Otto Robert; Stern, Otto: Über die magnetische Ablenkung von Wasserstoffmolekülen und das magnetische Moment des Protons. I. Eingegangen am 27. Mai 1933, in: Zeitschrift für Physik 85 (1933), S. 4-16. Ferner in: Otto Sterns Veröffentlichungen, Bd. 3, S. 193-206 (S 47)

»U. z. M.« Nr. 25. Frisch, Otto Robert: Anomalien bei der Reflexion und Beugung von Molekularstrahlen an Kristallspaltflächen. II. Eingegangen am 20. Juni 1933, in: Zeitschrift für Physik 84 (1933), S. 443-447. Ferner in: Otto Sterns Veröffentlichungen, Bd. 5, S. 149-154 (M 15)

»U. z. M.« Nr. 26. Schnurmann, Robert: Die magnetische Ablenkung von Sauerstoffmolekülen. Eingegangen am 30. Juni 1933, in: Zeitschrift für Physik 85 (1933), S. 212-230. Ferner in: Otto Sterns Veröffentlichungen, Bd. 5, S. 155-174 (M 16)

»U. z. M.« Nr. 27. Estermann, Immanuel; Stern, Otto: Über die magnetische Ablenkung von Wasserstoffmolekülen und das magnetische Moment des Protons II. Eingegangen am 12. Juli 1933, in: Zeitschrift für Physik 85 (1933), S. 17-24. Ferner in: Otto Sterns Veröffentlichungen, Bd. 4, S. 41-49 (S 52)

»U. z. M.« Nr. 28. Estermann, Immanuel; Stern, Otto: Eine neue Methode zur Intensitätsmessung von Molekularstrahlen. Eingegangen am 20. Juli 1933, in: Zeitschrift für Physik 85 (1933), S. 135-143. Ferner in: Otto Sterns Veröffentlichungen, Bd. 4, S. 51-60 (S 53)

»U. z. M.« Nr. 29. Estermann, Immanuel; Stern, Otto: Über die magnetische Ablenkung von isotopen Wasserstoffmolekülen und das magnetische Moment des »Deutons«. Eingegangen am 19. August 1933, in: Zeitschrift für Physik 86 (1933), S. 132-134. Ferner in: Otto Sterns Veröffentlichungen, Bd. 4, S. 61-64 (S 54)

»U. z. M.« Nr. 30. Frisch, Robert Otto: Experimenteller Nachweis des Einsteinschen Strahlungsrückstoßes. Eingegangen am 22. August 1933, in: Zeitschrift für Physik 86 (1933), S. 42-48. Ferner in: Otto Sterns Veröffentlichungen, Bd. 5, S. 175-182 (M 17)

Anhang 4

Vorschlag von Markus Fierz und Gutachten von Pierre Marmier zur Ehrenpromotion von Otto Stern an der ETH Zürich am 19. November 1960
Quelle: Archiv der ETH Zürich, N°. 186 Otto Stern

Handschriftlich hinzugefügt: »Herrn Prof. Jost zur weiteren Behandlung. Bericht 16.7.60.«

Im Einverständnis mit meinen Kollegen von der theoretischen und der Experimentalphysik möchte ich der Abteilung IX der E.T.H. vorschlagen, Herrn Prof. Otto S t e r n zum Ehrendoktor zu promovieren.

Herr Prof. Stern ist vor bald 75 Jahren in der Gegend von Breslau geboren worden und promovierte an der dortigen Universität in physikalischer Chemie. Er interessierte sich besonders für Probleme der statistischen Mechanik, ein Gebiet der theoretischen Physik, das damals gerade in physikalisch-chemischen Kreisen noch sehr umstritten war, denn unter dem Einfluss W. Ostwalds glaubten viele bedeutende Gelehrte, eine Naturerklärung auf rein phänomenologischer Basis anempfehlen zu müssen. Otto Stern teilte diese Ansichten nicht und war von den Arbeiten Einsteins, der damals eine Theorie der thermischen Schwankungen entwickelt hatte, sehr beeindruckt. So ging er nach Prag, wo Einstein lehrte, und folgte ihm hierauf an die Eidg. Technische Hochschule, wohin Einstein berufen wurde. Seit dieser Zeit ist er unserer Hochschule ein treuer Freund geblieben und ist durch viele Jahre immer wieder zu längeren, regelmässigen Besuchen nach Zürich gekommen

In Zürich, an der E.T.H., hat er sich auch habilitiert, ging dann nach Frankfurt und wurde schliesslich Professor für physikalische Chemie in Hamburg. Vom Nationalsozialismus vertrieben, nahm er eine Professur in Pittsburgh (U.S.A.) an, und heute lebt er als Emeritus – d.i. in Amerika ein Ehrentitel – in Californien (falls er nicht gerade in Zürich weilt). Hier ist er noch heute ein regelmässiger Gast unseres Kolloquiums und des theoretischen Seminars.

Den Physikern ist sein Name wohlbekannt, denn er hat mit Gerlach als erster die Richtungsquantelung von Drehimpulsen direkt nachgewiesen. Ferner hat er 1931 das magnetische Moment des Protons gemessen und gefunden, dass dieses fast dreimal grösser ist, als man dies auf Grund der Dirac'schen Theorie erwartet hatte. Diese mit höchster Kunst und mit grossem Scharfsinn ausgeführte Messung ist 1943 mit dem Nobelpreis ausgezeichnet worden.

Daneben galt sein Interesse immer erneut den Problemen der kinetischen Gastheorie. Er war einer der ersten, die klar erkannten, dass aus dem Dampfdruck isotoper Elemente auf eine Nullpunktsenergie des harmonischen Oszillators geschlossen werden kann. Dass die Heisenberg'sche Quantenmechanik zu einer solchen Nullpunktsenergie führt, schien ihm ein wesentliches Argument dafür zu sein, den an sich fremdartigen Ansätzen Heisenbergs Vertrauen zu schenken. Ferner hat O. Stern mit Hilfe der Molekularstrahlen als erster das Bestehen der Maxwell'schen Geschwindigkeitsverteilung direkt nachgewiesen.

So erscheint uns O. Stern ein Forscher von einer umfassenden wissenschaftlichen Bildung, wie sie wohl heute kaum mehr angetroffen werden kann. Seine hohen wissenschaftlichen Verdienste und seine während seines ganzen, langen Lebens bewährte Freundschaft zu unserer Hochschule und unserer Stadt rechtfertigen, wie mir scheint, die von uns vorgeschlagene Ehrung. In ihm ehren wir einen Gelehrten, der als grosser Kenner der klassischen Molekularphysik grundlegende Fragen der Atomphysik klärte, dem es mit seiner geistvollen Molekularstrahlmethode gelang, das magnetische Moment des Protons zu messen, wodurch ein wesentlicher Schritt zum Verständnis der Struktur der Elementarteilchen möglich wurde, und der sich sein Leben lang als treuer Freund unserer Hochschule und unserer Stadt bewährt hat.

Zürich, den 8. Juli 1960   gez. (Prof. Dr. M. Fierz).

Physikalisches Institut
Der Eidg. Technischen Hochschule
Zürich
Laboratorium für Kernphysik

Zürich 7/6
Gloriastrasse 55
26. Oktober 1960

Professor Otto Stern

Im folgenden soll versucht werden, die Persönlichkeit Otto Sterns als Experimentalphysiker zu umreissen und aufzuzeigen, in welcher Weise er sich mit einer naturwissenschaftlichen Problemstellung auseinandersetzt. Stern hat bei allen seinen Untersuchungen diejenige Fähigkeit bewiesen, die den vollkommenen Experimentator ausmacht, nämlich eine Frage an die Natur präzise zu formulieren und bei dieser Fragestellung, eben dem Experiment, von allem Unwesentlichen zu abstrahieren. So angelegte Versuche tragen stets ein gemeinsames typisches Merkmal: sie sind in ihrer Grundkonzeption e i n f a c h . Dazu tragen nahezu alle von Stern durchgeführten Versuche ein ausgesprochen persönliches Gepräge, das sich vor allem darin äussert, dass er sich mit Vorliebe einer von ihm selbst entwickelten Methode bedient: der neutralen Atom- bzw. Molekularstrahlmethode. Bereits 1920 hat er sich im Rahmen eines Versuches zur Bestimmung der Geschwindigkeitsverteilung von Silberatomen im Vakuum mit der Erzeugung von Atomstrahlen befasst. In der Folgezeit hat er immer wieder die dabei gesammelten experimentellen Erfahrungen genutzt. Er hat sich aber nicht – wie so viele Experimentalphysiker, die sich um die Entwicklung einer Methode verdient gemacht haben – mit einer sterilen Perfektionierung der Methodik begnügt. Sein umfassendes Wissen auf experimentellem und theoretischem Gebiet und seine physikalische Feinfühligkeit haben ihn stets zum richtigen Zeitpunkt klar erkennen lassen, auf welche Probleme sich seine Experimentiertechnik vorteilhaft anwenden lässt. Einen seiner grössten Erfolge in der Anwendung von Atomstrahlen hatte er 1922 bei den mit Walter Gerlach zusammen in Frankfurt und Rostock durchgeführten Versuchen über das Verhalten von bewegten Silberatomen in einem stark inhomogenen Magnetfeld. Rückblickend dürfen wir feststellen, dass das Resultat dieses Experimentes, nämlich die unerwartete Aufspaltung des Strahles in zwei

Komponenten, im Verein mit dem anomalen Zeeman-Effekt und dem Einstein-de-Haas-Effekt unmittelbar zur Aufstellung der Elektronenspinhypothese durch Goudsmit und Uhlenbeck (1925) geführt hat.

Otto Stern hat sich aber mit dieser, für unser Verständnis von der atomistischen Struktur der Materie fundamentalen Entdeckung, keineswegs begnügt und hat es nicht anderen Physikern überlassen, s e i n e Experimentierkunst, die Molekularstrahlmethode immer weiter zu verbessern und zu verfeinern. So war es ihm 1929 vorbehalten, die von de Broglie postulierte Wellennatur der Materie, die für den Fall der Elektronen bereits 1927 durch Davisson und Germer bestätigt wurde, auch an den elektrisch neutralen Molekül- bzw. Atomstrahlen des Wasserstoffs und Heliums durch Beugung am Gitter eines Lithiumfluoridkristalls zu demonstrieren.

Ein anderes schönes Experiment mit Atomstrahlen ist die Messung der Geschwindigkeitsverteilung von Cäsium-Atomen im Vakuum, wozu er durch die Ablenkung eines horizontalen Strahles ins Gravitationsfeld der Erde gelangte.

1933 stellte Stern in Zusammenarbeit mit Frisch und Estermann ein weiteres, historisch bedeutungsvolles Experiment mit Wasserstoffmolekülstrahlen an, in dem die Autoren zu dem ausserordentlich überraschenden Resultat gelangten, dass das magnetische Moment des Protons einen etwa 2,5 mal grösseren Wert aufweist, als man es auf Grund der Dirac'schen Wellengleichung erwarten sollte.

Otto Stern wurde 1943 mit dem Nobelpreis ausgezeichnet, wobei es bemerkenswert ist, dass bei der Verleihung neben der Entdeckung des magnetischen Momentes des Protons ausdrücklich seine Beiträge zur Entwicklung der Molekularstrahlmethode betont wurde.

Sterns Beziehungen zur Schweiz, zu Zürich und zu der E.T.H. im Besonderen rühren aus den Jahren 1912–1915 her, wo er gleichzeitig mit Albert Einstein an unserer Hochschule tätig war und sich 1915 als Privatdozent für physikalische Chemie habilitierte. Dass aber diese Beziehungen nicht rein zufälliger Art sind, beweist Otto Stern dadurch, dass er nach seiner Emeritierung immer wieder Zürich besucht und während seiner Anwesenheit zu den ständigen Gästen des Physikalischen Kolloquiums an der E.T.H. zählt.

Auf Grund der wissenschaftlichen Bedeutung, der Persönlichkeit und der herzlichen Verbindung Otto Sterns mit der E.T.H. wäre es

freudig zu begrüssen, Professor Stern in der Reihe der Ehrendoktoren
an der Eidgenössischen Technischen Hochschule zu sehen.

Gez. P. Marmier.

Anhang 5

Alan Templetons Rede auf der internationalen Tagung »Otto Stern's Molecular Beam Research and its Impact on Science« in der Reihe »Wilhelm und Else Heraeus Seminar« 2019 in Frankfurt am Main

Uncle Otto

When I was a child, my favorite relative without a doubt was my great uncle, Otto Stern, because he nearly always did exactly what he wanted, and he did very little else. Otto lived just three kilometers away from us in a beautiful part of North Berkeley that is known for its fine views of San Francisco Bay, its pleasant prewar houses, and its many appealing gardens. I loved exploring Otto's backyard because he left it completely untended. It gave me the feeling of walking into a fairy tale, far removed from the everyday world of rules and order.

One day I asked him, »Uncle Otto, why do you let the garden grow wild?«

And he said to me in a completely matter-of-fact manner, »I don't like to garden, so I don't.«

Many people claim not to care what other people think, but Otto was the only person I have ever known who seemed genuinely immune to such concerns. He cared deeply about the family, his friends, his sincere and trusted colleagues, but not about impressing the neighbors. He was very polite and unassuming, and he nearly always wore a three-piece suit, but otherwise he was wonderfully unconventional. If you want to understand how he became such a clever experimentalist, an innovative thinker, a *Querdenker*, I think it is tied to several things: he was quite possibly the most brilliant representative of a family that was and is full of smart people, he was affluent enough that money was rarely a major concern, he was highly independent with a natural curiosity, and he seldom followed the crowd. As far as I can tell, Otto never had a car, never learned to cook, avoided flying like the plague, and enjoyed life immensely. Also very telling, he never bragged about any of his accomplishments, not in the slightest. Showing off is certainly frowned upon in our family, and I was always taught that it is best to teach by example. Otto excelled at this.

Conversing with Otto, his wit and humor were immediately evident, and his intelligence shone through, yet he could also be rather humble with the occasional self-deprecating remark. But underlying all of this was a quiet confidence which left a lasting impression. He was very much his own man, unconcerned with current fashion in science or any other field. He had the experience of seeing himself become a rather famous scientist, and then become somewhat forgotten. I do not think it bothered him. He knew what he had accomplished was of lasting value. He had no need to be in the limelight. During his Berkeley years, he often visited the campus to see friends and colleagues, and for a long time, he attended the physics seminar. At the latter, he often sat quietly in the back rows, drawing little attention to himself. But his favorite person at Berkeley was his niece, my mother, Lilo, who was a physical chemist (as was my father, David). Lilo spent her entire adult life in science, the first woman in the family to ever do so. This was a daring choice for a woman born in Breslau in 1918. She was determined to have a life in chemistry, and it was made all the more feasible because she had the unwavering support and encouragement of Otto. The two of them always remained close, and I think they understood each other quite well.

But whereas Lilo and David's house was relatively orderly, light and airy, Otto's house felt completely different. The first thing one noticed was the pervasive odor of cigar smoke. He really did love to smoke them, often rather inexpensive ones, much to the chagrin of various members of the family. The interior tended to be fairly dark with lots of wooden furniture, most of it brought over from Europe. It was immediately obvious which room was the most important: the highly cluttered office, filled with books and papers everywhere. Otto always employed a housekeeper to clean and prepare meals for him. I always had the impression she was very good at her job, but it was clear she was not allowed to touch anything in the office, which remained perpetually messy, though the piles of paper made sense to Otto. At the center of it was the exquisitely crafted desk designed by Li (Elise Stern), Otto's younger sister. She was always Otto's favorite within the family, and probably his favorite person in the whole world. By all accounts, Li was a lively, free-spirited, highly independent woman who loved the arts, design, travel, fashion, and good conversation. During Otto's highly productive years in Hamburg, they lived just several blocks apart from each other in the Uhlenhorst district, then as now a rather chic neighborhood with attractive apartment buildings and small houses, lots of shops and restaurants, and a favorable location near the waters of the Außenalster.

In his later years, we often had Sunday lunch with Otto, usually at one of the nice restaurants with a view of San Francisco Bay, and always somewhere with attentive service and a certain air of elegance. His favorite of these was the Spinnaker, a locally famous eatery on the Sausalito waterfront which has a spectacular view of San Francisco and the water. In retrospect, I think Otto enjoyed it so much because it reminded him of happier days spent in Hamburg. If you want to savor the Otto Stern lifestyle for yourself, there is no better way than having lunch or dinner at the Jahreszeiten Grill Hamburg inside the Vier Jahreszeiten Hotel, still one of the finest addresses in that thriving city. The Art Deco interior, the superb cuisine, the extensive wine list, the well-heeled crowd, it has again recaptured much of its vibrancy and elegance from an earlier time. But to truly honor Otto, there is an even better way: reward one or more younger colleagues who have been working hard by treating them to a long, leisurely meal at a fine restaurant in your own part of the world. Take them somewhere refined where they could not easily afford to dine on their own, and during the course of this pleasant indulgence, have a wide-ranging conversation in which you discuss many different subjects, not just science, and discover what they truly care about, exploring their hopes and aspirations for the future. This is what Otto would have done.

That highly productive period, late 1918 to early 1933, spent primarily in Frankfurt and Hamburg, was a golden age for Otto as a scientist, and I suspect that it also included the happiest years of his life. It was bookended by two much more difficult times. It is my understanding that Otto volunteered to serve Germany in the First World War. This would be completely plausible. It is not that he had any desire to wage war, far from it. Rather, Otto would have seen it as an obligation of citizenship, and many members of the family served in that devastating conflict. But what does one do with a young, promising scientist in wartime? The German command made him a weatherman along the

Eastern Front. His main responsibility was to fly a biplane once a day near the front lines in order to take weather readings. This worked fine until one day the Russians shot down his plane. His rather flimsy biplane crashed into the ground. Amazingly, Otto was not seriously hurt, and he managed to rush back to safety without being taken prisoner, but it was a very traumatic experience which marked him for life.

In late 1968, shortly before my first flight, I asked Otto what flying was like. He looked at me and said, »The physics of flying is mostly well founded, though not always!« He said this in a cheerful tone with his characteristic smile. I can still see him in my mind's eye. He then explained to me his earlier experiences with biplanes which seemed absolutely incredible to me. I suspect his tremendous distaste for commercial air travel stemmed from those memories. Throughout the postwar years, he traveled to Europe nearly every year. Each journey started by taking the train to New York City where he would visit friends, see his doctor, and enjoy the city life before boarding one of the magnificent ocean liners of the day to travel to Europe in style. It really is a superior form of travel. Having done it myself in recent years, I highly recommend it. Otto really did know how to live well.

In those postwar years, Otto observed a general boycott of Germany. The crimes of the Nazi regime were unforgivable, and the sense of betrayal was profound and indelible. But he nonetheless visited Germany a number of times after the war, though each stay tended to be quite brief. Two of these episodes were related to me. The first of these, in the mid 1950s, was to the still war-ravaged and divided city of Berlin. He knew the city well, and his father, Oskar, stepmother, Paula, and younger sister, Li, among other relatives, had all lived in the stylish Charlottenburg district of Berlin for many years well before the war. While many members of our family made it safely to the United States or Britain in the 1930s, not all were so lucky. Paula Stern played a very important role in the family, principally raising Li, and always staying in close contact with Otto and his siblings. Based on her letters, I can tell you she had a bright and lively mind. Once she was widowed, she spent her later years living in Wiesbaden with her two sisters. All three of them would later starve to death at the Theresienstadt Concentration Camp, victims of the Holocaust. Otto was painfully aware of this and so many other tragic deaths. So why did he travel to Berlin in the 1950s? To visit Max Vollmer, his dear friend and colleague, who had recently returned to East Berlin after being forced to work in the Soviet Union for many years. Vollmer was in declining health, and Otto wanted to see his old friend one last time. For Otto, friendship was more important than politics, and rightly so. It is my understanding that nearly all of his postwar visits to Germany focused on seeing specific friends and colleagues who remained important to him. Otto was a very loyal friend. The other trip to Germany that was often metioned, in the mid 1960s, was a brief jaunt to Lindau on Lake Constance (Bodensee) for a Nobel-sponsored event. He made a point of telling Lilo, his niece, that he was only going because it was a Nobel event, not a German event. Otto wanted to make it clear that his overall boycott of Germany was still essentially in effect. After the conference, he immediately went back to Zurich.

Otto nearly always spent time in Zurich during those postwar annual trips because it allowed him the pleasure of being in a sophisticated German-speaking city without going to Germany or Austria. Although Otto spoke very good English and was grateful to be an American citizen, and wanted to be considered a U.S. scientist, culturally he always remained central European, and I suspect he was nearly always thinking in German. He was certainly most at home speaking his native tongue. But politically, he was thoroughly American, and that goes back to events in 1933.

In late March or early April 1933, Otto's older sister, Berta (my grandmother), was tipped off by a family friend who worked at Breslau City Hall: her name was on a confidential list compiled by the local Nazi authorities of persons to be arrested for political reasons. The friend advised her to leave Germany, the sooner the better. Let me assure you that any government that perceived my grandmother as a threat was a very bad regime. In April 1933, Berta, her husband, and her children left Germany, eventually living in the town of Versailles, France, for three years before emigrating to the United States. They had really wanted to live in either Austria or Switzerland, but both those countries refused to accept them. Otto would have been well aware of this difficult drama unfolding for his older sister in the spring of 1933. I therefore believe it is likely that Otto started considering his own departure from Hamburg as early as April 1933.

In any event, Otto understood early on that the Nazi regime now in control of Hamburg University and the nation would not make life easy for him, or for the rest of the family. In late spring, the new authorities refused to renew the positions for the majority of his laboratory staff for the coming year. In the summer of 1933, when he actively sought a position in America, he soon received a generous offer from the Carnegie Institute of Technology in Pittsburgh (now Carnegie-Mellon). He said he would happily accept, provided they also offered a job to his favorite assistant, Emmanuel Estermann, newly unemployed. They graciously agreed, saving Estermann and his family as well. With a new position secured, Otto resigned his post in Hamburg. He was not expelled from Hamburg, he quit. The distinction was important to Otto. He turned his back on the new Nazi administration of the University before it could formally dismiss him. To the degree it was possible, Otto left Germany on his own terms. Li left at the same time or soon after, embracing life in America.

While Li lived mainly in New York City, Otto lived in Pittsburgh, though they certainly visited each other on a regular basis. He was well supported by Carnegie, and he was very appreciative for this fine job, but he never warmed to the city of Pittsburgh. Keep in mind, this was not the renovated Pittsburgh of today. In the 1930s and 1940s, Pittsburgh was a much grimier place. Otto reported to the family that if he left a window open at his home, within several hours there would be a layer of soot on the sill from all of the steel mills of greater Pittsburgh. He was also underwhelmed by the cultural life of Depression-era Pittsburgh, and the local cuisine was found to be wanting. The hot summers were another unwanted surprise. And yet, professionally he did land in a good place, and I think it is fitting that he would become within ten years the first resident of Pittsburgh to ever be awarded the Nobel prize. The award ceremony took place in early 1944 in New York City, as the war was still raging. This was an ideal location, because it meant he could celebrate this triumph with Li and various friends in New York.

Tragically, Li would die the following year from medical problems, her life cut short at age 46. It was this painful loss which likely persuaded Otto to resign his position at Carnegie and relocate to Berkeley in 1945. He bought a house a short walk from his sister Berta and her husband Walter, and a short bus ride away from UC Berkeley. Berta and Walter would both predecease Otto. By the end of 1963, we were his closest surviving relatives.

Despite all the upheaval and misfortunes Otto witnessed, he never lost his wit or humor. I will leave you with one more example of it. One day he telephoned our house, and asked for my father: »David, I want to see you alone, can you come over?« This was an unusual request, as usually Otto so enjoyed speaking with Lilo, his »favorite niece« as he often called her. This was clearly true as she was his only niece.

»Yes, of course,« replied David, »I'll be there in a few minutes.«

After sitting down on opposite sides of Otto's magnificent desk, Otto said to him, »David, after careful thought, I have decided to make you the executor of my estate, because I trust you to do a good job, and I am not leaving you anything!« I guarantee you Otto said this with his ready smile, confident that David would understand the essence of the proposal. While it is true Otto left nothing specifically to David, he was quite generous to the rest of us, which was no surprise to anyone who knew him.

Stammtafel (Auszug)

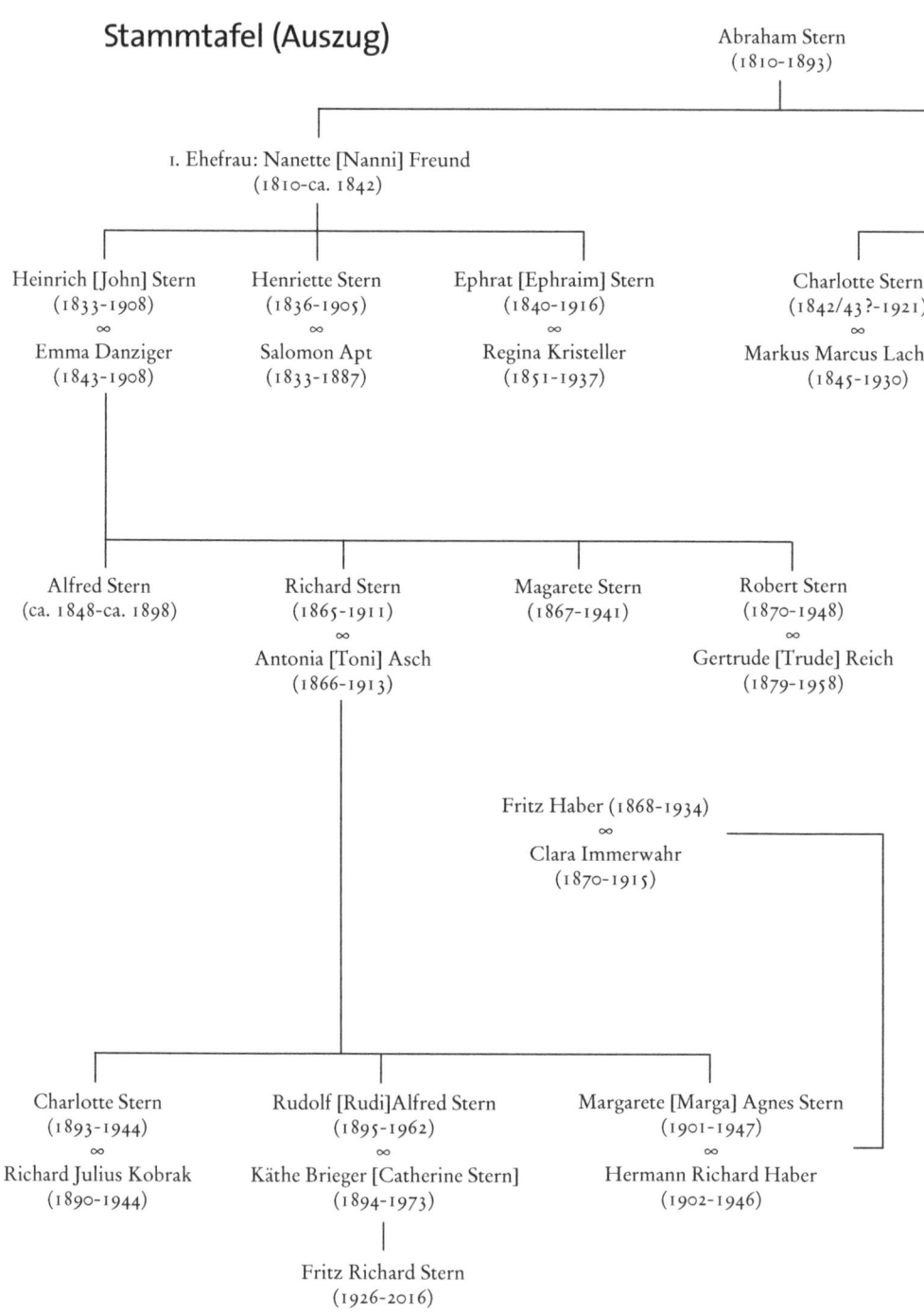

Abraham Stern
(1810-1893)

1. Ehefrau: Nanette [Nanni] Freund
(1810-ca. 1842)

Heinrich [John] Stern
(1833-1908)
∞
Emma Danziger
(1843-1908)

Henriette Stern
(1836-1905)
∞
Salomon Apt
(1833-1887)

Ephrat [Ephraim] Stern
(1840-1916)
∞
Regina Kristeller
(1851-1937)

Charlotte Stern
(1842/43?-1921)
∞
Markus Marcus Lachma

Alfred Stern
(ca. 1848-ca. 1898)

Richard Stern
(1865-1911)
∞
Antonia [Toni] Asch
(1866-1913)

Magarete Stern
(1867-1941)

Robert Stern
(1870-1948)
∞
Gertrude [Trude] Reich
(1879-1958)

Fritz Haber (1868-1934)
∞
Clara Immerwahr
(1870-1915)

Charlotte Stern
(1893-1944)
∞
Richard Julius Kobrak
(1890-1944)

Rudolf [Rudi]Alfred Stern
(1895-1962)
∞
Käthe Brieger [Catherine Stern]
(1894-1973)

Margarete [Marga] Agnes Stern
(1901-1947)
∞
Hermann Richard Haber
(1902-1946)

Fritz Richard Stern
(1926-2016)

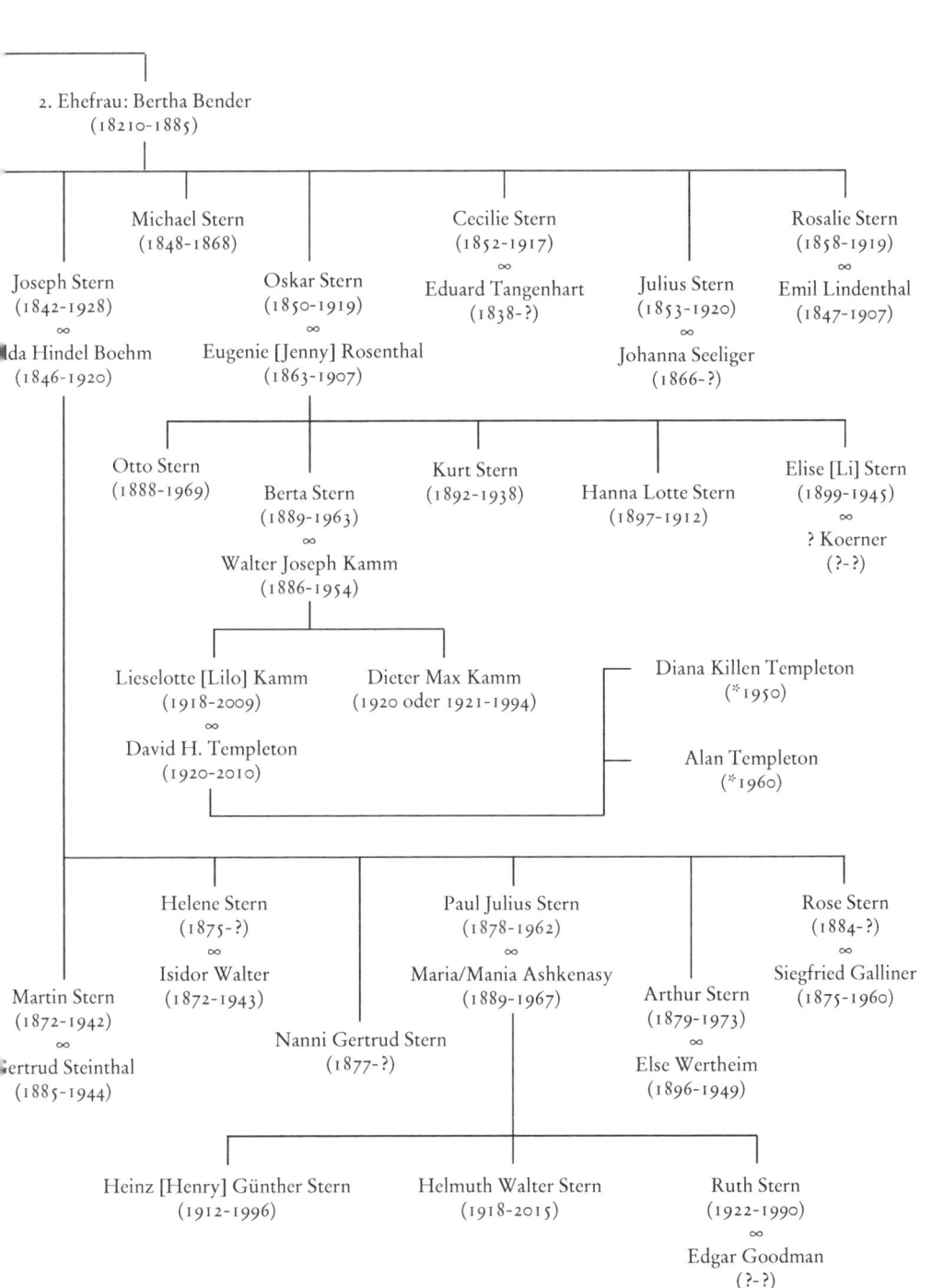

2. Ehefrau: Bertha Bender
(1821o-1885)

Michael Stern
(1848-1868)

Cecilie Stern
(1852-1917)
∞
Eduard Tangenhart
(1838-?)

Rosalie Stern
(1858-1919)
∞
Emil Lindenthal
(1847-1907)

Joseph Stern
(1842-1928)
∞
Ida Hindel Boehm
(1846-1920)

Oskar Stern
(1850-1919)
∞
Eugenie [Jenny] Rosenthal
(1863-1907)

Julius Stern
(1853-1920)
∞
Johanna Seeliger
(1866-?)

Otto Stern
(1888-1969)

Berta Stern
(1889-1963)
∞
Walter Joseph Kamm
(1886-1954)

Kurt Stern
(1892-1938)

Hanna Lotte Stern
(1897-1912)

Elise [Li] Stern
(1899-1945)
∞
? Koerner
(?-?)

Lieselotte [Lilo] Kamm
(1918-2009)
∞
David H. Templeton
(1920-2010)

Dieter Max Kamm
(1920 oder 1921-1994)

Diana Killen Templeton
(*1950)

Alan Templeton
(*1960)

Helene Stern
(1875-?)
∞
Isidor Walter
(1872-1943)

Paul Julius Stern
(1878-1962)
∞
Maria/Mania Ashkenasy
(1889-1967)

Rose Stern
(1884-?)
∞
Siegfried Galliner
(1875-1960)

Martin Stern
(1872-1942)
∞
Gertrud Steinthal
(1885-1944)

Nanni Gertrud Stern
(1877-?)

Arthur Stern
(1879-1973)
∞
Else Wertheim
(1896-1949)

Heinz [Henry] Günther Stern
(1912-1996)

Helmuth Walter Stern
(1918-2015)

Ruth Stern
(1922-1990)
∞
Edgar Goodman
(?-?)

Otto Stern – Lebensdaten im Überblick

1888	geboren am 17. Februar in Sohrau in Oberschlesien
1892	Umzug der Familie Stern nach Breslau
1894-1906	Besuch des städtischen Johannes-Gymnasiums zu Breslau, Abitur
1906-1908	Studium in Freiburg im Breisgau, München und Breslau
1908	Chemisches Verbandsexamen in Breslau
1912	Promotion am 6. März im Fach Physikalische Chemie in Breslau, Betreuer: Otto Sackur
Mai 1912-1914	Zusammenarbeit mit Einstein in Prag und in Zürich
1913	Habilitation an der ETH Zürich, Ernennung zum Privatdozenten für Physikalische Chemie
1913	Mitglied der Deutschen Physikalischen Gesellschaft (DPG)
1914	Wechsel an die Universität Frankfurt am Main
18.12.1914-26.11.1918	Kriegsdienst im Ersten Weltkrieg
1917-1919	Aufenthalt im Nernst'schen Institut in Berlin, Zusammenarbeit mit Max Volmer
1919	Ernennung zum Professor an der Universität Frankfurt am Main am 6. August
1.10.1921-31.12.1922	Universität Rostock
1922	Stern-Gerlach-Versuch in Frankfurt am Main am 7./8. Februar
1923-1933	Professor der Physikalischen Chemie an der Universität Hamburg
1930	Mitte Januar bis Mitte April Gastaufenthalt an der Universität Berkeley, Doctor of laws
1930/1931	Dekan der mathematisch-naturwissenschaftlichen Fakultät an der Universität Hamburg
1931-1938	korrespondierendes Mitglied der Gesellschaft der Wissenschaften zu Göttingen
1933	Bestimmung des magnetischen Moments des Protons
1933	Telegramm aus Zürich an die Hamburger Behörde vom 29. Juni mit der Bitte um Entlassung
1933-1945	Forschungsprofessur am Carnegie Institute of Technology in Pittsburgh
1939	US-amerikanische Staatsbürgerschaft am 8. März

1944	Nobelpreis für Physik, rückwirkend für 1943
1945-1969	Berkeley
1946	Nobelvortrag am 10. Dezember in Stockholm über »The Method of Molecular Rays«
1958	80. Geburtstag am 17. Februar; I. Estermann (Hg.): »Recent Research in Molecular Beams. A Collection of Papers Dedicated to Otto Stern on the Occasion of his Seventieth Birthday«, New York/London 1959
1968	Teilnahme an der 18. Tagung der Nobelpreisträger in Lindau vom 1. bis 5. Juli
1969	gestorben am 17. August, begraben auf dem Sunset View Cemetery in El Cerrito, Kalifornien

Abkürzungen

AAAS	American Association for the Advancement of Science
APS	American Physical Society
BAAS	British Association for the Advancement of Science
Diss.	Dissertation
DPG	Deutsche Physikalische Gesellschaft
EPS	European Physical Society (Europäische Physikalische Gesellschaft)
ETH	Eidgenössische Technische Hochschule
SGE	Stern-Gerlach-Experiment
StA	Staatsarchiv
SUB	Staats- und Universitätsbibliothek
TH	Technische Hochschule
UA	Universitätsarchiv
»U. z. M.«	Untersuchungen zur Molekularstrahlmethode

Nachlässe und Archive

Berkeley	Bancroft Library, Nachlass Otto Stern
Berlin	Archiv der Staatsbibliothek zu Berlin – Preußischer Kulturbesitz; Bundesarchiv Berlin-Lichterfelde
Erlangen	Stadtarchiv
Frankfurt am Main	Universitätsarchiv (UA F); Vereinsarchiv Physikalischer Verein
Halle (Saale)	Leopoldina-Archiv
Hamburg	Staatsarchiv (StA Hbg.); Universitätsarchiv (UA Hbg.)
Kopenhagen	Niels Bohr Archiv
München	Archiv des Deutschen Museums
Zürich	ETH-Archiv

Literaturverzeichnis

Die hinter jedem Titel von Otto Stern beziehungsweise seinen Mitarbeitern in Klammern genannte Nummer (S ##) beziehungsweise (M ##) bezieht sich auf die Werkausgabe von Otto Stern, Veröffentlichungen, Bd. 1-5; S bedeutet, Otto Stern ist Autor oder Mitautor, M bedeutet, dass ein oder mehrere Mitarbeiter von Otto Stern Autoren sind.

Literatur von Otto Stern (sortiert nach Jahr der Erstveröffentlichung)

Stern, Otto: Lösungen, in: Korschelt, E. (u. a. Hgg.): Handwörterbuch der Naturwissen-schaften, 10 Bde., Sechster Band, Jena 1912, S. 440-460
– Osmotische Theorie, in: Korschelt, E. (u. a. Hgg.): Handwörterbuch der Naturwissen-schaften, 10 Bde., Siebenter Band, Jena 1912, S. 383-391
– Zur kinetischen Theorie des osmotischen Druckes konzentrierter Lösungen und über die Gültigkeit des Henryschen Gesetzes für konzentrierte Lösungen von Kohlendi-oxid in organischen Lösungsmitteln bei tiefen Temperaturen, (Diss.) Breslau 1912. Ebenso in: Jahres-Bericht der Schlesischen Gesellschaft für vaterländische Cultur 90 (1913), Bd. 1, II. Abteilung: Naturwissenschaften, 1913, S. 1-36. Gekürzt in: Zeit-schrift für Physik 81 (1913), 441-474. Ferner in: Otto Sterns Veröffentlichungen, Bd. 1, S. 39-80, 81-82, 83-117 (S 1, S 1a, S 2)
– Zur kinetischen Theorie des Dampfdrucks einatomiger fester Stoffe und über die En-tropiekonstante einatomiger Gase (Habilitationsschrift), in: Physikalische Zeitschrift 14 (1913), S. 629-632 (S 4). Ebenso in: Habilitationsschrift Zürich Mai 1913, S. 154-162. Ferner in: Otto Sterns Veröffentlichungen, Bd. 1, S. 123-127, 129-138 (S 4, S 4a)
– Zur Theorie der Gasdissoziation. Eingegangen am 27. Februar 1914, in: Annalen der Physik 349 (1914) (4. Folge, Bd. 44), S. 497-524. Ferner in: Otto Sterns Veröffent-lichungen, Bd. 1, S. 151-179 (S 6)
– Die Entropie fester Lösungen. Eingegangen am 10. Februar 1916, in: Annalen der Physik 354 (1916) (4. Folge, Bd. 49), S. 823-841. Ferner in: Otto Sterns Veröffentli-chungen, Bd. 1, S. 181-200 (S 7)
– Über eine Methode zur Berechnung der Entropie von Systemen elastisch gekoppelter Massenpunkte. Eingegangen am 2. August 1916, in: Annalen der Physik 356 (1916) (4. Folge, Bd. 51), S. 237-260. Ferner in: Otto Sterns Veröffentlichungen, Bd. 2, S. 39-63 (S 8)
–; Volmer, Max: Über die Abklingungszeit der Fluoreszenz, in: Physikalische Zeitschrift 20 (1919), S. 183-188. Ferner in: Otto Sterns Veröffentlichungen, Bd. 2, S. 79-85 (S 10)
–; Volmer, Max: Sind die Abweichungen der Atomgewichte von der Ganzzahligkeit durch Isotopie erklärbar?; in: Annalen der Physik 364 (1919) (4. Folge, Bd. 59), S. 225-238. Ferner in: Otto Sterns Veröffentlichungen, Bd. 2, S. 87-101 (S 11)
– Eine direkte Messung der thermischen Molekulargeschwindigkeit, in: Physikalische Zeitschrift 21 (1920), S. 582. Ferner in: Otto Sterns Veröffentlichungen, Bd. 2, S. 133-134 (S 14)
– Eine direkte Messung der thermischen Molekulargeschwindigkeit. Eingegangen am 27. April 1920, in: Zeitschrift für Physik 2 (1920), S. 49-56. Ferner in: Otto Sterns Veröffentlichungen, Bd. 2, S. 143-151 (S 16)

– Nachtrag zu meiner Arbeit: »Eine direkte Messung der thermischen Molekularge-schwindigkeit«. Eingegangen am 22. Oktober 1920, in: Zeitschrift für Physik 3 (1920), S. 417-421. Ferner in: Otto Sterns Veröffentlichungen, Bd. 2, S. 153-158 (S 17)
–; Volmer, Max: Bemerkungen zum photochemischen Äquivalentgesetz vom Stand-punkt der Bohr-Einsteinschen Auffassung der Lichtabsorption, in: Zeitschrift für wissenschaftliche Photographie, Photophysik und Photochemie 19 (1920), S. 275-287. Ferner in: Otto Sterns Veröffentlichungen, Bd. 2, S. 119-132 (S 13)
– Ein Weg zur experimentellen Prüfung der Richtungsquantelung im Magnetfeld. Einge-gangen am 26. August 1921, in: Zeitschrift für Physik 7 (1921), S. 249-253. Nachdruck in: Zeitschrift für Physik D, Atoms, Molecules and Clusters 10 (1988), S. 111-113, englische Übers.: A way towards the experimental examination of spatial quantiza-tion in a magnetic field, ebd., S. 114-116. Ferner in: Otto Sterns Veröffentlichungen, Bd. 2, S. 159-164 (S 18)
– Über den experimentellen Nachweis der räumlichen Quantelung im elektrischen Feld, in: Physikalische Zeitschrift 23 (1922,) S. 476-481. Ferner in: Otto Sterns Veröffent-lichungen, Bd. 2, S. 179-185 (S 22)
– Zur Theorie der elektrolytischen Doppelschicht, in: Zeitschrift für Elektrochemie und angewandte physikalische Chemie 30 (1924), S. 508-516. Ferner in: Otto Sterns Veröffentlichungen, Bd. 2, S. 197-206 (S 25)
– Zur Methode der Molekularstrahlen. I. Eingegangen am 8. September 1926, in: Zeit-schrift für Physik 39 (1926), S. 751-763. Ferner in: Otto Sterns Veröffentlichungen, Bd. 2, S. 239-252 (S 28) (»U.z. M.« Nr. 1)
– Bemerkungen über die Auswertung der Aufspaltungsbilder bei der magnetischen Ab-lenkung von Molekularstrahlen. Eingegangen am 22. Dezember 1926, in: Zeitschrift für Physik 41 (1927), S. 563-568. Ferner in: Otto Sterns Veröffentlichungen, Bd. 3, S. 47-53 (S 31) (»U.z. M.« Nr. 5)
– Versuche an Molekularstrahlen (Zusammenfassung), in: Atti del Congresso interna-zionale dei fisici. 11-20 settembre 1927 – V, Como – Paria – Roma. Onoranze ad Alessandro Volta nel primo centenario della morte, Bologna 1928, S. 117-118
– Foreword, in: Fraser, Ronald: Molecular Rays, Cambridge 1931, S. IX-X
– A New Method for the Measurement of the Bohr Magneton. Eingegangen am 8. März 1937, in: The Physical Review 51 (1937), Heft 2, S. 852-854. Ferner in: Otto Sterns Veröffentlichungen, Bd. 4, S. 73-76 (S 59)
– A Molecular Ray Method for the Separation of Isotopes, in: The Physical Review 51 (1937), Heft 2, S. 1028. Ferner in: Otto Sterns Veröffentlichungen, Bd. 4, S. 77-78 (S 60)
– Die Methode der Molekularstrahlen, in: Chimia 1 (1947), S. 91. Ferner in: Otto Sterns Veröffentlichungen, Bd. 4, S. 113-114 (S 66)
– The Method of Molecular Rays, in: Hallström, M.P.A.L. (u.a. Hgg.): Les Prix Nobel en 1946, Stockholm 1948, S. 123-130. Ferner in: Nobel Lectures. Physics. 1942-1962, Amsterdam/London/New York 1964, S. 8-16, Biography, S. 17-18. Ferner in: Otto Sterns Veröffentlichungen, Bd. 4, S. 125-133 (S 68)
– On the Term k ln n! in the Entropy, in: Reviews of Modern Physics 21 (1949), S. 534-535. Ferner in: Otto Sterns Veröffentlichungen, Bd. 4, S. 143-145 (S 70)
– On a proposal to base wave mechanics on Nernst's Theorem, in: Helvetica Physica Acta 35 (1962), Heft 4/5, S. 367-368. Ferner in: Otto Sterns Veröffentlichungen, Bd. 4, S. 147-149 (S 71)
– Veröffentlichungen, hg. von Schmidt-Böcking, Horst; Reich, Karin; Templeton, Alan; Trageser, Wolfgang; Vill, Volkmar; Bd. 1: Otto Sterns Veröffentlichungen von 1912 bis 1916, Bd. 2: Otto Sterns Veröffentlichungen von 1916 bis 1926, Bd. 3: Otto Sterns

Veröffentlichungen von 1926 bis 1933, Bd. 4: Otto Sterns Veröffentlichungen von 1933 bis 1962 und Mitarbeiter von 1925 bis 1929, Bd. 5: Veröffentlichungen Mitarbeiter von 1929 bis 1935, Berlin/Heidelberg 2016

Otto Sterns gesammelte Briefe, hg. von Schmidt-Böcking, Horst; Templeton, Alan; Trageser, Wolfgang; Akademie der Wissenschaften in Hamburg; Bd. 1: Hochschullaufbahn und die Zeit des Nationalsozialismus, Berlin 2018; Bd. 2: Sterns wissenschaftliche Arbeiten und zur Geschichte der Nobelpreisvergabe, Berlin 2019; Bd. 3: Sterns Briefwechsel mit Freunden und Verwandten nach seiner Emeritierung, Berlin 2022

Verwendete Literatur und Werke von Otto Sterns Mitarbeitern und Wegbegleitern (alphabetisch geordnet)

Albers-Schönberg, Ernst: Über die Leitfähigkeit im stark komprimierten Gase, (Diss.) Hamburg 1923

Anonymus: Profile. Thomas Phipps, Physical Chemist, in: SCS Alumni Newsletter. School of Chemical Sciences. University of Illinois at Urbana-Champaign, S. 6-7

Artmann, Kurt: Zur Theorie der anomalen Reflexion von Atomstrahlen an Kristalloberflächen, in: Zeitschrift für Physik 118 (1941), Heft 9-10, S. 624-658; Heft 11-12, S. 659-676; 119 (1942), Heft 1-2, S. 49-66; Heft 9-10, S. 529-567

Atti del Congresso internazionale dei fisici. 11-20 settembre 1927 – V, Como – Paria – Roma. Onoranze ad Alessandro Volta nel primo Centenario della morte, Bologna 1928

Auerbach, Friedrich: Otto Sackur, in: Jahres-Bericht der Schlesischen Gesellschaft für vaterländische Cultur 92 (1914), Bd. 1, VI. Abteilung: Nekrologe auf die im Jahre 1914 verstorbenen Mitglieder, S. 35-37

Basch, Reinhold: Messung der Geschwindigkeit der Bildung des Quecksilberjodids sowie der Zersetzung des Phosphorpentachlorids bei kleinen Drücken, (Diss.) Hamburg 1924, 56 S.

Blumtritt, Oskar: Max Volmer 1885-1965. Eine Biographie, Berlin 1985

Born, Max: Mein Leben. Die Erinnerungen des Nobelpreisträgers, München 1975

–; Stern, Otto: Über die Oberflächenenergie der Kristalle und ihren Einfluß auf die Kristallgestalt, in: Sitzungsberichte der Preußischen Akademie der Wissenschaften 48 (1919), S. 901-913. Ferner in: Otto Sterns Veröffentlichungen, Bd. 2, S. 65-78 (S 9)

Bottin, Angela: Enge Zeit: Spuren Vertriebener und Verfolgter der Hamburger Universität 1933-1945, Ausst.-Kat. Universität Hamburg, hg. von ders. unter Mitarbeit von Rainer Nicolaysen, Hamburg 1991, 2. Aufl. mit der Titelergänzung: 2021 – Enge Zeit revisited, Hamburg 2021 (Hamburger Beiträge zur Wissenschaftsgeschichte, 11)

Brandstädter, Heike (Hg.): Verleihung der Bruno Snell-Plakette an Fritz Stern. Reden zur Festveranstaltung am 19. November 2002 an der Hamburger Universität, Hamburg 2004 (Hamburger Universitätsreden, Neue Folge 5)

Brandt, Erich: Geometrisch-optische und wellentheoretische Methode zur Berechnung der Beugungsintensitäten von Molekularstrahlen an starren Kristalloberflächen, in: Zeitschrift für Physik 92 (1934), Heft 9-10, S. 640-660

Briefwechsel zwischen Alexander von Humboldt und Carl Friedrich Gauß. Zum 200. Geburtstag von C.F. Gauß im Auftrag des Gauß-Komitees bei der Akademie der Wissenschaften der DDR, hg. von Kurt-R. Biermann, Berlin 1977 (Beiträge zur Alexander-von-Humboldt-Forschung, 4)

Brill, Otto: Über die Bildung von Niederschlägen durch Molekularstrahlen, (Diss.) Hamburg 1929

Chapuis, Gervais: Obituary. David H. Templeton (1920-2010), in: Acta Crystallographica Section A, 2010, A66, S. 720-722

Clark, Ronald W.: Albert Einstein. Leben und Werk, München 1976

Convegno di Fisica Nucleare, Ottobre 1931-IX. Reale Accademia d'Italia. Fondazione Alessandro Volta. Atti dei convegni, Rom 1932

David, Erwin: Spin-Wechselwirkung mit Austausch bei Alkali-Atomen, (Diss.) Hamburg 1934, in: Zeitschrift für Physik 91 (1934), S. 289-317, als Sonderdruck 1936

– Deutung der Anomalien der optischen Konstanten dünner Metallschichten, (Habilitationsschrift) Hamburg, 1. Teil, in: Zeitschrift für Physik 114 (1939), S. 389-406; ders.: Lichtstreuung an dünnen Metallschichten, (Habilitationsschrift) Hamburg, 2. Teil, in: Zeitschrift für Physik 115 (1940), S. 514-521

Doktoralbum der Mathematisch-Naturwissenschaftlichen Fakultät, Bd. 1, in: UA Hbg., Bestandsname 306e Fachbereich Mathematik, Signatur Nr. 297

Dosch, Hans-Günter; Stech, Berthold: Johannes Daniel Jensen 1907-1973 (siehe https://www.thphys.uni-heidelberg.de/home/info/historie_dir/jensen_dosch_stech.html; letzter Zugriff: 18. Dezember 2023)

Dunoyer, Louis: Sur la réalisation d'un rayonnement matériel d'origine purement thermique. Cinétique expérimentale, in: Le Radium 8 (1911), Nr. 4 (April), S. 142-146

– Sur la résonance optique des gaz et des vapeurs, in: Le Radium 10 (1913), Nr. 12 (Dezember), S. 400-402

Einstein, Albert: Eine neue Bestimmung der Moleküldimensionen, (Diss. Zürich), Bern 1905. Ebenso in: Einstein, Collected Papers, Bd. 2, S. 183-205

– Zur Quantentheorie der Strahlung, in: Mitteilungen der Physikalischen Gesellschaft Zürich 18 (1916), S. 47-62. Ebenso in: Physikalische Zeitschrift 18 (1917), S. 121-128. Ferner in: Einstein, Collected Papers, Bd. 6, S. 381-398

– Die Grundlage der allgemeinen Relativitätstheorie, in: Annalen der Physik 354 (1916) (4. Folge, Bd. 49), S. 769-822. Ebenso in: Einstein, Collected Papers, Bd. 7, S. 283-339

– The Collected Papers, diverse Hgg., Bd. 1-16, Princeton 1987-2021

Albert Einstein. Max Born. Briefwechsel 1916-1955, kommentiert von Max Born, München 1969

–; Stern, Otto: Einige Argumente für die Annahme einer molekularen Agitation beim absoluten Nullpunkt. Eingegangen am 5. Januar 1913, in: Annalen der Physik 345 (1913) (4. Folge, Bd. 40), Heft 3, S. 551-560. Ferner in: Otto Sterns Veröffentlichungen, Bd. 1, S. 139-149 (S 5). Ebenso in: Einstein, Collected Papers, Bd. 4, S. 274-285

Estermann, Immanuel: Über den Verdampfungskoeffizienten und seine Beziehung zur Ostwaldschen Stufenregel, (Diss.) Hamburg 1921. Die in Hamburg befindlichen zwei Exemplare umfassen je 36 Seiten, in der SUB Göttingen ist ein Auszug mit 8 Seiten vorhanden. Nachdruck in: Zeitschrift für Physikalische Chemie 99 (1921), S. 383-394

– Molecular Beam Research in Hamburg 1922-1933, in: Estermann, Immanuel (Hg.): Recent Research in Molecular Beams. A Collection of Papers Dedicated to Otto Stern on the Occasion of his Seventieth Birthday, New York/London 1959, S. 1-7

– (Hg.): Recent Research in Molecular Beams. A Collection of Papers Dedicated to Otto Stern on the Occasion of his Seventieth Birthday, New York/London 1959

– History of molecular beam research: Personal reminiscences of the important evolutionary period 1919-1933, hg. von Samuel N. Foner, in: American Journal of Physics 43 (1975), Heft 8, S. 661-671

– Stern Otto, in: Dictionary of Scientific Biography, Bd. 13, New York 1976, S. 40-43

– Otto Stern (1888-1969), in: Physiker und Astronomen in Frankfurt, hg. von Klaus Bethge und Horst Klein, Neuwied 1989, S. 46-52

–; Byck, Harold T.: High-Speed High-Vacuum Diffusion Pumps. Eingegangen am 20. April 1932, in: Review of Scientific Instruments 3 (1932), S. 482-487

–; Foner, Samuel N.; Stern, Otto: The Mean Free Paths of Cesium Atoms in Helium, Nitrogen, and Ccesium Vapor. Eingegangen am 29. November 1946, in: The Physical Review 71 (1947), S. 250-257. Ferner in: Otto Sterns Veröffentlichungen, Bd. 4, S. 115-123 (S 67)

–; Fraser, Ronald: The Deflection of Molecular Rays in an Electric Field: The Electric Moment of Hydrogen Chloride. Eingegangen am 14. März 1933, in: The Journal of Chemical Physics 1 (1933), S. 390-399

–; Frisch, Otto Robert; Stern, Otto: Monochromasierung der de Broglie-Wellen von Molekularstrahlen. Eingegangen am 22. September 1931. Zeitschrift für Physik 73 (1932), S. 348-365. Ferner in: Otto Sterns Veröffentlichungen, Bd. 3, S. 147-165 (S 42) (»U. z. M.« Nr. 18)

–; Frisch, Otto Robert; Stern, Otto: Magnetic Moment of the Proton, in: Nature 132 (1933), S. 169-170. Ferner in: Otto Sterns Veröffentlichungen, Bd. 4, S. 39-40 (S 51)

–; Simpson, Oliver C.; Stern, Otto: The Magnetic Moment of the Proton. Eingegangen am 9. Juli 1937, in: The Physical Review 52 (1937), S. 535-545. Ferner in: Otto Sterns Veröffentlichungen, Bd. 4, S. 81-92 (S 62)

–; Simpson, Oliver C.; Stern, Otto: The Free Fall of Atoms and the Measurement of the Velocity Distribution in a Molecular Beam of Cesium Atoms. Eingegangen am 29. November 1946, in: The Physical Review 71 (1947), S. 238-249. Ferner in: Otto Sterns Veröffentlichungen, Bd. 4, S. 99-111 (S 65)

–; Stern, Otto: Über die Sichtbarmachung dünner Silberschichten auf Glas. Eingegangen am 28. Juli 1923, in: Zeitschrift für Physikalische Chemie106 (1923), S. 399-402. Ferner in: Otto Sterns Veröffentlichungen, Bd. 2, S. 187-191 (S 23)

–; Stern, Otto: Beugung von Molekularstrahlen. Eingegangen am 14. Dezember 1929, in: Zeitschrift für Physik 61 (1930), S. 95-125. Ferner in: Otto Sterns Veröffentlichungen, Bd. 3, S. 107-138 (S 40) (»U. z. M.« Nr. 15)

–; Stern, Otto: Über die magnetische Ablenkung von Wasserstoffmolekülen und das magnetische Moment des Protons. II. Eingegangen am 12. Juli 1933, in: Zeitschrift für Physik 85 (1933), S. 17-24. Ferner in: Otto Sterns Veröffentlichungen, Bd. 4, S. 41-49 (S 52) (»U. z. M.« Nr. 27)

–; Stern, Otto: Eine neue Methode zur Intensitätsmessung von Molekularstrahlen. Eingegangen am 20. Juli 1933, in: Zeitschrift für Physik 85 (1933), S. 135-143. Ferner in: Otto Sterns Veröffentlichungen, Bd. 4, S. 51-60 (S 53) (»U. z. M.« Nr. 28)

–; Stern, Otto: Über die magnetische Ablenkung von isotopen Wasserstoffmolekülen und das magnetische Moment des »Deutons«. Eingegangen am 19. August 1933, in: Zeitschrift für Physik 86 (1933), S. 132-134. Ferner in: Otto Sterns Veröffentlichungen, Bd. 4, S. 61-64 (S 54) (»U. z. M.« Nr. 29)

–; Stern, Otto: Magnetic Moment of the Deuton, in: Nature 133 (1934), S. 911. Ferner in: Otto Sterns Veröffentlichungen, Bd. 4, S. 65-66 (S 55)

[Fakultätsbuch der Mathematisch-Naturwissenschaftlichen Fakultät], Bd. 1, in: UA Hbg., Bestandsname 306e Fachbereich Mathematik, Signatur Nr. 301

[Festschrift in memoriam Otto Stern on the 100th anniversary of his birth, hg. von Dudley Herschbach], in: Zeitschrift für Physik D, Atoms, Molecules and Clusters 10 (1988), Heft 2/3, S. 109-392

Fierz, Markus: Über die künstliche Umwandlung des Protons in ein Neutron, (Diss.) Zürich 1936, in: Helvetica Physica Acta 9 (1936), Heft 4, S. 245-264

Fraser, Ronald G.J.: The Effective Cross Section of the Oriented Hydrogen Atom, in: Proceedings of the Royal Society of London A, 114 (1927), Nr. 767, S. 212-221

– Molecular Rays, Cambridge 1931 (The Cambridge Series of Physical Chemistry)

– Molecular Beams, London 1937 (Methuen's Monographs on Physical Subjects)

Friedrich, Bretislav; Herschbach, Dudley: Stern and Gerlach: How a Bad Cigar Helped Reorient Atomic Physics, in: Physics Today 56 (2003), Heft 12, S. 53-59

–; Meijer, Gerard; Schmidt-Böcking, Horst; Gruber, Gernot: One Hundred Years of Alfred Landé's g-Factor, in: Natural Sciences 1 (2021), Heft 2 (https://doi.org/10.1002/ntls.20210068; letzter Zugriff: 18. Dezember 2023)

–; Schmidt-Böcking, Horst (Hgg.): Molecular Beams in Physics and Chemistry. From Otto Stern's Pioneering Exploits to Present-Day Feats, Springer 2021 (open access publication: https://link.springer.com/book/10.1007/978-3-030-63963-1; letzter Zugriff: 18. Dezember 2023)

–; Schmidt-Böcking, Horst: Otto Stern's Molecular Beam Method and Its Impact on Quantum Physics, in: Friedrich; Schmidt-Böcking, Molecular Beams in Physics and Chemistry, S. 37-88

Frisch, Otto Robert: Einwirkung von Kathodenstrahlen auf Steinsalz, (Diss.) Wien 1926

– Anomalien bei der Reflexion und Beugung von Molekularstrahlen an Kristallspaltflächen. II. Eingegangen am 20. Juni 1933, in: Zeitschrift für Physik 84 (1933), S. 443-447. Ferner in: Otto Sterns Veröffentlichungen, Bd. 5, S. 149-154 (M 15) (»U. z. M.« Nr. 25)

– Experimenteller Nachweis des Einsteinschen Strahlungsrückstoßes. Eingegangen am 22. August 1933, in: Zeitschrift für Physik 86 (1933), S. 42-48. Ferner in: Otto Sterns Veröffentlichungen, Bd. 5, S. 175-182 (M 17) (»U. z. M.« Nr. 30)

– Woran ich mich erinnere – Physik und Physiker meiner Zeit, Stuttgart 1981 (Große Naturforscher, 43)

–; Phipps, Thomas Erwin; Segrè, Emilio; Stern, Otto: Process of Space Quantisation, in: Nature 130 (1932), S. 892-893. Ferner in: Otto Sterns Veröffentlichungen, Bd. 3, S. 173-175 (S 44)

–; Segrè, Emilio: Über die Einstellung der Richtungsquantelung II. Eingegangen am 2. Dezember 1932, in: Zeitschrift für Physik 80 (1933), S. 610-616. Ferner in: Otto Sterns Veröffentlichungen, Bd. 5, S. 131-138 (M 13) (»U. z. M.« Nr. 22)

–; Stern, Otto: Anomalien bei der spiegelnden Reflexion und Beugung von Molekularstrahlen an Kristallspaltflächen. I. Eingegangen am 28. April 1933, in: Zeitschrift für Physik 84 (1933), S. 430-442. Ferner in: Otto Sterns Veröffentlichungen, Bd. 3, S. 179-192 (S 46) (»U. z. M.« Nr. 23)

–; Stern, Otto: Über die magnetische Ablenkung von Wasserstoffmolekülen und das magnetische Moment des Protons. I. Eingegangen am 27. Mai 1933, in: Zeitschrift für Physik 85 (1933), S. 4-16. Ferner in: Otto Sterns Veröffentlichungen, Bd. 3, S. 193-206 (S 47) (»U. z. M.« Nr. 24)

–; Stern, Otto: Beugung von Materiestrahlen, in: Handbuch der Physik, Bd. XXII, II. Teil, Berlin 1933, S. 313-354. Ferner in: Otto Sterns Veröffentlichungen, Bd. 3, S. 221-263 (S 50)

–; Stern, Otto: Über die magnetische Ablenkung von Wasserstoffmolekülen und das magnetische Moment des Protons, hg. von Peter Debye, Leipzig 1933, S. 36-42

(Leipziger Vorträge, 5). Ferner in: Otto Sterns Veröffentlichungen, Bd. 3, S. 211-219 (S 49)

Gerlach, Walther: Eine Methode zur Bestimmung der Strahlung in absolutem Maß und die Konstante des Stefan-Boltzmannschen Strahlungsgesetzes, (Diss.) Tübingen 1912. Ferner in: Annalen der Physik 343 (1912) (4. Folge, Bd. 38), S. 1-29

– Experimentelle Untersuchungen über die absolute Messung und Größe der Konstanten des Stefan-Boltzmannschen Strahlungsgesetzes (Habilitationsschrift Tübingen), Leipzig 1916

– Über die Richtungsquantelung im Magnetfeld II. Experimentelle Untersuchungen über das Verhalten normaler Atome unter magnetischer Kraftwirkung, in: Annalen der Physik 381 (1925) (4. Folge, Bd. 76), S. 163-197. Ferner in: Otto Sterns Veröffentlichungen, Bd. 4, S. 151-186 (M 0)

– Das magnetische Verhalten von Gasen und Dämpfen, in: Atti del Congresso internazionale dei fisici. 11-20 settembre 1927 – V, Como – Paria – Roma. Onoranze ad Alessandro Volta nel primo centenario della morte, Bologna 1928, S. 77-94

– Otto Stern zum Gedenken (*17.2.1888, †17.8.1969), in: Physikalische Blätter 25 (1969), S. 412-413

– Zur Entdeckung des »Stern-Gerlach-Effektes«, in: Physikalische Blätter 25 (1969), S. 472

–; Stern, Otto: Der experimentelle Nachweis des magnetischen Moments des Silberatoms. Vorläufige Mitteilung. Eingegangen am 18. November 1921, in: Zeitschrift für Physik 8 (1921), S. 110-111. Ferner in: Otto Sterns Veröffentlichungen, Bd. 2, S. 165-167 (S 19)

–; Stern, Otto: Der experimentelle Nachweis der Richtungsquantelung im Magnetfeld. Eingegangen am 1. März 1922, in: Zeitschrift für Physik 9 (1922), S. 349-352. Ferner in: Otto Sterns Veröffentlichungen, Bd. 2, S. 169-173 (S 20)

–; Stern, Otto: Das magnetische Moment des Silberatoms. Eingegangen am 1. April 1922, in: Zeitschrift für Physik 9 (1922), S. 353-355. Ferner in: Otto Sterns Veröffentlichungen, Bd. 2, S. 175-178 (S 21)

–; Stern, Otto: Über die Richtungsquantelung im Magnetfeld, in: Annalen der Physik 379 (1924) (4. Folge, Bd. 74), S. 673-699. Ferner in: Otto Sterns Veröffentlichungen, Bd. 2, S. 207-234 (S 26)

Goeppert-Mayer, Maria; Jensen, J. Hans D.: Elementary Theory of Nuclear Shell Structure, New York 1955, viele Auflagen und Nachdrucke

Gordon, Walter: Der Comptoneffekt nach der Schrödingerschen Theorie, in: Zeitschrift für Physik 40 (1926), S. 117-133

Groth, Wilhelm: Eine Methode zur Bestimmung des elektromechanischen Äquivalents, (Diss.) Tübingen 1927, in: Annalen der Physik 387 (1927) (4. Folge, Bd. 82), S. 1156-1168

– Photochemie im Schumann-Ultraviolett, (Habilitationsschrift) Hamburg 1938, in: Zeitschrift für Elektrochemie und angewandte physikalische Chemie 45 (1939), S. 262-285

Guhl, Anton F.: Wege aus dem »Dritten Reich«. Die Entnazifizierung der Hamburger Universität als ambivalente Nachgeschichte des Nationalsozialismus (Diss. Hamburg), Göttingen 2019 (Hamburger Beiträge zur Wissenschaftsgeschichte, 26)

Gutfreund, Hanoch: Otto Stern – With Einstein in Prague and in Zürich, in: Friedrich; Schmidt-Böcking, Molecular Beams in Physics and Chemistry, S. 89-96

Hahn, Friedrich L.: Synthese einiger α-Aminoketone, (Diss. Berlin) Rostock 1911

– Über die Bestimmung des Kupfers als Sulfür und durch Elektroanalyse, (Habilitationsschrift Frankfurt a.M.) Leipzig 1917, in: Zeitschrift für anorganische und allgemeine Chemie 99 (1917), S. 201-248

Hahn, Otto: From the natural transmutation of uranium to its artificial fission, in: Nobel Lectures. Physics. 1942-1962, Amsterdam/London/New York 1964, S. 51-66, Biography S. 67-68

–; Straßmann, Fritz: Über den Nachweis und das Verhalten der bei der Bestrahlung des Urans mittels Neutronen entstehenden Erdalkalimetalle, in: Die Naturwissenschaften 27 (1939), S. 11-15

Hardy, Anne I.: Friedrich Dessauer. Röntgenpionier, Biophysiker und Demokrat, Frankfurt a.M. 2013 (Gründer, Gönner und Gelehrte. Biographienreihe der Goethe-Universität)

Hartkopf, Werner: Die Akademie der Wissenschaften der DDR. Ein Beitrag zu ihrer Geschichte, Berlin 1983, ²2021, ³2022

Heilbron, John L., siehe Interview von John L. Heilbron, 1962

Heisenberg, Werner: Über den anschaulichen Inhalt der quantentheoretischen Kinematik und Mechanik. Eingegangen am 23. März 1927, in: Zeitschrift für Physik 43 (1927), S. 172-198

Herfurth, Dietrich: Der Nationalpreis der DDR. Zur Geschichte einer deutschen Auszeichnung, Berlin 2006

Hermann, Armin: Wie die Wissenschaft ihre Unschuld verlor. Macht und Mißbrauch der Forscher, Stuttgart 1982 u.a.

Herschbach, Dudley: An Homage to Otto Stern, in: Friedrich; Schmidt-Böcking, Molecular Beams in Physics and Chemistry, S. 1-22

Herz, W.: Otto Sackur, in: Physikalische Zeitschrift 16 (1915), S. 113-115

Hevesy, George de: Some applications of isotopic indicators, in: Nobel Lectures. Chemistry. 1942-1962. Amsterdam/London/New York 1964, S. 9-41, Biography S. 42-43

–; Paneth, Fritz: Lehrbuch der Radioaktivität, Leipzig 1923

–; Stern, Otto: Fritz Haber's Arbeiten auf dem Gebiet der Physikalischen Chemie und Elektrochemie, in: Naturwissenschaften 16 (1928), S. 1062-1068. Ferner in: Otto Sterns Veröffentlichungen, Bd. 3, S. 73-80 (S 34)

Hoffmann, Dieter; Walker, Mark (Hgg.): Physiker zwischen Autonomie und Anpassung. Die Deutsche Physikalische Gesellschaft im Dritten Reich, Weinheim 2007

Hoffmann, Klaus: Schuld und Verantwortung. Otto Hahn – Konflikte eines Wissenschaftlers, Berlin 1993

Hollander, Frederick: Lieselotte Templeton 1918-2009, in: ACA RefleXions (American Crystallographic Association) 1 (2010), S. 19-20

Huber, Josef Georg: Walther Gerlach (1889-1979) und sein Weg zum erfolgreichen Experimentalphysiker bis etwa 1925, (Diss. München 2014) Augsburg 2015 (Algorismus: Studien zur Geschichte der Mathematik und der Naturwissenschaften, Heft 82)

– Gerlach, Walther, in: NDB-online, veröffentlicht am 1. April 2023 (https://www.deutsche-biographie.de/118538713.html#dbocontent; letzter Zugriff: 18. Dezember 2023)

–; Schmidt-Böcking, Horst; Friedrich, Bretislav: Walther Gerlach (1889-1979): Precision Physicist, Educator and Research Organizer, Historian of Science, in: Friedrich; Schmidt-Böcking, Molecular Beams in Physics and Chemistry, S. 119-161

Hulthén, Eric: Award ceremony speech. Account of Stern's and Rabi's works (Broadcast Lecture, 10th December, 1944), in: Nobel Lectures. Physics, 1942-1962, Amsterdam/London/New York 1964, S. 5-7

Hund, Friedrich: Versuch einer Deutung der großen Durchlässigkeit einiger Edelgase für sehr langsame Elektronen, (Diss. Göttingen 1922) Göttingen 1923

Interview: Kopie von: Aufzeichnungen von Res Jost eines Gesprächs mit Otto Stern über Albert Einstein, das am 2.12.1961 in der Pension Tiefenau in Zürich stattfand, in: Archiv der ETH-Bibliothek Zürich (ETH-Bibliothek @ swisscovery), Otto Stern tape recording Folder ›ST-Misc.‹ 1961 (https://eth.swisscovery.slsp.ch/discovery/search?vid=41SLSP_ETH:ETH&tab=discovery_network&search_scope=DiscoveryNetwork&mode=basic&displayMode=full&bulkSize=10&highlight=true&dum=true&query=any,contains,Otto%20Stern%20%20%20Res%20Jost&displayField=all&lang=de&pcAvailabiltyMode=true&primoQueryTemp=Otto%20Stern,%20%20Res%20Jost; letzter Zugriff: 18. Dezember 2023)

Interview: Immanuel Estermann by John L. Heilbron on 1962, December 13, in: Niels Bohr Library & Archives, American Institute of Physics, College Park, MD USA (https://www.aip.org/history-programs/niels-bohr-library/oral-histories/4593; letzter Zugriff: 18. Dezember 2023)

Interview: Isidor Isaac Rabi by Thomas S. Kuhn on 1963 December 8, Niels Bohr Library & Archives, American Institute of Physics, College Park, MD USA (https://www.aip.org/history-programs/niels-bohr-library/oral-histories/4836; letzter Zugriff: 18. Dezember 2023)

Jaenicke, Walther: 100 Jahre Bunsen-Gesellschaft 1894-1994, Heidelberg 1994

Jensen, Hans: Die Ladungsverteilung in Ionen und die Gitterkonstante des Rubidiumbromids nach der statistischen Methode, (Diss. Hamburg), in: Zeitschrift für Physik 77 (1932), S. 722-745

– Über die Existenz negativer Ionen im Rahmen des statistischen Modells, in: Zeitschrift für Physik 101 (1936), S. 141-163

Jordan, Pascual: Zur Theorie der Quantenstrahlung, (Diss. Göttingen 1925) Braunschweig 1925. Ferner in: Zeitschrift für Physik 30 (1924), S. 297-319

Josephy, Bernhard: Resonanz bei Stößen zweiter Art in der Fluoreszenz und Chemilumineszenz, (Diss. Berlin) Hamburg 1928

– Die Reflexion von Quecksilber-Molekularstrahlen an Kristallspaltflächen. Eingegangen am 1. Dezember 1932, in: Zeitschrift für Physik 80 (1933), S. 755-762. Ferner in: Otto Sterns Veröffentlichungen, Bd. 5, S. 139-147 (M 14) (»U.z. M.« Nr. 21)

Jost, Res, siehe Interview von Res Jost, 1961

Kirchhoff, Peter: Methodisches zur Bestimmung der Dampfdruckkurven von festen und flüssigen Stoffen mit sehr niedrigen Dampfdrucken, (Diss.) Hamburg 1923

Klanner, Robert: Mehr als 100 Jahre exzellente Physik in Hamburg, in: Nicolaysen, Rainer; Krause, Eckart; Zimmermann, Gunnar B. (Hgg.): 100 Jahre Universität Hamburg, 4 Bde., 4. Bd.: Mathematik. Informatik. Naturwissenschaften. Medizin, Göttingen 2024, S. 83-135.

Klee, Ernst: Das Personenlexikon zum Dritten Reich. Wer war was vor und nach 1945, Frankfurt a.M. [5]2015

Knauer, Friedrich: Ein Wechselstromkompensator auf Grund der Görges'schen Brückenschaltung, (Diss.) Hannover 1923

– Über die Streuung von Molekularstrahlen in Gasen. I. Eingegangen am 28. August 1932, in: Zeitschrift für Physik 80 (1933), S. 80-99. Ferner in: Otto Sterns Veröffentlichungen, Bd. 5, S. 109-129 (M 12) (»U.z. M.« Nr. 20)

–; Stern, Otto: Zur Methode der Molekularstrahlen. II. Eingegangen am 8. September 1926, in: Zeitschrift für Physik 39 (1926), S. 764-779. Ferner in: Otto Sterns Veröffentlichungen, Bd. 2, S. 253-269 (S 29) (»U.z. M.« Nr. 2)

–; Stern, Otto: Der Nachweis kleiner magnetischer Momente von Molekülen. Eingegangen am 8. September 1926, in: Zeitschrift für Physik 39 (1926), S. 780-786. Ferner in: Otto Sterns Veröffentlichungen, Bd. 3, S. 39-46 (S 30) (»U.z. M.« Nr. 3)

–; Stern, Otto: Intensitätsmessungen an Molekularstrahlen von Gasen. Eingegangen am 24. Dezember 1928, in: Zeitschrift für Physik 53 (1929), S. 766-778. Ferner in: Otto Sterns Veröffentlichungen, Bd. 3, S. 83-96 (S 36) (»U.z. M.« Nr. 10)

–; Stern, Otto: Über die Reflexion von Molekularstrahlen. Eingegangen am 24. Dezember 1928, in: Zeitschrift für Physik 53 (1929), S. 779-791. Ferner in: Otto Sterns Veröffentlichungen, Bd. 3, S. 59-72 (S 33) (»U.z. M.« Nr. 11)

Krahnke, Holger: Die Mitglieder der Akademie der Wissenschaften zu Göttingen 1751-2001, Göttingen 2001 (Abhandlungen der Akademie der Wissenschaften zu Göttingen, 246)

Kratzenstein, Marius: Untersuchungen über die »Wolke« bei Molekularstrahlversuchen, (Diss.) Hamburg 1935. Eingegangen am 21. November 1934, in: Zeitschrift für Physik 93 (1935), S. 279-291. Ferner in Otto Sterns Veröffentlichungen, Bd. 5, S. 227-240 (M 22)

Krause, Eckart; Huber, Ludwig; Fischer, Holger (Hgg.): Hochschulalltag im »Dritten Reich«. Die Hamburger Universität 1933-1945, 3 Teile, Berlin/Hamburg 1991

Kuhn, Thomas S., siehe Interview von Thomas S. Kuhn

K.W.: Ein Nobelpreisträger, den Hamburg prägte. Isaac I. Rabi wurde Ehrendoktor des Fachbereichs Physik, in: uni hh: Berichte und Meinungen aus der Universität Hamburg 16 (1985), Heft 4, S. 14-15

Lammert, Berthold: Herstellung von Molekularstrahlen einheitlicher Geschwindigkeit. Eingegangen am 10. Mai 1929, (Diss.) Hamburg 1929, in: Zeitschrift für Physik 56 (1929), S. 244-253. Ferner in: Otto Sterns Veröffentlichungen, Bd. 5, S. 49-59 (M 8) (»U.z. M.« Nr. 13)

Landé, Alfred: Zur Methode der Eigenschwingungen in der Quantentheorie, (Diss. München) Göttingen 1914

– Schwierigkeiten in der Quantentheorie des Atombaus, besonders magnetischer Art, in: Physikalische Zeitschrift 24 (1923), S. 441-444

Landt, Erhard: Beiträge zur Theorie der Lösungen, (Diss.) Hamburg 1924

Laue, Max: Über die Interferenzerscheinungen an planparallelen Platten, (Diss.) Berlin 1903

– Discorso del Prof. M.v. Laue (Germania), in: Atti del Congresso internazionale dei fisici. 11-20 settembre 1927 – V, Como – Paria – Roma. Onoranze ad Alessandro Volta nel primo centenario della morte, Bologna 1928, S. 39-44

– Fritz Haber †, in: Die Naturwissenschaften 22 (1934), Heft 7, S. 97

– Geschichte der Physik, Bonn 1946 u.a.; Übersetzungen

Lemmerich, Jost: Max von Laue – Furchtlos und treu. Eine Biographie des Nobelpreisträgers für Physik, Rangsdorf 2020

Lenz, Wilhelm: Berechnung der Beugungsintensitäten von Molekularstrahlen an starren Kristalloberflächen. Eingegangen am 17. Oktober 1934, in: Zeitschrift für Physik 92 (1934), S. 631-639

Leu, Alfred: Versuche über die Ablenkung von Molekularstrahlen im Magnetfeld. Eingegangen am 22. Dezember 1926, (Diss.) Hamburg 1927, in: Zeitschrift für Physik 41 (1927), S. 551-562. Ferner in: Otto Sterns Veröffentlichungen, Bd. 4, S. 195-207 (M 2) (»U.z. M.« Nr. 4)

– Untersuchungen an Wismut nach der magnetischen Molekularstrahlmethode. Eingegangen am 3. Mai 1928, Zeitschrift für Physik 49 (1928), S. 498-506. Ferner in: Otto
Sterns Veröffentlichungen, Bd. 4, S. 227-236 (M 5) (»U. z. M.« Nr. 8)

Lewis, Lester Clark: Die Bestimmung des Gleichgewichts zwischen den Atomen und den
Molekülen eines Alkalidampfes mit einer Molekularstrahlmethode. Eingegangen am
22. März 1931, (Diss.) Hamburg 1931, in: Zeitschrift für Physik 69 (1931), S. 786-809.
Ferner in: Otto Sterns Veröffentlichungen, Bd. 5, S. 69-93 (M 10) (»U. z. M.« Nr. 16)

Ludwig, Astrid: »Das hätte ihm gefallen«. Goethe-Uni ehrt den Nobelpreisträger Otto
Stern / Großneffe extra aus den USA angereist, in: Frankfurter Rundschau Nr. 275
(25. November 2011)

Mahnke, Reinhard: Der Physiker Otto Stern, in: Universität Rostock, Mathematisch-
Naturwissenschaftliche Fakultät, Kalenderblatt Februar 2012 (https://www.math-
nat.uni-rostock.de/geschichte/kalenderblatt/archiv-der-kalenderblaetter/kalender-
blaetter-2012/kalenderblatt-februar-2012/ (letzter Zugriff: 18. Dezember 2023).
Ebenso in: 1419-2019. 600 Jahre Universität Rostock. Kaleidoskop der Mathematik
und Naturwissenschaften, Rostock 2019, S. 193 (https://rosdok.uni-rostock.de/re-
solve/id/rosdok_document_0000014662; letzter Zugriff: 18. Dezember 2023)

–; Mitschke, Fedor: 100 Jahre Physikalisches Institut 1910-2010, Rostock 2010 (Beiträge
zur Geschichte der Universität Rostock, 28)

–; Ulbricht, Heinz: Zur Entwicklung der Physik an der Rostocker Universität, Rostock
1991 (Beiträge zur Geschichte der Universität Rostock, 17)

Meitner, Lise; Frisch, Otto Robert: Products of the Fission of the Uranium Nucleus,
in: Nature 143 (1939), S. 471-472

Michels, Karen: Sokrates in Pöseldorf. Erwin Panofskys Hamburger Jahre, Göttingen
2017 (Wissenschaftler in Hamburg, 1)

Minkowski, Rudolph: Untersuchungen über die magnetische Drehung der Polarisationsebene in nichtleuchtendem Na-Dampf, (Diss.) Breslau, in: Annalen der Physik
371 (1921) (4. Folge, Bd. 66), S. 206-226

– Natürliche Breite und Druckverbreiterung von Spektrallinien, (Habilitationsschrift)
Hamburg, in: Zeitschrift für Physik 36 (1926), S. 839-858

Nernst, Walther: Ueber die elektromotorischen Kräfte, welche durch den Magnetismus
in von einem Wärmestrome durchflossenen Metallplatten geweckt werden, (Diss.
Würzburg) Leipzig 1887. Ferner in: Annalen der Physik 267 (1887) (Bd. 8; N.F. 31)
S. 760-789

Nierenberg, William Aaron: Molecular and Atomic Beams at Berkeley, in: Estermann,
Immanuel (Hg.), Recent Research in Molecular Beams. A Collection of Papers Dedicated to Otto Stern on the Occasion of his Seventieth Birthday, New York/Lon-
don 1959, S. 9-42

Nobel Lectures. Including Presentation Speeches and Laureates' Biographies. Physics.
1942-1962, Amsterdam/London/New York 1964

Odefey, Alexander: Emil Artin. Ein musischer Mathematiker, Göttingen 2022 (Wissenschaftler in Hamburg, 4)

Pauli, Wolfgang: Über die Energiekomponenten des Gravitationsfeldes. Eingegangen
am 22. September 1918, in: Physikalische Zeitschrift 20 (1919), S. 25-27

– Relativitätstheorie, in: Sommerfeld, A. (Red.): Encyklopädie der Mathematischen
Wissenschaften, Bd. 5, Teil 2, Leipzig 1921, S. 539-775; als Sonderdruck 1921

– Über das Modell des Wasserstoffmolekülions. Eingegangen am 4. März 1922, in: Annalen der Physik 373 (1922) (4. Folge, Bd. 68), S. 177-240 (verbesserte und erweiter-
te Fassung der Diss. München)

– Über das thermische Gleichgewicht zwischen Strahlung und freien Elektronen. Eingegangen am 9. August 1923, in: Zeitschrift für Physik 18 (1923), S. 272-286
– Über den Zusammenhang des Abschlusses der Elektronengruppen im Atom mit der Komplexstruktur der Spektren. Eingegangen am 16. Januar 1925, in: Zeitschrift für Physik 31 (1925), S. 765-783
– Wissenschaftlicher Briefwechsel mit Bohr, Einstein, Heisenberg u. a., Bd. 1-4, Berlin/Heidelberg u. a. 1979-2005
– Exclusion Principle and Quantum Mechanics, in: Nobel Lectures. Physics, 1942-1962, Amsterdam/London/New York 1964, S. 27-43
Phipps, Thomas Erwin: The conductance of certain alkali metals in liquid ammonia and methylamine, (Diss.) Berkeley 1921 (https://catalog.hathitrust.org/Record/009261111; letzter Zugriff: 18. Dezember 2023)
–; Stern, Otto: Über die Einstellung der Richtungsquantelung. Eingegangen am 9. September 1931, in: Zeitschrift für Physik 73 (1932), S. 185-191. Ferner in: Otto Sterns Veröffentlichungen, Bd. 3, S. 139-146 (S 41) (»U. z. M.« Nr. 17)
Physikalischer Verein (Hg.): 200 Jahre Physikalischer Verein. Stillt Wissensdurst, Frankfurt a. M. 2023
Poggendorff, Johann Christian: Biographisch-Literarisches Handwörterbuch zur Geschichte der exacten Wissenschaften, Bde. 1-7, zuerst Leipzig, später Berlin, 1863-1992
Pressemitteilung der Deutschen Physikalischen Gesellschaft e. V.: 100 Jahre Stern-Gerlach-Experiment (4. Februar 2022), siehe https://www.dpg-physik.de/veroeffentlichungen/aktuell/2022/100-jahre-stern-gerlach-experiment (letzter Zugriff: 18. Dezember 2023)
Proceedings of the American Physical Society. Minutes of the Berkeley Meeting, December 18-19, 1931, in: The Physical Review 39 (1932), Heft 3, S. 545-553
Pusch, Lotte: Über die Zeitreaktion bei der Neutralisation der Kohlensäure und die wahre Dissoziationskonstante der Kohlensäure, (Diss.) Berlin 1916
Rabi, Isidor Isaac: Zur Methode der Ablenkung von Molekularstrahlen. Eingegangen am 29. Dezember 1928, in: Zeitschrift für Physik 54 (1929), S. 190-197. Ferner in: Otto Sterns Veröffentlichungen, Bd. 5, S. 39-47 (M 7) (»U. z. M.« Nr. 12)
– Otto Stern, Co-discoverer of Space Quantization, Dies at 81, in: Physics Today 22 (1969), S. 103-105
Ramsey, Norman F.: Molecular Beams, Oxford 1956
– Molecular beams: our legacy from Otto Stern, in: Zeitschrift für Physik D, Atoms, Molecules and Clusters 10 (1988), Heft 2/3, S. 121-125
Rauchhaupt, Ulf von: Das Stern-Gerlach-Experiment, in: Frankfurter Allgemeine Sonntagszeitung (6. Februar 2022), Ressort Wissenschaft, S. 54-55
Reich, Karin: Einsteins Vortrag über Relativitätstheorie an der Universität Hamburg am 17.7.1920. Vorgeschichte, Folgen, in: Mitteilungen der Mathematischen Gesellschaft in Hamburg 19* (2000), S. 51-68
– Der erste Professor für Theoretische Physik an der Universität Hamburg: Wilhelm Lenz, in: Schlote, Karl-Heinz; Schneider, Martina (Hgg.): Mathematics meets physics. A contribution to their interaction in the 19th and the first half of the 20th century, Frankfurt a. M. 2011, S. 89-143 (Studien zur Entwicklung von Mathematik und Physik in ihren Wechselwirkungen)
Renneberg, Monika: Die Physik und die physikalischen Institute an der Hamburger Universität im »Dritten Reich«, in: Krause, Eckart; Huber, Ludwig; Fischer, Holger (Hgg.): Hochschulalltag im »Dritten Reich«. Die Hamburger Universität 1933-1945, 3 Teile, Berlin/Hamburg 1991, Teil III, S. 1097-1140

Renner, Otto: Experimentelle Beiträge zur Kenntnis der Wasserbewegung, (Habilitationsschrift München) Jena 1911

Rigden, John: Rabi: Scientist and Citizen, New York 1987

– Otto Stern and the discovery of space quantization, in: Zeitschrift für Physik D, Atoms, Molecules and Clusters 10 (1988), Heft 2/3, S. 119-120

Röseberg, Ulrich: Niels Bohr. Leben und Werk des Atomphysikers 1885-1962, Berlin 1985

Sackur, Otto: Über den Einfluß gleichioniger Zusätze auf die elektromotorische Kraft von Flüssigkeiten. Ein Beitrag zur Kenntnis des Verhaltens starker Elektrolyte, (Diss. Breslau) Leipzig 1901

– Lehrbuch der Thermochemie und Thermodynamik, Berlin 1912, ²1928

– A Text Book of Thermo-Chemistry and Thermodynamics. Translated and revised by G.E. Gibson, London 1917 (https://archive.org/details/textbookthermochoosack/page/n5/mode/2up; letzter Zugriff: 18. Dezember 2023)

Schaaf, Michael: Der Physikochemiker Paul Harteck (1902-1985), (Diss.) Stuttgart 1999

– Schweres Wasser und Zentrifugen. Paul Harteck in Hamburg (1934-1951) (http://censis.informatik.uni-hamburg.de/publications/Art_M_Schaaf_Harteck.pdf; letzter Zugriff: 18. Dezember 2023)

Scharnberg, Kurt: Hans Jensen, Physiker und Nobelpreisträger. Opportunist oder Widerständler im Dritten Reich, Berlin/Diepholz 2020

Schmidt-Böcking, Horst; Reich, Karin: Otto Stern. Physiker, Querdenker, Nobelpreisträger, Frankfurt a.M. 2011 (Gründer, Gönner und Gelehrte, Biographienreihe der Goethe-Universität)

–; Trageser, Wolfgang: Ein fast vergessener Pionier. Die von Otto Stern entwickelte Molekularstrahlmethode ist essenziell für Physik und Chemie, in: Physik Journal 11 (2012), Nr. 3, S. 47-51

–; Gruppe, Axel u.a.: 100 Years Molecular Beam Method. Reproduction of Otto Stern's Atomic Beam Velocity Measurement, in: Friedrich; Schmidt-Böcking, Molecular Beams in Physics and Chemistry, S. 163-186

–; Gruber, Gernot; Friedrich, Bretislav: One hundred years ago Alfred Landé unriddled the Anomalous Zeeman Effect and presaged Electron Spin, in: Physica Scripta 98 (2022), Nr. 1 (open access: https://iopscience.iop.org/article/10.1088/1402-4896/ac9c9b; letzter Zugriff: 18. Dezember 2023)

Schnurmann, Robert: Freie Raumladungen in Elektrolyten, (Diss.) Göttingen 1927. Auch in: Zeitschrift für Physik 46 (1928), S. 354-373

– Die magnetische Ablenkung von Sauerstoffmolekülen. Eingegangen am 30. Juni 1933, in: Zeitschrift für Physik 85 (1933), S. 212-230. Ferner in: Otto Sterns Veröffentlichungen, Bd. 5, S. 155-174 (M 16) (»U.z.M.« Nr. 26)

– Obituary: Professor Stern: a great apostle of classical thermodynamics, in: The Times, London (22.8.1969), S. 8

Schröter, Lutz: 100 Jahre Stern-Gerlach-Experiment, in: Physik Konkret Nr. 59 (Oktober 2021), S. 123

Schütz, Wilhelm: Magnetoptische Untersuchungen in schwachen Magnetfeldern, (Diss.) Frankfurt a.M. [1923] 1924, Maschinenschrift

– Persönliche Erinnerungen an die Entdeckung des Stern-Gerlach-Effekts, in: Physikalische Blätter 25 (1969), Heft 8, S. 343-345

Segrè, Emilio: Otto Stern 1888-1969. A Biographical Memoir, in: National Academy of Sciences, Biographical memoirs, Washington D.C. 1973, S. 213-236

- A Mind Always in Motion. The Autobiography of Emilie Segrè, Berkeley/Los Angeles/Oxford 1993
Sexl, Lore; Hardy, Anne: Lise Meitner, Reinbek bei Hamburg 2002
Sime, Ruth Lewin: Lise Meitner. A Life in Physics, Berkeley/Los Angeles/London 1996 (California Studies in the History of Science, 11)
Stern, Kurt: Beiträge zur Kenntnis der Nepenthaceen, (Diss. München 1914), Jena 1916
- Elektrophysiologie von Pflanzen, Berlin 1924 (Monographien aus dem Gesamtgebiet der Physiologie der Pflanzen und Tiere, 4)
- Pflanzen-Thermodynamik, Berlin 1933 (Monographien aus dem Gesamtgebiet der Physiologie der Pflanzen und Tiere, 30)
Taylor, John Bradshaw: Magnetic Moments of the Alkali Metal Atoms, (Diss.) Urbana 1926, in: The Physical Review 28 (1926), Heft 3, S. 576-583
- Das magnetische Moment des Lithiumatoms. Eingegangen am 17. November 1928, in: Zeitschrift für Physik 52 (1929), S. 846-852. Ferner in: Otto Sterns Veröffentlichungen, Bd. 4, S. 237-244 (M 6) (»U.z. M.« Nr. 9)
- Eine Methode zur direkten Messung der Intensitätsverteilung in Molekularstrahlen. Eingegangen am 29. Juni 1929, in: Zeitschrift für Physik 57 (1929), S. 242-248. Ferner in: Otto Sterns Veröffentlichungen, Bd. 5, S. 61-68 (M 9) (»U.z. M.« Nr. 14)
Templeton, Alan: My Great Uncle, in: Friedrich; Schmidt-Böcking, Molecular Beams in Physics and Chemistry, S. 31-35
-; Templeton, Diana: In memoriam David H. Templeton, Professor of Chemistry, Emeritus, UC Berkeley 1920-2010 (https://senate.universityofcalifornia.edu/_files/inmemoriam/html/davidhtempleton.html; letzter Zugriff: 18. Dezember 2023)
Templeton, Lieselotte Killen: My uncle Otto Stern, in: Friedrich; Schmidt-Böcking, Molecular Beams in Physics and Chemistry, S. 27-30
Toschek, Peter E.: Zum hundertsten Geburtstag von Otto Stern – Festkolloquium in Hamburg, in: Physikalische Blätter 44 (1988), Heft 3, S. 78-79
- Otto Stern (1888-1969) in Hamburg, in: Wolfschmidt, Gudrun (Hg.): Hamburgs Geschichte einmal anders. Entwicklung von Naturwissenschaft, Medizin und Technik, Norderstedt 2007, S. 150-169 (Nuncius Hamburgensis, Beiträge zur Geschichte der Naturwissenschaften, 2)
- A Greeting from Hamburg to the Otto Stern Symposium, in: Friedrich; Schmidt-Böcking, Molecular Beams in Physics and Chemistry, S. 23-24
Trageser, Wolfgang (Hg.): Stern-Stunden. Höhepunkte Frankfurter Physik, Frankfurt a. M. 2005
- Der Stern-Gerlach-Effekt: Genese, Entwicklung und Rekonstruktion eines Grundexperimentes der Quantentheorie 1916-1926, (Diss.) Frankfurt a.M. 2011
Vill, Volkmar; Behrens, Thomas (Hgg.): 400 Jahre Chemie als Wissenschaft in Hamburg, Berlin 2015
-; Rothenstein, Marcel: Die Chemie an der Universität Hamburg in ihren ersten 100 Jahren. Geschichte, Themen, Vernetzung, in: Nicolaysen, Rainer; Krause, Eckart; Zimmermann, Gunnar B. (Hgg.), 100 Jahre Universität Hamburg, 4 Bde., 4. Bd.: Mathematik. Informatik. Naturwissenschaften. Medizin, Göttingen 2024, 2024, S. 136-170.
Volmer, Max: Photographische Umkehrungserscheinungen, (Diss. Leipzig 1910) Weida i. Th. 1910
- Die verschiedenen lichtelektrischen Erscheinungen am Anthracen, ihre Beziehung zueinander, zur Fluoreszenz und Dianthracenbildung, in: Annalen der Physik 345 (1913) (4. Folge, Bd. 40), S. 775-796. Auch 1913 in Leipzig als Sonderdruck erschienen

Literaturverzeichnis 375

–; Estermann, Immanuel: Über die Verdampfungskoeffizienten von festem und flüssigem Quecksilber, in: Zeitschrift für Physik 7 (1921), S. 1-12

–; Estermann, Immanuel: Über den Mechanismus der Molekülabscheidung an Kristallen, in: Zeitschrift für Physik 7 (1921), S. 13-17

–; Estermann, Immanuel: Über den Verdampfungskoeffizienten und seine Beziehung zur Ostwaldschen Stufenregel, in: Zeitschrift für Physikalische Chemie 99 (1921), S. 383-394

Walter, Wolfgang: Otto Stern, Leistung und Schicksal, in: Mitteilungen Deutscher Chemiker 3 (1989), S. 69-82 (https://www.gdch.de/fileadmin/downloads/Netzwerk_und_Strukturen/Fachgruppen/Geschichte_der_Chemie/Mitteilungen_Band_03/1989-03-07.pdf; letzter Zugriff: 18. Dezember 2023). Ferner leicht geändert in: Krause, Eckart; Huber, Ludwig; Fischer, Holger (Hgg.): Hochschulalltag im »Dritten Reich«. Die Hamburger Universität 1933-1945, 3 Teile, Berlin/Hamburg 1991, Teil III, S. 1141-1154. Hiernach wird zitiert.

Weller, Horst (Hg.): Physikalische Chemie in Hamburg, hg. vom Institut für Physikalische Chemie, Universität Hamburg, und Centrum für Angewandte Nanotechnologie, Hamburg 2014 (https://www.chemie.uni-hamburg.de/institute/pc/publikationen/db/17373-bunsenmagazin-uhh-2014.pdf; letzter Zugriff: 9. Februar 2024)

Weyer, Jost: Das Fach Chemie an der Hamburger Universität im »Dritten Reich«, in: Krause, Eckart; Huber, Ludwig; Fischer, Holger (Hgg.): Hochschulalltag im »Dritten Reich«. Die Hamburger Universität 1933-1945, 3 Teile, Berlin/Hamburg 1991, Teil III, S. 1119-1140

Witte, Karl: Zur Geschichte des Physikalischen Staatsinstituts und der Physik in Hamburg, in: uni hh Forschung. Wissenschaftsberichte aus der Universität Hamburg 19 (1985), S. 9-27 (Sonderheft 100 Jahre Physik in Hamburg)

Wohlwill, Max: Messung von elektrischen Dipolmomenten mit einer Molekularstrahlmethode, (Diss.) Hamburg 1931. Eingegangen am 27. September 1932, in: Zeitschrift für Physik 80 (1933), S. 67-79. Ferner in: Otto Sterns Veröffentlichungen, Bd. 5, S. 95-108 (M 11) (»U. z. M.« Nr. 19)

Wrede, Erwin: Über die magnetische Ablenkung von Wasserstoffatomstrahlen, (zweiter Teil der Diss.) Hamburg 1927. Eingegangen am 22. Dezember 1926, in: Zeitschrift für Physik 41 (1927), S. 569-575. Ferner in: Otto Sterns Veröffentlichungen, Bd. 4, S. 209-216 (M 3) (»U. z. M.« Nr. 6)

– Über die Ablenkung von Molekularstrahlen elektrischer Dipolmoleküle im inhomogenen elektrischen Feld, (erster Teil der Diss.) Hamburg 1927. Eingegangen am 4. Juni 1927, in: Zeitschrift für Physik 44 (1927), S. 261-268. Ferner in: Otto Sterns Veröffentlichungen, Bd. 4, S. 217-225 (M 4) (»U. z. M.« Nr. 7)

Zartman, Ira F.: A Direct Measurement of Molecular Velocities. Eingegangen am 7. Februar 1931, in: The Physical Review 37 (1931), Heft 4, S. 383-392

Zeitz, Katharina: Max von Laue (1879-1960). Seine Bedeutung für den Wiederaufbau der deutschen Wissenschaft nach dem Zweiten Weltkrieg, Stuttgart 2006 (Pallas Athene, 16)

Zickermann, Carl: Adsorption von Gasen an festen Oberflächen bei niedrigen Drucken. Eingegangen am 31. Dezember 1933, in: Zeitschrift für Physik 88 (1934), S. 43-54. Ferner in: Otto Sterns Veröffentlichungen, Bd. 5, S. 213-225 (M 21)

Bildnachweis

Trotz sorgfältiger Nachforschungen konnten nicht für alle Abbildungen die Rechteinhaber ermittelt werden. Sollte jemand in urheberrechtlicher Beziehung Rechte geltend machen, so möge er sich an die Hamburgische Wissenschaftliche Stiftung wenden.

S. 104, 117, 131, 226, 247	AIP Emilio Segrè Visual Archives
S. 55	AIP Emilio Segrè Visual Archives, gift of Jost Lemmerich
S. 188	AIP Emilio Segrè Visual Archives, gift of Professor GeGe
S. 59, 177	AIP Emilio Segrè Visual Archives, W. F. Meggers Gallery of Nobel Laureates Collection
S. 146, 153, 222, 244, 283	Arbeitsstelle für Universitätsgeschichte, Universität Hamburg
S. 215	Carnegie Mellon University Archives, Pittsburgh
Umschlagfoto, S. 19, 29, 37, 56, 115, 116, 132, 143, 167, 168, 173, 175, 178, 183, 186, 197, 200, 209, 210, 213, 214, 216, 237, 238, 240, 256, 259	The Bancroft Library, University of California, Berkeley
S. 25	Breslan, courtesy of AIP Emilio Segrè Visual Archives
S. 123	Chemistry Library, University of Illinois at Urbana Champaign
S. 65	Deutsches Museum, München, Archiv, Nachlass 080/ Fotoalbum Nr. 6 (1926/29)
S. 79	Foto: Reinhard Mahnke
S. 288, 289	Fotos: Singkha Grabowsky
S. 86, 126, 140	Fotosammlung Fritz Thieme

S. 16	Fotostudio Szczepanski
S. 299	Frankfurter Rundschau Nr. 275 (25. November 2011)
S. 135	Frisch, Otto Robert; Stern, Otto: Über die magnetische Ablenkung von Wasserstoffmolekülen und das magnetische Moment des Protons. I, in: Zeitschrift für Physik 85 (1933), S. 4-16, hier S. 7
S. 28, 32, 33, 34, 44, 76, 93, 99, 157, 166, 181, 185, 245	gemeinfrei
S. 67 unten	Gerlach, Walther; Stern, Otto: Über die Richtungsquantelung im Magnetfeld, in: Annalen der Physik 379 (1924) (4. Folge, Bd. 74), S. 677
S. 68	Gerlach, Walther: Über die Richtungsquantelung im Magnetfeld. II, in: Annalen der Physik 381 (1925) (4. Folge, Bd. 76), S. 178, Abb. 14. Mit Ergänzungen von Horst Schmidt-Böcking
S. 74	Gerlach, Walther; Stern, Otto: Über die Richtungsquantelung im Magnetfeld, in: Annalen der Physik 379 (1924) (4. Folge, Bd. 74), S. 698 und 699
S. 26	Herz, W.: Otto Sackur, in: Physikalische Zeitschrift 16 (1915), S. 113-115, hier S. 113
S. 264	Lotte Meitner-Graf, courtesy AIP Emilio Segrè Visual Archives, W. F. Meggers Gallery of Nobel Laureates Collection
S. 92	Max-Planck-Institut für Chemie
S. 18, 154, 202, 203, 204, 218, 228, 230	Nachlass Otto Stern
S. 71	Niels Bohr Archive
S. 187	Niels Bohr Archive, courtesy AIP Emilio Segrè Visual Archives

S. 64 rechts, 67 oben, 69, 198, 232, 254, 277, 278, 291, 295, 296, 297, 298, 300, 302, 303, 304	Privatbesitz Horst Schmidt-Böcking
S. 292	© UHH/Rackow
S. 54, 58	Universitätsarchiv Frankfurt am Main
S. 97, 112, 113, 139, 155, 284	Staatsarchiv Hamburg
S. 21	Staats- und Universitätsbibliothek Hamburg
S. 60	Stadtarchiv Erlangen
S. 64 links	Stern, Otto: Eine direkte Messung der thermischen Molekulargeschwindigkeit, Zeitschrift für Physik 2 (1920), S. 51
S. 52	Vereinsarchiv Physikalischer Verein

Personenregister

Verzeichnet sind die Namen von natürlichen Personen, die im Text und in den Bildunterschriften genannt werden. Vorworte, Nachwort, Anmerkungen und Anhänge bleiben wie der Name Otto Stern unberücksichtigt. Ein * verweist darauf, dass auf der angegebenen Seite (auch) ein Bild der jeweiligen Person erscheint.

75, 90, 99, 115, 120, 165, 166*, 170, 172, 174, 184, 185, 187*, 188*, 191, 199, 207, 211, 212, 251, 253, 268-270, 276, 282

Boltzmann, Ludwig (1844-1906), Physiker 24

Bonhoeffer, Karl Friedrich (1899-1957), Chemiker 142, 159, 267

Bormann, Elisabeth (1895-1986), Physikerin, Hedwig [Hedi] (geb. Ehrenberg; 1891-1972) 61, 300, 301

Born, Hedwig [Hedi] (geb. Ehrenberg; 1891-1972) 53

Born, Max (1882-1970), 1954 Nobelpreis für Physik 46, 49-53, 55*, 56-59, 61, 63-65, 82, 90, 120, 148, 149, 206, 266, 267, 282, 300, 301

Borne, Georg von dem (1867-1918), Geophysiker 25

Boström, Wollmar (1878-1956), Tennisspieler, Diplomat 202*

Brandt, Erich (1905-?), Physiker, Doktorand von Wilhelm Lenz 169, 170

Bredemann, Gustav (1880-1960), Biologe 153, 156

Brill, Otto (1903-?), Doktorand von Otto Stern 110, 111, 117*, 206

Broglie, Louis de (1892-1987), 1929 Nobelpreis für Physik 132, 133, 147

Bunsen, Robert (1811-1899), Chemiker 22

Byck, Harold Theodore (1902-1980 [?]), Physiker 146, 147

Carnegie, Andrew (1835-1919) 181

Cassirer, Ernst (1874-1945), Philosoph 88, 112, 149

Chamberlain, Owen (1920-2006), 1959 Nobelpreis für Physik 217

Churchill, Winston (1874-1965), Staatsmann 179

Clark, Ronald W. (1916-1987), Journalist, Schriftsteller 211

Compton, Arthur Holly (1892-1962), 1927 Nobelpreis für Physik 77, 211

Correns, Carl Wilhelm (1893-1980), Mineraloge 248

Coster, Dirk (1889-1950), Physiker 100

Courant, Richard (1888-1972), Mathematiker 193, 194, 206, 264

Cranz, Carl Julius (1858-1945), technischer Physiker 31

Curie, Marie (geb. Sklodowska; 1867-1934), 1903 Nobelpreis für Physik, 1911 Nobelpreis für Chemie 60, 115, 190

David, Erwin (1911-?), Physiker 170

Davisson, Clinton (1881-1958), Physiker 151

Debye, Peter (1884-1966), 1936 Nobelpreis für Chemie 53, 64, 89, 116, 134, 186

Dehmelt, Hans Georg (1922-2017), 1989 Nobelpreis für Physik 286

Dessauer, Friedrich (1881-1963), Physiker 195, 196, 199

Diebner, Kurt (1905-1964), Physiker 243

Dirac, Paul (1902-1984), Physiker 115, 134

Dirichlet, Gustav Peter Lejeune (1805-1859), Mathematiker 13

Döring, Werner (1911-2006), Physiker
274

Doherty, Robert Ernest (1885-1950),
Ingenieur 182

Doisy, Edward Adelbert (1893-1986),
1943 Nobelpreis für Medizin
202*

Dunoyer de Segonzac, Louis (1880-
1963), Physiker 60, 61, 306

Einstein, Albert (1879-1955), 1921
Nobelpreis für Physik 15, 35, 36,
37*, 38-42, 45, 46, 49, 51, 53, 55-57,
59-62, 65, 72, 75-77, 88-90, 100,
115, 116, 123, 137, 151, 153, 154*,
185, 186, 198, 199, 209, 210-212, 220,
237, 250, 253, 262-264, 266, 292, 294,
304

Erlanger, Joseph (1874-1965), 1944
Nobelpreis für Medizin 202*

Ernst, Richard Robert (1933-2021),
1991 Nobelpreis für Chemie 294,
295*, 296

Eskandari-Grünberg, Nargess (*1965),
seit 2021 Bürgermeisterin von Frankfurt am Main 302

Estermann, Immanuel (1900-1973),
Physikochemiker 81-83, 95-98,
102-110, 113, 117*, 118, 126, 129,
130, 133, 135-137, 144-147, 149,
151, 157, 158, 163, 164, 179-182, 185,
188-190, 195, 219, 220, 246, 247*,
271, 280-282, 305, 306

Eucken, Arnold (1884-1950), Physikochemiker 159

Euler, Leonhard (1707-1783), Mathematiker, Astronom, Physiker 13

Farrell, David (?), Kurator der Bancroft
Library 232

Feldheim, Clara (?-1943), Schwester
von Paula Stern, geb. Feldheim 228,
229

Feldheim, Emmy (?-1943), Schwester
von Paula Stern, geb. Feldheim 228,
229

Fermi, Enrico (1901-1954), 1938 Nobelpreis für Physik 116, 124, 166*, 206

Fierz, Markus (1912-2006), Physiker
235, 239

Fischer, Emil (1852-1919), Chemiker
279

Fischer, Fritz (1908-1999), Historiker
291

Fischer, Holger (*1946), Finnougrist
291

Fischer-Appelt, Peter (*1932), ev.
Theologe, Präsident der Universität
Hamburg 221, 280-283*, 286

Fleischmann, Rudolf (1903-2002), Physiker 242

Foner, Samuel Newton (1920-2000),
Physiker 271, 280

Franck, James (1882-1964), Physiker
50, 56*, 64, 72, 148, 149, 201, 233,
249, 260, 264

Franklin, Benjamin (1706-1790), Naturwissenschaftler, Staatsmann 208

Fraser, Ronald George Juta (1899-
1985), Physiker 117*-119, 147, 191,
243, 269, 273

Frey-Wyssling, Albert (1900-1988),
Botaniker 235

Friedrich, Bretislav (*1953), Physiker 75, 131

Friedrich Wilhelm III. (1770-1840),
König von Preußen   18

Frisch, Otto Robert (1904-1979),
Physiker   103, 104*, 124, 125, 129,
130, 133, 134, 136, 137, 146, 147, 157,
165, 170, 189-191, 208, 210, 259-262,
305, 307

Füchtbauer, Christian (1877-1959),
Physiker   80

Gates, Thomas Sovereign (1873-1948),
Präsident der American Philosophical Society   209

Gauß, Carl Friedrich (1777-1855),
Mathematiker, Astronom, Geodät,
Physiker   13, 66, 78, 208

Geiger, Hans (1882-1945), Physiker
56*

Gerlach, Ursula (1918-1940), Tochter
Walther Gerlachs, im Rahmen der
sogenannten »Aktion T4« umge-
bracht   64, 233

Gerlach, Walther (1889-1979), Experimentalphysiker   13, 63-65*, 66-73,
75-77, 81, 82, 115, 118, 131, 151,
199, 204, 223, 224, 232-234, 243,
261, 266, 269, 276, 294, 295, 300-302,
307

Gerlach, Wilhelmine (geb. Mezger;
1889-1974), erste Ehefrau Walther
Gerlachs   64

Germer, Lester Halbert (1896-1971),
Physiker   151

Gibson, George Ernest (1884-1959),
Chemiker   30, 31, 33, 122, 143, 217

Goebel, Karl von (1855-1932), Botaniker   195, 197

Goeppert-Mayer, Maria (1906-1972),
1963 Nobelpreis für Physik   59, 239,
264, 270, 271

Goos, Fritz (1883-1968), Experimentalphysiker   87, 164

Gordon, Walter (1893-1939), theoretischer Physiker   87, 88, 120, 158, 164,
170, 191

Goudsmit, Samuel Abraham (1902-
1978), Physiker   53

Graetz, Leo (1856-1941), Physiker
24, 195

Greiner, Walter (1935-2016), Physiker
294, 295*, 296

Griffiths, Robert B. (*1937), Physiker
215

Grossmann, Marcel (1878-1936), Mathematiker   35, 37

Groth, Wilhelm (1904-1977), Physikochemiker   104, 105, 151, 157, 163,
167, 169, 245*, 246, 272, 273

Haber, Clara (geb. Immerwahr; 1870-
1915), Chemikerin   25

Haber, Fritz (1868-1934), 1918 Nobelpreis für Chemie   19, 24, 25,
31, 36, 41, 50, 62, 92, 141, 159, 254,
262

Haenisch, Konrad (1876-1925), preußischer Kultusminister 1918-1921   54,
55

Hahn, Friedrich (1888-1975), Chemiker   194, 195

Hahn, Otto (1879-1968), 1944 Nobelpreis für Chemie   50, 56*, 164, 165,
167*, 168, 185, 191, 208, 243, 254,
260, 262, 304

Sackur, Otto (1880-1914), Physikochemiker   26*, 27, 30-34, 36, 39,
100, 143, 195

Schaaf, Michael (*1963), Autor   169,
245

Schaefer, Clemens (1878-1968), theoretischer Physiker   25

Schenck, Rudolf (1870-1965), Physikochemiker   23, 254

Schmidt, Adolf (1893-1971), Mechaniker am Institut für theoretische
Physik in Frankfurt am Main   59,
60*, 62, 63, 66, 70

Schmidt, Hannelore [Loki] (geb. Glaser;
1919-2010), Botanikerin   291

Schmidt, Helmut (1918-2015), 1974-
1982 Bundeskanzler   291

Schmidt-Böcking, Horst (*1939),
Experimentalphysiker   13, 27, 75,
231-233, 294, 295*, 296, 302

Schnurmann, Robert (1904-1995), Physiker   102, 103, 105, 109, 130, 157,
191, 192, 206, 247, 248, 277

Schorr, Richard (1867-1951), Astronom
88

Schottky, Walter (1886-1976), Physiker
79, 82

Schrödinger, Erwin (1887-1961), 1933
Nobelpreis für Physik   15, 88, 234

Schröter, Lutz (*1960), Physiker, Präsident der DPG   301, 302

Schütz, Wilhelm (1900-1972), Experimentalphysiker   70, 82, 276

Seaborg, Glenn Theodore (1912-1999),
1951 Nobelpreis für Chemie   148,
217, 226

Seddig, Max (1877-1963), Physiker   46

Segrè, Emilio Gino (1905-1989), 1959
Nobelpreis für Physik   124, 125,
130, 190, 206, 217, 224, 225, 240, 241

Shugart, Howard A. (1931-2016), Physiker   231, 232

Siegbahn, Karl Manne Georg (1886-
1978), 1924 Nobelpreis für Physik
199, 200

Siemers, Edmund (1840-1918), Kaufmann   85

Simon, Franz [Sir Francis] (1893-1956),
Physiker   234, 246

Simpson, Oliver Cecil (1909-2002),
Physiker   184, 185, 189, 271

Smend, Rudolf (1882-1975), Jurist
248, 249

Snell, Bruno (1896-1986), klassischer
Philologe   244, 291

Soergel, Volker (1931-2022), Physiker
286

Sommerfeld, Arnold (1868-1951), theoretischer Physiker   36, 40,
51, 53, 66, 72, 75, 89, 115, 282

Stark, Johannes (1874-1957), 1919 Nobelpreis für Physik   86

Steinberg, Rudolf (*1943), Rechts-
wissenschaftler, Präsident der
Johann Wolfgang Goethe-Universität Frankfurt am Main   294,
296

Stern, Elise (1899-1945), Tochter von
Oskar Stern, Stieftochter von Paula
Stern, geb. Feldheim   16, 18*, 218,
228, 229, 276-278, 298

Stern, Eugenie (geb. Rosenthal; 1863-
1907), Mutter von Otto Stern   16,
18*, 25, 228

Bibliografische Informationen der Deutschen Nationalbibliothek
Die Deutsche Nationalbibliothek verzeichnet diese Publikation in der
Deutschen Nationalbibliografie; detaillierte bibliografische Daten
sind im Internet über http://dnb.d-nb.de abrufbar.

Vom Verlag gesetzt aus der Stempel Garamond und der Thesis
Projektleitung: Dr. Johannes Gerhardt, Hamburg
Lektorat: Dr. Petra Kruse und Uta Courant, Berlin
Bildrechte: Singkha Grabowsky, Hamburg
Umschlag: Susanne Gerhards, Düsseldorf
Umschlagfoto: Otto Stern, Nobelfoto mit Robe vom 10. Dezember 1944,
Bancroft Library Berkeley, BANC PIC 1988.070.023
Lithografie: SchwabScantechnik, Göttingen
Druck und Verarbeitung: booksolutions Vertriebs GmbH, Göttingen

ISBN 978-3-8353-5770-9